U0175969

高性能计算技术丛书

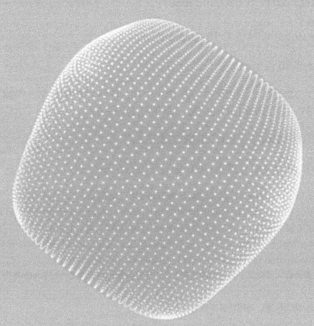

Professional CUDA C Programming

CUDA C编程
权威指南

程润伟（John Cheng）

[美] 马克斯·格罗斯曼（Max Grossman） 著

泰·麦克切尔（Ty McKercher）

颜成钢 殷建 李亮◎译

机械工业出版社
CHINA MACHINE PRESS

图书在版编目（CIP）数据

CUDA C 编程权威指南 /（美）程润伟（John Cheng）等著；颜成钢，殷建，李亮译 . 一北京：机械工业出版社，2017.5（2025.2 重印）
（高性能计算技术丛书）
书名原文：Professional CUDA C Programming

ISBN 978-7-111-56547-5

I. C… II.① 程… ② 颜… ③ 殷… ④ 李… III.① 计算机图形学－指南 ② C 语言－程序设计－指南 IV.① TP391.411-62 ② TP312.8-62

中国版本图书馆 CIP 数据核字（2017）第 071354 号

北京市版权局著作权合同登记 图字：01-2016-3275 号。

CUDA C 编程权威指南

出版发行：机械工业出版社（北京市西城区百万庄大街 22 号 邮政编码：100037）
责任编辑：蒋 越　　　　　　　　　　　　　责任校对：殷 虹
印　　刷：北京捷迅佳彩印刷有限公司　　　　版　　次：2025 年 2 月第 1 版第 13 次印刷
开　　本：186mm×240mm　1/16　　　　　　印　　张：27
书　　号：ISBN 978-7-111-56547-5　　　　　定　　价：99.00 元

客服电话：（010）88361066　68326294

  CUDA（Compute Unified Device Architecture，统一计算设备架构）是 NVIDIA（英伟达）提出的并行计算架构，结合了 CPU 和 GPU 的优点，主要用来处理密集型及并行计算。CPU 和 GPU 是两个独立的处理器，通过单个计算节点中的 PCI-Express 总线相连，GPU 用来提高计算密集型应用程序中并行程序段的执行速度，CPU 则负责管理设备端的资源。CUDA 编程的独特优势在于开放的架构特性可以使程序员在功能强大的硬件平台上充分挖掘其并行性，既满足了计算密集型程序的需要，又实现了程序的易读性及便捷性。

  对任何想要使用 GPU 来进行科研或技术编程的人来说，本书都将是一个珍贵的资源宝库，它全面介绍了 CUDA 编程接口及其用法，包含但不局限于 CUDA 编程模型、GPU 执行模型、GPU 内存模型、CUDA 流和事件、多 GPU 编程的相关技术、CUDA 库等内容。此外，本书列举了大量的范例来帮助读者入门，并提供了程序下载地址，供读者亲自运行体验。在基本掌握了本书的内容之后，你将发现 CUDA C 编程是一项十分简单、有趣且高效的工作。

  本书第 1 章简要介绍了 GPU 和 CPU 构成的异构架构，对使用 CUDA 进行异构并行计算的原理进行了简要说明。第 2 章介绍了 CUDA 编程模型，从逻辑上解释了什么是 CUDA 大规模并行计算。第 3 章介绍了 CUDA 执行模型。第 4 章给出了 CUDA 内存模型，分析了全局内存的访问模式。第 5 章介绍了数据在共享内存中的存储方式，以及如何使用共享内存提高函数性能。第 6 章讲述了如何使用 CUDA 流实现网格级的并发。第 7 章介绍了计算密集型应用程序中的 CUDA 指令级原语。第 8 章介绍了 CUDA 函数库及其作用域，包括线性代数、傅里叶变换、随机数等。第 9 章讲述了多 GPU 编程。第 10 章则说明了在使用 CUDA 进行程序开发时的一些注意事项。

  译者在翻译过程中力求忠于原著，但限于译者的能力及水平，如有纰漏，还望读者朋友们不吝赐教，译者在此表示衷心的感谢。

推 荐 序 *Foreword*

图形处理器（GPU）已经有了很大的发展。从最初能够瞬时生成图像输出的专业图形处理器，发展到显示单元，GPU 已经成为人们在进行超高速数据处理时热衷的技术手段。在过去的几年中，GPU 已经越来越多地附加到 CPU 上，用于加速异构计算中的各种计算。如今，许多桌面系统、计算集群，甚至世界上许多最大的超级计算机都配置有 GPU。图形处理器有着用于专业技术计算的大数据计算能力，它们已经在广泛的学科领域中实现了科学和工程的巨大进步，因为它们使大量计算核心并行工作，同时又将功耗预算保持在合理范围内。

所幸，GPU 编程接口也一直与时俱进。过去，要在应用功能之外使用它们要费好大一番功夫，GPU 编程人员不得不去熟练掌握那些通常只有图形程序员才能理解到位的诸多概念。如今的系统提供了一个更加便捷的手段来创建可以在其上运行的应用软件，这就是CUDA。

CUDA 是最受欢迎的应用编程接口之一，可用于加速 GPU 上的一系列计算内核。它可以让 C 或 C++ 代码在 GPU 上合理高效地运行。CUDA 既满足了为使其良好运行而了解其架构的需要，又有为了使用和输出可读程序的编程接口，并且完美地平衡了这两项功能。

对任何想要使用 GPU 来进行科研或技术编程的人来说，该书都将是一个珍贵的资源宝库。它全面介绍了 CUDA 编程接口及其用法。首先，它描述了在异构架构上并行计算的基础知识，并介绍了 CUDA 的功能。其次，它解释了 CUDA 程序的执行方式。由于 CUDA为程序员提供了操作手段和内存模型，因而 CUDA 程序员直接掌控了大规模并行环境。除了提供 CUDA 内存模型的细节之外，该书还提供了丰富的关于如何使用 CUDA 的信息。接下来的章节将讨论流，以及如何执行并行和重叠的内核。然后是关于调整指令级原语，关于如何使用 CUDA 库，以及关于使用 OpenACC 指令进行 GPU 编程的部分。在第 9 章之后，本书还提供了一些应用时的注意事项。此外，书中列举大量的范例来帮助读者更好地入门，读者可以下载并亲自运行体验。

实践证明，CUDA 在表现力和可编程性之间实现了绝佳的平衡。但是，以简化应用开发为使命的人深知，路漫漫其修远兮。在过去的几年中，CUDA 的研究人员一直在努力改善异构编程工具。CUDA 6.0 引入了许多新功能，包括统一的内存和插件库，极大地简化了 GPU 编程。它们还提供了一组名为 OpenACC 的指令，这在书中也有所涉及。OpenACC 有望进一步完善 CUDA，它将减少在程序执行中所需的直接控制，与此同时提供一个更加便捷的方法来利用 GPU 的编程能力。目前看来，收效良好。无论是 OpenACC、CUDA 6.0，还是书中讲到的其他主题，都将帮助 CUDA 开发人员加快应用程序的运行，从而实现前所未有的高性能。请相信我，这本书值得占据你书架的一席之地！

祝大家编程愉快！

芭芭拉·查普曼
休斯敦大学计算机辅助创新设计系统与计算机系

自　序 *Preface*

多年前，当我们将产品代码从传统的 C 语言编程移植到 CUDA C 时，我们面临的困难同所有新手一样，这些困难远不是通过简单的上网搜索就能解决的。因此，我们便萌生了一个想法——假如能有一本由程序员为程序员编写的并且能够解决所有 CUDA 开发难题的书该有多好！为了满足这种需求，也利用我们在 CUDA 方面的经验，我们有了编写本书的念头。因此，本书是专门为应对高性能和科学计算集群的需求而编写的。

在学习新的框架或编程语言时，大多程序员只是随便摘取几段代码，测试一下，然后就在这个试验基础上编写他们自己的程序了。对许多软件开发者来说使用范例代码是一种常见的技巧。本书也遵循这一习惯。每一章重点论述一个主题，用精确的解释来提供基础知识，用简单但完全可行的代码示例来阐释每一个概念。学习概念和代码同步进行将使你迅速了解这些主题。本书使用配置文件驱动的方法来引导你逐步入门。

C 语言并行编程与 CUDA C 语言并行编程两者间的主要区别在于 CUDA 的架构特性，比如内存与执行模型对于程序员而言是直接可见的。这将使你得以更好地掌控大规模并行 GPU 环境。尽管有些人仍然认为 CUDA 的概念太过基础，但其实了解一些底层架构的知识对于使用 GPU 来说也是非常必要的。实际上，即使你对于架构的了解有限，也完全能够用好 CUDA 平台。

并行编程是出于性能方面的考虑，它是靠配置文件驱动的。CUDA 编程的独特优势在于开放的架构特性可以使程序员在功能强大的硬件平台上充分挖掘其计算性能，作为程序员的你将会充分感受到这一优势。在掌握书中通过练习教授的技巧之后，你将发现使用 CUDA C 编程是一项十分简单、有趣且高效的工作。

About the Authors 作者简介

　　程润伟（John Cheng）是一位有着丰富行业经验的研究员，研究方向为异构计算平台上的高性能计算。在进入石油天然气行业之前，他曾在金融行业工作了十余年，以其计算智能领域的专长，基于遗传算法做出了与数据挖掘和统计研究相关的许多方案，为商业项目中的技术难题提供了很多高明而有效的解决办法。作为享誉国际的遗传算法与工业工程应用方面的权威研究人员，他已参与编写了三本书。《遗传算法与工程设计》是他的第一部作品，该书于 1997 年由 John Wiley and Sons 公司出版，现今仍是全球高校的教科书。无论是学术研究还是实业发展方面，他都有了不错的成就，他擅长将晦涩复杂的学术问题化繁为简，深入浅出地给读者以阐释和启发。他已获东京技术研究所的计算智能博士学位。

　　马克斯·格罗斯曼（Max Grossman）与 GPU 编程模型已经打了近十年交道。他的主要研究内容为开发新型 GPU 编程模型和用于在 GPU 硬件上实现的算法。他已将 GPU 应用于地球科学、等离子体物理、医学成像和机器学习等一系列领域，并致力于发现和研究新领域的计算模式，寻求以全新方式应用它们的可能性。这些宝贵的实践经验对于指导今后在编程模型和程序框架方面的工作大有裨益。马克斯获莱斯大学的计算机科学学士学位，主要研究并行计算。

　　泰·麦克切尔（Ty McKercher）是 NVIDIA 公司的首席方案架构师，他领导的团队专攻跨行业的视觉计算系统架构。他通常负责在新兴技术评估期间促进客户和产品工程团队之间的沟通交流。自从 2006 年参加了在 NVIDIA 公司总部举办的第一届 CUDA 训练课程后，他一直参与 CUDA 的相关项目。也是自那时起，他也在某些世界最大、任务最为繁重的产品数据中心工作，帮助构建基于 GPU 的超级计算环境。他已获科罗拉多矿业学院数学学士学位，主要研究方向为地球物理学和计算机科学。

技术审校者简介 *About the Reviewers*

　　张伟，是一位在高性能计算领域有着15年工作经验的科研程序员。他已独立研发或与人合作研发了许多科学软件包，服务于分子模拟、计算机辅助药物设计、EM的结构重建和地震深度成像开发等。目前，他正致力于研究如何采用诸如CUDA等新技术来提升地震数据的处理效率。

　　赵超，于2008年加入雪佛龙公司，目前是地球物理应用软件开发专家，负责为地球学家们设计和开发软件产品。他在加入雪佛龙之前是知识系统公司和地震微技术公司的软件开发员。他从事软件开发的研究和实业已超过13年，在地质学和地球物理学方面积累了丰富的经验。经过多年的学术研究，他十分乐于见到CUDA编程能真正广泛地应用到科研工作中，并愿为此尽其所能。赵超本科毕业于北京大学的化学专业，获罗得岛大学计算机科学专业的理学硕士学位。

欢迎来到用 CUDA C 进行异构并行编程的奇妙世界!

现代的异构系统正朝一个充满无限计算可能性的未来发展。异构计算正在不断被应用到新的计算领域——从科学到数据库,再到机器学习的方方面面。编程的未来将是异构并行编程的天下!

本书将引领你通过使用 CUDA 平台、CUDA 工具包和 CUDA C 语言快速上手 GPU(图形处理单元)计算。本书中设置的范例与练习也将带你快速了解 CUDA 的专业知识,助你早日达到专业水平!

本书写给谁

本书适用于任何想要利用 GPU 计算能力来提高应用效率的人。它涵盖了 CUDA C 编程领域最前沿的技术,并有着以下突出的优势:

- ❏ 风格简洁
- ❏ 描述透彻
- ❏ 大量范例
- ❏ 优质习题
- ❏ 覆盖面广
- ❏ 内容聚焦高性能计算的需求

如果你是一个经验丰富的 C 程序员,并且想要通过学习 CUDA C 来提高高性能计算的专业才能,本书中建立在你现有知识之上的例题和习题,将使掌握 CUDA C 编程更加简单。仅需掌握一些 C 语言延伸的 CUDA 知识,你便可以从大量的并行硬件中获益。CUDA 平台、编程模型、工具和库将使得异构架构编程变得简捷且高效。

如果你是计算机科学领域以外的专业人士,而且想要通过 GPU 上的并行编程来最大限度地提高工作效率,并提高应用性能,那么本书正是为你量身打造的。书中的阐述清晰而简明，专人精心设计的示例，使用配置文件驱动的方法，这些都将帮助你深入了解 GPU 编程并迅速掌握 CUDA。

如果你是教授或任何学科的研究者，希望通过 GPU 计算推进科学发现和创新，本书中将有你找到解决方案的捷径。即使你没有多少编程经验，在并行计算概念和计算机科学的知识方面也不够精通，本书也可带你快速入门异构架构并行编程。

如果你是 C 语言初学者并且有兴趣探索异构编程，本书也完全适合你，因为它不强制要求读者有丰富的 C 语言编程经验。即使 CUDA C 和 C 语言使用相同的语法，二者的抽象概念和底层硬件也是全然不同的，因而对其中之一的经验并不足以使你在学习另一个时感到轻松。所以，只要你对异构编程有浓厚的兴趣，只要你乐于学习新事物且乐于尝试全新的思维方式，只要你对技术相关的话题有深入探索的热情，本书也完全适合你。

即使你有不少关于 CUDA C 的经验，本书还是有助于知识更新、探索新工具以及了解最新 CUDA 功能。虽然本书旨在从零开始培养 CUDA 的专业人才，但它也含有许多先进的 CUDA 概念、工具和框架的概述，它们将对 CUDA 开发人员大有裨益。

本书的内容

本书讲解了 CUDA C 编程的基本概念与技术，用于大幅加速应用程序的性能，并包含了随着 CUDA 工具包 6.0 和 NVIDIA Kepler GPU 一起发布的最新功能。在对从同质架构到异构架构的并行编程模式转变进行了简要介绍之后，本书将引导你学习必要的 CUDA 编程技能和最佳的练习实践，包含但不仅限于 CUDA 编程模型、GPU 执行模型、GPU 内存模型、CUDA 流和事件、多 GPU 编程的相关技术、CUDA 感知 MPI 编程和 NVIDIA 开发工具。

本书采用一种独特的方法来教授 CUDA 知识，即将基础性的概念讲解与生动形象的示例相结合，这些示例使用配置文件驱动的方法来指导你实现最佳性能。我们对每一个主题都进行了详尽的讲解，清晰地展示出了采用代码示例形式详细操作的过程。书中不仅教授如何使用基于 CUDA 的工具，还介绍了如何以抽象编程模型为基础并凭借悟性与直觉对开发过程每一步骤的结果做出解释，从而帮助你快速掌握 CUDA 的开发流程。

每章围绕一个主题展开讲解，运用可行的代码示例来演示 GPU 编程的基本功能和技术，这之后就是我们精心设计的练习，以便你进一步探索加深理解。

所有的编程示例都是在装有 CUDA 5.0（或更高版本）和 Kepler 或 Fermi GPU 的 Linux 系统上运行的。由于 CUDA C 是一种跨平台的语言，因而书中的示例在其他平台上也同样适用，比如嵌入式系统、平板电脑、笔记本电脑、个人电脑、工作站以及高性能计算服务器。许多 OEM 供应商支持各种类型的 NVIDIA GPU。

本书的结构

本书共有 10 章，包含了以下主题。

第 1 章：基于 CUDA 的异构并行计算

本章首先简要介绍了使用 GPU 来完善 CPU 的异构架构，以及向异构并行编程进行的模式转变。

第 2 章：CUDA 编程模型

本章介绍了 CUDA 编程模型和 CUDA 程序的通用架构，从逻辑视角解释了在 CUDA 中的大规模并行计算：通过编程模型直观展示的两层线程层次结构。同时也探讨了线程配置启发性方法和它们对性能的影响。

第 3 章：CUDA 执行模型

本章通过研究成千上万的线程是如何在 GPU 中调度的，来探讨硬件层面的内核执行问题。解释了计算资源是如何在多粒度线程间分配的，也从硬件视角说明了它如何被用于指导内核设计，以及如何用配置文件驱动方法来开发和优化内核程序。另外，本章还结合示例阐述了 CUDA 的动态并行化和嵌套执行。

第 4 章：全局内存

本章介绍了 CUDA 内存模型，探讨全局内存数据布局，并分析了全局内存的访问模式。本章介绍了各种内存访问模式的性能表现，阐述了统一内存和 CUDA 6.0 中的新功能是如何简化 CUDA 编程的，以及如何提高程序员工作效率。

第 5 章：共享内存和常量内存

本章阐释了共享内存，即管理程序的低延迟缓存，是如何提高内核性能的。它描述了共享内存的优化数据布局，并说明了如何避免较差的性能。最后还说明了如何在相邻线程之间执行低延迟通信。

第 6 章：流和并发

本章介绍了如何使用 CUDA 流实现多内核并发执行，如何重叠通信和计算，以及不同的任务分配策略是如何影响内核间的并发的。

第 7 章：调整指令级原语

本章解释了浮点运算、标准的内部数学函数和 CUDA 原子操作的性质。它展示了如何使用相对低级别的 CUDA 原语和编译器标志来优化应用程序的性能、准确度和正确性。

第 8 章：GPU 加速库和 OpenACC

本章将介绍实现程序并行的 CUDA 专用函数库，包括线性代数、傅里叶变换和随机数生成等范例。本章还解释了 OpenACC 和基于编译器指令的 GPU 编程模型是如何利用更简

XII

单的方法辅助 CUDA 挖掘 GPU 计算能力的。

第 9 章：多 GPU 编程

本章介绍了支持 P2P GPU 内存访问的 GPUDirect 技术，阐述了如何在多个 GPU 上管理和执行计算问题，还说明了在 GPU 加速计算集群上的大规模应用是如何利用 MPI 与 GPUDirect RDMA 来实现性能线性扩展的。

第 10 章：程序实现的注意事项

本章介绍了 CUDA 的开发过程和各种配置文件驱动的优化策略，演示了如何使用 CUDA 调试工具来调试内核和内存错误，通过案例教你如何将一个传统的 C 程序一步步移植到 CUDA C 中，以有助于加强你对于这一方法的理解，同时将此过程可视化，并验证了这些工具。

阅读本书前的准备

本书不对 GPU 作特殊要求，使用本书前也不需要你具备并行编程的相关经验，不过你最好会一些 Linux 的基本操作。运行本书各示例代码的理想机器环境是：安装有 CUDA 6.0 工具包的 Linux 系统，C/C++ 6.0 编译程序和 NVIDIA Kepler GPU。

尽管某些使用 CUDA 6.0 的示例可能需要 Kepler GPU，但大多数示例仍需在 Fermi 设备上运行。它们中的大多数可以使用 CUDA 5.5 来编译。

CUDA 工具包的下载

你可以从 https://developer.nvidia.com/cuda-toolkit 下载 CUDA 6.0 工具包。

该 CUDA 工具包包括了 NVIDIA GPU 编译器、CUDA 数学库以及用于调试和优化应用程序性能的工具，此外还有编程指南、用户手册、API 参考指南和其他文档，它们都将帮助你快速掌握 GPU 应用程序的开发。

规范

为了使你的阅读体验达到最佳，我们在书中使用了一些规范。对于新出现的术语和重要的词语，在其第一次被引入时，我们会对它们进行突出强调。文中出现的文件名、URL 地址和代码表示如下：

this_is_a_kernel_file.cu.

我们用以下方式表示代码：

```
// distributing jobs among devices
for (int i = 0; i < ngpus; i++)
{
    cudaSetDevice(i);
    cudaMemcpyAsync(d_A[i], h_A[i], iBytes, cudaMemcpyDefault,stream[i]);
    cudaMemcpyAsync(d_B[i], h_B[i], iBytes, cudaMemcpyDefault,stream[i]);
    iKernel<<<grid, block,0,stream[i]>>> (d_A[i], d_B[i], d_C[i],iSize);
    cudaMemcpyAsync(gpuRef[i], d_C[i], iBytes, cudaMemcpyDefault,stream[i]);
}
```

我们按如下方式介绍 CUDA 运行时的函数：

```
cudaError_t cudaDeviceSynchronize (void);
```

我们按如下方式显示程序输出：

```
./reduce starting reduction at device 0: Tesla M2070
      with array size 16777216  grid 32768 block 512
cpu reduce       elapsed 0.029138 sec cpu_sum: 2139353471
gpu Warmup       elapsed 0.011745 sec gpu_sum: 2139353471 <<<grid 32768 block 512>>>
gpu Neighbored   elapsed 0.011722 sec gpu_sum: 2139353471 <<<grid 32768 block 512>>>
```

我们用以下方式给出命令行指令：

```
$ nvprof --devices 0 --metrics branch efficiency ./reduce
```

源代码

在学习本书中的示例时，你可以选择手动输入所有代码或者使用附在本书上的源代码。所有本书中的源代码都可在 www.wrox.com/go/procudac 下载。在页面上，只要找到本书的标题（通过搜索框查找或直接查看书名列表），然后单击书中的详细信息页面上的代码下载链接，就可以获取书中所有的源代码。

在完成每章结尾的练习时，推荐你利用参考示例代码亲自编写代码。所有练习用的代码文件同样也可从 Wrox 网站下载。

勘误表

尽管我们已竭尽所能来避免书中出现文本或代码错误，然而事实上，难免百密一疏。如果你在阅读本书的过程中发现了如拼写或编码上的错误，并愿意与我们联系进行反馈，我们将不胜感激。若你能帮助勘误，这将会使其他读者免于在困惑中长久徘徊，同时，你也是在帮助我们给读者提供更加高质量的信息。

本书的勘误表可在 www.wrox.com/go/procudac 处找到。在本书的详细信息页面，点击图书勘误表链接即可。在这个页面上，你可以查看所有已提交并由 Wrox 的编辑发布的勘误表。

致　谢 *Acknowledgements*

假如没有同事们提供的诸多建议和建设性的批评意见，假如不是朋友们共同出谋划策和鼎力相助，很难想象，我们到底能否顺利给这次出书工作画上完美的句号。

我们在此要向 NVIDIA 公司致谢，感谢贵公司协办的历场 GTC 会议，也感谢提供给我们的 CUDA 技术文件，这些在很大程度上提升了本书的价值和权威性。

我们尤其要感谢 NVIDIA 公司的两位技术研发工程师——Paulius Micikevicius 博士和王鹏博士，本书的编写离不开他们的建议和帮助。同样，特别感谢 NVIDIA 公司的 CUDA 首席专家马克·埃伯索尔先生在本书的审查过程中给予的指导和反馈。

我们要向 NVIDIA 公司的高级产品经理威尔·雷米先生和产品营销员纳迪姆·穆罕默德先生表示感谢，感谢他们在整个过程中不渝的支持和鼓励。

感谢 NVIDIA 公司的石油天然气总监保罗·霍尔茨豪尔先生在本书初始阶段的大力支持。

我们万分感激历场 GTC 会议上的演讲人和发言者，感谢你们在 GPU 计算技术领域的工作和付出。我们已在本书的推荐阅读书目中记录了对你们的称赞。

（程润伟）我在工作中应用 GPU 已有多年，忝列专家行列。这些年来得到过的帮助和指导无数，对此我始终心存感激。特别是戴南浔博士和鲍照博士，他们在地震成像项目上的边界网关协议（BGP）的鼓励、支持和指导。同样，感谢周正振博士、张伟博士、格雷斯张女士和凯杨先生四位同事，他们都出类拔萃，同他们一起工作倍感愉悦。我们的团队同样十分出色，很荣幸能够成为其中的一员。在此，还想特别感谢我博士课程的导师也是国际知名教授三雄根博士，感谢他向我伸出橄榄枝，给予我在日本的大学里任教的宝贵机会，并邀我与他共同执笔完成学术专著，当年我在东京经营一家计算技术类的公司时，在最初的起步阶段三雄根博士曾给予我大力支持。与我一同攻克本书的还有泰和马克斯，很开心与他们合作，在撰写本书的同时，不得不说我也从他们身上学到了许多。还要向我亲爱的妻子乔莉和儿子里克说声谢谢，在过去的一年中，在我为出书工作忙得焦头烂额的许多个夜晚和周末，谢谢他们无条件的爱，谢谢他们的全心支持，谢谢他们的包容和耐心。

（泰·麦克切尔）25年来，我一直致力于同软件开发人员一起攻克高性能计算（HPC）这一艰巨任务。我很高兴能够在 NVIDIA 公司工作，给客户提供更多专业知识来实现 GPU 的大规模并行。在这里要感谢许多 NVIDIA 公司的工作人员，尤其是 Paulius Micikevicius 博士，他具有天才般的洞察力和精益求精的工作态度，纵使手头的项目十分繁重，修改本书的工作也绝不打折扣。当约翰邀请我一同编著一本书来讲解 CUDA 知识的时候，我欣然应允。NVIDIA 公司的高级主管戴维·琼斯批准了我参与这本书的编写，但遗憾的是，戴维在与癌症病魔的斗争中没能坚持到最后。我们向戴维及他的家人深表哀思，即使戴维不幸过世，但他依然激励我们继续前行逐梦。另外，山克·特里维迪和马克·汉密尔顿不断的鼓励也始终是我们前进的动力。由于工作繁重，我还招募了马克斯加入这个项目。约翰和马克斯负责具体编写本书的内容，而我负责技术审校，审校的过程也让我从两位编者那里受益良多，这当真是一件乐事。最后，还应当感谢我的妻子朱迪和我的四个孩子，感谢他们给予我无条件的支持和爱——能够在为自己真心热爱的事业奋斗的同时得到如此的鼓励和鞭策，我是多么的幸运！

（马克斯·格罗斯曼）能够与诸多才华横溢的工程师与研究人员合作，能够得到优秀导师的不倦教诲，我感到无比幸运。首先要感谢莱斯大学的维韦克·萨卡教授和整个阿巴内罗研究小组。在那里，我开始涉足高性能计算且进入到 CUDA 的学术领域。正是维韦克教授与其他团队成员的殷切指导和无私帮助，引领我开启了探索神奇的学术研究世界的大门。另外还要感谢雷普索尔公司的毛里西奥·阿拉亚波罗和格莱迪斯·冈萨雷斯，也正是在他们的指导下所取得的宝贵经验，助我在参与本书编写时感到下笔有神。我相信，本书定能在科研和工程学领域提供实际有益的指导。最后，感谢约翰和泰邀请我参与本书的编写，感谢这段难忘的经历，无论是在 CUDA 领域还是写作和生活中都给予我无数宝贵经验。

没有技术编辑、项目编辑和审校者不可能有一本高质量的专业书籍的面世。诚挚地感谢我们的组稿编辑玛丽 E. 詹姆斯，项目编辑马丁 V. 明纳，文字编辑凯瑟琳·伯特和技术审校张伟、赵超。感谢这支颇具见地与才干的专业编辑团队为本书的成功出版所做的一切。与你们合作完成本书的编写着实愉悦之至。

目　录 *Contents*

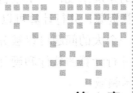

基于 CUDA 的异构并行计算

本章内容：

❑ 了解异构计算架构

❑ 认识并行程序设计的范例转换

❑ 掌握 GPU 程序设计的基本要素

❑ 了解 CPU 和 GPU 编程的区别

随着新科技和处理方法的普及，高性能计算（HPC）领域也在不断变化，而 HPC 的定义也随之产生了相应的变化。一般来说，它涉及多个处理器或计算机的使用，以高吞吐量和高效率来完成一个复杂的任务。HPC 不仅可以认为是一个计算架构，还可以认为是包括硬件系统、软件工具、编程平台及并行编程范例的一组元素列表。

在过去的十几年中，高性能计算取得了极大的发展，尤其是 GPU-CPU 异构架构的出现，直接导致了在并行程序设计中一个基本的范例转变。将从本章开始学习异构并行程序设计。

1.1 并行计算

在过去的几十年间，人们对并行计算产生了越来越多的兴趣。并行计算的主要目标是提高运算速度。

从纯粹的计算视角来看，并行计算可以被定义为计算的一种形式，在这种形式下，计算机可以同时进行许多运算，计算原则是一个大的问题往往可以被划分为很多可以同时解决的小问题。

从程序员的角度来说，一个很自然的疑问，就是如何将并发计算映射到计算机上。假设你有许多计算资源，并行计算可以被定义为同时使用许多计算资源（核心或计算机）来执行并发计算，一个大的问题可以被分解成多个小问题，然后在不同的计算资源上并行处理这些小问题。并行计算的软件和硬件层面是紧密联系的。事实上，并行计算通常涉及两个不同的计算技术领域。

❏ 计算机架构（硬件方面）

❏ 并行程序设计（软件方面）

计算机架构关注的是在结构级别上支持并行性，而并行编程设计关注的是充分使用计算机架构的计算能力来并发地解决问题。为了在软件中实现并行执行，硬件必须提供一个支持并行执行多进程或多线程的平台。

大多数现代处理器都应用了哈佛体系结构（Harvard architecture），如图 1-1 所示，它主要由 3 个部分组成。

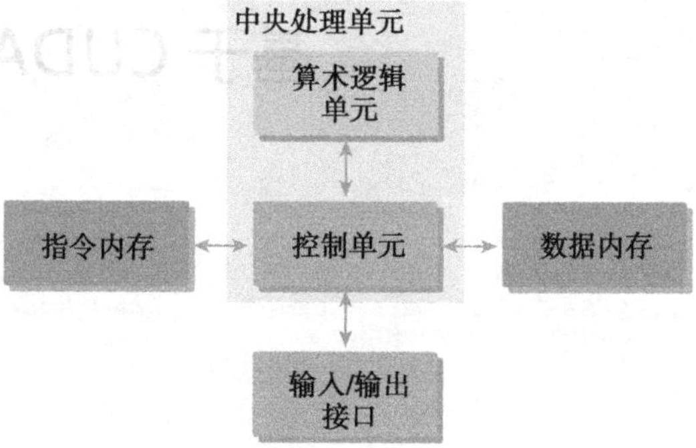

图 1-1

❏ 内存（指令内存和数据内存）

❏ 中央处理单元（控制单元和算术逻辑单元）

❏ 输入 / 输出接口

高性能计算的关键部分是中央处理单元（CPU），通常被称为计算机的核心。在早期的计算机中，一个芯片上只有一个 CPU，这种结构被称为单核处理器。现在，芯片设计的趋势是将多个核心集成到一个单一的处理器上，以在体系结构级别支持并行性，这种形式通常被称为多核处理器。因此，并行程序设计可以看作是将一个问题的计算分配给可用的核心以实现并行的过程。

当实现一段串行算法时，你可能不需要为了编写一个程序而特意去理解计算机架构的细节。但是，当在多核计算机上执行算法时，对于程序员来说，了解基本的计算机架构的特点就显得非常重要了。要编写一个既正确又高效的并行程序需要对多核体系结构有一个基本的认识。

以下介绍了并行计算的一些基本概念，以及这些概念与 CUDA 编程设计的联系。

1.1.1 串行编程和并行编程

当用计算机程序解决一个问题时，我们会很自然地把这个问题划分许多的运算块，每一个运算块执行一个指定的任务，如图 1-2 所示。这样的程序叫作串行程序。

有两种方法可以区分两个计算单元之间

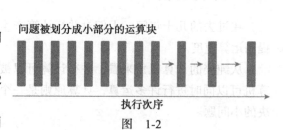

图 1-2

的关系：有些是有执行次序的，所以必须串行执行；其他的没有执行次序的约束，则可以并发执行。所有包含并发执行任务的程序都是并行程序。如图 1-3 所示，一个并行程序中可能会有一些串行部分。

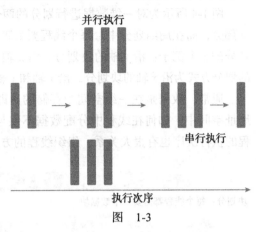

图　1-3

从程序员的角度来看，一个程序应包含两个基本的组成部分：指令和数据。当一个计算问题被划分成许多小的计算单元后，每个计算单元都是一个任务。在一个任务中，单独的指令负责处理输入和调用一个函数并产生输出。当一个指令处理前一个指令产生的数据时，就有了数据相关性的概念。因此，你可以区分任何两个任务之间的依赖关系，如果一个任务处理的是另一个任务的输出，那么它们就是相关的，否则就是独立的。

在并行算法的实现中，分析数据的相关性是最基本的内容，因为相关性是限制并行性的一个主要因素，而且在现代编程环境下，为了提高应用程序的运行速度，理解这些是很有必要的。在大多数情况下，具有依赖关系的任务之间的独立的关系链为并行化提供了很好的机会。

1.1.2　并行性

如今，并行性的应用非常广泛，在编程领域，并行编程设计正在成为主流。多层次的并行性设计是架构设计的驱动力。在应用程序中有两种基本的并行类型。

- ❑ 任务并行
- ❑ 数据并行

当许多任务或函数可以独立地、大规模地并行执行时，这就是任务并行。任务并行的重点在于利用多核系统对任务进行分配。

当可以同时处理许多数据时，这就是数据并行。数据并行的重点在于利用多核系统对数据进行分配。

CUDA 编程非常适合解决数据并行计算的问题。本书的重点便是如何使用 CUDA 编程解决数据并行问题。许多处理大数据集的应用可以使用数据并行模型来提高计算单元的速度。数据并行处理可以将数据映射给并行线程。

数据并行程序设计的第一步是把数据依据线程进行划分，以使每个线程处理一部分数据。通常来说，有两种方法可以对数据进行划分：块划分（block partitioning）和周期划分（cyclic partitioning）。在块划分中，一组连续的数据被分到一个块内。每个数据块以任意次序被安排给一个线程，线程通常在同一时间只处理一个数据块。在周期划分中，更少的数据被分到一个块内。相邻的线程处理相邻的数据块，每个线程可以处理多个数据块。为一个待处理的线程选择一个新的块，就意味着要跳过和现有线程一样多的数据块。

　　图1-4所示为对一维数据进行划分的两个例子。在块划分中，每个线程仅需处理数据的一部分，而在周期划分中，每个线程要处理数据的多个部分。图1-5所示为对二维数据进行划分的3个例子：沿y轴的块划分，沿x轴和y轴的块划分，以及沿x轴的周期划分。其余的划分方式为沿x轴的块划分，沿x轴和y轴的周期划分，以及沿y轴的周期划分留作练习。

　　通常，数据是在一维空间中存储的。即便是多维逻辑数据，仍然要被映射到一维物理地址空间中。如何在线程中分配数据不仅与数据的物理储存方式密切相关，并且与每个线程的执行次序也有很大关系。组织线程的方式对程序的性能有很大的影响。

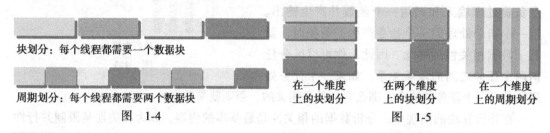

块划分：每个线程都需要一个数据块

周期划分：每个线程都需要两个数据块

图 1-4

在一个维度上的块划分　　在两个维度上的块划分　　在一个维度上的周期划分

图 1-5

数据划分

　　对数据划分有两种基本的方法：

　　❑ 块划分：每个线程作用于一部分数据，通常这些数据具有相同大小。

　　❑ 周期划分：每个线程作用于数据的多部分。

　　程序性能通常对块的大小比较敏感。块划分与周期划分中划分方式的选择与计算机架构有密切关系。具体实例详见本书其他章节。

1.1.3　计算机架构

　　有多种不同的方法可以对计算机架构进行分类。一个广泛使用的分类方法是弗林分类法（Flynn's Taxonomy），它根据指令和数据进入CPU的方式，将计算机架构分为4种不同的类型（如图1-6所示）。

　　❑ 单指令单数据（SISD）

　　❑ 单指令多数据（SIMD）

　　❑ 多指令单数据（MISD）

　　❑ 多指令多数据（MIMD）

数据

单指令多数据（SIMD）　　多指令多数据（MIMD）

单指令单数据（SISD）　　多指令单数据（MISD）

指令

图 1-6

SISD 指的是传统计算机：一种串行架构。在这种计算机上只有一个核心。在任何时间点上只有一个指令流在处理一个数据流。

SIMD 是一种并行架构类型。在这种计算机上有多个核心。在任何时间点上所有的核心只有一个指令流处理不同的数据流。向量机是一种典型的 SIMD 类型的计算机，现在大多数计算机都采用了 SIMD 架构。SIMD 最大的优势或许就是，在 CPU 上编写代码时，程序员可以继续按串行逻辑思考但对并行数据操作实现并行加速，而其他细节则由编译器来负责。

MISD 类架构比较少见，在这种架构中，每个核心通过使用多个指令流处理同一个数据流。

MIMD 是一种并行架构，在这种架构中，多个核心使用多个指令流来异步处理多个数据流，从而实现空间上的并行性。许多 MIMD 架构还包括 SIMD 执行的子组件。

为了实现以下目的，在架构层次上已经取得了许多进展。

❑ 降低延迟

❑ 提高带宽

❑ 提高吞吐量

延迟是一个操作从开始到完成所需要的时间，常用微秒来表示。带宽是单位时间内可处理的数据量，通常表示为 MB/s 或 GB/s。吞吐量是单位时间内成功处理的运算数量，通常表示为 gflops（即每秒十亿次的浮点运算数量），特别是在重点使用浮点计算的科学计算领域经常用到。延迟用来衡量完成一次操作的时间，而吞吐量用来衡量在给定的单位时间内处理的操作量。

计算机架构也能根据内存组织方式进行进一步划分，一般可以分成下面两种类型。

❑ 分布式内存的多节点系统

❑ 共享内存的多处理器系统

在多节点系统中，大型计算引擎是由许多网络连接的处理器构成的。每个处理器有自己的本地内存，而且处理器之间可以通过网络进行通信。图 1-7 所示为一个典型的分布式内存的多节点系统，这种系统常被称作集群。

多处理器架构的大小通常是从双处理器到几十个或几百个处理器之间。这些处理器要么是与同一个物理内存相关联（如图 1-8 所示），要么共用一个低延迟的链路（如 PCI-Express 或 PCIe）。尽管共享内存意味着共享地址空间，但并不意味着它就是一个独立的物理内存。这样的多处理器不仅包括由多个核心组成的单片机系统，即所谓的多核系统，而且还包括由多个芯片组成的计算机系统，其中每一个芯片都可能是多核的。目

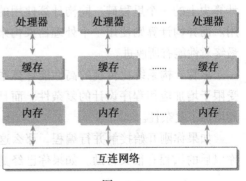

图　1-7

前，多核架构已经永久地取代了单核架构。

"众核"（many-core）通常是指有很多核心（几十或几百个）的多核架构。近年来，计算机架构正在从多核转向众核。

GPU 代表了一种众核架构，几乎包括了前文描述的所有并行结构：多线程、MIMD（多指令多数据）、SIMD（单指令多数据），以及指令级并行。NVIDIA 公司称这种架构为 SIMT（单指令多线程）。

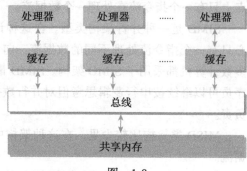

图 1-8

GPU 和 CPU 的来源并不相同。历史上，GPU 是图形加速器。直到最近，GPU 才演化成一个强大的、多用途的、完全可编程的，以及任务和数据并行的处理器，它非常适合解决大规模的并行计算问题。

GPU 核心和 CPU 核心

尽管可以使用多核和众核来区分 CPU 和 GPU 的架构，但这两种核心是完全不同的。

CPU 核心比较重，用来处理非常复杂的控制逻辑，以优化串行程序执行。

GPU 核心较轻，用于优化具有简单控制逻辑的数据并行任务，注重并行程序的吞吐量。

1.2 异构计算

最初，计算机只包含用来运行编程任务的中央处理器（CPU）。近年来，高性能计算领域中的主流计算机不断添加了其他处理元素，其中最主要的就是 GPU。GPU 最初是被设计用来专门处理并行图形计算问题的，随着时间的推移，GPU 已经成了更强大且更广义的处理器，在执行大规模并行计算中有着优越的性能和很高的效率。

CPU 和 GPU 是两个独立的处理器，它们通过单个计算节点中的 PCI-Express 总线相连。在这种典型的架构中，GPU 指的是离散的设备从同构系统到异构系统的转变是高性能计算史上的一个里程碑。同构计算使用的是同一架构下的一个或多个处理器来执行一个应用。而异构计算则使用一个处理器架构来执行一个应用，为任务选择适合它的架构，使其最终对性能有所改进。

尽管异构系统比传统的高性能计算系统有更大的优势，但目前对这种系统的有效利用受限于增加应用程序设计的复杂性。而且最近得到广泛关注的并行计算也因包含异构资源而增加了复杂性。

如果你刚开始接触并行编程，那么这些性能的改进和异构架构中可用的软件工具将对你以后的编程有很大帮助。如果你已经是一个很好的并行编程程序员了，那么适应并行异构架构的并行编程是很简单的。

1.2.1　异构架构

一个典型的异构计算节点包括两个多核 CPU 插槽和两个或更多个的众核 GPU。GPU 不是一个独立运行的平台而是 CPU 的协处理器。因此，GPU 必须通过 PCIe 总线与基于 CPU 的主机相连来进行操作，如图 1-9 所示。这就是为什么 CPU 所在的位置被称作主机端而 GPU 所在的位置被称作设备端。

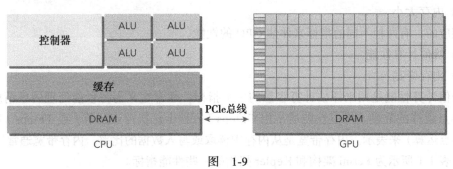

图　1-9

一个异构应用包括两个部分。

❑ 主机代码
❑ 设备代码

主机代码在 CPU 上运行，设备代码在 GPU 上运行。异构平台上执行的应用通常由 CPU 初始化。在设备端加载计算密集型任务之前，CPU 代码负责管理设备端的环境、代码和数据。

在计算密集型应用中，往往有很多并行数据的程序段。GPU 就是用来提高这些并行数据的执行速度的。当使用 CPU 上的一个与其物理上分离开的硬件组件来提高应用中的计算密集部分的执行速度时，这个组件就成为了一个硬件加速器。GPU 可以说是最为常见的硬件加速器。

以下产品应用了 NVIDIA 公司的 GPU 计算平台。

❑ Tegra
❑ GeForce
❑ Quadro
❑ Tesla

Tegra 系列产品是专为移动和嵌入式设备而设计的，如平板电脑和手机，GeForce 面向图形用户，Quadro 用于专业绘图设计，Tesla 用于大规模的并行计算。Fermi 是 Tesla 系列产品中的一种，用作 GPU 加速器，近来在高性能计算中获得了广泛应用。NVIDIA 于 2010 年发布的 Fermi 架构是世界上第一款完整的 GPU 计算架构。Fermi GPU 加速器的出现让许多领域的高性能计算有了新的发展，如地震资料处理、生化模拟、天气和气候建模、信号处理、计算金融、计算机辅助工程、计算流体力学和数据分析等。Fermi 之后的新一代 GPU 计算架构 Kepler，于 2012 年秋季发布，其处理能力相比以往的 GPU 有很大提升，并且提供了新的方法来优化和提高 GPU 并行工作的执行，有望将高性能计算提升到新的高度。Tegra K1 包含一个 Kepler GPU，并能满足 GPU 在嵌入式应用中的一切要求。

以下是描述 GPU 容量的两个重要特征。

❑ CUDA 核心数量

❑ 内存大小

相应的，有两种不同的指标来评估 GPU 的性能。

❑ 峰值计算性能

❑ 内存带宽

峰值计算性能是用来评估计算容量的一个指标，通常定义为每秒能处理的单精度或双精度浮点运算的数量。峰值性能通常用 GFlops（每秒十亿次浮点运算）或 TFlops（每秒万亿次浮点运算）来表示。内存带宽是从内存中读取或写入数据的比率。内存带宽通常用 GB/s 表示。表 1-1 所示为 Fermi 架构和 Kepler 架构的一些性能指标。

表 1-1 Fermi 和 Kepler

	Fermi (TESLA C2050)	Kepler (TESLA K10)		Fermi (TESLA C2050)	Kepler (TESLA K10)
CUDA 核心	448	2×1536	峰值性能[①]	1.03 TFlops	4.58 TFlops
内存	6 GB	8 GB	内存带宽	144 GB/s	320 GB/s

①单精度浮点性能的峰值。

本书中的大多数示例程序均可在 Fermi 和 Kepler 两种 GPU 上运行。一些示例需要在只包含 Kepler GPU 中特殊的架构上运行。

计算能力

NVIDIA 使用一个术语"计算能力"（compute capability）来描述整个 Tesla 系列的 GPU 加速器的硬件版本。表 1-2 给出了 Tesla 产品的各个版本及其计算能力。

具有相同主版本号的设备具有相同的核心架构。

❑ 主版本 NO.3 是 Kepler 类架构。

❑ 主版本 NO.2 是 Fermi 类架构。

❑ 主版本 NO.1 是 Tesla 类架构。

NVIDIA 发布的第一版 GPU 包含了与整个 Tesla GPU 加速器系列相同的名称"Tesla"。本书中的所有示例都需要版本 2 以上的计算能力。

表 1-2 Tesla GPU 计算产品的计算能力

GPU	计 算 能 力	GPU	计 算 能 力
Tesla K40	3.5	Tesla C2070	2.0
Tesla K20	3.5	Tesla C1060	1.3
Tesla K10	3.0		

1.2.2 异构计算范例

GPU 计算并不是要取代 CPU 计算。对于特定的程序来说，每种计算方法都有它自己的优点。CPU 计算适合处理控制密集型任务，GPU 计算适合处理包含数据并行的计算密集型任务。GPU 与 CPU 结合后，能有效提高大规模计算问题的处理速度与性能。CPU 针对动态工作负载进行了优化，这些动态工作负载是由短序列的计算操作和不可预测的控制流程标记的；而 GPU 在其他领域内的目的是：处理由计算任务主导的且带有简单控制流的工作负载。如图 1-10 所示，可以从两个方面来区分 CPU 和 GPU 应用的范围。

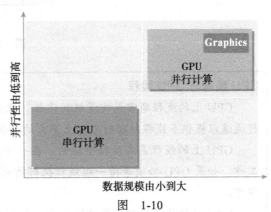

图   1-10

- ❑ 并行级
- ❑ 数据规模

如果一个问题有较小的数据规模、复杂的控制逻辑和 / 或很少的并行性，那么最好选择 CPU 处理该问题，因为它有处理复杂逻辑和指令级并行性的能力。相反，如果该问题包含较大规模的待处理数据并表现出大量的数据并行性，那么使用 GPU 是最好的选择。因为 GPU 中有大量可编程的核心，可以支持大规模多线程运算，而且相比 CPU 有较大的峰值带宽。

因为 CPU 和 GPU 的功能互补性导致了 CPU＋GPU 的异构并行计算架构的发展，这两种处理器的类型能使应用程序获得最佳的运行效果。因此，为获得最佳性能，你可以同时使用 CPU 和 GPU 来执行你的应用程序，在 CPU 上执行串行部分或任务并行部分，在 GPU 上执行数据密集型并行部分，如图 1-11 所示。

这种代码的编写方式能保证 GPU 与 CPU 相辅相成，从而使 CPU＋GPU 系统的计算能力得以充分利用。为了支持使用 CPU＋GPU 异构系统架构来执行应用程序，NVIDIA 设计了一个被称为 CUDA 的编程模型。这个新的编程模型是本书将要介绍的重点。

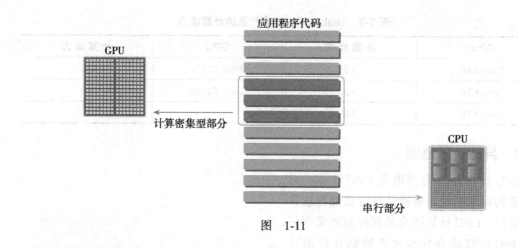

图 1-11

> **CPU 线程与 GPU 线程**
>
> CPU 上的线程通常是重量级的实体。操作系统必须交替线程使用启用或关闭 CPU 执行通道以提供多线程处理功能。上下文的切换缓慢且开销大。
>
> GPU 上的线程是高度轻量级的。在一个典型的系统中会有成千上万的线程排队等待工作。如果 GPU 必须等待一组线程执行结束，那么它只要调用另一组线程执行其他任务即可。
>
> CPU 的核被设计用来尽可能减少一个或两个线程运行时间的延迟，而 GPU 的核是用来处理大量并发的、轻量级的线程，以最大限度地提高吞吐量。
>
> 现在，四核 CPU 上可以同时运行 16 个线程，如果 CPU 支持超线程可支持多至 32 个线程。
>
> 现代的 NVIDIA GPU 在每个多处理器上最多可以并发支持 1 536 个同时活跃的线程。有 16 个多处理器的 GPU，可以并发支持超过 24 000 个同时活跃的线程。

1.2.3 CUDA：一种异构计算平台

CUDA 是一种通用的并行计算平台和编程模型，它利用 NVIDIA GPU 中的并行计算引擎能更有效地解决复杂的计算问题。通过使用 CUDA，你可以像在 CPU 上那样，通过 GPU 来进行计算。

CUDA 平台可以通过 CUDA 加速库、编译器指令、应用编程接口以及行业标准程序语言的扩展（包括 C、C++、Fortran、Python，如图 1-12 所示）来使用。本书重点介绍 CUDA C 的编程。

CUDA C 是标准 ANSI C 语言的一个扩展，它带有的少数语言扩展功能使异构编程成为可能，同时也能通过 API 来管理设备、内存和其他任务。CUDA 还是一个可扩展的编程模型，它使程序能对有不同数量核的 GPU 明显地扩展其并行性，同时对熟悉 C 编程语言的程序员来说也比较容易上手。

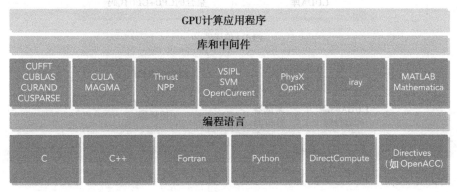

图　1-12

CUDA 提供了两层 API 来管理 GPU 设备和组织线程，如图 1-13 所示。

❏　CUDA 驱动 API

❏　CUDA 运行时 API

驱动 API 是一种低级 API，它相对来说较难编程，但是它对于在 GPU 设备使用上提供了更多的控制。运行时 API 是一个高级 API，它在驱动 API 的上层实现。每个运行时 API 函数都被分解为更多传给驱动 API 的基本运算。

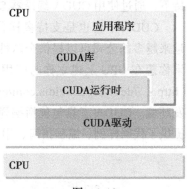

图　1-13

运行时 API 与驱动 API

运行时 API 和驱动 API 之间没有明显的性能差异。在设备端，内核是如何使用内存以及你是如何组织线程的，对性能有更显著的影响。

这两种 API 是相互排斥的，你必须使用两者之一，从两者中混合函数调用是不可能的。本书中所有例子都使用运行时 API。

一个 CUDA 程序包含了以下两个部分的混合。

❏　在 CPU 上运行的主机代码

❏　在 GPU 上运行的设备代码

NVIDIA 的 CUDA nvcc 编译器在编译过程中将设备代码从主机代码中分离出来。如图 1-14 所示，主机代码是标准的 C 代码，使用 C 编译器进行编译。设备代码，也就是核函数，是用扩展的带有标记数据并行函数关键字的 CUDA C 语言编写的。设备代码通过 nvcc 进行编译。在链接阶段，在内核程序调用和显示 GPU 设备操作中添加 CUDA 运行时库。

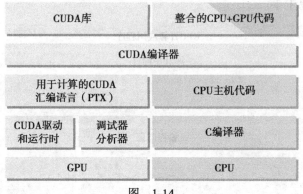

图　1-14

　　CUDA nvcc 编译器是以广泛使用 LLVM 开源编译系统为基础的。在 GPU 加速器的支持下，通过使用 CUDA 编译器 SDK，你可以创建或扩展编程语言，如图 1-15 所示。

　　CUDA 平台也是支持多样化并行计算生态系统的基础，如图 1-16 所示。现在，随着越来越多的公司可以提供全球性的工具、服务和解决方案，CUDA 生态系统迅速成长。如果你想在 GPU 上建立你的应用程序，强化 GPU 性能的最简单方法是使用 CUDA 工具包（http：//deve-loper.nvidia.com/cuda-toolkit），它为 C 和 C++ 开发人员提供了一个综合的开发环境。CUDA 工具包包括编译器、数学库，以及调试和优化应用程序性能的工具。同时提供了代码样例、编程指南、用户手册、API 参考文档和其他帮助你入门的文档。

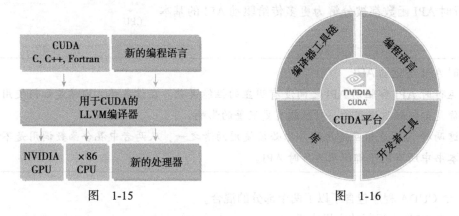

图　1-15　　　　　　　　　　　　　　图　1-16

1.3　用 GPU 输出 Hello World

　　学习一个新编程语言的最好方法就是使用这种新语言来编写程序。在本节，你将开始编写在 GPU 上运行的第一个内核代码。像其他任何编程语言一样编写 GPU 上的第一个程序是输出字符串"Hello World"。

　　如果这是你第一次使用 CUDA，在 Linux 系统中，你可能想使用以下命令来检查 CUDA 编译器是否正确安装：

```
$ which nvcc
```

通常的结果可能是：

```
/usr/local/cuda/bin/nvcc
```

你还需要检查你的机器上是否安装了 GPU 加速卡。对此你可以在 Linux 系统上使用以下命令：

```
$ ls -l /dev/nv*
```

通常的结果是：

```
crw-rw-rw- 1 root root 195,   0 Jul  3 13:44 /dev/nvidia0
crw-rw-rw- 1 root root 195,   1 Jul  3 13:44 /dev/nvidia1
crw-rw-rw- 1 root root 195, 255 Jul  3 13:44 /dev/nvidiactl
crw-rw---- 1 root root  10, 144 Jul  3 13:39 /dev/nvram
```

在这个例子中，你安装了两个 GPU 卡（不同的用户配置可能有所不同，因此显示结果会有所差异）。现在你要准备好写你的第一个 CUDA C 程序。写一个 CUDA C 程序，你需要以下几个步骤：

1. 用专用扩展名 .cu 来创建一个源文件。
2. 使用 CUDA nvcc 编译器来编译程序。
3. 从命令行运行可执行文件，这个文件有可在 GPU 上运行的内核代码。

首先，我们编写一个 C 语言程序来输出"Hello World"，如下所示：

```c
#include <stdio.h>
int main(void)
{
    printf("Hello World from CPU!\n");
}
```

把代码保存到 hello.cu 中，然后使用 nvcc 编译器来编译。CUDA nvcc 编译器和 gcc 编译器及其他编译器有相似的语义。

```
$ nvcc hello.cu -o hello
```

如果你运行可执行文件 hello，将会输出：

```
Hello World from CPU!
```

接下来，编写一个内核函数，命名为 helloFromGPU，用它来输出字符串"Hello World from GPU!"。

```c
__global__ void helloFromGPU(void)
{
    printf("Hello World from GPU!\n");
}
```

修饰符 __global__ 告诉编译器这个函数将会从 CPU 中调用，然后在 GPU 上执行。用下面的代码启动内核函数。

```c
helloFromGPU <<<1,10>>>();
```

三重尖括号意味着从主线程到设备端代码的调用。一个内核函数通过一组线程来执行，所有线程执行相同的代码。三重尖括号里面的参数是执行配置，用来说明使用多少线程来执行内核函数。在这个例子中，有 10 个 GPU 线程被调用。综上所述，得到代码清单 1-1 所示的程序。

代码清单1-1　Hello World from GPU（hello.cu）

```
#include <stdio.h>

__global__ void helloFromGPU (void)
{
    printf("Hello World from GPU!\n");
}

int main(void)
{
    // hello from cpu
    printf("Hello World from CPU!\n");

    helloFromGPU <<<1, 10>>>();
    cudaDeviceReset();
    return 0;
}
```

函数 cudaDeviceRest() 用来显式地释放和清空当前进程中与当前设备有关的所有资源。如下所示，在 nvcc 命令行中使用 -arch sm_20 进行编译：

```
$ nvcc  -arch sm_20 hello.cu -o hello
```

开关语句 -arch sm_20 使编译器为 Fermi 架构生成设备代码。运行这个可执行文件，它将输出 10 条字符串"Hello World from GPU"，每个线程输出 1 条。

```
$ ./hello
Hello World from CPU!
Hello World from GPU!
Hello World from GPU!
Hello World from GPU!
Hello World from GPU!
Hello World from GPU!
Hello World from GPU!
Hello World from GPU!
Hello World from GPU!
Hello World from GPU!
Hello World from GPU!
```

CUDA 编程结构

一个典型的 CUDA 编程结构包括 5 个主要步骤。

1. 分配 GPU 内存。

2. 从 CPU 内存中拷贝数据到 GPU 内存。

3. 调用 CUDA 内核函数来完成程序指定的运算。

4. 将数据从 GPU 拷回 CPU 内存。

5. 释放 GPU 内存空间。

在 hello.cu 中，你只看到了第三步：调用内核。本书其他部分的示例代码是完全按照 CUDA 编程结构来编写的。

1.4　使用 CUDA C 编程难吗

CPU 编程和 GPU 编程的主要区别是程序员对 GPU 架构的熟悉程度。用并行思维进行思考并对 GPU 架构有了基本的了解，会使你编写规模达到成百上千个核的并行程序，如同写串行程序一样简单。

如果你想编写一个像并行程序一样高效的代码，那么你需要对 CPU 架构有基本的了解。例如，数据局部性在并行编程中是一个非常重要的概念。数据局部性指的是数据重用，以降低内存访问的延迟。数据局部性有两种基本类型。时间局部性是指在相对较短的时间段内数据和 / 或资源的重用。空间局部性是指在相对较接近的存储空间内数据元素的重用。现代的 CPU 架构使用大容量缓存来优化具有良好空间局部性和时间局部性的应用程序。设计高效利用 CPU 缓存的算法是程序员的工作。程序员必须处理低层的缓存优化，但由于线程在底层架构中的安排是透明的，所以这一点程序员是没有办法优化的。

CUDA 中有内存层次和线程层次的概念，使用如下结构，有助于你对线程执行进行更高层次的控制和调度：

❑ 内存层次结构

❑ 线程层次结构

例如，在 CUDA 编程模型中使用的共享内存（一个特殊的内存）。共享内存可以视为一个被软件管理的高速缓存，通过为主内存节省带宽来大幅度提高运行速度。有了共享内存，你可以直接控制代码的数据局部性。

当用 ANSI C 语言编写一个并行程序时，你需要使用 pthreads 或者 OpenMP 来显式地组织线程，这两项技术使得在大多数处理器架构以及操作系统中支持并行编程。当用 CUDA C 编写程序时，实际上你只编写了被单个线程调用的一小段串行代码。GPU 处理这个内核函数，然后通过启动成千上万个线程来实现并行化，所有的线程都执行相同的计算。CUDA 编程模型提供了一个层次化地组织线程的方法，它直接影响到线程在 GPU 上的执行顺序。因为 CUDA C 是 C 语言的扩展，通常可以直接将 C 程序移植到 CUDA C 程序中。概念上，剥离代码中的循环后产生 CUDA C 实现的内核代码。

CUDA 抽象了硬件细节，且不需要将应用程序映射到传统图形 API 上。CUDA 核中有 3 个关键抽象：线程组的层次结构，内存的层次结构以及障碍同步。这 3 个抽象是最小的一组语言扩展。随着 CUDA 版本的更新，NVIDIA 正在对并行编程进行不断简化。尽管一些人仍然认为 CUDA 的概念比较低级，但如果稍稍提高抽象级，对你控制应用程序和平台之间的互动关系来说会增加很大难度。如果那样的话，不管你掌握了多少底层架构的知识，你的应用程序的性能都将超出控制。

因此，你的目标应是学习 GPU 架构的基础及掌握 CUDA 开发工具和环境。

CUDA 开发环境

NVIDIA 为 C 和 C++ 开发人员提供了综合的开发环境以创建 GPU 加速应用程序，包括以下几种。

❑ NVIDIA Nsight 集成开发环境
❑ CUDA-GDB 命令行调试器
❑ 用于性能分析的可视化和命令行分析器
❑ CUDA-MEMCHECK 内存分析器
❑ GPU 设备管理工具

当你熟悉这些工具的使用之后，你会发现使用 CUDA C 语言进行编程是非常简单高效的。

1.5　总结

随着计算机架构和并行编程模型的发展，逐渐有了现在所用的异构系统。CUDA 平台帮助提高了异构架构的性能和程序员的工作效率。

CPU＋GPU 的异构系统在高性能计算领域已经成为主流。这种变化使并行设计范例有了根本性转变：在 GPU 上执行数据并行工作，而在 CPU 上执行串行和任务并行工作。

作为完整的 GPU 计算架构，Fermi 和 Kepler GPU 加速器让许多领域的高性能计算水平有了提高。在阅读和理解本书中这些概念后，你会发现，在异构系统中编写一个具有成百上千个核的 CUDA 程序就像编写一个串行程序那样简单。

1.6　习题

1. 参考图 1-5，分析以下几种数据划分形式：
　（1）对于二维数据，沿 x 轴进行块划分
　（2）对于二维数据，沿 y 轴进行周期划分
　（3）对于三维数据，沿 z 轴进行周期划分
2. 从 hello.cu 中移除 cudaDeviceReset 函数，然后编译运行，看看会发生什么。
3. 用 cudaDeviceSynchronize 函数来替换 hello.cu 中的 cudaDeviceReset 函数，然后编译运行，看看会

发生什么。

4. 参考 1.3 节，从编译器命令行中移除设备架构标志，然后按照下面的方式进行编译，看看会发生什么。

```
$ nvcc  hello.cu -o hello
```

5. 参阅 CUDA 在线文档（http://docs.nvidia.com/cuda/index.html）。基于"CUDA 编译器驱动 NVCC"一节，谈谈 nvcc 对带有哪些后缀的文件支持编译？

6. 为执行核函数的每个线程提供了一个唯一的线程 ID，通过内置变量 threadIdx.x 可以在内核中对线程进行访问。在 hello.cu 中修改核函数的线程索引，使输出如下：

```
$ ./hello
Hello World from CPU!
Hello World from GPU thread 5!
```

Chapter 2 第 2 章

CUDA 编程模型

本章内容：

☐ 写一个 CUDA 程序

☐ 执行一个核函数

☐ 用网格和线程块组织线程

☐ GPU 性能测试

　　CUDA 是一种通用的并行计算平台和编程模型，是在 C 语言基础上扩展的。借助于 CUDA，你可以像编写 C 语言程序一样实现并行算法。你可以在 NVIDIA 的 GPU 平台上用 CUDA 为多种系统编写应用程序，范围从嵌入式设备、平板电脑、笔记本电脑、台式机、工作站到 HPC 集群（高性能计算集群）。熟悉 C 语言编程工具有助于在整个项目周期中编写、调试和分析你的 CUDA 程序。在本章中，我们将通过向量加法和矩阵加法这两个简单的例子来学习如何编写一个 CUDA 程序。

2.1　CUDA 编程模型概述

　　CUDA 编程模型提供了一个计算机架构抽象作为应用程序和其可用硬件之间的桥梁。图 2-1 说明了程序和编程模型实现之间的抽象结构的重要。通信抽象是程序与编程模型实现之间的分界线，它通过专业的硬件原语和操作系统的编译器或库来实现。利用编程模型所编写的程序指定了程序的各组成部分是如何共享信息及相互协作的。编

图　2-1

程模型从逻辑上提供了一个特定的计算机架构，通常它体现在编程语言或编程环境中。

除了与其他并行编程模型共有的抽象外，CUDA 编程模型还利用 GPU 架构的计算能力提供了以下几个特有功能。

- ❑ 一种通过层次结构在 GPU 中组织线程的方法
- ❑ 一种通过层次结构在 GPU 中访问内存的方法
- ❑ 在本章和下一章你将重点学习第一个主题，而在第 4 章和第 5 章将学习第二个主题。

以程序员的角度可以从以下几个不同的层面来看待并行计算。

- ❑ 领域层
- ❑ 逻辑层
- ❑ 硬件层

在编程与算法设计的过程中，你最关心的应是在领域层如何解析数据和函数，以便在并行运行环境中能正确、高效地解决问题。当进入编程阶段，你的关注点应转向如何组织并发线程。在这个阶段，你需要从逻辑层面来思考，以确保你的线程和计算能正确地解决问题。在 C 语言并行编程中，需要使用 pthreads 或 OpenMP 技术来显式地管理线程。CUDA 提出了一个线程层次结构抽象的概念，以允许控制线程行为。在阅读本书中的示例时，你会发现这个抽象为并行编程提供了良好的可扩展性。在硬件层，通过理解线程是如何映射到核心可以帮助提高其性能。CUDA 线程模型在不强调较低级别细节的情况下提供了充足的信息，具体内容详见第 3 章。

2.1.1　CUDA 编程结构

CUDA 编程模型使用由 C 语言扩展生成的注释代码在异构计算系统中执行应用程序。在一个异构环境中包含多个 CPU 和 GPU，每个 GPU 和 CPU 的内存都由一条 PCI-Express 总线分隔开。因此，需要注意区分以下内容。

- ❑ 主机：CPU 及其内存（主机内存）
- ❑ 设备：GPU 及其内存（设备内存）

为了清楚地指明不同的内存空间，在本书的示例代码中，主机内存中的变量名以 h_ 为前缀，设备内存中的变量名以 d_ 为前缀。

从 CUDA 6.0 开始，NVIDIA 提出了名为"统一寻址"（Unified Memory）的编程模型的改进，它连接了主机内存和设备内存空间，可使用单个指针访问 CPU 和 GPU 内存，无须彼此之间手动拷贝数据。更多细节详见第 4 章。现在，重要的是应学会如何为主机和设备分配内存空间以及如何在 CPU 和 GPU 之间拷贝共享数据。这种程序员管理模式控制下的内存和数据可以优化应用程序并实现硬件系统利用率的最大化。

内核（kernel）是 CUDA 编程模型的一个重要组成部分，其代码在 GPU 上运行。作为一个开发人员，你可以串行执行核函数。在此背景下，CUDA 的调度管理程序员在 GPU 线程上编写核函数。在主机上，基于应用程序数据以及 GPU 的性能定义如何让设备实现算法功能。这样做的目的是使你专注于算法的逻辑（通过编写串行代码），且在创建和管理大量的 GPU 线程时不必拘泥于细节。

多数情况下，主机可以独立地对设备进行操作。内核一旦被启动，管理权立刻返回给主机，释放 CPU 来执行由设备上运行的并行代码实现的额外的任务。CUDA 编程模型主要是异步的，因此在 GPU 上进行的运算可以与主机 – 设备通信重叠。一个典型的 CUDA 程序包括由并行代码互补的串行代码。如图 2-2 所示，串行代码（及任务并行代码）在主机 CPU 上执行，而并行代码在 GPU 上执行。主机代码按照 ANSI C 标准进行编写，而设备代码使用 CUDA C 进行编写。你可以将所有的代码统一放在一个源文件中，也可以使用多个源文件来构建应用程序和库。NVIDIA 的 C 编译器（nvcc）为主机和设备生成可执行代码。

一个典型的 CUDA 程序实现流程遵循以下模式。

1. 把数据从 CPU 内存拷贝到 GPU 内存。

2. 调用核函数对存储在 GPU 内存中的数据进行操作。

3. 将数据从 GPU 内存传送回到 CPU 内存。

首先，你要学习的是内存管理及主机和设备之间的数据传输。在本章后面你将学到更多 GPU 核函数执行的细节内容。

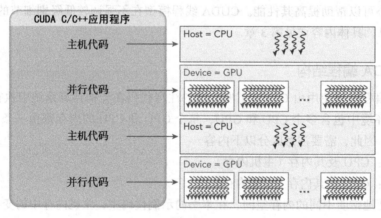

图   2-2

2.1.2   内存管理

CUDA 编程模型假设系统是由一个主机和一个设备组成的，而且各自拥有独立的内存。核函数是在设备上运行的。为使你拥有充分的控制权并使系统达到最佳性能，CUDA 运行时负责分配与释放设备内存，并且在主机内存和设备内存之间传输数据。表 2-1 列出了标准的 C 函数以及相应地针对内存操作的 CUDA C 函数。

用于执行 GPU 内存分配的是 cudaMalloc 函数，其函数原型为：

```
cudaError_t cudaMalloc ( void** devPtr, size_t size )
```

表 2-1　主机和设备内存函数

标准的 C 函数	CUDA C 函数	标准的 C 函数	CUDA C 函数
malloc	cudaMalloc	memset	cudaMemset
memcpy	cudaMemcpy	free	cudaFree

该函数负责向设备分配一定字节的线性内存，并以 devPtr 的形式返回指向所分配内存的指针。cudaMalloc 与标准 C 语言中的 malloc 函数几乎一样，只是此函数在 GPU 的内存里分配内存。通过充分保持与标准 C 语言运行库中的接口一致性，可以实现 CUDA 应用程序的轻松接入。

cudaMemcpy 函数负责主机和设备之间的数据传输，其函数原型为：

```
cudaError_t cudaMemcpy ( void* dst, const void* src, size_t count,
    cudaMemcpyKind kind )
```

此函数从 src 指向的源存储区复制一定数量的字节到 dst 指向的目标存储区。复制方向由 kind 指定，其中的 kind 有以下几种。

❏ cudaMemcpyHostToHost

❏ cudaMemcpyHostToDevice

❏ cudaMemcpyDeviceToHost

❏ cudaMemcpyDeviceToDevice

这个函数以同步方式执行，因为在 cudaMemcpy 函数返回以及传输操作完成之前主机应用程序是阻塞的。除了内核启动之外的 CUDA 调用都会返回一个错误的枚举类型 cudaError_t。如果 GPU 内存分配成功，函数返回：

```
cudaSuccess
```

否则返回：

```
cudaErrorMemoryAllocation
```

可以使用以下 CUDA 运行时函数将错误代码转化为可读的错误消息：

```
char*  cudaGetErrorString(cudaError_t error)
```

cudaGetErrorString 函数和 C 语言中的 strerror 函数类似。

CUDA 编程模型从 GPU 架构中抽象出一个内存层次结构。图 2-3 所示的是一个简化的 GPU 内存结构，它主要包含两部分：全局内存和共享内存。第 4 章和第 5 章详细介绍了 GPU 内存层次结构的内容。

内存层次结构

CUDA 编程模型最显著的一个特点就是揭示了内存层次结构。每一个 GPU 设备都有用于不同用途的存储类型。在第 4 章和第 5 章将会详细介绍。

在 GPU 内存层次结构中，最主要的两种内存是全局内存和共享内存。全局类似于 CPU 的系统内存，而共享内存类似于 CPU 的缓存。然而 GPU 的共享内存可以由 CUDA C 的内核直接控制。

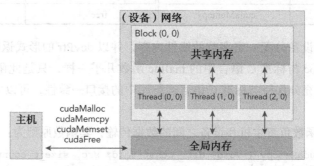

图 2-3

下面，我们将通过一个简单的两个数组相加的例子来学习如何在主机和设备之间进行数据传输，以及如何使用 CUDA C 编程。如图 2-4 所示，数组 a 的第一个元素与数组 b 的第一个元素相加，得到的结果作为数组 c 的第一个元素，重复这个过程直到数组中的所有元素都进行了一次运算。

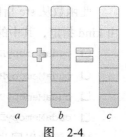

图 2-4

首先，执行主机端代码使两个数组相加（如代码清单 2-1 所示）。

代码清单2-1 sumArraysOnHost.c

```c
#include <stdlib.h>
#include <string.h>
#include <time.h>

void sumArraysOnHost(float *A, float *B, float *C, const int N) {
    for (int idx=0; idx<N; idx++) {
        C[idx] = A[idx] + B[idx];
    }
}

void initialData(float *ip,int size) {
    // generate different seed for random number
    time_t t;
    srand((unsigned int) time(&t));

    for (int i=0; i<size; i++) {
        ip[i] = (float)( rand() & 0xFF )/10.0f;
    }
}

int main(int argc, char **argv) {
    int nElem = 1024;
    size_t nBytes = nElem * sizeof(float);
```

```
    float *h_A, *h_B, *h_C;
    h_A = (float *)malloc(nBytes);
    h_B = (float *)malloc(nBytes);
    h_C = (float *)malloc(nBytes);

    initialData(h_A, nElem);
    initialData(h_B, nElem);

    sumArraysOnHost(h_A, h_B, h_C, nElem);

    free(h_A);
    free(h_B);
    free(h_C);

    return(0);
}
```

这是一个纯 C 语言编写的程序，你可以用 C 语言编译器进行编译，也可以像下面这样用 nvcc 进行编译。

```
$ nvcc -Xcompiler -std=c99 sumArraysOnHost.c -o sum
$ ./sum
```

nvcc 封装了几种内部编译工具，CUDA 编译器允许通过命令行选项在不同阶段启动不同的工具完成编译工作。-Xcompiler 用于指定命令行选项是指向 C 编译器还是预处理器。在前面的例子中，将 -std=c99 传递给编译器，因为这里的 C 程序是按照 C99 标准编写的。你可以在 CUDA 编译器文件中找到编译器选项（http：//docs.nvidia.com/cuda/cuda-compiler-driver-nvcc/index.html）。

现在，你可以在 GPU 上修改代码来进行数组加法运算，用 cudaMalloc 在 GPU 上申请内存。

```
float *d_A, *d_B, *d_C;
cudaMalloc((float**)&d_A, nBytes);
cudaMalloc((float**)&d_B, nBytes);
cudaMalloc((float**)&d_C, nBytes);
```

使用 cudaMemcpy 函数把数据从主机内存拷贝到 GPU 的全局内存中，参数 cudaMemcpyHostToDevice 指定数据拷贝方向。

```
cudaMemcpy(d_A, h_A, nBytes, cudaMemcpyHostToDevice);
cudaMemcpy(d_B, h_B, nBytes, cudaMemcpyHostToDevice);
```

当数据被转移到 GPU 的全局内存后，主机端调用核函数在 GPU 上进行数组求和。一旦内核被调用，控制权立刻被传回主机，这样的话，当核函数在 GPU 上运行时，主机可以执行其他函数。因此，内核与主机是异步的。

当内核在 GPU 上完成了对所有数组元素的处理后，其结果将以数组 d_C 的形式存储在 GPU 的全局内存中，然后用 cudaMemcpy 函数把结果从 GPU 复制回到主机的数组 gpuRef 中。

```
cudaMemcpy(gpuRef, d_C, nBytes, cudaMemcpyDeviceToHost);
```

cudaMemcpy 的调用会导致主机运行阻塞。cudaMemcpyDeviceToHost 的作用就是将存储在 GPU 上的数组 d_c 中的结果复制到 gpuRef 中。最后，调用 cudaFree 释放 GPU 的内存。

```
cudaFree(d_A);
cudaFree(d_B);
cudaFree(d_C);
```

不同的存储空间

使用 CUDA C 进行编程的人最常犯的错误就是对不同内存空间的不恰当引用。对于在 GPU 上被分配的内存来说，设备指针在主机代码中可能并没有被引用。如果你执行了错误的内存分配，如：

```
gpuRef = d_C
```

而不是用：

```
cudaMemcpy(gpuRef, d_C, nBytes, cudaMemcpyDeviceToHost)
```

应用程序在运行时将会崩溃。

为了避免这类错误，CUDA 6.0 提出了统一寻址，使用一个指针来访问 CPU 和 GPU 的内存。有关统一寻址的内容详见第 4 章。

2.1.3 线程管理

当核函数在主机端启动时，它的执行会移动到设备上，此时设备中会产生大量的线程并且每个线程都执行由核函数指定的语句。了解如何组织线程是 CUDA 编程的一个关键部分。CUDA 明确了线程层次抽象的概念以便于你组织线程。这是一个两层的线程层次结构，由线程块和线程块网格构成，如图 2-5 所示。

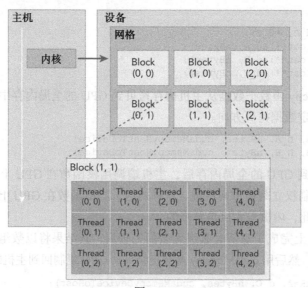

图 2-5

　　由一个内核启动所产生的所有线程统称为一个网格。同一网格中的所有线程共享相同的全局内存空间。一个网格由多个线程块构成，一个线程块包含一组线程，同一线程块内的线程协作可以通过以下方式来实现。

❑ 同步

❑ 共享内存

不同块内的线程不能协作。

线程依靠以下两个坐标变量来区分彼此。

❑ blockIdx（线程块在线程格内的索引）

❑ threadIdx（块内的线程索引）

　　这些变量是核函数中需要预初始化的内置变量。当执行一个核函数时，CUDA 运行时为每个线程分配坐标变量 blockIdx 和 threadIdx。基于这些坐标，你可以将部分数据分配给不同的线程。

　　该坐标变量是基于 uint3 定义的 CUDA 内置的向量类型，是一个包含 3 个无符号整数的结构，可以通过 x、y、z 三个字段来指定。

```
blockIdx.x
blockIdx.y
blockIdx.z
threadIdx.x
threadIdx.y
threadIdx.z
```

　　CUDA 可以组织三维的网格和块。图 2-5 展示了一个线程层次结构的示例，其结构是一个包含二维块的二维网格。网格和块的维度由下列两个内置变量指定。

❑ blockDim（线程块的维度，用每个线程块中的线程数来表示）

❑ gridDim（线程格的维度，用每个线程格中的线程数来表示）

　　它们是 dim3 类型的变量，是基于 uint3 定义的整数型向量，用来表示维度。当定义一个 dim3 类型的变量时，所有未指定的元素都被初始化为 1。dim3 类型变量中的每个组件可以通过它的 x、y、z 字段获得。如下所示。

```
blockDim.x
blockDim.y
blockDim.z
```

网格和线程块的维度

　　通常，一个线程格会被组织成线程块的二维数组形式，一个线程块会被组织成线程的三维数组形式。

　　线程格和线程块均使用 3 个 dim3 类型的无符号整型字段，而未使用的字段将被初始化为 1 且忽略不计。

　　在 CUDA 程序中有两组不同的网格和块变量：手动定义的 dim3 数据类型和预定义的

uint3 数据类型。在主机端，作为内核调用的一部分，你可以使用 dim3 数据类型定义一个网格和块的维度。当执行核函数时，CUDA 运行时会生成相应的内置预初始化的网格、块和线程变量，它们在核函数内均可被访问到且为 unit3 类型。手动定义的 dim3 类型的网格和块变量仅在主机端可见，而 unit3 类型的内置预初始化的网格和块变量仅在设备端可见。

你可以通过代码清单 2-2 来验证这些变量如何使用。首先，定义程序所用的数据大小，为了对此进行说明，我们定义一个较小的数据。

```
int nElem = 6;
```

接下来，定义块的尺寸并基于块和数据的大小计算网格尺寸。在下面的例子中，定义了一个包含 3 个线程的一维线程块，以及一个基于块和数据大小定义的一定数量线程块的一维线程网格。

```
dim3 block(3);
dim3 grid((nElem+block.x-1)/block.x);
```

你会发现网格大小是块大小的倍数。在下一章中你会了解必须这样计算网格大小的原因。以下主机端上的程序段用来检查网格和块维度。

```
printf("grid.x %d grid.y %d grid.z %d\n",grid.x, grid.y, grid.z);
printf("block.x %d block.y %d block.z %d\n",block.x, block.y, block.z);
```

在核函数中，每个线程都输出自己的线程索引、块索引、块维度和网格维度。

```
printf("threadIdx:(%d, %d, %d)  blockIdx:(%d, %d, %d)  blockDim:(%d, %d, %d) "
    "gridDim:(%d, %d, %d)\n", threadIdx.x, threadIdx.y, threadIdx.z,
    blockIdx.x, blockIdx.y, blockIdx.z, blockDim.x, blockDim.y, blockDim.z,
    gridDim.x,gridDim.y,gridDim.z);
```

把代码合并保存成名为 checkDimension.cu 的文件，如代码清单 2-2 所示。

代码清单2-2 检查网格和块的索引和维度（checkDimension.cu）

```
#include <cuda_runtime.h>
#include <stdio.h>

__global__ void checkIndex(void) {
    printf("threadIdx:(%d, %d, %d)  blockIdx:(%d, %d, %d)  blockDim:(%d, %d, %d) "
        "gridDim:(%d, %d, %d)\n", threadIdx.x, threadIdx.y, threadIdx.z,
        blockIdx.x, blockIdx.y, blockIdx.z, blockDim.x, blockDim.y, blockDim.z,
        gridDim.x,gridDim.y,gridDim.z);
}

int main(int argc, char **argv) {
    // define total data element
    int nElem = 6;

    // define grid and block structure
    dim3 block (3);
    dim3 grid  ((nElem+block.x-1)/block.x);

    // check grid and block dimension from host side
```

```
    printf("grid.x %d grid.y %d grid.z %d\n",grid.x, grid.y, grid.z);
    printf("block.x %d block.y %d block.z %d\n",block.x, block.y, block.z);

    // check grid and block dimension from device side
    checkIndex <<<grid, block>>> ();

    // reset device before you leave
    cudaDeviceReset();

    return(0);
}
```

现在开始编译和运行这段程序：

```
$ nvcc -arch=sm_20 checkDimension.cu -o check
$ ./check
```

因为 printf 函数只支持 Fermi 及以上版本的 GPU 架构，所以必须添加 -arch=sm_20 编译器选项。默认情况下，nvcc 会产生支持最低版本 GPU 架构的代码。这个应用程序的运行结果如下。可以看到，每个线程都有自己的坐标，所有的线程都有相同的块维度和网格维度。

```
grid.x 2 grid.y 1 grid.z 1
block.x 3 block.y 1 block.z 1
threadIdx:(0, 0, 0)  blockIdx:(1, 0, 0) blockDim:(3, 1, 1) gridDim:(2, 1, 1)
threadIdx:(1, 0, 0)  blockIdx:(1, 0, 0) blockDim:(3, 1, 1) gridDim:(2, 1, 1)
threadIdx:(2, 0, 0)  blockIdx:(1, 0, 0) blockDim:(3, 1, 1) gridDim:(2, 1, 1)
threadIdx:(0, 0, 0)  blockIdx:(0, 0, 0) blockDim:(3, 1, 1) gridDim:(2, 1, 1)
threadIdx:(1, 0, 0)  blockIdx:(0, 0, 0) blockDim:(3, 1, 1) gridDim:(2, 1, 1)
threadIdx:(2, 0, 0)  blockIdx:(0, 0, 0) blockDim:(3, 1, 1) gridDim:(2, 1, 1)
```

从主机端和设备端访问网格 / 块变量

　　区分主机端和设备端的网格和块变量的访问是很重要的。例如，声明一个主机端的块变量，你按如下定义它的坐标并对其进行访问：

　　block.x, block.y, and block.z

　　在设备端，你已经预定义了内置块变量的大小：

　　blockDim.x, blockDim.y, and blockDim.z

　　总之，在启动内核之前就定义了主机端的网格和块变量，并从主机端通过由 x、y、z 三个字段决定的矢量结构来访问它们。当内核启动时，可以使用内核中预初始化的内置变量。

对于一个给定的数据大小，确定网格和块尺寸的一般步骤为：

❏　确定块的大小
❏　在已知数据大小和块大小的基础上计算网格维度

要确定块尺寸，通常需要考虑：

❏　内核的性能特性
❏　GPU 资源的限制

本书的后续章节会对以上几点因素进行详细介绍。代码清单 2-3 使用了一个一维网格和一个一维块来说明当块的大小改变时，网格的尺寸也会随之改变。

代码清单2-3　在主机上定义网格和块的大小（defineGridBlock.cu）

```
#include <cuda_runtime.h>
#include <stdio.h>

int main(int argc, char **argv) {
    // define total data elements
    int nElem = 1024;

    // define grid and block structure
    dim3 block (1024);
    dim3 grid  ((nElem+block.x-1)/block.x);
    printf("grid.x %d block.x %d \n",grid.x, block.x);

    // reset block
    block.x = 512;
    grid.x  = (nElem+block.x-1)/block.x;
    printf("grid.x %d block.x %d \n",grid.x, block.x);

    // reset block
    block.x = 256;
    grid.x  = (nElem+block.x-1)/block.x;
    printf("grid.x %d block.x %d \n",grid.x, block.x);

    // reset block
    block.x = 128;
    grid.x  = (nElem+block.x-1)/block.x;
    printf("grid.x %d block.x %d \n",grid.x, block.x);

    // reset device before you leave
    cudaDeviceReset();
    return(0);
}
```

用下列命令编译和运行这段程序：

```
$ nvcc defineGridBlock.cu -o block
$ ./block
```

下面是一个输出示例。由于应用程序中的数据大小是固定的，因此当块的大小发生改变时，相应的网格尺寸也会发生改变。

```
grid.x 1 block.x 1024
grid.x 2 block.x 512
grid.x 4 block.x 256
grid.x 8 block.x 128
```

线程层次结构

　　CUDA 的特点之一就是通过编程模型揭示了一个两层的线程层次结构。由于一个内核启动的网格和块的维数会影响性能，这一结构为程序员优化程序提供了一个额外的途径。

> 网格和块的维度存在几个限制因素，对于块大小的一个主要限制因素就是可利用的计算资源，如寄存器，共享内存等。某些限制可以通过查询 GPU 设备撤回。
>
> 网格和块从逻辑上代表了一个核函数的线程层次结构。在第 3 章中，你会发现这种线程组织方式能使你在不同的设备上有效地执行相同的程序代码，而且每一个线程组织具有不同数量的计算和内存资源。

2.1.4　启动一个 CUDA 核函数

你应该对下列 C 语言函数调用语句很熟悉：

```
function_name (argument list);
```

CUDA 内核调用是对 C 语言函数调用语句的延伸，<<<>>> 运算符内是核函数的执行配置。

```
kernel_name <<<grid, block>>>(argument list);
```

正如上一节所述，CUDA 编程模型揭示了线程层次结构。利用执行配置可以指定线程在 GPU 上调度运行的方式。执行配置的第一个值是网格维度，也就是启动块的数目。第二个值是块维度，也就是每个块中线程的数目。通过指定网格和块的维度，你可以进行以下配置：

- ❑ 内核中线程的数目
- ❑ 内核中使用的线程布局

同一个块中的线程之间可以相互协作，不同块内的线程不能协作。对于一个给定的问题，可以使用不同的网格和块布局来组织你的线程。例如，假设你有 32 个数据元素用于计算，每 8 个元素一个块，需要启动 4 个块：

```
kernel_name<<<4, 8>>>(argument list);
```

图 2-6 表明了上述配置下的线程布局。

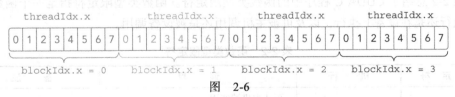

图 2-6

由于数据在全局内存中是线性存储的，因此可以用变量 blockIdx.x 和 *threadId.x* 来进行以下操作。

- ❑ 在网格中标识一个唯一的线程
- ❑ 建立线程和数据元素之间的映射关系

如果把所有 32 个元素放到一个块里，那么只会得到一个块：

```
kernel_name<<<1, 32>>>(argument list);
```

如果每个块只含有一个元素，那么会有 32 个块：

```
kernel_name<<<32, 1>>>(argument list);
```

核函数的调用与主机线程是异步的。核函数调用结束后，控制权立刻返回给主机端。你可以调用以下函数来强制主机端程序等待所有的核函数执行结束：

```
cudaError_t cudaDeviceSynchronize(void);
```

一些 CUDA 运行时 API 在主机和设备之间是隐式同步的。当使用 cudaMemcpy 函数在主机和设备之间拷贝数据时，主机端隐式同步，即主机端程序必须等待数据拷贝完成后才能继续执行程序。

```
cudaError_t cudaMemcpy(void* dst, const void* src, size_t count, cudaMemcpyKind kind);
```

之前所有的核函数调用完成后开始拷贝数据。当拷贝完成后，控制权立刻返回给主机端。

异步行为

不同于 C 语言的函数调用，所有的 CUDA 核函数的启动都是异步的。CUDA 内核调用完成后，控制权立刻返回给 CPU。

2.1.5　编写核函数

核函数是在设备端执行的代码。在核函数中，需要为一个线程规定要进行的计算以及要进行的数据访问。当核函数被调用时，许多不同的 CUDA 线程并行执行同一个计算任务。以下是用 __global__ 声明定义核函数：

```
__global__ void kernel_name(argument list);
```

核函数必须有一个 void 返回类型。

表 2-2 总结了 CUDA C 程序中的函数类型限定符。函数类型限定符指定一个函数在主机上执行还是在设备上执行，以及可被主机调用还是被设备调用。

表 2-2　函数类型限定符

限 定 符	执　　行	调　　用	备　　注
__global__	在设备端执行	可从主机端调用 也可以从计算能力为 3 的设备中调用	必须有一个 void 返回类型
__device__	在设备端执行	仅能从设备端调用	
__host__	在主机端执行	仅能从主机端调用	可以省略

__device__ 和 __host__ 限定符可以一齐使用，这样函数可以同时在主机和设备端进行编译。

CUDA 核函数的限制

以下限制适用于所有核函数：

- ❑ 只能访问设备内存
- ❑ 必须具有 void 返回类型
- ❑ 不支持可变数量的参数
- ❑ 不支持静态变量
- ❑ 显示异步行为

考虑一个简单的例子：将两个大小为 N 的向量 A 和 B 相加，主机端的向量加法的 C 代码如下：

```
void sumArraysOnHost(float *A, float *B, float *C, const int N) {
    for (int i = 0; i < N; i++)
        C[i] = A[i] + B[i];
}
```

这是一个迭代 N 次的串行程序，循环结束后将产生以下核函数：

```
__global__ void sumArraysOnGPU(float *A, float *B, float *
    int i = threadIdx.x;
    C[i] = A[i] + B[i];
}
```

C 函数和核函数之间有什么不同？你可能已经注意到循环体消失了，内置的线程坐标变量替换了数组索引，由于 N 是被隐式定义用来启动 N 个线程的，所以 N 没有什么参考价值。

假设有一个长度为 32 个元素的向量，你可以按以下方法用 32 个线程来调用核函数：

```
sumArraysOnGPU<<<1,32>>>(float *A, float *B, float *C);
```

2.1.6　验证核函数

既然你已经编写了核函数，你如何能知道它是否正确运行？你需要一个主机函数来验证核函数的结果。

```
void checkResult(float *hostRef, float *gpuRef, const int N) {
    double epsilon = 1.0E-8;
    int match = 1;
    for (int i = 0; i < N; i++) {
        if (abs(hostRef[i] - gpuRef[i]) > epsilon) {
            match = 0;
            printf("Arrays do not match!\n");
            printf("host %5.2f gpu %5.2f at current %d\n",
                hostRef[i], gpuRef[i], i);
            break;
        }
    }
    if (match) printf("Arrays match.\n\n");
    return;
}
```

> **验证核函数代码**
>
> 　　除了许多可用的调试工具外，还有两个非常简单实用的方法可以验证核函数。
>
> 　　首先，你可以在 Fermi 及更高版本的设备端的核函数中使用 printf 函数。
>
> 　　其次，可以将执行参数设置为 <<<1，1>>>，因此强制用一个块和一个线程执行核函数，这模拟了串行执行程序。这对于调试和验证结果是否正确是非常有用的，而且，如果你遇到了运算次序的问题，这有助于你对比验证数值结果是否是按位精确的。

2.1.7　处理错误

　　由于许多 CUDA 调用是异步的，所以有时可能很难确定某个错误是由哪一步程序引起的。定义一个错误处理宏封装所有的 CUDA API 调用，这简化了错误检查过程：

```
#define CHECK(call)                                                     \
{                                                                       \
    const cudaError_t error = call;                                     \
    if (error != cudaSuccess)                                           \
    {                                                                   \
        printf("Error: %s:%d, ", __FILE__, __LINE__);                  \
        printf("code:%d, reason: %s\n", error, cudaGetErrorString(error)); \
        exit(1);                                                        \
    }                                                                   \
}
```

　　例如，你可以在以下代码中使用宏：

```
CHECK(cudaMemcpy(d_C, gpuRef, nBytes, cudaMemcpyHostToDevice));
```

　　如果内存拷贝或之前的异步操作产生了错误，这个宏会报告错误代码，并输出一个可读信息，然后停止程序。也可以用下述方法，在核函数调用后检查核函数错误：

```
kernel_function<<<grid, block>>>(argument list);
CHECK(cudaDeviceSynchronize());
```

　　CHECK(cudaDeviceSynchronize()) 会阻塞主机端线程的运行直到设备端所有的请求任务都结束，并确保最后的核函数启动部分不会出错。以上仅是以调试为目的的，因为在核函数启动后添加这个检查点会阻塞主机端线程，使该检查点成为全局屏障。

2.1.8　编译和执行

　　现在把所有的代码放在一个文件名为 sumArraysOnGPU-small-case.cu 的文件中，如代码清单 2-4 所示。

代码清单2-4　基于GPU的向量加法（sumArraysOnGPU-small-case.cu）

```
#include <cuda_runtime.h>
#include <stdio.h>

#define CHECK(call)                                                     \
```

```
{                                                                    \
    const cudaError_t error = call;                                  \
    if (error != cudaSuccess)                                        \
    {                                                                \
        printf("Error: %s:%d, ", __FILE__, __LINE__);                \
        printf("code:%d, reason: %s\n", error, cudaGetErrorString(error)); \
        exit(1);                                                     \
    }                                                                \
}

void checkResult(float *hostRef, float *gpuRef, const int N) {
    double epsilon = 1.0E-8;
    bool match = 1;
    for (int i=0; i<N; i++) {
        if (abs(hostRef[i] - gpuRef[i]) > epsilon) {
            match = 0;
            printf("Arrays do not match!\n");
            printf("host %5.2f gpu %5.2f at current %d\n",hostRef[i],gpuRef[i],i);
            break;
        }
    }

    if (match) printf("Arrays match.\n\n");
}

void initialData(float *ip,int size) {
    // generate different seed for random number
    time_t t;
    srand((unsigned) time(&t));

    for (int i=0; i<size; i++) {
        ip[i] = (float)( rand() & 0xFF )/10.0f;
    }
}

void sumArraysOnHost(float *A, float *B, float *C, const int N) {
    for (int idx=0; idx<N; idx++)
        C[idx] = A[idx] + B[idx];
}

__global__ void sumArraysOnGPU(float *A, float *B, float *C) {
    int i = threadIdx.x;
    C[i] = A[i] + B[i];
}

int main(int argc, char **argv) {
    printf("%s Starting...\n", argv[0]);

    // set up device
    int dev = 0;
    cudaSetDevice(dev);

    // set up data size of vectors
    int nElem = 32;
    printf("Vector size %d\n", nElem);
```

```
    // malloc host memory
    size_t nBytes = nElem * sizeof(float);

    float *h_A, *h_B, *hostRef, *gpuRef;
    h_A     = (float *)malloc(nBytes);
    h_B     = (float *)malloc(nBytes);
    hostRef = (float *)malloc(nBytes);
    gpuRef  = (float *)malloc(nBytes);

    // initialize data at host side
    initialData(h_A, nElem);
    initialData(h_B, nElem);

    memset(hostRef, 0, nBytes);
    memset(gpuRef,  0, nBytes);

    // malloc device global memory
    float *d_A, *d_B, *d_C;
    cudaMalloc((float**)&d_A, nBytes);
    cudaMalloc((float**)&d_B, nBytes);
    cudaMalloc((float**)&d_C, nBytes);

    // transfer data from host to device
    cudaMemcpy(d_A, h_A, nBytes, cudaMemcpyHostToDevice);
    cudaMemcpy(d_B, h_B, nBytes, cudaMemcpyHostToDevice);

    // invoke kernel at host side
    dim3 block (nElem);
    dim3 grid  (nElem/block.x);

    sumArraysOnGPU<<< grid, block  >>>(d_A, d_B, d_C);
    printf("Execution configuration <<<%d, %d>>>\n",grid.x,block.x);

    // copy kernel result back to host side
    cudaMemcpy(gpuRef, d_C, nBytes, cudaMemcpyDeviceToHost);

    // add vector at host side for result checks
    sumArraysOnHost(h_A, h_B, hostRef, nElem);

    // check device results
    checkResult(hostRef, gpuRef, nElem);

    // free device global memory
    cudaFree(d_A);
    cudaFree(d_B);
    cudaFree(d_C);

    // free host memory
    free(h_A);
    free(h_B);
    free(hostRef);
    free(gpuRef);

    return(0);
}
```

在这段代码中，向量大小被设置为 32，如下所示：

```
int nElem = 32;
```

执行配置被放入一个块内，其中包含 32 个元素：

```
dim3 block (nElem);
dim3 grid  (nElem/block.x);
```

使用以下命令编译和执行该代码：

```
$ nvcc sumArraysOnGPU-small-case.cu -o addvector
$ ./addvector
```

系统报告结果如下：

```
./addvector Starting...
Vector size 32
Execution configuration <<<1, 32>>>
Arrays match.
```

如果你将执行配置重新定义为 32 个块，每个块只有一个元素，如下所示：

```
dim3 block (1);
dim3 grid  (nElem);
```

那么就需要在代码清单 2-4 中对核函数 sumArraysOnGPU 进行修改：

用int i = threadIdx.x;替换int i = blockIdx.x;

一般情况下，可以基于给定的一维网格和块的信息来计算全局数据访问的唯一索引：

```
__global__ void sumArraysOnGPU(float *A, float *B, float *C) {
    int i = blockIdx.x * blockDim.x + threadIdx.x;
    C[i] = A[i] + B[i];
}
```

你需要确保一般情况下进行更改所产生结果的正确性。

2.2　给核函数计时

在内核的性能转换过程中，了解核函数的执行需要多长时间是很有帮助并且十分关键的。衡量核函数性能的方法有很多。最简单的方法是在主机端使用一个 CPU 或 GPU 计时器来计算内核的执行时间。在本节，你需要设置一个 CPU 计时器，并学习使用 NVIDIA 分析工具来计算执行时间。第 6 章将教你如何使用 CUDA 特定的计时程序。

2.2.1　用 CPU 计时器计时

可以使用 gettimeofday 系统调用来创建一个 CPU 计时器，以获取系统的时钟时间，它将返回自 1970 年 1 月 1 日零点以来，到现在的秒数。程序中需要添加 sys/time.h 头文件，如代码清单 2-5 所示。

```
double cpuSecond() {
    struct timeval tp;
    gettimeofday(&tp,NULL);
```

```
    return ((double)tp.tv_sec + (double)tp.tv_usec*1.e-6);
}
```

你可以用 cpuSecond 函数来测试你的核函数：

```
double iStart = cpuSecond();
kernel_name<<<grid, block>>>(argument list);
cudaDeviceSynchronize();
double iElaps = cpuSecond() - iStart;
```

由于核函数调用与主机端程序是异步的，你需要用 cudaDeviceSynchronize 函数来等待所有的 GPU 线程运行结束。变量 iElaps 表示程序运行的时间，就像你用手表记录的核函数的执行时间（用秒计算）。

现在，通过设置数据集大小来对一个有 16M 个元素的大向量进行测试：

```
int nElem = 1<<24;
```

由于 GPU 的可扩展性，你需要借助块和线程的索引来计算一个按行优先的数组索引 i，并对核函数进行修改，添加限定条件（i<N）来检验索引值是否越界，如下所示：

```
__global__ void sumArraysOnGPU(float *A, float *B, float *C, const int N) {
    int i = blockIdx.x * blockDim.x + threadIdx.x;
    if (i < N) C[i] = A[i] + B[i];
}
```

有了这些更改，可以使用不同的执行配置来衡量核函数。为了解决创建的线程总数大于向量元素总数的情况，你需要限制内核不能非法访问全局内存，如图 2-7 所示。

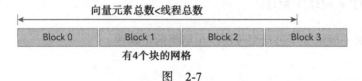

图　2-7

代码清单 2-5 展示了如何在主函数中用 CPU 计时器测试向量加法的核函数。

代码清单2-5　测试向量加法的核函数（sumArraysOnGPU-timer.cu）

```
#include <cuda_runtime.h>
#include <stdio.h>
#include <sys/time.h>

int main(int argc, char **argv) {
    printf("%s Starting...\n", argv[0]);

    // set up device
    int dev = 0;
    cudaDeviceProp deviceProp;
    CHECK(cudaGetDeviceProperties(&deviceProp, dev));
    printf("Using Device %d: %s\n", dev, deviceProp.name);
    CHECK(cudaSetDevice(dev));
```

```
// set up date size of vectors
int nElem = 1<<24;
printf("Vector size %d\n", nElem);

// malloc host memory
size_t nBytes = nElem * sizeof(float);

float *h_A, *h_B, *hostRef, *gpuRef;
h_A     = (float *)malloc(nBytes);
h_B     = (float *)malloc(nBytes);
hostRef = (float *)malloc(nBytes);
gpuRef  = (float *)malloc(nBytes);

double iStart,iElaps;

// initialize data at host side
iStart = cpuSecond();
initialData (h_A, nElem);
initialData (h_B, nElem);
iElaps = cpuSecond() - iStart;

memset(hostRef, 0, nBytes);
memset(gpuRef, 0, nBytes);

// add vector at host side for result checks
iStart = cpuSecond();
sumArraysOnHost (h_A, h_B, hostRef, nElem);
iElaps = cpuSecond() - iStart;

// malloc device global memory
float *d_A, *d_B, *d_C;
cudaMalloc((float**)&d_A, nBytes);
cudaMalloc((float**)&d_B, nBytes);
cudaMalloc((float**)&d_C, nBytes);

// transfer data from host to device
cudaMemcpy(d_A, h_A, nBytes, cudaMemcpyHostToDevice);
cudaMemcpy(d_B, h_B, nBytes, cudaMemcpyHostToDevice);

// invoke kernel at host side
int iLen = 1024;
dim3 block (iLen);
dim3 grid  ((nElem+block.x-1)/block.x);

iStart = cpuSecond();
sumArraysOnGPU <<<grid, block>>>(d_A, d_B, d_C,nElem);
cudaDeviceSynchronize();
iElaps = cpuSecond() - iStart;
printf("sumArraysOnGPU <<<%d,%d>>> Time elapsed %f" \
  "sec\n", grid.x, block.x, iElaps);

// copy kernel result back to host side
cudaMemcpy(gpuRef, d_C, nBytes, cudaMemcpyDeviceToHost);

// check device results
checkResult(hostRef, gpuRef, nElem);
```

```
// free device global memory
cudaFree(d_A);
cudaFree(d_B);
cudaFree(d_C);

// free host memory
free(h_A);
free(h_B);
free(hostRef);
free(gpuRef);

return(0);
}
```

默认的执行配置被设置为一个包含 16 384 个块的一维网格，每个块包含 1 024 个线程。用以下命令编译并运行程序：

```
$ nvcc sumArraysOnGPU-timer.cu -o sumArraysOnGPU-timer
$ ./sumArraysOnGPU-timer
```

在基于英特尔 Sandy Bridge 架构的系统上进行测试，从代码清单 2-5 的示例中可以看出，在 GPU 上进行的向量加法的运算速度是在 CPU 上运行向量加法的 3.86 倍。

```
./sumArraysOnGPU-timer Starting...
Using Device 0: Tesla M2070
Vector size 16777216
sumArraysOnGPU <<<16384, 1024>>>  Time elapsed 0.002456 sec
Arrays match.
```

把块的维度减少到 512 可以创建 32 768 个块。在这个新的配置下，内核的性能提升了 1.19 倍。

```
sumArraysOnGPU <<<32768, 512>>>   Time elapsed 0.002058 sec
```

如果进一步将块的维度降低到 256，系统将提示以下错误信息，信息表示块的总数超过了一维网格的限制。

```
./sumArraysOnGPU-timer Starting...
Using Device 0: Tesla M2070
Vector size 16777216
sumArraysOnGPU <<<65536, 256>>>   Time elapsed 0.000183 sec
Error: sumArraysOnGPU-timer.cu:153, code:9, reason: invalid configuration argument
```

了解自身局限性

在调整执行配置时需要了解的一个关键点是对网格和块维度的限制。线程层次结构中每个层级的最大尺寸取决于设备。

CUDA 提供了通过查询 GPU 来了解这些限制的能力。在本章的 2.4 节有详细的介绍。

对于 Fermi 设备，每个块的最大线程数是 1 024，且网格的 x、y、z 三个方向上的维度最大值是 65 535。

2.2.2　用 nvprof 工具计时

自 CUDA 5.0 以来，NVIDIA 提供了一个名为 nvprof 的命令行分析工具，可以帮助从应用程序的 CPU 和 GPU 活动情况中获取时间线信息，其包括内核执行、内存传输以及 CUDA API 的调用。其用法如下。

```
$ nvprof [nvprof_args] <application> [application_args]
```

可以使用以下命令获取更多关于 nvprof 的帮助信息：

```
$ nvprof --help
```

你可以用如下命令去测试内核：

```
$ nvprof ./sumArraysOnGPU-timer
```

nvprof 的输出结果会因你使用的 GPU 类型不同而有所差异。以下结果是从 Tesla GPU 中得到的：

```
./sumArraysOnGPU-timer Starting...
Using Device 0: Tesla M2070
==17770== NVPROF is profiling process 17770, command: ./sumArraysOnGPU-timer
Vector size 16777216
sumArraysOnGPU <<<16384, 1024>>>  Time elapsed 0.003266 sec
Arrays match.
==17770== Profiling application: ./sumArraysOnGPU-timer
==17770== Profiling result:
Time(%)      Time     Calls       Avg       Min       Max  Name
 70.35%  52.667ms         3  17.556ms  17.415ms  17.800ms  [CUDA memcpy HtoD]
 25.77%  19.291ms         1  19.291ms  19.291ms  19.291ms  [CUDA memcpy DtoH]
  3.88%  2.9024ms         1  2.9024ms  2.9024ms  2.9024ms  sumArraysOnGPU
(float*, float*, int)
```

以上结果的前半部分来自于程序的输出，后半部分来自于 nvprof 的输出。可以注意到，CPU 计时器显示消耗的内核时间为 3.26ms，而 nvprof 显示消耗的内核时间为 2.90ms。在这个例子中，nvprof 的结果更为精确，因为 CPU 计时器测量的时间中包含了来自 nvprof 附加的时间。

nvprof 是一个能帮助你理解在执行应用程序时所花费的时间主要用在何处的强大工具。可以注意到，在这个例子中，主机和设备之间的数据传输需要的时间比内核执行的时间要多。图 2-8 所描绘的时间线（未按比例绘制），显示了在 CPU 上消耗的时间、数据传输所用的时间以及在 GPU 上计算所用的时间。

对于 HPC 工作负载，理解程序中通信比的计算是非常重要的。如果你的应用程序用于计算的时间大于数据传输所用的时间，那么或许可以压缩这些操作，并完全隐藏与传输数据有关的延迟。如果你的应用程序用于计算的时间少于数据传输所用的时间，那么需要尽量减少主机和设备

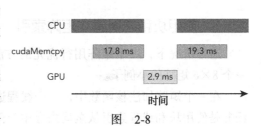

图　2-8

之间的传输。在第 6 章中，你将会学习如何使用 CUDA 流和事件来压缩计算量和通信量。

比较应用程序的性能将理论界限最大化

在进行程序优化时，如何将应用程序和理论界限进行比较是很重要的。由 nvprof 得到的计数器可以帮助你获取应用程序的指令和内存吞吐量。如果将应用程序的测量值与理论峰值进行比较，可以判定你的应用程序的性能是受限于算法还是受限于内存带宽的。以 Tesla K10 为例，可以得到理论上的比率：

❑ Tesla K10 单精度峰值浮点运算次数

745 MHz 核心频率 * 2 GPU/ 芯片 *（8 个多处理器 * 192 个浮点单元 * 32 核心 / 多处理器）* 2 OPS/ 周期＝4.58 TFLOPS（FLOPS 表示每秒浮点运算次数）

❑ Tesla K10 内存带宽峰值

2 GPU/ 芯片 * 256 位 * 2 500 MHz 内存时钟 * 2 DDR / 8 位 / 字节＝320 GB/s

❑ 指令比：字节

4.58 TFLOPS/ 320 GB/s，也就是 13.6 个指令：1 个字节

对于 Tesla K10 而言，如果你的应用程序每访问一个字节所产生的指令数多于 13.6，那么你的应用程序受算法性能限制。大多数 HPC 工作负载受内存带宽的限制。

2.3　组织并行线程

从前面的例子可以看出，如果使用了合适的网格和块大小来正确地组织线程，那么可以对内核性能产生很大的影响。在向量加法的例子中，为了实现最佳性能我们调整了块的大小，并基于块大小和向量数据大小计算出了网格大小。

现在通过一个矩阵加法的例子来进一步说明这一点。对于矩阵运算，传统的方法是在内核中使用一个包含二维网格与二维块的布局来组织线程。但是，这种传统的方法无法获得最佳性能。在矩阵加法中使用以下布局将有助于了解更多关于网格和块的启发性的用法：

❑ 由二维线程块构成的二维网格
❑ 由一维线程块构成的一维网格
❑ 由一维线程块构成的二维网格

2.3.1　使用块和线程建立矩阵索引

通常情况下，一个矩阵用行优先的方法在全局内存中进行线性存储。图 2-9 所示的是一个 8×6 矩阵的小例子。

在一个矩阵加法核函数中，一个线程通常被分配一个数据元素来处理。首先要完成的任务是使用块和线程索引从全局内存中访问指定的数据。通常情况下，对一个二维示例来

说，需要管理 3 种索引：

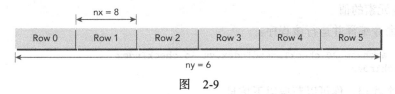

图　2-9

❑ 线程和块索引
❑ 矩阵中给定点的坐标
❑ 全局线性内存中的偏移量

对于一个给定的线程，首先可以通过把线程和块索引映射到矩阵坐标上来获取线程块和线程索引的全局内存偏移量，然后将这些矩阵坐标映射到全局内存的存储单元中。

第一步，可以用以下公式把线程和块索引映射到矩阵坐标上：

```
ix = threadIdx.x + blockIdx.x * blockDim.x
iy = threadIdx.y + blockIdx.y * blockDim.y
```

第二步，可以用以下公式把矩阵坐标映射到全局内存中的索引 / 存储单元上：

```
idx = iy * nx + ix
```

图 2-10 说明了块和线程索引、矩阵坐标以及线性全局内存索引之间的对应关系。

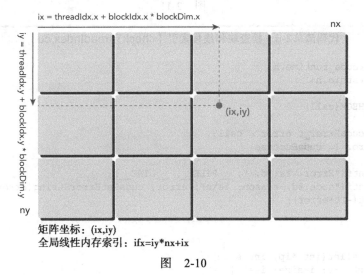

矩阵坐标：(ix,iy)
全局线性内存索引：ifx=iy*nx+ix

图　2-10

printThreadInfo 函数被用于输出关于每个线程的以下信息：

❑ 线程索引
❑ 块索引
❑ 矩阵坐标

❑ 线性全局内存偏移量

❑ 相应元素的值

用以下命令编译并运行该程序：

```
$ nvcc -arch=sm_20 checkThreadIndex.cu -o checkIndex
$ ./checkIndex
```

对于每个线程，你可以获取以下信息：

```
thread_id (2,1) block_id (1,0) coordinate (6,1) global index 14 ival 14
```

图 2-11 说明了这三项索引之间的关系。

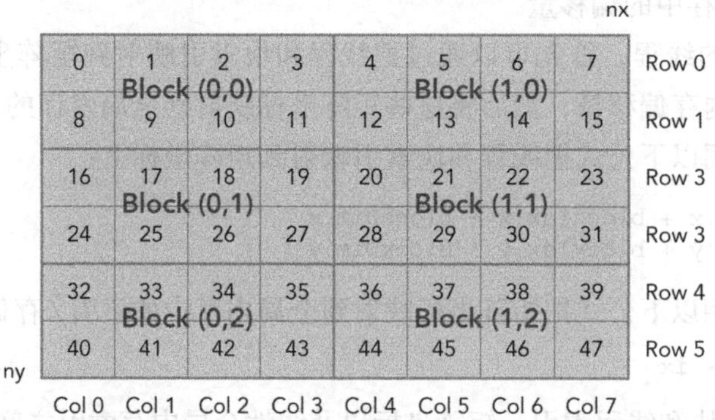

图　2-11

代码清单2-6　检查块和线程索引（checkThreadIndex.cu）

```c
#include <cuda_runtime.h>
#include <stdio.h>

#define CHECK(call)
{
    const cudaError_t error = call;
    if (error != cudaSuccess)
    {
        printf("Error: %s:%d, ", __FILE__, __LINE__);
        printf("code:%d, reason: %s\n", error, cudaGetErrorString(error));
        exit(-10*error);
    }                                                                      \
}

void initialInt(int *ip, int size) {
    for (int i=0; i<size; i++) {
        ip[i] = i;
    }
}

void printMatrix(int *C, const int nx, const int ny) {
    int *ic = C;
    printf("\nMatrix: (%d.%d)\n",nx,ny);
    for (int iy=0; iy<ny; iy++) {
```

```
        for (int ix=0; ix<nx; ix++) {
            printf("%3d",ic[ix]);

        }
        ic += nx;
        printf("\n");
    }
    printf("\n");
}

__global__ void printThreadIndex(int *A, const int nx, const int ny) {

    int ix = threadIdx.x + blockIdx.x * blockDim.x;
    int iy = threadIdx.y + blockIdx.y * blockDim.y;
    unsigned int idx = iy*nx + ix;

    printf("thread_id (%d,%d) block_id (%d,%d) coordinate (%d,%d) "
        "global index %2d ival %2d\n", threadIdx.x, threadIdx.y, blockIdx.x,
        blockIdx.y, ix, iy, idx, A[idx]);
}

int main(int argc, char **argv) {
    printf("%s Starting...\n", argv[0]);

    // get device information
    int dev = 0;
    cudaDeviceProp deviceProp;
    CHECK(cudaGetDeviceProperties(&deviceProp, dev));
    printf("Using Device %d: %s\n", dev, deviceProp.name);
    CHECK(cudaSetDevice(dev));

    // set matrix dimension
    int nx = 8;
    int ny = 6;
    int nxy = nx*ny;
    int nBytes = nxy * sizeof(float);

    // malloc host memory
    int *h_A;
    h_A = (int *)malloc(nBytes);

    // iniitialize host matrix with integer
    initialInt(h_A, nxy);
    printMatrix(h_A, nx, ny);

    // malloc device memory
    int *d_MatA;
    cudaMalloc((void **)&d_MatA, nBytes);

    // transfer data from host to device
    cudaMemcpy(d_MatA, h_A, nBytes, cudaMemcpyHostToDevice);

    // set up execution configuration
    dim3 block(4, 2);
    dim3 grid((nx+block.x-1)/block.x, (ny+block.y-1)/block.y);
```

```
// invoke the kernel
printThreadIndex <<< grid, block >>>(d_MatA, nx, ny);
cudaDeviceSynchronize();

// free host and devide memory
cudaFree(d_MatA);
free(h_A);

// reset device
cudaDeviceReset();

return (0);
}
```

2.3.2 使用二维网格和二维块对矩阵求和

在本节中，我们将使用一个二维网格和二维块来编写一个矩阵加法核函数。首先，应编写一个校验主函数以验证矩阵加法核函数是否能得出正确的结果：

```
void sumMatrixOnHost (float *A, float *B, float *C, const int nx, const int ny) {
    float *ia = A;
    float *ib = B;
    float *ic = C;

    for (int iy=0; iy<ny; iy++) {
        for (int ix=0; ix<nx; ix++) {
            ic[ix] = ia[ix] + ib[ix];
        }
        ia += nx; ib += nx; ic += nx;
    }
}
```

然后，创建一个新的核函数，目的是采用一个二维线程块来进行矩阵求和：

```
__global__ void sumMatrixOnGPU2D(float *MatA, float *MatB, float *MatC,
    int nx, int ny) {
    unsigned int ix = threadIdx.x + blockIdx.x * blockDim.x;
    unsigned int iy = threadIdx.y + blockIdx.y * blockDim.y;
    unsigned int idx = iy*nx + ix;

    if (ix < nx && iy < ny)
        MatC[idx] = MatA[idx] + MatB[idx];
}
```

这个核函数的关键步骤是将每个线程从它的线程索引映射到全局线性内存索引中，如图 2-12 所示。

接下来，每个维度下的矩阵大小可以按如下方法设置为 16 384 个元素：

```
int nx = 1<<14;
int ny = 1<<14;
```

然后，使用一个二维网格和二维块按如下方法设置核函数的执行配置：

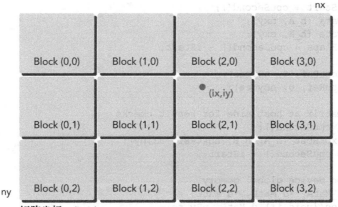

矩阵坐标：(ix,iy)
全局线性内存索引：idx=iy*nx+ix

图　2-12

```
int dimx = 32;
int dimy = 32;
dim3 block(dimx, dimy);
dim3 grid((nx + block.x - 1) / block.x, (ny + block.y - 1) / block.y);
```

把所有的代码整合到名为 sumMatrixOnGPU-2D-grid-2D-block.cu 的文件中。主函数代码如代码清单 2-7 所示。

代码清单2-7　使用一个二维网格和二维块的矩阵加法（sumMatrixOnGPU-2D-grid-2D-block.cu）

```
int main(int argc, char **argv) {
    printf("%s Starting...\n", argv[0]);

    // set up device
    int dev = 0;
    cudaDeviceProp deviceProp;
    CHECK(cudaGetDeviceProperties(&deviceProp, dev));
    printf("Using Device %d: %s\n", dev, deviceProp.name);
    CHECK(cudaSetDevice(dev));

    // set up date size of matrix
    int nx = 1<<14;
    int ny = 1<<14;

    int nxy = nx*ny;
    int nBytes = nxy * sizeof(float);
    printf("Matrix size: nx %d ny %d\n",nx, ny);

    // malloc host memory
    float *h_A, *h_B, *hostRef, *gpuRef;
    h_A = (float *)malloc(nBytes);
    h_B = (float *)malloc(nBytes);
    hostRef = (float *)malloc(nBytes);
    gpuRef = (float *)malloc(nBytes);

    // initialize data at host side
```

```
    double iStart = cpuSecond();
    initialData (h_A, nxy);
    initialData (h_B, nxy);
    double iElaps = cpuSecond() - iStart;

    memset(hostRef, 0, nBytes);
    memset(gpuRef, 0, nBytes);

    // add matrix at host side for result checks
    iStart = cpuSecond();
    sumMatrixOnHost (h_A, h_B, hostRef, nx,ny);
    iElaps = cpuSecond() - iStart;

    // malloc device global memory
    float *d_MatA, *d_MatB, *d_MatC;
    cudaMalloc((void **)&d_MatA, nBytes);
    cudaMalloc((void **)&d_MatB, nBytes);
    cudaMalloc((void **)&d_MatC, nBytes);

    // transfer data from host to device
    cudaMemcpy(d_MatA, h_A, nBytes, cudaMemcpyHostToDevice);
    cudaMemcpy(d_MatB, h_B, nBytes, cudaMemcpyHostToDevice);

    // invoke kernel at host side
    int dimx = 32;
    int dimy = 32;
    dim3 block(dimx, dimy);
    dim3 grid((nx+block.x-1)/block.x, (ny+block.y-1)/block.y);

    iStart = cpuSecond();
    sumMatrixOnGPU2D <<< grid, block >>>(d_MatA, d_MatB, d_MatC, nx, ny);
    cudaDeviceSynchronize();
    iElaps = cpuSecond() - iStart;
    printf("sumMatrixOnGPU2D <<<(%d,%d), (%d,%d)>>> elapsed %f sec\n", grid.x,
     grid.y, block.x, block.y, iElaps);

    // copy kernel result back to host side
    cudaMemcpy(gpuRef, d_MatC, nBytes, cudaMemcpyDeviceToHost);

    // check device results
    checkResult(hostRef, gpuRef, nxy);

    // free device global memory
    cudaFree(d_MatA);
    cudaFree(d_MatB);
    cudaFree(d_MatC);

    // free host memory
    free(h_A);
    free(h_B);
    free(hostRef);
    free(gpuRef);

    // reset device
    cudaDeviceReset();

    return (0);
}
```

用以下命令编译并运行该代码：

```
$ nvcc -arch=sm_20 sumMatrixOnGPU-2D-grid-2D-block.cu -o matrix2D
$ ./matrix2D
```

在 Tesla M2070 上运行的结果：

```
./a.out Starting...
Using Device 0: Tesla M2070
Matrix size: nx 16384 ny 16384
sumMatrixOnGPU2D <<<(512,512), (32,32)>>> elapsed 0.060323 sec
Arrays match.
```

接下来，调整块的尺寸为 32×16 并重新编译和运行该代码。核函数的执行速度几乎快了两倍：

```
sumMatrixOnGPU2D <<<(512,1024), (32,16)>>> elapsed 0.038041 sec
```

你可能好奇为什么只是改变了执行配置，内核性能就几乎翻了一倍。直观地说，你可能会觉得这是因为第二次配置的线程块数是第一次配置块数的两倍，所以并行性也是两倍。你的直觉是正确的，但是，如果进一步减小块的大小变为 16×16，相比第一次配置你已经将块的数量翻了四倍。如下所示，这种配置的结果比第一个好但是不如第二个。

```
sumMatrixOnGPU2D <<< (1024,1024), (16,16) >>> elapsed 0.045535 sec
```

表 2-3 总结了不同执行配置的性能。结果显示，增加块的数量不一定能提升内核性能。在第 3 章中，你将会学习到为什么不同的执行配置会影响核函数的性能。

表 2-3　不同执行配置下的矩阵求和

内 核 配 置	内 核 运 行 时 间	线 程 块 数
（32，32）	0.060 323 s	512×512
（32，16）	0.038 041 s	512×1 024
（16，16）	0.045 535 s	1 024×1 024

2.3.3　使用一维网格和一维块对矩阵求和

为了使用一维网格和一维块，你需要写一个新的核函数，其中每个线程处理 *ny* 个数据元素，如图 2-13 所示。

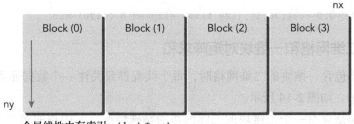

图　2-13

由于在新的核函数中每个线程都要处理 ny 个元素，与使用二维网格和二维块的矩阵求和的核函数相比，从线程和块索引到全局线性内存索引的映射都将会有很大不同。由于在这个核函数启动中使用了一个一维块布局，因此只有 threadIdx.x 是有用的，并且使用内核中的一个循环来处理每个线程中的 ny 个元素。

```
__global__ void summatrixOnGPU1D(float *MatA, float *MatB, float *MatC,
    int nx, int ny) {
  unsigned int ix = threadIdx.x + blockIdx.x * blockDim.x;
  if (ix < nx ) {
    for (int iy=0; iy<ny; iy++) {
      int idx = iy*nx + ix;
      MatC[idx] = MatA[idx] + MatB[idx];
    }
  }
}
```

一维网格和块的配置如下：

```
dim3 block(32,1);
dim3 grid((nx+block.x-1)/block.x,1);
```

使用以下配置调用核函数：

```
summatrixOnGPU1D <<< grid, block >>>(d_MatA, d_MatB, d_MatC, nx, ny);
```

使用一维网格和一维块的更改替换代码清单 2-7 中的部分，并保存到文件 sumMatrix-OnGPU-1D-grid-1D-block.cu 中，使用以下命令编译并运行该程序：

```
$ nvcc -arch=sm_20 sumMatrixOnGPU-1D-grid-1D-block.cu -o matrix1D
$ ./matrix1D
```

结果显示，与使用一个二维网格和块（32×32）的配置结果相比，两者的性能基本相同。

```
Starting...
Using Device 0: Tesla M2070
Matrix size: nx 16384 ny 16384
summatrixOnGPU1D <<<(512,1), (32,1)>>> elapsed 0.061352 sec
Arrays match.
```

接下来，按如下所示的方法增加块的大小：

```
dim3 block(128,1);
dim3 grid((nx+block.x-1)/block.x,1);
```

重新编译并运行，可以看出核函数运行得更快了。

```
summatrixOnGPU1D <<<(128,1),(128,1)>>> elapsed 0.044701 sec
```

2.3.4　使用二维网格和一维块对矩阵求和

当使用一个包含一维块的二维网格时，每个线程都只关注一个数据元素并且网格的第二个维数等于 ny，如图 2-14 所示。

这可以看作是含有一个二维块的二维网格的特殊情况，其中块的第二个维数是 1。因此，从块和线程索引到矩阵坐标的映射就变成：

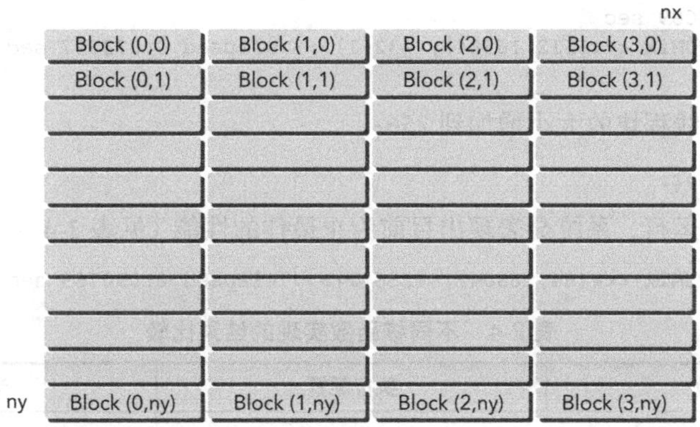

图　2-14

```
ix = threadIdx.x + blockIdx.x * blockDim.x;
iy = blockIdx.y;
```

从矩阵坐标到全局线性内存偏移量的映射保持不变。新的核函数如下：

```
__global__ void sumMatrixOnGPUMix(float *MatA, float *MatB, float *MatC,
    int nx, int ny) {
  unsigned int ix = threadIdx.x + blockIdx.x * blockDim.x;
  unsigned int iy = blockIdx.y;
  unsigned int idx = iy*nx + ix;

  if (ix < nx && iy < ny)
    MatC[idx] = MatA[idx] + MatB[idx];
}
```

注意，二维核函数 sumMatrixOnGPU2D 也为这个执行配置工作。编写新内核的唯一优点是每个线程省去了一次整数乘法和一次整数加法的运算。

将块尺寸设置为 32，并在此基础上计算网格大小：

```
dim3 block(32);
dim3 grid((nx + block.x - 1) / block.x,ny);
```

如下所示调用内核：

```
sumMatrixOnGPUMix <<< grid, block >>>(d_MatA, d_MatB, d_MatC, nx, ny);
```

对代码清单 2-7 进行更改替换，并将替换后的程序保存到名为 sumMatrixOnGPU-2D-grid-1D-block.cu 的文件中，然后使用以下命令编译并运行。

```
$ nvcc -arch=sm_20 sumMatrixOnGPU-2D-grid-1D-block.cu -o mat2D1D
$ ./mat2D1D
```

运行结果为：

```
./a.out Starting...
Using Device 0: Tesla M2070
Matrix size nx 16384 ny 16384
Matrix initialization
```

```
elapsed 0.397689 sec
summMatrixOnGPUMix <<<(512,16384), (32,1)>>> elapsed 0.073727 sec
Arrays match.
```

如下所示，将线程块的大小增加到 256：

```
dim3 block(256);
```

然后重新编译运行，系统会表现出目前为止最佳的性能（见表 2-4）：

```
summMatrixOnGPUMix <<<(64,16384), (256,1)>>> elapsed 0.030765 sec
```

表 2-4　不同核函数实现的结果比较

内核函数	执行配置	运行时间
summMatrixOnGPU2D	(512,1024), (32,16)	0.038041
summMatrixOnGPU1D	(128,1), (128,1)	0.044701
summMatrixOnGPUMix	(64,16384), (256,1)	0.030765

从矩阵加法的例子中可以看出：

❏ 改变执行配置对内核性能有影响

❏ 传统的核函数实现一般不能获得最佳性能

❏ 对于一个给定的核函数，尝试使用不同的网格和线程块大小可以获得更好的性能

在第 3 章，将会从硬件的角度学习产生这些问题的原因。

2.4　设备管理

NVIDIA 提供了几个查询和管理 GPU 设备的方法。学会如何查询 GPU 设备信息是很重要的，因为在运行时你可以使用它来帮助设置内核执行配置。

在本节，你将通过以下两种方法学习查询和管理 GPU 设备：

❏ CUDA 运行时 API 函数

❏ NVIDIA 系统管理界面（nvidia-smi）命令行实用程序

2.4.1　使用运行时 API 查询 GPU 信息

在 CUDA 运行时 API 中有很多函数可以帮助管理这些设备。可以使用以下函数查询关于 GPU 设备的所有信息：

```
cudaError_t cudaGetDeviceProperties(cudaDeviceProp* prop, int device);
```

cudaDeviceProp 结构体返回 GPU 设备的属性，可以通过以下网址查看其内容：

http://docs.nvidia.com/cuda/cuda-runtime-api/index.html#structcudaDeviceProp.

代码清单 2-8 提供了一个示例，查询了大家通常感兴趣的一般属性。可以使用下列命令编译并运行：

```
$ nvcc checkDeviceInfor.cu -o checkDeviceInfor
$ ./checkDeviceInfor
```

根据你的配置，checkDeviceInfor 将返回所安装设备的不同信息。下面是一个输出示例：

```
./checkDeviceInfor Starting...
Detected 2 CUDA Capable device(s)
Device 0: "Tesla M2070"
  CUDA Driver Version / Runtime Version          5.5 / 5.5
  CUDA Capability Major/Minor version number:    2.0
  Total amount of global memory:                 5.25 MBytes (5636554752 bytes)
  GPU Clock rate:                                1147 MHz (1.15 GHz)
  Memory Clock rate:                             1566 Mhz
  Memory Bus Width:                              384-bit
  L2 Cache Size:                                 786432 bytes
  Max Texture Dimension Size (x,y,z) 1D=(65536), 2D=(65536,65535), 3D=(2048,2048,2048)
  Max Layered Texture Size (dim) x layers 1D=(16384) x 2048, 2D=(16384,16384) x 2048
  Total amount of constant memory:               65536 bytes
  Total amount of shared memory per block:       49152 bytes
  Total number of registers available per block: 32768
  Warp size:                                     32
  Maximum number of threads per multiprocessor:  1536
  Maximum number of threads per block:           1024
  Maximum sizes of each dimension of a block:    1024 x 1024 x 64
  Maximum sizes of each dimension of a grid:     65535 x 65535 x 65535
  Maximum memory pitch:                          2147483647 bytes
```

代码清单2-8　使用运行时API查询设备信息（checkDeviceInfor.cu）

```c
#include <cuda_runtime.h>
#include <stdio.h>

int main(int argc, char **argv) {
    printf("%s Starting...\n", argv[0]);

    int deviceCount = 0;
    cudaError_t error_id = cudaGetDeviceCount(&deviceCount);

if (error_id != cudaSuccess) {
    printf("cudaGetDeviceCount returned %d\n-> %s\n",
        (int)error_id, cudaGetErrorString(error_id));
    printf("Result = FAIL\n");
    exit(EXIT_FAILURE);
}

if (deviceCount == 0) {
    printf("There are no available device(s) that support CUDA\n");
} else {
    printf("Detected %d CUDA Capable device(s)\n", deviceCount);
}

int dev, driverVersion = 0, runtimeVersion = 0;

dev =0;
cudaSetDevice(dev);
cudaDeviceProp deviceProp;
cudaGetDeviceProperties(&deviceProp, dev);
printf("Device %d: \"%s\"\n", dev, deviceProp.name);
```

```
cudaDriverGetVersion(&driverVersion);
cudaRuntimeGetVersion(&runtimeVersion);
printf(" CUDA Driver Version / Runtime Version           %d.%d / %d.%d\n",
    driverVersion/1000, (driverVersion%100)/10,
    runtimeVersion/1000, (runtimeVersion%100)/10);
printf(" CUDA Capability Major/Minor version number:      %d.%d\n",
    deviceProp.major, deviceProp.minor);
printf(" Total amount of global memory:                  %.2f MBytes (%llu bytes)\n",
    (float)deviceProp.totalGlobalMem/(pow(1024.0,3)),
    (unsigned long long) deviceProp.totalGlobalMem);
printf(" GPU Clock rate:                                 %.0f MHz (%0.2f GHz)\n",
    deviceProp.clockRate * 1e-3f, deviceProp.clockRate * 1e-6f);
printf(" Memory Clock rate:                              %.0f Mhz\n",
    deviceProp.memoryClockRate * 1e-3f);
printf(" Memory Bus Width:                               %d-bit\n",
    deviceProp.memoryBusWidth);
if (deviceProp.l2CacheSize) {
    printf(" L2 Cache Size:                              %d bytes\n",
        deviceProp.l2CacheSize);
}
printf(" Max Texture Dimension Size (x,y,z)             "
" 1D=(%d), 2D=(%d,%d), 3D=(%d,%d,%d)\n",
    deviceProp.maxTexture1D , deviceProp.maxTexture2D[0],
    deviceProp.maxTexture2D[1],
    deviceProp.maxTexture3D[0], deviceProp.maxTexture3D[1],
    deviceProp.maxTexture3D[2]);
printf(" Max Layered Texture Size (dim) x layers
1D=(%d) x %d, 2D=(%d,%d) x %d\n",
    deviceProp.maxTexture1DLayered[0], deviceProp.maxTexture1DLayered[1],
    deviceProp.maxTexture2DLayered[0], deviceProp.maxTexture2DLayered[1],
    deviceProp.maxTexture2DLayered[2]);
    printf(" Total amount of constant memory:            %lu bytes\n",
        deviceProp.totalConstMem);
    printf(" Total amount of shared memory per block:    %lu bytes\n",
        deviceProp.sharedMemPerBlock);
    printf(" Total number of registers available per block: %d\n",
        deviceProp.regsPerBlock);
    printf(" Warp size:                                  %d\n", deviceProp.warpSize);
    printf(" Maximum number of threads per multiprocessor: %d\n",
        deviceProp.maxThreadsPerMultiProcessor);
    printf(" Maximum number of threads per block:        %d\n",
        deviceProp.maxThreadsPerBlock);
    printf(" Maximum sizes of each dimension of a block: %d x %d x %d\n",
        deviceProp.maxThreadsDim[0],
        deviceProp.maxThreadsDim[1],
        deviceProp.maxThreadsDim[2]);
    printf(" Maximum sizes of each dimension of a grid:  %d x %d x %d\n",
        deviceProp.maxGridSize[0],
        deviceProp.maxGridSize[1],
        deviceProp.maxGridSize[2]);
    printf(" Maximum memory pitch:                       %lu bytes\n", deviceProp.
memPitch);

    exit(EXIT_SUCCESS);
}
```

2.4.2　确定最优 GPU

一些系统支持多 GPU。在每个 GPU 都不同的情况下，选择性能最好的 GPU 运行核函数是非常重要的。通过比较 GPU 包含的多处理器的数量选出计算能力最佳的 GPU。如果你有一个多 GPU 系统，可以使用以下代码来选择计算能力最优的设备：

```
int numDevices = 0;
cudaGetDeviceCount(&numDevices);
if (numDevices > 1) {
    int maxMultiprocessors = 0, maxDevice = 0;
    for (int device=0; device<numDevices; device++) {
        cudaDeviceProp props;
        cudaGetDeviceProperties(&props, device);
        if (maxMultiprocessors < props.multiProcessorCount) {
            maxMultiprocessors = props.multiProcessorCount;
            maxDevice = device;
        }
    }
    cudaSetDevice(maxDevice);
}
```

2.4.3　使用 nvidia-smi 查询 GPU 信息

nvidia-smi 是一个命令行工具，用于管理和监控 GPU 设备，并允许查询和修改设备状态。

你可以从命令行调用 nvidia-smi。例如，要确定系统中安装了多少个 GPU 以及每个 GPU 的设备 ID，可以使用以下命令：

```
$ nvidia-smi -L
GPU 0: Tesla M2070 (UUID: GPU-68df8aec-e85c-9934-2b81-0c9e689a43a7)
GPU 1: Tesla M2070 (UUID: GPU-382f23c1-5160-01e2-3291-ff9628930b70)
```

你可以使用以下命令获取 GPU 0 的详细信息：

```
$ nvidia-smi -q -i 0
```

可以利用下列参数精简 nvidia-smi 的显示信息：

❑ MEMORY

❑ UTILIZATION

❑ ECC

❑ TEMPERATURE

❑ POWER

❑ CLOCK

❑ COMPUTE

❑ PIDS

❑ PERFORMANCE

❑ SUPPORTED_CLOCKS

❑ PAGE_RETIREMENT

❑ ACCOUNTING

例如，若只显示设备内存信息，可使用以下命令：

```
$ nvidia-smi -q -i 0 -d MEMORY | tail -n 5
    Memory Usage
        Total            : 5375 MB
        Used             : 9 MB
        Free             : 5366 MB
```

若只显示设备使用信息，可使用以下命令：

```
$ nvidia-smi -q -i 0 -d UTILIZATION | tail -n 4
    Utilization
        Gpu              : 0 %
        Memory           : 0 %
```

2.4.4 在运行时设置设备

支持多 GPU 的系统是很常见的。对于一个有 N 个 GPU 的系统，nvidia-smi 从 0 到 N−1 标记设备 ID。使用环境变量 CUDA_VISIBLE_DEVICES，就可以在运行时指定所选的 GPU 且无须更改应用程序。

设置运行时环境变量 CUDA_VISIBLE_DEVICES=2。nvidia 驱动程序会屏蔽其他 GPU，这时设备 2 作为设备 0 出现在应用程序中。

也可以使用 CUDA_VISIBLE_DEVICES 指定多个设备。例如，如果想测试 GPU 2 和 GPU 3，可以设置 CUDA_VISIBLE_DEVICES = 2, 3。然后，在运行时，nvidia 驱动程序将只使用 ID 为 2 和 3 的设备，并且会将设备 ID 分别映射为 0 和 1。

2.5 总结

与 C 语言中的并行编程相比，CUDA 程序中的线程层次结构是其独有的结构。通过一个抽象的两级线程层次结构，CUDA 能够控制一个大规模并行环境。通过本章的例子，你也学习到了网格和线程块的尺寸对内核性能有很大的影响。

对于一个给定的问题，你可以有多种选择来实现核函数和多种不同的配置来执行核函数。通常情况下，传统的实现方法无法获得最佳的内核性能。因此，学习如何组织线程是 CUDA 编程的重点之一。理解网格和线程块的启发性的最好方法就是编写程序，通过反复试验来扩展你的技能和知识。

对于内核执行来说网格和线程块代表了线程布局的逻辑视角。在第 3 章，你将会从硬件视角研究相同的问题。

2.6　习题

1. 在文件 sumArraysOnGPU-timer.cu 中，设置 block.x＝1 023，重新编译并运行。与执行配置为 block.x＝1 024 的运行结果进行比较，试着解释其区别和原因。

2. 参考文件 sumArraysOnGPU-timer.cu，设置 block.x＝256。新建一个内核，使得每个线程处理两个元素。将此结果和其他的执行配置进行比较。

3. 参考文件 sumMatrixOnGPU-2D-grid-2D-block.cu，并将它用于整数矩阵的加法运算中，获取最佳的执行配置。

4. 参考文件 sumMatrixOnGPU-2D-grid-1D-block.cu，新建一个内核，使得每个线程处理两个元素，获取最佳的执行配置。

5. 借助程序 checkDeviceInfor.cu，找到你的系统所支持的网格和块的最大尺寸。

2.6　习题

1. 在文件 sumArraysOnDevice.cu 中，设置 block.x = 1 023，重新编译和运行它。与本章中的执行结果比较，并解释发生改变的原因和结果。

2. 参考文件 checkThreadIndex.cu，设置 block.x = 2, block.y = 2, grid.x = 3, grid.y = 2。请预测每个线程的索引并将它显示出来，并将它显示出来。

3. 又一次参考文件 checkThreadIndex.cu，设置 grid.x = 1, block.x = 1。编译和运行它来验证你的结果。

4. 参考文件 sumMatrixOnGPU-2D-grid-2D-block.cu，把它用于一维网格一维块的情况，并比较其性能。

5. 参考文件 checkDeviceInfoWithMacro.cu，使其显示更多的属性信息。

CUDA 执行模型

本章内容：
- ❏ 通过配置文件驱动的方法优化内核
- ❏ 理解线程束执行的本质
- ❏ 增大 GPU 的并行性
- ❏ 掌握网格和线程块的启发式配置
- ❏ 学习多种 CUDA 的性能指标和事件
- ❏ 了解动态并行与嵌套执行

　　通过上一章的练习，你已经学会了如何在网格和线程块中组织线程以获得最佳的性能。尽管可以通过反复试验找到最佳的执行配置，但你可能仍然会感到疑惑，为什么选择这样的执行配置会更好。你可能想知道是否有一些选择网格和块配置的准则。本章将会回答这些问题，并从硬件方面深入介绍内核启动配置和性能分析的信息。

3.1　CUDA 执行模型概述

　　一般来说，执行模型会提供一个操作视图，说明如何在特定的计算架构上执行指令。CUDA 执行模型揭示了 GPU 并行架构的抽象视图，使我们能够据此分析线程的并发。在第 2 章里，已经介绍了 CUDA 编程模型中两个主要的抽象概念：内存层次结构和线程层次结构。它们能够控制大规模并行 GPU。因此，CUDA 执行模型能够提供有助于在指令吞吐量和内存访问方面编写高效代码的见解。

　　在本章会重点介绍指令吞吐量，在第 4 章和第 5 章里会介绍更多的关于高效内存访问的内容。

3.1.1　GPU 架构概述

GPU 架构是围绕一个流式多处理器（SM）的可扩展阵列搭建的。可以通过复制这种架构的构建块来实现 GPU 的硬件并行。

图 3-1 说明了 Fermi SM 的关键组件：

❏ CUDA 核心
❏ 共享内存 / 一级缓存
❏ 寄存器文件
❏ 加载 / 存储单元
❏ 特殊功能单元
❏ 线程束调度器

GPU 中的每一个 SM 都能支持数百个线程并发执行，每个 GPU 通常有多个 SM，所以在一个 GPU 上并发执行数千个线程是有可能的。当启动一个内核网格时，它的线程块被分布在了可用的 SM 上来执行。线程块一旦被调度到一个 SM 上，其中的线程只会在那个指定的 SM 上并发执行。多个线程块可能会被分配到同一个 SM 上，而且是根据 SM 资源的可用性进行调度的。同一线程中的指令利用指令级并行性进行流水线化，另外，在 CUDA 中已经介绍了线程级并行。

CUDA 采用单指令多线程（SIMT）架构来管理和执行线程，每 32 个线程为一组，被称为线程束（warp）。线程束中的所有线程同时执行相同的指令。每个线程都有自己的指令地址计数器和寄存器状态，利用自身的数据执行当前的指令。每个 SM 都将分配给它的线程块划分到包含 32 个线程的线程束中，然后在可用的硬件资源上调度执行。

SIMT 架构与 SIMD（单指令多数据）架构相似。两者都是将相同的指令广播给多个执行单元来实现并行。一个关键的区别是 SIMD 要求同一个向量中的所有元素要在一个统一的同步组中一起执行，而 SIMT 允许属于同一线程束的多个线程独立执行。尽管一个线程束中的所有线程在相同的程序地址上同时开始执行，但是单独的线程仍有可能有不同的行为。SIMT 确保可以编写独立的线程级并行代码、标量线程以及用于协调线程的数据并行代码。

SIMT 模型包含 3 个 SIMD 所不具备的关键特征。

❏ 每个线程都有自己的指令地址计数器
❏ 每个线程都有自己的寄存器状态
❏ 每个线程可以有一个独立的执行路径

一个神奇的数字：32

32 在 CUDA 程序里是一个神奇的数字。它来自于硬件系统，也对软件的性能有着重要的影响。

从概念上讲，它是 SM 用 SIMD 方式所同时处理的工作粒度。优化工作负载以适应线程束（一组有 32 个线程）的边界，一般这样会更有效地利用 GPU 计算资源。在后面的章节中将会介绍更多这方面的内容。

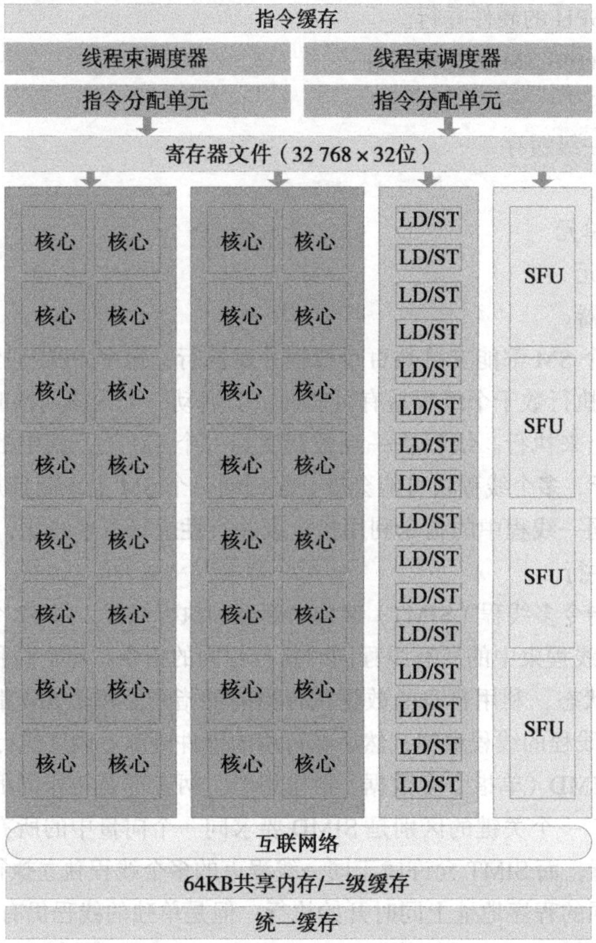

图　3-1

一个线程块只能在一个 SM 上被调度。一旦线程块在一个 SM 上被调度，就会保存在该 SM 上直到执行完成。在同一时间，一个 SM 可以容纳多个线程块。

图 3-2 从逻辑视图和硬件视图的角度描述了 CUDA 编程对应的组件。

在 SM 中，共享内存和寄存器是非常重要的资源。共享内存被分配在 SM 上的常驻线程块中，寄存器在线程中被分配。线程块中的线程通过这些资源可以进行相互的合作和通信。

尽管线程块里的所有线程都可以逻辑地并行运行，但是并不是所有线程都可以同时在物理层面执行。因此，线程块里的不同线程可能会以不同的速度前进。

软件

线程

线程块

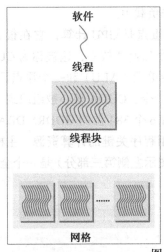

网格

硬件

CUDA核心

SM

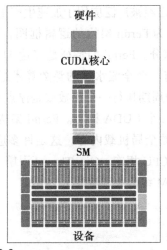

设备

图　3-2

在并行线程中共享数据可能会引起竞争：多个线程使用未定义的顺序访问同一个数据，从而导致不可预测的程序行为。CUDA 提供了一种用来同步线程块里的线程的方法，从而保证所有线程在进一步动作之前都达到执行过程中的一个特定点。然而，没有提供块间同步的原语。

尽管线程块里的线程束可以任意顺序调度，但活跃的线程束的数量还是会由 SM 的资源所限制。当线程束由于任何理由闲置的时候（如等待从设备内存中读取数值），SM 可以从同一 SM 上的常驻线程块中调度其他可用的线程束。在并发的线程束间切换并没有开销，因为硬件资源已经被分配到了 SM 上的所有线程和块中，所以最新被调度的线程束的状态已经存储在 SM 上。

SM：GPU 架构的核心

　　SM 是 GPU 架构的核心。寄存器和共享内存是 SM 中的稀缺资源。CUDA 将这些资源分配到 SM 中的所有常驻线程里。因此，这些有限的资源限制了在 SM 上活跃的线程束数量，活跃的线程束数量对应于 SM 上的并行量。了解一些 SM 硬件组成的基本知识，有助于组织线程和配置内核执行以获得最佳的性能。

在下一节，将会介绍 NVIDIA 中的两个 GPU 架构：Fermi 架构和 Kepler 架构，重点介绍它们的硬件资源。你将会通过示例和练习来学习它们的硬件特征，这有助于提高对内核性能的理解。

3.1.2　Fermi 架构

Fermi 架构是第一个完整的 GPU 计算架构，能够为大多数高性能计算应用提供所需要的功能。Fermi 已经被广泛应用于加速生产工作负载中。

图 3-3 所示为 Fermi 架构的逻辑框图，其重点是 GPU 计算，它在很大程度上忽略了图形具体组成部分。Fermi 的特征是多达 512 个加速器核心，这被称为 CUDA 核心。每个 CUDA 核心都有一个全流水线的整数算术逻辑单元（ALU）和一个浮点运算单元（FPU），在这里每个时钟周期执行一个整数或是浮点数指令。CUDA 核心被组织到 16 个 SM 中，每一个 SM 含有 32 个 CUDA 核心。Fermi 架构有 6 个 384 位的 GDDR5 DRAM 存储器接口，支持多达 6GB 的全局机载内存，这是许多应用程序关键的计算资源。主机接口通过 PCIe 总线将 GPU 与 CPU 相连。GigaThread 引擎（图示左侧第三部分）是一个全局调度器，用来分配线程块到 SM 线程束调度器上。

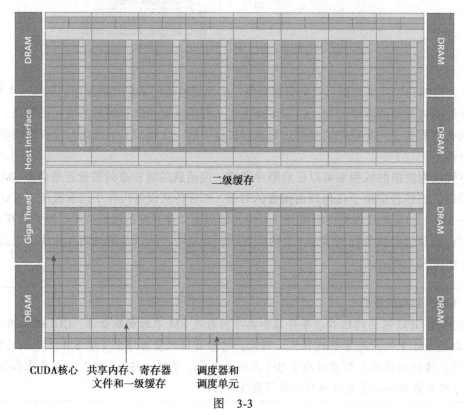

图 3-3

Fermi 架构包含一个耦合的 768 KB 的二级缓存，被 16 个 SM 所共享。在图 3-3 中，一个垂直矩形条表示一个 SM，包含了以下内容：

❏ 执行单元（CUDA 核心）

❏ 调度线程束的调度器和调度单元

❏ 共享内存、寄存器文件和一级缓存

每一个多处理器有 16 个加载 / 存储单元（如图 3-1 所示），允许每个时钟周期内有 16

个线程（线程束的一半）计算源地址和目的地址。特殊功能单元（SFU）执行固有指令，如正弦、余弦、平方根和插值。每个 SFU 在每个时钟周期内的每个线程上执行一个固有指令。

　　每个 SM 有两个线程束调度器和两个指令调度单元。当一个线程块被指定给一个 SM 时，线程块中的所有线程被分成了线程束。两个线程束调度器选择两个线程束，再把一个指令从线程束中发送到一个组上，组里有 16 个 CUDA 核心、16 个加载 / 存储单元或 4 个特殊功能单元（如图 3-4 所示）。Fermi 架构，计算性能 2.x，可以在每个 SM 上同时处理 48 个线程束，即可在一个 SM 上同时常驻 1 536 个线程。

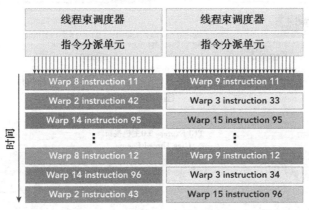

图　3-4

　　Fermi 架构的一个关键特征是有一个 64KB 的片内可配置存储器，它在共享内存与一级缓存之间进行分配。对于许多高性能的应用程序，共享内存是影响性能的一个关键因素。共享内存允许一个块上的线程相互合作，这有利于芯片内数据的广泛重用，并大大降低了片外的通信量。CUDA 提供了一个运行时 API，它可以用来调整共享内存和一级缓存的数量。根据给定的内核中共享内存或缓存的使用修改片内存储器的配置，可以提高性能。这一部分内容将会在第 4 章和第 5 章详细介绍。

　　Fermi 架构也支持并发内核执行：在相同的 GPU 上执行相同应用程序的上下文中，同时启动多个内核。并发内核执行允许执行一些小的内核程序来充分利用 GPU，如图 3-5 所示。Fermi 架构允许多达 16 个内核同时在设备上运行。从程序员的角度看，并发内核执行使 GPU 表现得更像 MIMD 架构。

3.1.3　Kepler 架构

　　发布于 2012 年秋季的 Kepler GPU 架构是一种快速、高效、高性能的计算架构。Kepler 的特点使得混合计算更容易理解。图 3-6 表示了 Kepler K20X 芯片框图，它包含了 15 个 SM 和 6 个 64 位的内存控制器。以下是 Kepler 架构的 3 个重要的创新。

- ❏ 强化的 SM
- ❏ 动态并行
- ❏ Hyper-Q 技术

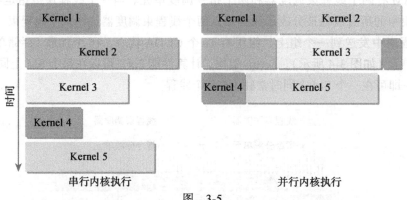

图 3-5

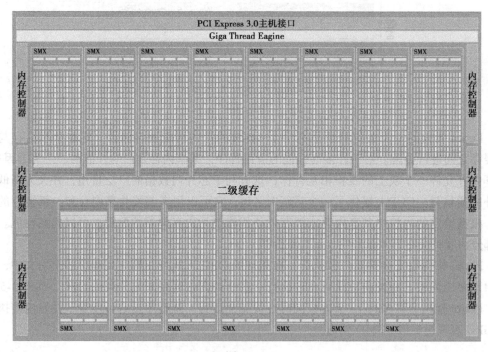

图 3-6

Kepler K20X 的关键部分是有一个新的 SM 单元，其包括一些结构的创新，以提高编程效率和功率效率。每个 Kepler SM 单元包含 192 个单精度 CUDA 核心，64 个双精度单元，32 个特殊功能单元（SFU）以及 32 个加载 / 存储单元（LD/ST）（如图 3-7 所示）。

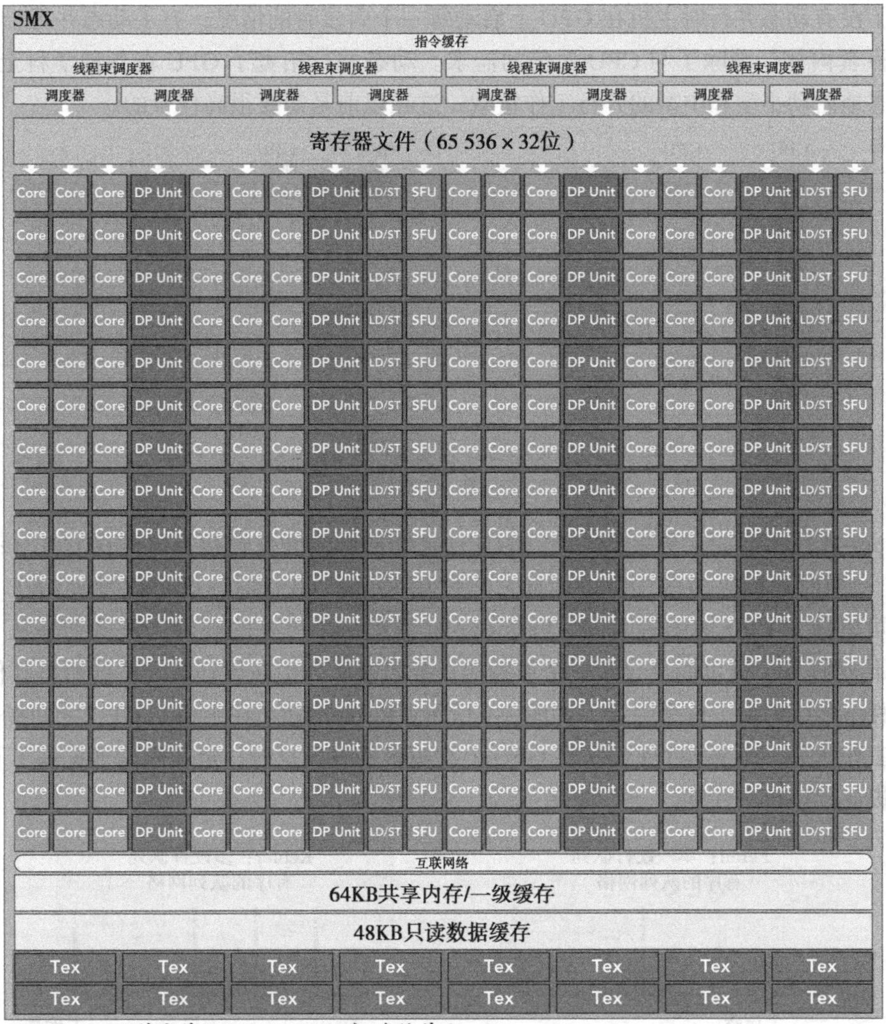

★DP Unit：双精度单元 ★LD/ST：加载/存储单元

图   3-7

　　每个 Kepler SM 包括 4 个线程束调度器和 8 个指令调度器，以确保在单一的 SM 上同时发送和执行 4 个线程束。Kepler K20X 架构（计算能力 3.5）可以同时在每个 SM 上调度 64 个线程束，即在一个 SM 上可同时常驻 2048 个线程。K20X 架构中寄存器文件容量达到 64KB，Fermi 架构中只有 32KB。同时，K20X 还允许片内存储器在共享内存和一级缓存间有更多的分区。K20X 能够提供超过 1TFlop 的峰值双精度计算能力，相较于 Fermi 的设计，功率效率提高了 80%，每瓦的性能也提升了三倍。

　　动态并行是 Kepler GPU 的一个新特性，它允许 GPU 动态启动新的网格。有了这个特点，任一内核都能启动其他的内核，并且管理任何核间需要的依赖关系来正确地执行附加的工作。这一特点也让你更容易创建和优化递归及与数据相关的执行模式。如图 3-8 所示，它展示了没有动态并行时主机在 GPU 上启动每一个内核时的情况；有了动态并行，GPU 能够启动嵌套内核，消除了与 CPU 通信的需求。动态并行拓宽了 GPU 在各种学科上的适用性。动态地启动小型和中型的并行工作负载，这在以前是需要很高代价的。

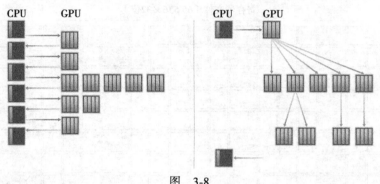

图 3-8

Hyper-Q 技术增加了更多的 CPU 和 GPU 之间的同步硬件连接，以确保 CPU 核心能够在 GPU 上同时运行更多的任务。因此，当使用 Kepler GPU 时，既可以增加 GPU 的利用率，也可以减少 CPU 的闲置时间。Fermi GPU 依赖一个单一的硬件工作队列来从 CPU 到GPU 间传送任务，这可能会导致一个单独的任务阻塞队列中在该任务之后的所有其他任务。Kepler Hyper-Q 消除了这个限制。如图 3-9 所示，Kepler GPU 在主机与 GPU 之间提供了 32个硬件工作队列。Hyper-Q 保证了在 GPU 上有更多的并发执行，最大限度地提高了 GPU 的利用并提高了整体的性能。

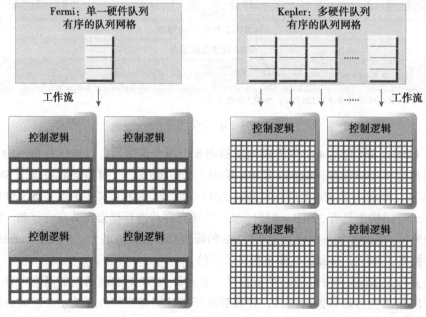

图 3-9

表 3-1 简要地总结了主要架构特点的不同计算能力。

表 3-1　计算能力概览

架 构 特 点	计 算 能 力			
	2.0	2.1	3.0	3.5
每个多处理器上整数和浮点算术函数运算的核数量	32	48	192	
每个多处理器上单精度浮点数超越函数的特殊功能单元的数量	4	8	32	
每个多处理器上线程束调度器的数量	2		4	
调度器同时发送指令的数量	1	2	2	
每个多处理器上加载 / 存储单元的数量	16		32	
加载 / 存储地址宽度	64B		64B	
二级缓存	768KB		1536KB	
每个多处理器上的片内储存容量	64KB		64KB	
每个多处理器上共享内存（可配置的）的容量	48KB 或 16KB		48KB/32KB/16KB	
每个多处理器上一级缓存（可配置的）的容量	16KB 或 48KB		48KB/32KB/16KB	
只读数据缓存的容量	N/A		48KB	
全局内存的容量	达到 6GB		达到 12GB	

3.1.4　配置文件驱动优化

性能分析是通过检测来分析程序性能的行为：
❑ 应用程序代码的空间（内存）或时间复杂度
❑ 特殊指令的使用
❑ 函数调用的频率和持续时间

性能分析是程序开发中的关键一步，特别是对于优化 HPC 应用程序代码。性能分析往往需要对平台的执行模型有一个基本的理解以制定应用程序的优化方法。开发一个 HPC 应用程序通常包括两个主要步骤：

1. 提高代码的正确性。

2. 提高代码的性能。

对于第二步，使用配置文件驱动的方法是很自然的。配置文件驱动的发展对于 CUDA 编程尤为重要，原因主要有以下几个方面。

❑ 一个单纯的内核应用一般不会产生最佳的性能。性能分析工具能帮助你找到代码中影响性能的关键部分，也就是性能瓶颈。

❑ CUDA 将 SM 中的计算资源在该 SM 中的多个常驻线程块之间进行分配。这种分配形式导致一些资源成为了性能限制者。性能分析工具能帮助我们理解计算资源是如何被利用的。

❑ CUDA 提供了一个硬件架构的抽象，它能够让用户控制线程并发。性能分析工具可以检测和优化，并将优化可视化。

性能分析工具深入洞察内核的性能，检测核函数中影响性能的瓶颈。CUDA 提供了两个主要的性能分析工具：nvvp，独立的可视化分析器；nvprof，命令行分析器。

nvvp 是可视化分析器，它可以可视化并优化 CUDA 程序的性能。这个工具会显示 CPU 与 GPU 上的程序活动的时间表，从而找到可以改善性能的机会。此外，nvvp 可以分析应用程序潜在的性能瓶颈，并给出建议以消除或减少这些瓶颈。该工具既可作为一个独立的应用程序，也可作为 Nsight Eclipse Edition (nsight) 的一部分。

nvprof 在命令行上收集和显示分析数据。nvprof 是和 CUDA 5 一起发布的，它是从一个旧的命令行 CUDA 分析工具进化而来的。跟 nvvp 一样，它可以获得 CPU 与 GPU 上 CUDA 关联活动的时间表，其中包括内核执行、内存传输和 CUDA 的 API 调用。它也可以获得硬件计数器和 CUDA 内核的性能指标。

除了预定义的指标，还可以利用基于分析器获得的硬件计数器来自定义指标。

事件和指标

在 CUDA 性能分析中，事件是可计算的活动，它对应一个在内核执行期间被收集的硬件计数器。指标是内核的特征，它由一个或多个事件计算得到。请记住以下概念事件和指标：

❑ 大多数计数器通过流式多处理器来报告，而不是通过整个 GPU。

❑ 一个单一的运行只能获得几个计数器。有些计数器的获得是相互排斥的。多个性能分析运行往往需要获取所有相关的计数器。

❑ 由于 GPU 执行中的变化 (如线程块和线程束调度指令)，经重复运行，计数器值可能不是完全相同的。

选择合适的性能指标以及将检测性能与理论峰值性能进行对比对于寻找内核的性能瓶颈是很重要的。在本书的示例和练习中，你将了解用命令行分析器分析内核的适当指标，以及掌握使用配置文件驱动的方法来编写高效的核函数的技巧。

在本书中主要使用 nvprof 来提高内核性能。本书还介绍了如何选择合适的计数器和指标，并使用命令行中的 nvprof 来收集分析数据，以便用于设计优化策略。你还将会学习如何使用不同的计数器和指标，从多个角度分析内核。

有 3 种常见的限制内核性能的因素：

❑ 存储带宽

❑ 计算资源

❑ 指令和内存延迟

本章主要介绍指令延迟的问题，其次会介绍一些计算资源限制的问题。后续章节将讨论其余的性能限制因素。

> **了解硬件资源的详细信息**
>
> 　　作为一个 C 程序员，如果编写代码只追求正确性，那么可以忽略缓存行的大小。然而，当调整代码以获得最佳性能时，必须考虑代码结构中高速缓存的特性。
>
> 　　这对于 CUDA C 编程来说也一样。作为 CUDA C 程序员，如果想改善内核的性能，必须对硬件资源有一定的了解。
>
> 　　即使不懂硬件架构，CUDA 编译器仍然能很好地优化内核，但它能做的只有这么多。即使仅掌握最基本的 GPU 体系架构的知识，你也能够编写出更好的代码，并且能够充分开发设备的性能。
>
> 　　在本章的后续部分，你将看到硬件的概念是如何与性能指标联系起来的，以及性能指标是如何被用于指导性能的。

3.2　理解线程束执行的本质

　　启动内核时，从软件的角度你看到了什么？对于你来说，在内核中似乎所有的线程都是并行地运行的。在逻辑上这是正确的，但从硬件的角度来看，不是所有线程在物理上都可以同时并行地执行。本章已经提到了把 32 个线程划分到一个执行单元中的概念：线程束。现在从硬件的角度来介绍线程束执行，并能够获得指导内核设计的方法。

3.2.1　线程束和线程块

　　线程束是 SM 中基本的执行单元。当一个线程块的网格被启动后，网格中的线程块分布在 SM 中。一旦线程块被调度到一个 SM 上，线程块中的线程会被进一步划分为线程束。一个线程束由 32 个连续的线程组成，在一个线程束中，所有的线程按照单指令多线程（SIMT）方式执行；也就是说，所有线程都执行相同的指令，每个线程在私有数据上进行操作。图 3-10 展示了线程块的逻辑视图和硬件视图之间的关系。

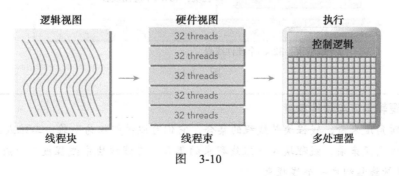

图　3-10

然而，从硬件的角度来看，所有的线程都被组织成了一维的，线程块可以被配置为一维、二维或三维的。在一个块中，每个线程都有一个唯一的 ID。对于一维的线程块，唯一的线程 ID 被存储在 CUDA 的内置变量 threadIdx.x 中，并且，threadIdx.x 中拥有连续值的线程被分组到线程束中。例如，一个有 128 个线程的一维线程块被组织到 4 个线程束里，如下所示：

```
Warp 0: thread  0, thread  1, thread  2, ... thread 31
Warp 1: thread 32, thread 33, thread 34, ... thread 63
Warp 3: thread 64, thread 65, thread 66, ... thread 95
Warp 4: thread 96, thread 97, thread 98, ... thread 127
```

用 *x* 维度作为最内层的维度，*y* 维度作为第二个维度，*z* 作为最外层的维度，则二维或三维线程块的逻辑布局可以转化为一维物理布局。例如，对于一个给定的二维线程块，在一个块中每个线程的独特标识符都可以用内置变量 threadIdx 和 blockDim 来计算：

```
threadIdx.y * blockDim.x + threadIdx.x.
```

对于一个三维线程块，计算如下：

```
threadIdx.z * blockDim.y * blockDim.x + threadIdx.y * blockDim.x + threadIdx.x
```

一个线程块的线程束的数量可以根据下式确定：

$$一个线程块中线程束的数量 = 向正无穷取整\left(\frac{一个线程块中线程的数量}{线程束大小}\right)$$

因此，硬件总是给一个线程块分配一定数量的线程束。线程束不会在不同的线程块之间分离。如果线程块的大小不是线程束大小的偶数倍，那么在最后的线程束里有些线程就不会活跃。图 3-11 是一个在 *x* 轴中有 40 个线程、在 *y* 轴中有 2 个线程的二维线程块。从应用程序的角度来看，在一个二维网格中共有 80 个线程。

硬件为这个线程块配置了 3 个线程束，使总共 96 个硬件线程去支持 80 个软件线程。注意，最后半个线程束是不活跃的。即使这些线程未被使用，它们仍然消耗 SM 的资源，如寄存器。

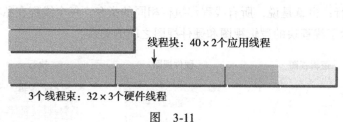

线程块：40×2个应用线程

3个线程束：32×3个硬件线程

图 3-11

线程块：逻辑角度与硬件角度

从逻辑角度来看，线程块是线程的集合，它们可以被组织为一维、二维或三维布局。

从硬件角度来看，线程块是一维线程束的集合。在线程块中线程被组织成一维布局，每 32 个连续线程组成一个线程束。

3.2.2　线程束分化

控制流是高级编程语言的基本构造中的一种。GPU 支持传统的、C 风格的、显式的控制流结构，例如，if…then…else、for 和 while。

CPU 拥有复杂的硬件以执行分支预测，也就是在每个条件检查中预测应用程序的控制流会使用哪个分支。如果预测正确，CPU 中的分支只需付出很小的性能代价。如果预测不正确，CPU 可能会停止运行很多个周期，因为指令流水线被清空了。我们不必完全理解为什么 CPU 擅长处理复杂的控制流。这个解释只是作为对比的背景。

GPU 是相对简单的设备，它没有复杂的分支预测机制。一个线程束中的所有线程在同一周期中必须执行相同的指令，如果一个线程执行一条指令，那么线程束中的所有线程都必须执行该指令。如果在同一线程束中的线程使用不同的路径通过同一个应用程序，这可能会产生问题。例如，思考下面的语句：

```
if (cond) {
    ...
} else {
    ...
}
```

假设在一个线程束中有 16 个线程执行这段代码，cond 为 true，但对于其他 16 个来说 cond 为 false。一半的线程束需要执行 if 语句块中的指令，而另一半需要执行 else 语句块中的指令。在同一线程束中的线程执行不同的指令，被称为线程束分化。我们已经知道，在一个线程束中所有线程在每个周期中必须执行相同的指令，所以线程束分化似乎会产生一个悖论。

如果一个线程束中的线程产生分化，线程束将连续执行每一个分支路径，而禁用不执行这一路径的线程。线程束分化会导致性能明显地下降。在前面的例子中可以看到，线程束中并行线程的数量减少了一半：只有 16 个线程同时活跃地执行，而其他 16 个被禁用了。条件分支越多，并行性削弱越严重。

注意，线程束分化只发生在同一个线程束中。在不同的线程束中，不同的条件值不会引起线程束分化。

图 3-12 显示了线程束分化。在一个线程束中所有的线程必须采用 if…then 两个分支来表述。如果线程的条件为 true，它将执行 if 子句；否则，当等待执行完成时，线程停止。

为了获得最佳的性能，应该避免在同一线程束中有不同的执行路径。请记住，在一个线程块中，线程的线程束分配是确定的。因此，以这样的方式对数据进行分区是可行的（尽管不是微不足道的，但取决于算法），以确保同一个线程束中的所有线程在一个应用程序中使用同一个控制路径。

例如，假设有两个分支，下面展示了简单的算术内核示例。我们可以用一个偶数和奇数线程方法来模拟一个简单的数据分区，目的是导致线程束分化。该条件 (tid%2==0) 使偶数编号的线程执行 if 子句，奇数编号的线程执行 else 子句。

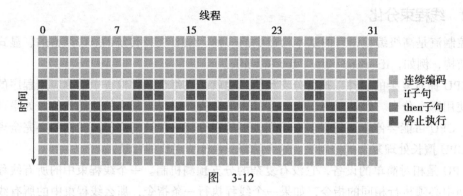

图 3-12

```
__global__ void mathKernel1(float *c) {
    int tid = blockIdx.x * blockDim.x + threadIdx.x;
    float a, b;
    a = b = 0.0f;

    if (tid % 2 == 0) {
        a = 100.0f;
    } else {
        b = 200.0f;
    }
    c[tid] = a + b;
}
```

如果使用线程束方法（而不是线程方法）来交叉存取数据，可以避免线程束分化，并且设备的利用率可达到 100%。条件 (tid/warpSize)%2==0 使分支粒度是线程束大小的倍数；偶数编号的线程执行 if 子句，奇数编号的线程执行 else 子句。这个核函数产生相同的输出，但是顺序不同。

```
__global__ void mathKernel2(void) {
    int tid = blockIdx.x * blockDim.x + threadIdx.x;
    float a, b;
    a = b = 0.0f;

    if ((tid / warpSize) % 2 == 0) {
        a = 100.0f;
    } else {
        b = 200.0f;
    }
    c[tid] = a + b;
}
```

现在，使用代码清单 3-1 中的代码可以测量这两个核函数的性能。也可以从 Wrox. com 中下载 simpleDivergence.cu 文件。因为在设备上第一次运行可能会增加间接开销，并且在此处测量的性能是非常精细的，所以，添加了一个额外的内核启动（warmingup，与 mathKernel2 一样）来去除这一间接开销。

代码清单3-1 简单的线程束分化（simpleDivergence.cu文件）（只列出了主函数）

```
int main(int argc, char **argv) {
    // set up device
    int dev = 0;
    cudaDeviceProp deviceProp;
    cudaGetDeviceProperties(&deviceProp, dev);
    printf("%s using Device %d: %s\n", argv[0],dev, deviceProp.name);

    // set up data size
    int size = 64;
    int blocksize = 64;
    if(argc > 1) blocksize = atoi(argv[1]);
    if(argc > 2) size      = atoi(argv[2]);
    printf("Data size %d ", size);

    // set up execution configuration
    dim3 block (blocksize,1);
    dim3 grid ((size+block.x-1)/block.x,1);
    printf("Execution Configure (block %d grid %d)\n",block.x, grid.x);

    // allocate gpu memory
    float *d_C;
    size_t nBytes = size * sizeof(float);
    cudaMalloc((float**)&d_C, nBytes);

    // run a warmup kernel to remove overhead
    size_t iStart,iElaps;
    cudaDeviceSynchronize();
    iStart = seconds();
    warmingup<<<grid, block>>> (d_C);
    cudaDeviceSynchronize();
    iElaps = seconds() - iStart;
    printf("warmup      <<< %4d %4d >>> elapsed %d sec \n",grid.x,block.x, iElaps );

    // run kernel 1
    iStart = seconds();
    mathKernel1<<<grid, block>>>(d_C);
    cudaDeviceSynchronize();
    iElaps = seconds() - iStart;
    printf("mathKernel1 <<< %4d %4d >>> elapsed %d sec \n",grid.x,block.x,iElaps );

    // run kernel 3
    iStart = seconds();
    mathKernel2<<<grid, block>>>(d_C);
    cudaDeviceSynchronize();
    iElaps = seconds () - iStart;
    printf("mathKernel2 <<< %4d %4d >>> elapsed %d sec \n",grid.x,block.x,iElaps );

    // run kernel 3
    iStart = seconds ();
    mathKernel3<<<grid, block>>>(d_C);
    cudaDeviceSynchronize();
    iElaps = seconds () - iStart;
    printf("mathKernel3 <<< %4d %4d >>> elapsed %d sec \n",grid.x,block.x,iElaps );
```

```
// run kernel 4
iStart = seconds ();
mathKernel4<<<grid, block>>>(d_C);
cudaDeviceSynchronize();
iElaps = seconds () - iStart;
printf("mathKernel4 <<< %4d %4d >>> elapsed %d sec \n",grid.x,block.x,iElaps);
// free gpu memory and reset divece
cudaFree(d_C);
cudaDeviceReset();
return EXIT_SUCCESS;
}
```

使用下面的命令编译这段代码：

```
$ nvcc -O3 -arch=sm_20 simpleDivergence.cu -o simpleDivergence
```

在 Fermi M2070 GPU 上运行 simpleDivergence，输出报告如下。两个内核的运行时间很相近。

```
$ ./simpleDivergence using Device 0: Tesla M2070
Data size 64 Execution Configuration (block 64 grid 1)
Warmingup    elapsed 0.000040 sec
mathKernel1 elapsed 0.000016 sec
mathKernel2 elapsed 0.000014 sec
```

通过使用 nvprof 分析器，可以从 GPU 中获得指标，从而可以直接观察到线程束分化。

在这里，nvprof 的 branch_efficiency 指标是用来计算 simpleDivergence 的样本执行的：

```
$ nvprof --metrics branch_efficiency ./simpleDivergence
```

下面的结果是由 nvprof 报告的。

```
Kernel: mathKernel1(void)
1   branch_efficiency   Branch Efficiency      100.00%      100.00%      100.00%
Kernel: mathKernel2(void)
1   branch_efficiency   Branch Efficiency      100.00%      100.00%      100.00%
```

分支效率被定义为未分化的分支与全部分支之比，可以使用以下公式来计算：

$$分支效率 = 100 \times \left(\frac{分支数 - 分化分支数}{分支数} \right)$$

奇怪的是，没有报告显示出有分支分化（即分支效率是100%）。这个奇怪的现象是 CUDA 编译器优化导致的结果，它将短的、有条件的代码段的断定指令取代了分支指令（导致分化的实际控制流指令）。

在分支预测中，根据条件，把每个线程中的一个断定变量设置为 1 或 0。这两种条件流路径被完全执行，但只有断定为 1 的指令被执行。断定为 0 的指令不被执行，但相应的线程也不会停止。这和实际的分支指令之间的区别是微妙的，但理解它很重要。只有在条件语句的指令数小于某个阈值时，编译器才用断定指令替换分支指令。因此，一段很长的代码路径肯定会导致线程束分化。

如下所示，重写 mathKernel1 核函数，使内核代码的分支预测直接显示：

```
__global__ void mathKernel3(float *c) {
```

```
    int tid = blockIdx.x * blockDim.x + threadIdx.x;
    float ia, ib;
    ia = ib = 0.0f;

    bool ipred = (tid % 2 == 0);
    if (ipred) {
        ia = 100.0f;
    }
    if (!ipred) {
        ib = 200.0f;
    }
    c[tid] = ia + ib;
}
```

添加 mathKernel3，再次编译和运行文件 simpleDivergence.cu，会报告下列性能：

```
Warmingup    elapsed 0.105021 sec
mathKernel1 elapsed 0.000017 sec
mathKernel2 elapsed 0.000014 sec
mathKernel3 elapsed 0.000014 sec
```

使用下面的命令，可以强制 CUDA 编译器不利用分支预测去优化内核：

```
$ nvcc -g -G -arch=sm_20 simpleDivergence.cu -o simpleDivergence
```

如下所示，可以用 nvprof 再次检查没有被优化的内核分化：

```
$ nvprof --metrics branch_efficiency ./simpleDivergence
```

结果总结如下：

```
mathKernel1: Branch Efficiency    83.33%
mathKernel2: Branch Efficiency    100.00%
mathKernel3: Branch Efficiency    71.43%
```

另外，可以用 nvprof 获得分支和分化分支的事件计数器，如下所示：

```
$ nvprof --events branch,divergent_branch ./simpleDivergence
```

结果如下：

```
mathKernel1: branch   12    divergent_branch   2
mathKernel2: branch   12    divergent_branch   0
mathKernel3: branch   14    divergent_branch   4
```

CUDA 的 nvcc 编译器仍然是在 mathKernel1 和 mathKernel3 上执行有限的优化，以保持分支效率在 50% 以上。注意，mathKernel2 不报告分支分化的唯一原因是它的分支粒度是线程束大小的倍数。此外，把 mathKernel1 中的 if...else 语句分离为 mathKernel3 的多个 if 语句，可以使分化分支的数量翻倍。

> **重要提示：**
> ❑ 当一个分化的线程采取不同的代码路径时，会产生线程束分化
> ❑ 不同的 if-then-else 分支会连续执行
> ❑ 尝试调整分支粒度以适应线程束大小的倍数，避免线程束分化
> ❑ 不同的分化可以执行不同的代码且无须以牺牲性能为代价

3.2.3 资源分配

线程束的本地执行上下文主要由以下资源组成：

❏ 程序计数器

❏ 寄存器

❏ 共享内存

由 SM 处理的每个线程束的执行上下文，在整个线程束的生存期中是保存在芯片内的。因此，从一个执行上下文切换到另一个执行上下文没有损失。

每个 SM 都有 32 位的寄存器组，它存储在寄存器文件中，并且可以在线程中进行分配，同时固定数量的共享内存用来在线程块中进行分配。对于一个给定的内核，同时存在于同一个 SM 中的线程块和线程束的数量取决于在 SM 中可用的且内核所需的寄存器和共享内存的数量。

图 3-13 显示了若每个线程消耗的寄存器越多，则可以放在一个 SM 中的线程束就越少。如果可以减少内核消耗寄存器的数量，那么就可以同时处理更多的线程束。如图 3-14 所示，若一个线程块消耗的共享内存越多，则在一个 SM 中可以被同时处理的线程块就会变少。如果每个线程块使用的共享内存数量变少，那么可以同时处理更多的线程块。

每个SM寄存器

Kepler：64KB
Fermi：32KB

更多线程且每个线程消耗较少的寄存器

更多线程；每个线程消耗较多的寄存器

图　3-13

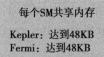

每个SM共享内存

Kepler：达到48KB
Fermi：达到48KB

更多线程块，每个线程块使用更少的共享内存

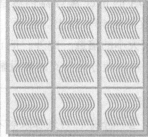

更少线程块，每个线程块使用更多的共享内存

图　3-14

资源可用性通常会限制 SM 中常驻线程块的数量。每个 SM 中寄存器和共享内存的数量因设备拥有不同的计算能力而不同。如果每个 SM 没有足够的寄存器或共享内存去处理至少一个块，那么内核将无法启动。一些关键的限度如表 3-2 所示。

表 3-2　有关计算能力的资源限制

技术条件	计算能力			
	2.0	2.1	3.0	3.5
每个线程块的最大线程数	1 024			
每个多处理器并发线程块的最大数量	8		16	
每个多处理器并发线程束的最大数量	48		64	
每个多处理器并发线程的最大数量	1 536		2 048	
每个多处理器中 32 位寄存器数量	32KB		64KB	
每个线程中 32 位寄存器的最大数量	63		255	
每个多处理器中共享内存的最大数量	48KB			

当计算资源（如寄存器和共享内存）已分配给线程块时，线程块被称为活跃的块。它所包含的线程束被称为活跃的线程束。活跃的线程束可以进一步被分为以下 3 种类型：

❑ 选定的线程束
❑ 阻塞的线程束
❑ 符合条件的线程束

一个 SM 上的线程束调度器在每个周期都选择活跃的线程束，然后把它们调度到执行单元。活跃执行的线程束被称为选定的线程束。如果一个活跃的线程束准备执行但尚未执行，它是一个符合条件的线程束。如果一个线程束没有做好执行的准备，它是一个阻塞的线程束。如果同时满足以下两个条件则线程束符合执行条件。

❑ 32 个 CUDA 核心可用于执行
❑ 当前指令中所有的参数都已就绪

例如，Kepler SM 上活跃的线程束数量，从启动到完成在任何时候都必须小于或等于 64 个并发线程束的架构限度。在任何周期中，选定的线程束数量都小于或等于 4。如果线程束阻塞，线程束调度器会令一个符合条件的线程束代替它去执行。由于计算资源是在线程束之间进行分配的，而且在线程束的整个生存期中都保持在芯片内，因此线程束上下文的切换是非常快的。在下面几节中，你将会认识到为了隐藏由线程束阻塞造成的延迟，需要让大量的线程束保持活跃。

在 CUDA 编程中需要特别关注计算资源分配：计算资源限制了活跃的线程束的数量。因此必须了解由硬件产生的限制和内核用到的资源。为了最大程度地利用 GPU，需要最大化活跃的线程束数量。

3.2.4 延迟隐藏

SM 依赖线程级并行，以最大化功能单元的利用率，因此，利用率与常驻线程束的数量直接相关。在指令发出和完成之间的时钟周期被定义为指令延迟。当每个时钟周期中所有的线程调度器都有一个符合条件的线程束时，可以达到计算资源的完全利用。这就可以保证，通过在其他常驻线程束中发布其他指令，可以隐藏每个指令的延迟。

与在 CPU 上用 C 语言编程相比，延迟隐藏在 CUDA 编程中尤为重要。CPU 核心是为同时最小化延迟一个或两个线程而设计的，而 GPU 则是为处理大量并发和轻量级线程以最大化吞吐量而设计的。GPU 的指令延迟被其他线程束的计算隐藏。

考虑到指令延迟，指令可以被分为两种基本类型：
- 算术指令
- 内存指令

算术指令延迟是一个算术操作从开始到它产生输出之间的时间。内存指令延迟是指发送出的加载或存储操作和数据到达目的地之间的时间。对于每种情况，相应的延迟大约为：
- 算术操作为 10~20 个周期
- 全局内存访问为 400~800 个周期

图 3-15 表示线程束 0 阻塞执行流水线的一个示例。线程束调度器选取其他线程束执行，当线程束 0 符合条件时再执行它。

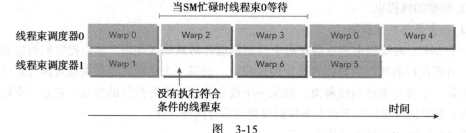

图 3-15

你可能想知道如何估算隐藏延迟所需的活跃线程束的数量。利特尔法则（Little's Law）可以提供一个合理的近似值。它起源于队列理论中的一个定理，它也可以应用于 GPU 中：

所需线程束数量＝延迟 × 吞吐量

图 3-16 形象地说明了利特尔法则。假设在内核里一条指令的平均延迟是 5 个周期。为了保持在每个周期内执行 6 个线程束的吞吐量，则至少需要 30 个未完成的线程束。

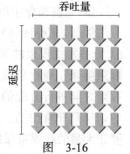

图 3-16

吞吐量和带宽

带宽和吞吐量经常被混淆，根据实际情况它们可以被交换使用。吞吐量和带宽都是用来度量性能的速度指标。

> 带宽通常是指理论峰值，而吞吐量是指已达到的值。
>
> 带宽通常是用来描述单位时间内最大可能的数据传输量，而吞吐量是用来描述单位时间内任何形式的信息或操作的执行速度，例如，每个周期完成多少个指令。

对于算术运算来说，其所需的并行可以表示成隐藏算术延迟所需要的操作数量。表 3-3 列出了 Fermi 和 Kepler 设备所需的操作数量。示例中的算术运算是一个 32 位的浮点数乘加运算（$a+b\times c$），表示在每个 SM 中每个时钟周期内的操作数量。吞吐量因不同的算术指令而不同。

表 3-3　利用所需的 SM 并行保持充分的算术

GPU 模型	指令延迟（周期）	吞吐量（操作／周期）	并行（操作）
Fermi	20	32	640
Kepler	20	192	3 840

吞吐量由 SM 中每个周期内的操作数量确定，而执行一条指令的一个线程束对应 32 个操作。因此，为保持计算资源的充分利用，对于 Fermi GPU 而言，每个 SM 中所需的线程束数量通过计算为 640÷32＝20 个线程束。因此，算术运算所需的并行可以用操作的数量或线程束的数量来表示。这个简单的单位转换表明，有两种方法可以提高并行：

❑ 指令级并行（ILP）：一个线程中有很多独立的指令
❑ 线程级并行（TLP）：很多并发地符合条件的线程

对内存操作来说，其所需的并行可以表示为在每个周期内隐藏内存延迟所需的字节数。表 3-4 列出了 Fermi 和 Kepler 架构的指标。

表 3-4　利用所需的设备并行保持充分的内存

GPU 模型	指令延迟（周期）	吞吐量（GB/s）	带宽（B/周期）	并行（KB）
Fermi	800	144	92	74
Kepler	800	250	96	77

因为内存吞吐量通常表示为每秒千兆字节数，所以首先需要用对应的内存频率将吞吐量转换为每周期千兆字节数。可以使用下面的命令检测设备的内存频率：

```
$ nvidia-smi -a -q -d CLOCK | fgrep -A 3 "Max Clocks" | fgrep "Memory"
```

例如，Fermi 的内存频率（在 Tesla C2070 上测量得到）是 1.566 GHz。Kepler 的内存频率（在 Tesla K20 上测量得到）是 2.6 GHz。因为 1 Hz 被定义为每秒一个周期，所以可以把带宽从每秒千兆字节数转换为每周期千兆字节数，公式如下所示：

$$144\ \text{GB/s} \div 1.566\ \text{GHz} \cong 92\ \text{个字节／周期}$$

用内存延迟乘以每周期字节数，可以得到 Fermi 内存操作所需的并行，接近 74KB 的内存 I/O 运行，用以实现充分的利用。这个值是对于整个设备，而不是对于每个 SM 来说的，因为内存带宽是对于整个设备而言的。

利用应用程序，把这些值与线程束或线程数量关联起来。假设每个线程都把一浮点数据（4 个字节）从全局内存移动到 SM 中用于计算，则在 Fermi GPU 上，总共需要 18 500 个线程或 579 个线程束来隐藏所有内存延迟，具体运算如下所示：

$$74 \text{ KB} \div 4 \text{ 字节} / \text{线程} \cong 18\,500 \text{ 个线程}$$

$$18\,500 \text{ 个线程} \div 32 \text{ 个线程} / \text{线程束} \cong 579 \text{ 个线程束}$$

Fermi 架构有 16 个 SM。因此，需要 579 个线程束 ÷16 个 SM＝36 个线程束 /SM，以隐藏所有的内存延迟。如果每个线程执行多个独立的 4 字节加载，隐藏内存延迟需要的线程就可以更少。

与指令延迟很像，通过在每个线程 / 线程束中创建更多独立的内存操作，或创建更多并发地活跃的线程 / 线程束，可以增加可用的并行。

延迟隐藏取决于每个 SM 中活跃线程束的数量，这一数量由执行配置和资源约束隐式决定（一个内核中寄存器和共享内存的使用情况）。选择一个最优执行配置的关键是在延迟隐藏和资源利用之间找到一种平衡。下一节将会更加详细地研究这个问题。

显示充足的并行

因为 GPU 在线程间分配计算资源并在并发线程束之间切换的消耗（在一个或两个周期命令上）很小，所以所需的状态可以在芯片内获得。如果有足够的并发活跃线程，那么可以让 GPU 在每个周期内的每一个流水线阶段中忙碌。在这种情况下，一个线程束的延迟可以被其他线程束的执行隐藏。因此，向 SM 显示足够的并行对性能是有利的。

计算所需并行的一个简单的公式是，用每个 SM 核心的数量乘以在该 SM 上一条算术指令的延迟。例如，Fermi 有 32 个单精度浮点流水线线路，一个算术指令的延迟是 20 个周期，所以，每个 SM 至少需要有 32×20＝640 个线程使设备处于忙碌状态。然而，这只是一个下边界。

3.2.5 占用率

在每个 CUDA 核心里指令是顺序执行的。当一个线程束阻塞时，SM 切换执行其他符合条件的线程束。理想情况下，我们想要有足够的线程束占用设备的核心。占用率是每个 SM 中活跃的线程束占最大线程束数量的比值。

$$占用率 = \frac{活跃线程束数量}{最大线程束数量}$$

使用下述函数，可以检测设备中每个 SM 的最大线程束数量：

```
cudaError_t cudaGetDeviceProperties(struct cudaDeviceProp *prop, int device);
```

来自设备的各种统计数据在 cudaDeviceProp 结构中被返回。每个 SM 中线程数量的最大值在以下变量中返回:

```
maxThreadsPerMultiProcessor
```

用 maxThreadsPerMultiProcessor 除以 32,可以得到最大线程束数量。代码清单 3-2 展示了如何使用 cudaGetDeviceProperties 获得 GPU 的配置信息。

代码清单3-2　简单设备的属性查询(simpleDeviceQuery.cu)

```c
#include <stdio.h>
#include <cuda_runtime.h>

int main(int argc, char *argv[]) {
    int iDev = 0;
    cudaDeviceProp iProp;
    cudaGetDeviceProperties(&iProp, iDev);

    printf("Device %d: %s\n", iDev, iProp.name);
    printf("Number of multiprocessors: %d\n", iProp.multiProcessorCount);
    printf("Total amount of constant memory: %4.2f KB\n",
        iProp.totalConstMem/1024.0);
    printf("Total amount of shared memory per block: %4.2f KB\n",
            iProp.sharedMemPerBlock/1024.0);
    printf("Total number of registers available per block: %d\n",
        iProp.regsPerBlock);
    printf("Warp size%d\n", deviceProp.warpSize);
    printf("Maximum number of threads per block: %d\n", iProp.maxThreadsPerBlock);
    printf(Maximum number of threads per multiprocessor: %d\n",
            iProp.maxThreadsPerMultiProcessor);
    printf("Maximum number of warps per multiprocessor: %d\n",
            iProp.maxThreadsPerMultiProcessor/32);
    return EXIT_SUCCESS;
}
```

从 Wrox.com 中可以下载 simpleDeviceQuery.cu 文件。使用以下命令编译并运行这个示例:

```
$ nvcc simpleDeviceQuery.cu -o simpleDeviceQuery
$ ./simpleDeviceQuery
```

Tesla M2070 的输出结果显示如下。每个 SM 中线程数量的最大值是 1 536。因此,每个 SM 中线程束数量的最大值是 48。

```
Device 0: Tesla M2070
Number of multiprocessors: 14
Total amount of constant memory: 64.00 KB
Total amount of shared memory per block: 48.00 KB
Total number of registers available per block: 32768
Warp size: 32
Maximum number of threads per block: 1024
Maximum number of threads per multiprocessor: 1536
Maximum number of warps per multiprocessor: 48
```

CUDA 工具包包含了一个电子表格，它被称为 CUDA 占用率计算器，有助于选择网格和块的维数以使一个内核的占用率最大化。图 3-17 展示了占用率计算器的一个截图。

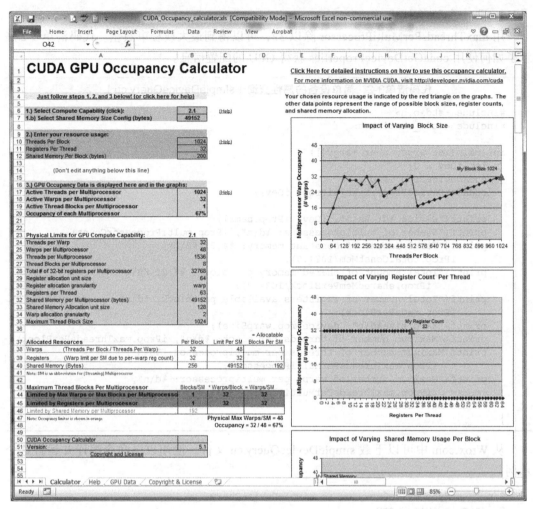

图 3-17

占用率计算器包含几个部分。首先，必须提供 GPU 的计算能力和内核的资源使用情况的信息。

在确定 GPU 的计算能力后，物理限制部分的数据是自动填充的。接下来，需要输入以下内核资源信息：

❑ 每个块的线程（执行配置）

❑ 每个线程的寄存器（资源使用情况）

❑ 每个块的共享内存（资源使用情况）

每个线程的寄存器和每个块的共享内存资源的使用情况可以从 nvcc 中用以下编译器标

志获得：

> --ptxas-options=-v

一旦进入这个数据，内核占用率便会显示在 GPU 占用率数据段。其他部分提供必要的信息，来调整执行配置和资源使用情况，以获得更好的设备占用率。

内核使用的寄存器数量会对常驻线程束数量产生显著的影响。寄存器的使用可以用下面的 nvcc 标志手动控制。

> -maxrregcount=NUM

-maxrregcount 选项告诉编译器每个线程使用的寄存器数量不能超过 NUM 个。使用这个编译器标志，可以得到占用率计算器推荐的寄存器数量，同时使用这个数值可以改善应用程序的性能。

为了提高占用率，还需要调整线程块配置或重新调整资源的使用情况，以允许更多的线程束同时处于活跃状态和提高计算资源的利用率。极端地操纵线程块会限制资源的利用：

- ❑ 小线程块：每个块中线程太少，会在所有资源被充分利用之前导致硬件达到每个 SM 的线程束数量的限制。
- ❑ 大线程块：每个块中有太多的线程，会导致在每个 SM 中每个线程可用的硬件资源较少。

网格和线程块大小的准则

使用这些准则可以使应用程序适用于当前和将来的设备：

- ❑ 保持每个块中线程数量是线程束大小（32）的倍数
- ❑ 避免块太小：每个块至少要有 128 或 256 个线程
- ❑ 根据内核资源的需求调整块大小
- ❑ 块的数量要远远多于 SM 的数量，从而在设备中可以显示有足够的并行
- ❑ 通过实验得到最佳执行配置和资源使用情况

尽管在每种情况下会遇到不同的硬件限制，但它们都会导致计算资源未被充分利用，阻碍隐藏指令和内存延迟的并行的建立。占用率唯一注重的是在每个 SM 中并发线程或线程束的数量。然而，充分的占用率不是性能优化的唯一目标。内核一旦达到一定级别的占用率，进一步增加占用率可能不会改进性能。为了提高性能，可以调整很多其他因素。在后续章节中将详细介绍这些内容。

3.2.6　同步

栅栏同步是一个原语，它在许多并行编程语言中都很常见。在 CUDA 中，同步可以在两个级别执行：

❑ 系统级：等待主机和设备完成所有的工作

❑ 块级：在设备执行过程中等待一个线程块中所有线程到达同一点

对于主机来说，由于许多 CUDA API 调用和所有的内核启动不是同步的，cudaDeviceSyn-chronize 函数可以用来阻塞主机应用程序，直到所有的 CUDA 操作（复制、核函数等）完成：

```
cudaError_t cudaDeviceSynchronize(void);
```

这个函数可能会从先前的异步 CUDA 操作返回错误。

因为在一个线程块中线程束以一个未定义的顺序被执行，CUDA 提供了一个使用块局部栅栏来同步它们的执行的功能。使用下述函数在内核中标记同步点：

```
__device__ void __syncthreads(void);
```

当 __syncthreads 被调用时，在同一个线程块中每个线程都必须等待直至该线程块中所有其他线程都已经达到这个同步点。在栅栏之前所有线程产生的所有全局内存和共享内存访问，将会在栅栏后对线程块中所有其他的线程可见。该函数可以协调同一个块中线程之间的通信，但它强制线程束空闲，从而可能对性能产生负面影响。

线程块中的线程可以通过共享内存和寄存器来共享数据。当线程之间共享数据时，要避免竞争条件。竞争条件或危险，是指多个线程无序地访问相同的内存位置。例如，当一个位置的无序读发生在写操作之后时，写后读竞争条件发生。因为读和写之间没有顺序，所以读应该在写前还是在写后加载值是未定义的。其他竞争条件的例子有读后写或写后写。当线程块中的线程在逻辑上并行运行时，在物理上并不是所有的线程都可以在同一时间执行。如果线程 A 试图读取由线程 B 在不同的线程束中写的数据，若使用了适当的同步，只需确定线程 B 已经写完就可以了。否则，会出现竞争条件。第 4 章会更深入地研究同步问题。

在不同的块之间没有线程同步。块间同步，唯一安全的方法是在每个内核执行结束端使用全局同步点；也就是说，在全局同步之后，终止当前的核函数，开始执行新的核函数。

不同块中的线程不允许相互同步，因此 GPU 可以以任意顺序执行块。这使得 CUDA 程序在大规模并行 GPU 上是可扩展的。

3.2.7 可扩展性

对于任何并行应用程序而言，可扩展性是一个理想的特性。可扩展性意味着为并行应用程序提供了额外的硬件资源，相对于增加的资源，并行应用程序会产生加速。例如，若一个 CUDA 程序在两个 SM 中是可扩展的，则与在一个 SM 中运行相比，在两个 SM 中运行会使运行时间减半。一个可扩展的并行程序可以高效地使用所有的计算资源以提高性能。可扩展性意味着增加的计算核心可以提高性能。串行代码本身是不可扩展的，因为在成千上万的内核上运行一个串行单线程应用程序，对性能是没有影响的。并行代码有可扩展的潜能，但真正的可扩展性取决于算法设计和硬件特性。

能够在可变数量的计算核心上执行相同的应用程序代码的能力被称为透明可扩展性。一个透明的可扩展平台拓宽了现有应用程序的应用范围，并减少了开发人员的负担，因为它们可以避免新的或不同的硬件产生的变化。可扩展性比效率更重要。一个可扩展但效率很低的系统可以通过简单添加硬件核心来处理更大的工作负载。一个效率很高但不可扩展的系统可能很快会达到可实现性能的上限。

CUDA 内核启动时，线程块分布在多个 SM 中。网格中的线程块以并行或连续或任意的顺序被执行。这种独立性使得 CUDA 程序在任意数量的计算核心间可以扩展。

图 3-18 展示了 CUDA 架构可扩展性的一个例子。左侧的 GPU 有两个 SM，可以同时执行两个块；右侧的 GPU 有 4 个 SM，可以同时执行 4 个块。不修改任何代码，一个应用程序可以在不同的 GPU 配置上运行，并且所需的执行时间根据可用的资源而改变。

3.3　并行性的表现

为更好地理解线程束执行的本质，将使用不同的执行配置分析下述的 summMatrixOn-GPU2D 核函数。使用 nvprof 配置指标，可以有助于理解为什么有些网格 / 块的维数组合比其他的组合更好。这些练习会提供网格和块的启发式算法，这是 CUDA 编程人员必备的技能。

二维矩阵求和的核函数如下所示：

```
__global__ void sumMatrixOnGPU2D(float *A, float *B, float *C, int NX, int NY) {
    unsigned int ix = blockIdx.x * blockDim.x + threadIdx.x;
    unsigned int iy = blockIdx.y * blockDim.y + threadIdx.y;
    unsigned int idx = iy * NX + ix;

    if (ix < NX && iy < NY) {
        C[idx] = A[idx] + B[idx];
    }
}
```

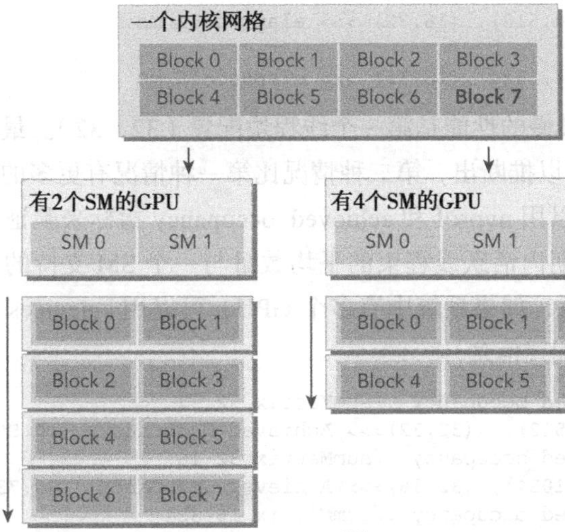

图　3-18

在每个维度，用 16 384 个元素确定一个大矩阵：

```
int nx = 1<<14;
int ny = 1<<14;
```

下面的代码段使线程块的维数可以从命令行中进行配置:

```
if (argc > 2) {
    dimx = atoi(argv[1]);
    dimy = atoi(argv[2]);
}
dim3 block(dimx, dimy);
dim3 grid((nx + block.x - 1) / block.x, (ny + block.y - 1) / block.y);
```

从 Wrox.com 上可以下载 summatrix.cu,在该文件中可以找到这个示例的完整代码。使用下面的命令编译代码。

```
$ nvcc -O3 -arch=sm_20 summatrix.cu -o summatrix
```

在接下来的部分,将使用生成的 summatrix 对块和网格配置执行试验。

3.3.1 用 nvprof 检测活跃的线程束

首先,需要生成一个参考结果作为性能基准。为此,要先测试一组基础线程块的配置,尤其是大小为(32,32),(32,16),(16,32)和(16,16)的线程块。前面介绍过,summatrix 接收线程块配置的 *x* 维作为它的第一个参数,接收线程块配置的 *y* 维作为它的第二个参数。通过用适当的命令行参数调用 summatrix 测试各种线程块配置。

在 Tesla M2070 上输出以下结果:

```
$ ./summatrix 32 32
summatrixOnGPU2D <<< (512,512),  (32,32) >>> elapsed 60 ms
$ ./summatrix 32 16
summatrixOnGPU2D <<< (512,1024), (32,16) >>> elapsed 38 ms
$ ./summatrix 16 32
summatrixOnGPU2D <<< (1024,512), (16,32) >>> elapsed 51 ms
$ ./summatrix 16 16
summatrixOnGPU2D <<< (1024,1024),(16,16) >>> elapsed 46 ms
```

比较这些结果可以看到,最慢的性能是第一个线程块配置(32,32)。最快的是第二个线程块配置(32,16)。这样可以推断出,第二种情况比第一种情况有更多的线程块,因此它的并行性更好。这个理论可以用 nvprof 和 achieved_occupancy 指标来验证。一个内核的可实现占用率被定义为:每周期内活跃线程束的平均数量与一个 SM 支持的线程束最大数量的比值。结果总结如下(注意,如果系统中有多个 GPU,可以用 --devices 命令行选项指挥 nvprof 从特定的设备中获取配置信息):

```
$ nvprof --metrics achieved_occupancy ./summatrix 32 32
summatrixOnGPU2D <<<(512,512),  (32,32)>>> Achieved Occupancy     0.501071
$ nvprof --metrics achieved_occupancy ./summatrix 32 16
summatrixOnGPU2D <<<(512,1024), (32,16)>>> Achieved Occupancy     0.736900
$ nvprof --metrics achieved_occupancy ./summatrix 16 32
summatrixOnGPU2D <<<(1024,512), (16,32)>>> Achieved Occupancy     0.766037
$ nvprof --metrics achieved_occupancy ./summatrix 16 16
summatrixOnGPU2D <<<(1024,1024),(16,16)>>> Achieved Occupancy     0.810691
```

从结果中可以观察到两件事：

❑ 因为第二种情况中的块数比第一种情况的多，所以设备就可以有更多活跃的线程束。其原因可能是第二种情况与第一种情况相比有更高的可实现占用率和更好的性能。

❑ 第四种情况有最高的可实现占用率，但它不是最快的，因此，更高的占用率并不一定意味着有更高的性能。肯定有其他因素限制 GPU 的性能。

3.3.2　用 nvprof 检测内存操作

在 summatrix 内核（C[idx]＝A[idx]＋B[idx]）中有 3 个内存操作：两个内存加载和一个内存存储。可以使用 nvprof 检测这些内存操作的效率。首先，用 gld_throughput 指标检查内核的内存读取效率，从而得到每个执行配置的差异：

```
$ nvprof --metrics gld_throughput./summatrix 32 32
summatrixOnGPU2D <<<(512,512),  (32,32)>>> Global Load Throughput  35.908GB/s
$ nvprof --metrics gld_throughput./summatrix 32 16
summatrixOnGPU2D <<<(512,1024), (32,16)>>> Global Load Throughput  56.478GB/s
$ nvprof --metrics gld_throughput./summatrix 16 32
summatrixOnGPU2D <<<(1024,512), (16,32)>>> Global Load Throughput  85.195GB/s
$ nvprof --metrics gld_throughput./summatrix 16 16
summatrixOnGPU2D <<<(1024,1024),(16,16)>>> Global Load Throughput  94.708GB/s
```

第四种情况中的加载吞吐量最高，第二种情况中的加载吞吐量大约是第四种情况的一半，但第四种情况却比第二种情况慢。所以，更高的加载吞吐量并不一定意味着更高的性能。第 4 章介绍内存事务在 GPU 设备上的工作原理时将会具体分析产生这种现象的原因。

接下来，用 gld_efficiency 指标检测全局加载效率，即被请求的全局加载吞吐量占所需的全局加载吞吐量的比值。它衡量了应用程序的加载操作利用设备内存带宽的程度。结果总结如下：

```
$ nvprof --metrics gld_efficiency ./summatrix 32 32
summatrixOnGPU2D <<<(512,512),  (32,32)>>> Global Memory Load Efficiency 100.00%
$ nvprof --metrics gld_efficiency ./summatrix 32 16
summatrixOnGPU2D <<<(512,1024), (32,16)>>> Global Memory Load Efficiency 100.00%
$ nvprof --metrics gld_efficiency ./summatrix 16 32
summatrixOnGPU2D <<<(1024,512), (16,32)>>> Global Memory Load Efficiency 49.96%
$ nvprof --metrics gld_efficiency ./summatrix 16 16
summatrixOnGPU2D <<<(1024,1024),(16,16)>>> Global Memory Load Efficiency 49.80%
```

从上述结果可知，最后两种情况下的加载效率是最前面两种情况的一半。这可以解释为什么最后两种情况下更高的加载吞吐量和可实现占用率没有产生较好的性能。尽管在最后两种情况下正在执行的加载数量（即吞吐量）很多，但是那些加载的有效性（即效率）是较低的。

注意，最后两种情况的共同特征是它们在最内层维数中块的大小是线程束的一半。如前所述，对网格和块启发式算法来说，最内层的维数应该总是线程束大小的倍数。第 4 章将讨论半个线程束大小的线程块是如何影响性能的。

3.3.3 增大并行性

从前一节可以总结出,一个块的最内层维数(block.x)应该是线程束大小的倍数。这样能极大地提高了加载效率。你可能对以下问题仍然很好奇:

❏ 调整 block.x 会进一步增加加载吞吐量吗

❏ 有其他方法可以增大并行性吗

现在已经建立了一个性能基准,可以通过测试 sumMatrix 使用更大范围的线程配置来回答这些问题:

```
$ ./sumMatrix 64 2
sumMatrixOnGPU2D <<<(256,8192), (64,2) >>> elapsed 0.033567 sec
$ ./sumMatrix 64 4
sumMatrixOnGPU2D <<<(256,4096), (64,4) >>> elapsed 0.034908 sec
$ ./sumMatrix 64 8
sumMatrixOnGPU2D <<<(256,2048), (64,8) >>> elapsed 0.036651 sec
$ ./sumMatrix 128 2
sumMatrixOnGPU2D <<<(128,8192), (128,2)>>> elapsed 0.032688 sec
$ ./sumMatrix 128 4
sumMatrixOnGPU2D <<<(128,4096), (128,4)>>> elapsed 0.034786 sec
$ ./sumMatrix 128 8
sumMatrixOnGPU2D <<<(128,2048), (128,8)>>> elapsed 0.046157 sec
$ ./sumMatrix 256 2
sumMatrixOnGPU2D <<<(64,8192),  (256,2)>>> elapsed 0.032793 sec
$ ./sumMatrix 256 4
sumMatrixOnGPU2D <<<(64,4096),  (256,4)>>> elapsed 0.038092 sec
$ ./sumMatrix 256 8
sumMatrixOnGPU2D <<<(64,2048),  (256,8)>>> elapsed 0.000173 sec
Error: sumMatrix.cu:163, code:9, reason: invalid configuration argument
```

从这些结果中可以总结出以下规律:

❏ 最后一次的执行配置块的大小为(256,8),这是无效的。一个块中线程总数超过了 1 024 个(这是 GPU 的硬件限制)。

❏ 最好的结果是第四种情况,块大小为(128,2)。

❏ 第一种情况中块大小为(64,2),尽管在这种情况下启动的线程块最多,但不是最快的配置。

❏ 因为第二种情况中块的配置为(64,4),与最好的情况有相同数量的线程块,这两种情况应该在设备上显示出相同的并行性。因为这种情况相比(128,2)仍然表现较差,所以你可以得出这样的结论:线程块最内层维度的大小对性能起着的关键的作用。这正重复了前一节中总结的结论。

❏ 在所有其他情况下,线程块的数量都比最好的情况少。因此,增大并行性仍然是性能优化的一个重要因素。

你可能会想,线程块最少的那些示例应该显示出较低的可实现占用率,线程块最多的那些例子应该显示出较高的可实现占用率。这个理论可以用 nvprof 检测 achieved_occupancy 指标来验证一下:

```
$ nvprof --metrics achieved_occupancy ./sumMatrix 64 2
sumMatrixOnGPU2D <<<(256,8192), (64,2) >>>  Achieved Occupancy    0.554556
$ nvprof --metrics achieved_occupancy ./sumMatrix 64 4
sumMatrixOnGPU2D <<<(256,4096), (64,4) >>>  Achieved Occupancy    0.798622
$ nvprof --metrics achieved_occupancy ./sumMatrix 64 8
sumMatrixOnGPU2D <<<(256,2048), (64,8) >>>  Achieved Occupancy    0.753532
$ nvprof --metrics achieved_occupancy ./sumMatrix 128 2
sumMatrixOnGPU2D <<<(128,8192), (128,2)>>>  Achieved Occupancy    0.802598
$ nvprof --metrics achieved_occupancy ./sumMatrix 128 4
sumMatrixOnGPU2D <<<(128,4096), (128,4)>>>  Achieved Occupancy    0.746367
$ nvprof --metrics achieved_occupancy ./sumMatrix 128 8
sumMatrixOnGPU2D <<<(128,2048), (128,8)>>>  Achieved Occupancy    0.573449
$ nvprof --metrics achieved_occupancy ./sumMatrix 256 2
sumMatrixOnGPU2D <<<(64,8192), (256,2) >>>  Achieved Occupancy    0.760901
$ nvprof --metrics achieved_occupancy ./sumMatrix 256 4
sumMatrixOnGPU2D <<<(64,4096), (256,4) >>>  Achieved Occupancy    0.595197
```

从上面的结果可以得到，第一种情况（64，2）在所有例子中可实现占用率最低，但它的线程块是最多的。这种情况在线程块的最大数量上遇到了硬件限制。

第四种情况（128，2）和第七种情况（256，2），拥有最高的性能配置，有几乎相同的可实现占用率。在这两种情况下，通过将 block.y 设置为 1 来增大块间并行性，观察性能将如何变化。这使得每个线程块大小减少了，引起了更多的线程块被启动来处理相同数量的数据。这样做会产生以下结果：

```
$ ./sumMatrix 128 1
sumMatrixOnGPU2D <<<(128,16384),(128,1)>>> elapsed 0.032602 sec
$ ./sumMatrix 256 1
sumMatrixOnGPU2D <<<(64,16384), (256,1)>>> elapsed 0.030959 sec
```

到目前为止，这些配置能产生最佳的性能。特别是（256，1）的块配置优于（128，1）。可以使用以下的指令查看可实现占用率、加载吞吐量和加载效率：

```
$ nvprof --metrics achieved_occupancy ./sumMatrix 256 1
$ nvprof --metrics gld_throughput ./sumMatrix 256 1
$ nvprof --metrics gld_efficiency ./sumMatrix 256 1
```

结果如下：

```
Achieved Occupancy              0.808622
Global Load Throughput          69.762GB/s
Global Memory Load Efficiency   100.00%
```

值得注意的是，最好的执行配置既不具有最高的可实现占用率，也不具有最高的加载吞吐量。从这些实验中可以推断出，没有一个单独的指标能直接优化性能。我们需要在几个相关的指标间寻找一个恰当的平衡来达到最佳的总体性能。

指标与性能
- ❏ 在大部分情况下，一个单独的指标不能产生最佳的性能
- ❏ 与总体性能最直接相关的指标或事件取决于内核代码的本质
- ❏ 在相关的指标与事件之间寻求一个好的平衡

> ❏ 从不同角度查看内核以寻找相关指标间的平衡
> ❏ 网格 / 块启发式算法为性能调节提供了一个很好的起点

3.4 避免分支分化

有时，控制流依赖于线程索引。线程束中的条件执行可能引起线程束分化，这会导致内核性能变差。通过重新组织数据的获取模式，可以减少或避免线程束分化。在本节里，将会以并行归约为例，介绍避免分支分化的基本技术。

3.4.1 并行归约问题

假设要对一个有 N 个元素的整数数组求和。使用如下的串行代码很容易实现算法：

```
int sum = 0;
for (int i = 0; i < N; i++)
    sum += array[i];
```

如果有大量的数据元素会怎么样呢？如何通过并行计算快速求和呢？鉴于加法的结合律和交换律，数组元素可以以任何顺序求和。所以可以用以下的方法执行并行加法运算：

1. 将输入向量划分到更小的数据块中。

2. 用一个线程计算一个数据块的部分和。

3. 对每个数据块的部分和再求和得出最终结果。

并行加法的一个常用方法是使用迭代成对实现。一个数据块只包含一对元素，并且一个线程对这两个元素求和产生一个局部结果。然后，这些局部结果在最初的输入向量中就地保存。这些新值被作为下一次迭代求和的输入值。因为输入值的数量在每一次迭代后会减半，当输出向量的长度达到 1 时，最终的和就已经被计算出来了。

根据每次迭代后输出元素就地存储的位置，成对的并行求和实现可以被进一步分为以下两种类型：

❏ 相邻配对：元素与它们直接相邻的元素配对

❏ 交错配对：根据给定的跨度配对元素

图 3-19 所示为相邻配对的实现。在每一步实现中，一个线程对两个相邻元素进行操作，产生部分和。对于有 N 个元素的数组，这种实现方式需要 $N-1$ 次求和，进行 $\log_2 N$ 步。

图 3-20 所示为交错配对的实现。值得注意的是，在这种实现方法的每一步中，一个线程的输入是输入数组长度的一半。

下列的 C 语言函数是一个交错配对方法的递归实现：

```
int recursiveReduce(int *data, int const size) {
    // terminate check
    if (size == 1) return data[0];
```

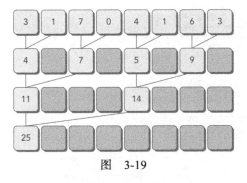

图 3-19

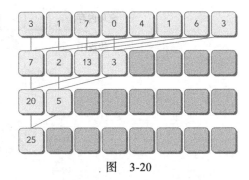

图 3-20

```
// renew the stride
int const stride = size / 2;

// in-place reduction
for (int i = 0; i < stride; i++) {
    data[i] += data[i + stride];
}

// call recursively
return recursiveReduce(data, stride);
}
```

尽管以上代码实现的是加法，但任何满足交换律和结合律的运算都可以代替加法。例如，通过调用 max 代替求和运算，就可以计算输入向量中的最大值。其他有效运算的例子有最小值、平均值和乘积。

在向量中执行满足交换律和结合律的运算，被称为归约问题。并行归约问题是这种运算的并行执行。并行归约是一种最常见的并行模式，并且是许多并行算法中的一个关键运算。

在本节里，会实现多个不同的并行归约核函数，并且将测试不同的实现是如何影响内核性能的。

3.4.2 并行归约中的分化

图 3-21 所示的是相邻配对方法的内核实现流程。每个线程将相邻的两个元素相加产生部分和。

在这个内核里，有两个全局内存数组：一个大数组用来存放整个数组，进行归约；另一个小数组用来存放每个线程块的部分和。每个线程块在数组的一部分上独立地执行操作。循环中迭代一次执行一个归约步骤。归约是在就地完成的，这意味着在每一步，全局内存里的值都被部分和替代。__syncthreads 语句可以保证，线程块中的任一线程在进入下一次迭代之前，在当前迭代里每个线程的所有部分和都被保存在了全局内存中。进入下一次迭代的所有线程都使用上一步产生的数值。在最后一个循环以后，整个线程块的和被保存进全局内存中。

全局内存

线程ID

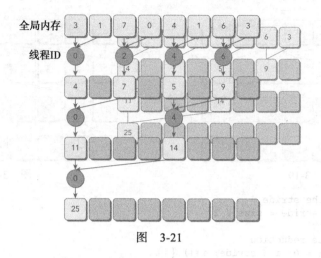

图 3-21

```
__global__ void reduceNeighbored(int *g_idata, int *g_odata, unsigned int n) {
    // set thread ID
    unsigned int tid = threadIdx.x;

    // convert global data pointer to the local pointer of this block
    int *idata = g_idata + blockIdx.x * blockDim.x;

    // boundary check
    if (idx >= n) return;

    // in-place reduction in global memory
    for (int stride = 1; stride < blockDim.x; stride *= 2) {
        if ((tid % (2 * stride)) == 0) {
            idata[tid] += idata[tid + stride];
        }

        // synchronize within block
        __syncthreads();
    }

    // write result for this block to global mem
    if (tid == 0) g_odata[blockIdx.x] = idata[0];
}
```

两个相邻元素间的距离被称为跨度，初始化均为 1。在每一次归约循环结束后，这个间隔就被乘以 2。在第一次循环结束后，idata（全局数据指针）的偶数元素将会被部分和替代。在第二次循环结束后，idata 的每四个元素将会被新产生的部分和替代。因为线程块间无法同步，所以每个线程块产生的部分和被复制回了主机，并且在那儿进行串行求和，如图 3-22 所示。

从 Wrox.com 上可以找到 reduceInteger.cu 完整的源代码。代码清单 3-3 只列出了主函数。

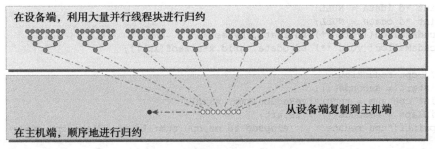

图 3-22

代码清单3-3　整数归约（reduceInteger.cu）（只列出了主函数）

```c
int main(int argc, char **argv) {
    // set up device
    int dev = 0;
    cudaDeviceProp deviceProp;
    cudaGetDeviceProperties(&deviceProp, dev);
    printf("%s starting reduction at ", argv[0]);
    printf("device %d: %s ", dev, deviceProp.name);
    cudaSetDevice(dev);

    bool bResult = false;

    // initialization
    int size = 1<<24; // total number of elements to reduce
    printf("    with array size %d  ", size);

    // execution configuration
    int blocksize = 512;   // initial block size
    if(argc > 1) {
        blocksize = atoi(argv[1]);    // block size from command line argument
    }
    dim3 block (blocksize,1);
    dim3 grid  ((size+block.x-1)/block.x,1);
    printf("grid %d block %d\n",grid.x, block.x);

    // allocate host memory
    size_t bytes = size * sizeof(int);
    int *h_idata = (int *) malloc(bytes);
    int *h_odata = (int *) malloc(grid.x*sizeof(int));
    int *tmp     = (int *) malloc(bytes);

    // initialize the array
    for (int i = 0; i < size; i++) {
        // mask off high 2 bytes to force max number to 255
        h_idata[i] = (int)(rand() & 0xFF);
    }
    memcpy (tmp, h_idata, bytes);

    size_t iStart,iElaps;
    int gpu_sum = 0;

    // allocate device memory
```

```
int *d_idata = NULL;
int *d_odata = NULL;
cudaMalloc((void **) &d_idata, bytes);
cudaMalloc((void **) &d_odata, grid.x*sizeof(int));

// cpu reduction
iStart = seconds ();
int cpu_sum = recursiveReduce(tmp, size);
iElaps = seconds () - iStart;
printf("cpu reduce      elapsed %d ms cpu_sum: %d\n",iElaps,cpu_sum);

// kernel 1: reduceNeighbored
cudaMemcpy(d_idata, h_idata, bytes, cudaMemcpyHostToDevice);
cudaDeviceSynchronize();
iStart = seconds ();
warmup<<<grid, block>>>(d_idata, d_odata, size);
cudaDeviceSynchronize();
iElaps = seconds () - iStart;
cudaMemcpy(h_odata, d_odata, grid.x*sizeof(int), cudaMemcpyDeviceToHost);
gpu_sum = 0;
for (int i=0; i<grid.x; i++) gpu_sum += h_odata[i];
printf("gpu Warmup      elapsed %d ms gpu_sum: %d <<<grid %d block %d>>>\n",
        iElaps,gpu_sum,grid.x,block.x);

// kernel 1: reduceNeighbored
cudaMemcpy(d_idata, h_idata, bytes, cudaMemcpyHostToDevice);
cudaDeviceSynchronize();
iStart = seconds ();
reduceNeighbored<<<grid, block>>>(d_idata, d_odata, size);
cudaDeviceSynchronize();
iElaps = seconds () - iStart;
cudaMemcpy(h_odata, d_odata, grid.x*sizeof(int), cudaMemcpyDeviceToHost);
gpu_sum = 0;
for (int i=0; i<grid.x; i++) gpu_sum += h_odata[i];
printf("gpu Neighbored  elapsed %d ms gpu_sum: %d <<<grid %d block %d>>>\n",
        iElaps,gpu_sum,grid.x,block.x);

cudaDeviceSynchronize();
iElaps = seconds() - iStart;
cudaMemcpy(h_odata, d_odata, grid.x/8*sizeof(int), cudaMemcpyDeviceToHost);

gpu_sum = 0;
for (int i = 0; i < grid.x / 8; i++) gpu_sum += h_odata[i];
printf("gpu Cmptnroll   elapsed %d ms gpu_sum: %d <<<grid %d block %d>>>\n",
        iElaps,gpu_sum,grid.x/8,block.x);


/// free host memory
free(h_idata);
free(h_odata);

// free device memory
cudaFree(d_idata);
cudaFree(d_odata);
```

```
    // reset device
    cudaDeviceReset();

    // check the results
    bResult = (gpu_sum == cpu_sum);
    if(!bResult) printf("Test failed!\n");
    return EXIT_SUCCESS;
}
```

初始化输入数组，使其包含 16M 元素：

```
int size = 1<<24;
```

然后，内核被配置为一维网格和一维块：

```
dim3 block (blocksize, 1);
dim3 grid  ((size + block.x - 1) / block.x, 1);
```

用以下的命令编译文件：

```
$ nvcc -O3 -arch=sm_20 reduceInteger.cu -o reduceInteger
```

运行可执行文件，以下是运行结果。

```
$ ./reduceInteger starting reduction at device 0: Tesla M2070
        with array size 16777216  grid 32768 block 512
cpu reduce        elapsed 29 ms cpu_sum: 2139353471
gpu Neighbored   elapsed 11 ms gpu_sum: 2139353471 <<<grid 32768 block 512>>>
```

在接下来的一节中，这些结果将会被作为性能调节的基准。

3.4.3　改善并行归约的分化

测试核函数 reduceNeighbored，并注意以下条件表达式：

```
if ((tid % (2 * stride)) == 0)
```

因为上述语句只对偶数 ID 的线程为 true，所以这会导致很高的线程束分化。在并行归约的第一次迭代中，只有 ID 为偶数的线程执行这个条件语句的主体，但是所有的线程都必须被调度。在第二次迭代中，只有四分之一的线程是活跃的，但是所有的线程仍然都必须被调度。通过重新组织每个线程的数组索引来强制 ID 相邻的线程执行求和操作，线程束分化就能被归约了。图 3-23 展示了这种实现。和图 3-21 相比，部分和的存储位置并没有改变，但是工作线程已经更新了。

修改之后的内核代码如下：

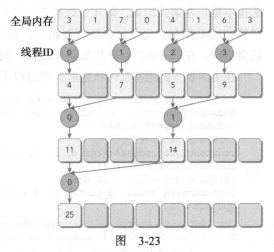

图　3-23

```
__global__ void reduceNeighboredLess (int *g_idata, int *g_odata, unsigned int n) {
    // set thread ID
    unsigned int tid = threadIdx.x;
    unsigned int idx = blockIdx.x * blockDim.x + threadIdx.x;

    // convert global data pointer to the local pointer of this block
    int *idata = g_idata + blockIdx.x*blockDim.x;

    // boundary check
    if(idx >= n) return;

    // in-place reduction in global memory
    for (int stride = 1; stride < blockDim.x; stride *= 2) {
        // convert tid into local array index
        int index = 2 * stride * tid;
        if (index < blockDim.x) {
            idata[index] += idata[index + stride];
        }

        // synchronize within threadblock
        __syncthreads();
    }

    // write result for this block to global mem
    if (tid == 0) g_odata[blockIdx.x] = idata[0];
}
```

注意内核中的下述语句，它为每个线程设置数组访问索引：

```
int index = 2 * stride * tid;
```

因为跨度乘以了 2，所以下面的语句使用线程块的前半部分来执行求和操作：

```
if (index < blockDim.x)
```

对于一个有 512 个线程的块来说，前 8 个线程束执行第一轮归约，剩下 8 个线程束什么也不做。在第二轮里，前 4 个线程束执行归约，剩下 12 个线程束什么也不做。因此，这样就彻底不存在分化了。在最后五轮中，当每一轮的线程总数小于线程束的大小时，分化就会出现。在下一节将会介绍如何处理这一问题。

在主函数里调用基准内核之后，通过以下代码段可以调用这个新内核。

```
// kernel 2: reduceNeighbored with less divergence
cudaMemcpy(d_idata, h_idata, bytes, cudaMemcpyHostToDevice);
cudaDeviceSynchronize();
iStart = seconds();
reduceNeighboredLess<<<grid, block>>>(d_idata, d_odata, size);
cudaDeviceSynchronize();
iElaps = seconds() - iStart;
cudaMemcpy(h_odata, d_odata, grid.x*sizeof(int), cudaMemcpyDeviceToHost);
gpu_sum = 0;
for (int i=0; i<grid.x; i++) gpu_sum += h_odata[i];
printf("gpu Neighbored2 elapsed %d ms gpu_sum: %d <<<grid %d block %d>>>\n",
        iElaps,gpu_sum,grid.x,block.x);
```

用 reduceNeighboredLess 函数测试，较早的核函数将产生如下报告：

```
$ ./reduceInteger Starting reduction at device 0: Tesla M2070
    vector size 16777216 grid 32768 block 512
cpu reduce        elapsed 0.029138 sec cpu_sum: 2139353471
gpu Neighbored   elapsed 0.011722 sec gpu_sum: 2139353471 <<<grid 32768 block 512>>>
gpu NeighboredL  elapsed 0.009321 sec gpu_sum: 2139353471 <<<grid 32768 block 512>>>
```

新的实现比原来的快了 1.26 倍。

可以通过测试不同的指标来解释这两个内核之间的不同行为。用 inst_per_warp 指标来查看每个线程束上执行指令数量的平均值。

```
$ nvprof --metrics inst_per_warp ./reduceInteger
```

结果总结如下，原来的内核在每个线程束里执行的指令数是新内核的两倍多，它是原来实现高分化的一个指示器：

```
Neighbored  Instructions per warp  295.562500
NeighboredLess Instructions per warp  115.312500
```

用 gld_throughput 指标来查看内存加载吞吐量：

```
$ nvprof --metrics gld_throughput ./reduceInteger
```

结果总结如下，新的实现拥有更高的加载吞吐量，因为虽然 I/O 操作数量相同，但是其耗时更短：

```
Neighbored  Global Load Throughput  67.663GB/s
NeighboredL Global Load Throughput  80.144GB/s
```

3.4.4　交错配对的归约

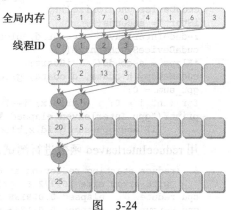

全局内存　线程ID

图　3-24

与相邻配对方法相比，交错配对方法颠倒了元素的跨度。初始跨度是线程块大小的一半，然后在每次迭代中减少一半（如图 3-24 所示）。在每次循环中，每个线程对两个被当前跨度隔开的元素进行求和，以产生一个部分和。与图 3-23 相比，交错归约的工作线程没有变化。但是，每个线程在全局内存中的加载 / 存储位置是不同的。

交错归约的内核代码如下所示：

```
/// Interleaved Pair Implementation with less divergence
__global__ void reduceInterleaved (int *g_idata, int *g_odata, unsigned int n) {
    // set thread ID
    unsigned int tid = threadIdx.x;
    unsigned int idx = blockIdx.x * blockDim.x + threadIdx.x;

    // convert global data pointer to the local pointer of this block
    int *idata = g_idata + blockIdx.x * blockDim.x;
```

```
    // boundary check
    if(idx >= n) return;

    // in-place reduction in global memory
    for (int stride = blockDim.x / 2; stride > 0; stride >>= 1
        if (tid < stride) {
            idata[tid] += idata[tid + stride];
        }

    __syncthreads();
    }

    // write result for this block to global mem
    if (tid == 0) g_odata[blockIdx.x] = idata[0];
}
```

注意核函数中的下述语句，两个元素间的跨度被初始化为线程块大小的一半，然后在每次循环中减少一半：

```
for (int stride = blockDim.x / 2; stride > 0; stride >>= 1) {
```

下面的语句在第一次迭代时强制线程块中的前半部分线程执行求和操作，第二次迭代时是线程块的前四分之一，以此类推：

```
if (tid < stride)
```

下面的代码增加到主函数中，执行交错归约的代码：

```
cudaMemcpy(d_idata, h_idata, bytes, cudaMemcpyHostToDevice);
cudaDeviceSynchronize();
iStart = seconds();
reduceInterleaved  <<< grid, block >>> (d_idata, d_odata, size);
cudaDeviceSynchronize();
iElaps = seconds() - iStart;
cudaMemcpy(h_odata, d_odata, grid.x*sizeof(int), cudaMemcpyDeviceToHost);
gpu_sum = 0;
for (int i = 0; i < grid.x; i++) gpu_sum += h_odata[i];
printf("gpu Interleaved elapsed %f sec gpu_sum: %d <<<grid %d block %d>>>\n",
        iElaps,gpu_sum,grid.x,block.x);
```

用 reduceInterleaved 函数进行测试，较早的内核函数将产生如下报告：

```
$ ./reduce starting reduction at device 0: Tesla M2070
    with array size 16777216  grid 32768 block 512
cpu reduce       elapsed 0.029138 sec cpu_sum: 2139353471
gpu Warmup       elapsed 0.011745 sec gpu_sum: 2139353471 <<<grid 32768 block 512>>>
gpu Neighbored   elapsed 0.011722 sec gpu_sum: 2139353471 <<<grid 32768 block 512>>>
gpu NeighboredL  elapsed 0.009321 sec gpu_sum: 2139353471 <<<grid 32768 block 512>>>
gpu Interleaved  elapsed 0.006967 sec gpu_sum: 2139353471 <<<grid 32768 block 512>>>
```

交错实现比第一个实现快了 1.69 倍，比第二个实现快了 1.34 倍。这种性能的提升主要是由 reduceInterleaved 函数里的全局内存加载/存储模式导致的。在第 4 章里会介绍更多有关于全局内存加载/存储模式对内核性能的影响。reduceInterleaved 函数和 reduceNeighboredLess 函数维持相同的线程束分化。

3.5　展开循环

循环展开是一个尝试通过减少分支出现的频率和循环维护指令来优化循环的技术。在循环展开中，循环主体在代码中要多次被编写，而不是只编写一次循环主体再使用另一个循环来反复执行的。任何的封闭循环可将它的迭代次数减少或完全删除。循环体的复制数量被称为循环展开因子，迭代次数就变为了原始循环迭代次数除以循环展开因子。在顺序数组中，当循环的迭代次数在循环执行之前就已经知道时，循环展开是最有效提升性能的方法。考虑下面的代码：

```
for (int i = 0; i < 100; i++) {
    a[i] = b[i] + c[i];
}
```

如果重复操作一次循环体，迭代次数能减少到原始循环的一半：

```
for (int i = 0; i < 100; i += 2) {
    a[i]   = b[i]   + c[i];
    a[i+1] = b[i+1] + c[i+1];

}
```

从高级语言层面上来看，循环展开使性能提高的原因可能不是显而易见的。这种提升来自于编译器执行循环展开时低级指令的改进和优化。例如，在前面循环展开的例子中，条件 i< 100 只检查了 50 次，而在原来的循环中则检查了 100 次。另外，因为在每个循环中每个语句的读和写都是独立的，所以 CPU 可以同时发出内存操作。

在 CUDA 中，循环展开的意义非常重大。我们的目标仍然是相同的：通过减少指令消耗和增加更多的独立调度指令来提高性能。因此，更多的并发操作被添加到流水线上，以产生更高的指令和内存带宽。这为线程束调度器提供更多符合条件的线程束，它们可以帮助隐藏指令或内存延迟。

3.5.1　展开的归约

你可能会注意到，在 reduceInterleaved 核函数中每个线程块只处理一部分数据，这些数据可以被认为是一个数据块。如果用一个线程块手动展开两个数据块的处理，会怎么样？以下的核函数是 reduceInterleaved 核函数的修正版：每个线程块汇总了来自两个数据块的数据。这是一个循环分区（在第 1 章中已介绍）的例子，每个线程作用于多个数据块，并处理每个数据块的一个元素：

```
__global__ void reduceUnrolling2 (int *g_idata, int *g_odata, unsigned int n) {
    // set thread ID
    unsigned int tid = threadIdx.x;
    unsigned int idx = blockIdx.x * blockDim.x * 2 + threadIdx.x;

    // convert global data pointer to the local pointer of this block
    int *idata = g_idata + blockIdx.x * blockDim.x * 2;
```

```
// unrolling 2 data blocks
if (idx + blockDim.x < n) g_idata[idx] += g_idata[idx + blockDim.x];
__syncthreads();

// in-place reduction in global memory
for (int stride = blockDim.x / 2; stride > 0; stride >>= 1) {
    if (tid < stride) {
        idata[tid] += idata[tid + stride];
    }

    // synchronize within threadblock
    __syncthreads();
}

// write result for this block to global mem
if (tid == 0) g_odata[blockIdx.x] = idata[0];
}
```

注意要在核函数的开头添加的下述语句。在这里，每个线程都添加一个来自于相邻数据块的元素。从概念上来讲，可以把它作为归约循环的一个迭代，此循环可在数据块间归约：

```
if (idx + blockDim.x < n) g_idata[idx] += g_idata[idx+blockDim.x];
```

如下所示，全局数组索引被相应地调整，因为只需要一半的线程块来处理相同的数据集。请注意，这也意味着对于相同大小的数据集，向设备显示的线程束和线程块级别的并行性更低。图 3-25 所示为每个线程的数据访问。

```
unsigned int idx = blockIdx.x * blockDim.x * 2 + threadIdx.x;
int *idata = g_idata + blockIdx.x * blockDim.x * 2;
```

图 3-25

向主函数添加下面的代码，调用新的核函数：

```
cudaMemcpy(d_idata, h_idata, bytes, cudaMemcpyHostToDevice);
cudaDeviceSynchronize();
iStart = seconds();
reduceUnrolling2 <<< grid.x/2, block >>> (d_idata, d_odata, size);
cudaDeviceSynchronize();
iElaps = seconds() - iStart;
cudaMemcpy(h_odata, d_odata, grid.x/2*sizeof(int), cudaMemcpyDeviceToHost);
gpu_sum = 0;
for (int i = 0; i < grid.x / 2; i++) gpu_sum += h_odata[i];
printf("gpu Unrolling2  elapsed %f sec gpu_sum: %d <<<grid %d block %d>>>\n",
       iElaps,gpu_sum,grid.x/2,block.x);
```

因为现在每个线程块处理两个数据块，我们需要调整内核的执行配置，将网格大小减小至一半：

```
reduceUnrolling2<<<grid.x / 2, block>>>(d_idata, d_odata, size);
```

现在编译和运行这些代码，出现以下结果：

```
gpu Unrolling2  elapsed 0.003430 sec gpu_sum: 2139353471 <<<grid 16384 block
```

即使只进行简单的更改，现在核函数的执行速度比原来快 3.42 倍。可以进一步展开以产生更好的性能吗？ reduceInteger.cu 文件包含着展开的核函数中其他的两个实现，如下所示：

```
reduceUnrolling4  : each threadblock handles 4 data blocks
reduceUnrolling8  : each threadblock handles 8 data blocks
```

相应的结果概括如下：

```
gpu Unrolling2 elapsed 0.003430 sec gpu_sum: 2139353471 <<<grid 16384 block 5
gpu Unrolling4 elapsed 0.001829 sec gpu_sum: 2139353471 <<<grid 8192 block 51
gpu Unrolling8 elapsed 0.001422 sec gpu_sum: 2139353471 <<<grid 4096 block 51
```

正如预想的一样，在一个线程中有更多的独立内存加载 / 存储操作会产生更好的性能，因为内存延迟可以更好地被隐藏起来。可以使用设备内存读取吞吐量指标，以确定这就是性能提高的原因：

```
$ nvprof --metrics dram_read_throughput ./reduceInteger
```

结果总结如下，归约的展开测试用例和设备读吞吐量之间是成正比的：

```
Unrolling2 Device Memory Read Throughput  26.295GB/s
Unrolling4 Device Memory Read Throughput  49.546GB/s
Unrolling8 Device Memory Read Throughput  62.764GB/s
```

3.5.2　展开线程的归约

__syncthreads 是用于块内同步的。在归约核函数中，它用来确保在线程进入下一轮之前，每一轮中所有线程已经将局部结果写入全局内存中了。

然而，要细想一下只剩下 32 个或更少线程（即一个线程束）的情况。因为线程束的执行是 SIMT（单指令多线程）的，每条指令之后有隐式的线程束内同步过程。因此，归约循环的最后 6 个迭代可以用下述语句来展开：

```
if (tid < 32) {
    volatile int *vmem = idata;
    vmem[tid] += vmem[tid + 32];
    vmem[tid] += vmem[tid + 16];
    vmem[tid] += vmem[tid +  8];
    vmem[tid] += vmem[tid +  4];
    vmem[tid] += vmem[tid +  2];
    vmem[tid] += vmem[tid +  1];
}
```

这个线程束的展开避免了执行循环控制和线程同步逻辑。

注意变量 vmem 是和 volatile 修饰符一起被声明的，它告诉编译器每次赋值时必须将 vmem[tid] 的值存回全局内存中。如果省略了 volatile 修饰符，这段代码将不能正常工作，因为编译器或缓存可能对全局或共享内存优化读写。如果位于全局或共享内存中的变量有 volatile 修饰符，编译器会假定其值可以被其他线程在任何时间修改或使用。因此，任何参考 volatile 修饰符的变量强制直接读或写内存，而不是简单地读写缓存或寄存器。

基于 reduceUnrolling8，线程束的展开可以添加到归约核函数中，如下所示：

```
__global__ void reduceUnrollWarps8 (int *g_idata, int *g_odata, unsigned int n) {
    // set thread ID
    unsigned int tid = threadIdx.x;
    unsigned int idx = blockIdx.x*blockDim.x*8 + threadIdx.x;

    // convert global data pointer to the local pointer of this block
    int *idata = g_idata + blockIdx.x*blockDim.x*8;

    // unrolling 8
    if (idx + 7*blockDim.x < n) {
        int a1 = g_idata[idx];
        int a2 = g_idata[idx+blockDim.x];
        int a3 = g_idata[idx+2*blockDim.x];
        int a4 = g_idata[idx+3*blockDim.x];
        int b1 = g_idata[idx+4*blockDim.x];
        int b2 = g_idata[idx+5*blockDim.x];
        int b3 = g_idata[idx+6*blockDim.x];
        int b4 = g_idata[idx+7*blockDim.x];
        g_idata[idx] = a1+a2+a3+a4+b1+b2+b3+b4;
    }
    __syncthreads();

    // in-place reduction in global memory
    for (int stride = blockDim.x / 2; stride > 32; stride >>= 1) {
        if (tid < stride) {
            idata[tid] += idata[tid + stride];
        }

        // synchronize within threadblock
        __syncthreads();
    }

    // unrolling warp
    if (tid < 32) {
        volatile int *vmem = idata;
        vmem[tid] += vmem[tid + 32];
        vmem[tid] += vmem[tid + 16];
        vmem[tid] += vmem[tid +  8];
        vmem[tid] += vmem[tid +  4];
        vmem[tid] += vmem[tid +  2];
        vmem[tid] += vmem[tid +  1];
    }

    // write result for this block to global mem
    if (tid == 0) g_odata[blockIdx.x] = idata[0];
}
```

因为在这个实现中，每个线程处理 8 个数据块，调用这个内核的同时它的网格尺寸减小到 1/8：

```
reduceUnrollWarps8<<<grid.x / 8, block>>> (d_idata, d_odata, size);
```

这个核函数的执行时间比 reduceUnrolling8 快 1.05 倍，比原来的核函数 reduceNeighbored 快 8.65 倍：

```
gpu UnrollWarp8 elapsed 0.001355 sec gpu_sum: 2139353471 <<<grid 4096 block 512>>>
```

使用下面的命令，stall_sync 指标可以用来证实，由于 __syncthreads 的同步，更少的线程束发生阻塞：

```
$ nvprof --metrics stall_sync ./reduce
```

结果总结如下。通过展开最后的线程束，百分比几乎减半了，这表明 __syncthreads 能减少新的核函数中的阻塞。

```
Unrolling8    Issue Stall Reasons 58.37%
UnrollWarps8  Issue Stall Reasons 30.60%
```

3.5.3　完全展开的归约

如果编译时已知一个循环中的迭代次数，就可以把循环完全展开。因为在 Fermi 或 Kepler 架构中，每个块的最大线程数都是 1 024（参见表 3-2），并且在这些归约核函数中循环迭代次数是基于一个线程块维度的，所以完全展开归约循环是可能的：

```
__global__ void reduceCompleteUnrollWarps8 (int *g_idata, int *g_odata,
    unsigned int n) {
  // set thread ID
  unsigned int tid = threadIdx.x;
  unsigned int idx = blockIdx.x * blockDim.x * 8 + threadIdx.x;

  // convert global data pointer to the local pointer of this block
  int *idata = g_idata + blockIdx.x * blockDim.x * 8;

  // unrolling 8
  if (idx + 7*blockDim.x < n) {
    int a1 = g_idata[idx];
    int a2 = g_idata[idx + blockDim.x];
    int a3 = g_idata[idx + 2 * blockDim.x];
    int a4 = g_idata[idx + 3 * blockDim.x];
    int b1 = g_idata[idx + 4 * blockDim.x];
    int b2 = g_idata[idx + 5 * blockDim.x];
    int b3 = g_idata[idx + 6 * blockDim.x];
    int b4 = g_idata[idx + 7 * blockDim.x];
    g_idata[idx] = a1 + a2 + a3 + a4 + b1 + b2 + b3 + b4;
  }
  __syncthreads();

  // in-place reduction and complete unroll
  if (blockDim.x>=1024 && tid < 512) idata[tid] += idata[tid + 512];
  __syncthreads();
```

```
        if (blockDim.x>=512 && tid < 256) idata[tid] += idata[tid + 256];
        __syncthreads();

        if (blockDim.x>=256 && tid < 128) idata[tid] += idata[tid + 128];
        __syncthreads();

        if (blockDim.x>=128 && tid < 64) idata[tid] += idata[tid + 64];
        __syncthreads();
        // unrolling warp
        if (tid < 32) {
            volatile int *vsmem = idata;
            vsmem[tid] += vsmem[tid + 32];
            vsmem[tid] += vsmem[tid + 16];
            vsmem[tid] += vsmem[tid +  8];
            vsmem[tid] += vsmem[tid +  4];
            vsmem[tid] += vsmem[tid +  2];
            vsmem[tid] += vsmem[tid +  1];
        }
        // write result for this block to global mem
        if (tid == 0) g_odata[blockIdx.x] = idata[0];
}
```

用以下执行配置调用这个核函数：

```
reduceCompleteUnrollWarps8<<<grid.x / 8, block>>>(d_idata, d_odata, size);
```

内核时间再次有了小小的改善，它的执行比 reduceUnrollWarps8 快 1.06 倍，比原来的实现快 9.16 倍：

```
gpu CmptUnroll8 elapsed 0.001280 sec gpu_sum: 2139353471 <<<grid 4096 block 512>>>
```

3.5.4　模板函数的归约

虽然可以手动展开循环，但是使用模板函数有助于进一步减少分支消耗。在设备函数上 CUDA 支持模板参数。如下所示，可以指定块的大小作为模板函数的参数：

```
template <unsigned int iBlockSize>
__global__ void reduceCompleteUnroll(int *g_idata, int *g_odata, unsigned int n) {
    // set thread ID
    unsigned int tid = threadIdx.x;
    unsigned int idx = blockIdx.x * blockDim.x * 8 + threadIdx.x;

    // convert global data pointer to the local pointer of this block
    int *idata = g_idata + blockIdx.x * blockDim.x * 8;

    // unrolling 8
    if (idx + 7*blockDim.x < n) {
        int a1 = g_idata[idx];
        int a2 = g_idata[idx + blockDim.x];
        int a3 = g_idata[idx + 2 * blockDim.x];
        int a4 = g_idata[idx + 3 * blockDim.x];
        int b1 = g_idata[idx + 4 * blockDim.x];
        int b2 = g_idata[idx + 5 * blockDim.x];
        int b3 = g_idata[idx + 6 * blockDim.x];
        int b4 = g_idata[idx + 7 * blockDim.x];
```

```
      g_idata[idx] = a1+a2+a3+a4+b1+b2+b3+b4;
   }
   __syncthreads();

   // in-place reduction and complete unroll
   if (iBlockSize>=1024 && tid < 512) idata[tid] += idata[tid + 512];
   __syncthreads();

   if (iBlockSize>=512 && tid < 256)  idata[tid] += idata[tid + 256];
   __syncthreads();

   if (iBlockSize>=256 && tid < 128)  idata[tid] += idata[tid + 128];
   __syncthreads();

   if (iBlockSize>=128 && tid < 64)   idata[tid] += idata[tid + 64];
   __syncthreads();
   // unrolling warp
   if (tid < 32) {
      volatile int *vsmem = idata;
      vsmem[tid] += vsmem[tid + 32];
      vsmem[tid] += vsmem[tid + 16];
      vsmem[tid] += vsmem[tid +  8];
      vsmem[tid] += vsmem[tid +  4];
      vsmem[tid] += vsmem[tid +  2];
      vsmem[tid] += vsmem[tid +  1];
   }

   // write result for this block to global mem
   if (tid == 0) g_odata[blockIdx.x] = idata[0];
}
```

相比 reduceCompleteUnrollWarps8，唯一的区别是使用了模板参数替换了块大小。检查块大小的 if 语句将在编译时被评估，如果这一条件为 false，那么编译时它将会被删除，使得内循环更有效率。例如，在线程块大小为 256 的情况下调用这个核函数，下述语句将永远是 false：

```
iBlockSize>=1024 && tid < 512
```

编译器会自动从执行内核中移除它。

该核函数一定要在 switch-case 结构中被调用。这允许编译器为特定的线程块大小自动优化代码，但这也意味着它只对在特定块大小下启动 reduceCompleteUnroll 有效：

```
switch (blocksize) {
   case 1024:
      reduceCompleteUnroll<1024><<<grid.x/8, block>>>(d_idata, d_odata, size);
      break;
   case 512:
      reduceCompleteUnroll<512><<<grid.x/8, block>>>(d_idata, d_odata, size);
      break;
   case 256:
      reduceCompleteUnroll<256><<<grid.x/8, block>>>(d_idata, d_odata, size);
      break;
   case 128:
      reduceCompleteUnroll<128><<<grid.x/8, block>>>(d_idata, d_odata, size);
```

```
        break;
    case 64:
        reduceCompleteUnroll<64><<<grid.x/8, block>>>(d_idata, d_odata, size);
        break;
}
```

表 3-5 概括了本节提到的所有并行归约实现的结果。

表 3-5 归约内核的性能

内 核	时间（s）	单步加速	累计加速
相邻（分化）	0.011 722		
相邻（无分化）	0.009 321	1.26	1.26
交错	0.006 967	1.34	1.68
展开 8 块	0.001 422	4.90	8.24
展开 8 块＋最后的线程束	0.001 355	1.05	8.65
展开 8 块＋循环＋最后的线程束	0.001 280	1.06	9.16
模板化内核	0.001 253	1.02	9.35

注意，最大的相对性能增益是通过 reduceUnrolling8 核函数获得的，在这个函数之中每个线程在归约前处理 8 个数据块。有了 8 个独立的内存访问，可以更好地让内存带宽饱和及隐藏加载 / 存储延迟。可以使用以下命令检测内存加载 / 存储效率指标：

```
$nvprof --metrics gld_efficiency,gst_efficiency ./reduceInteger
```

表 3-6 总结了所有核函数的结果。在第 4 章，将会更加详细地介绍全局内存访问，并且会对内存访问如何影响内核性能有更深的了解。

表 3-6 加载 / 存储效率

内 核	时间（s）	加 载 效 率	存 储 效 率
相邻（分化）	0.011 722	16.73%	25.00%
相邻（无分化）	0.009 321	16.75%	25.00%
交错	0.006 967	77.94%	95.52%
展开 8 块	0.001 422	94.68%	97.71%
展开 8 块＋最后的线程束	0.001 355	98.99%	99.40%
展开 8 块＋循环＋最后的线程束	0.001 280	98.99%	99.40%
模板化内核	0.001 253	98.99%	99.40%

3.6 动态并行

在本书中，到目前为止，所有核函数都是从主机线程中被调用的。GPU 的工作负载完全在 CPU 的控制下。CUDA 的动态并行允许在 GPU 端直接创建和同步新的 GPU 内核。在一个核函数中在任意点动态增加 GPU 应用程序的并行性，是一个令人兴奋的新功能。

到目前为止，我们需要把算法设计为单独的、大规模数据并行的内核启动。动态并行提供了一个更有层次结构的方法，在这个方法中，并发性可以在一个 GPU 内核的多个级别中表现出来。使用动态并行可以让递归算法更加清晰易懂，也更容易理解。

有了动态并行，可以推迟到运行时决定需要在 GPU 上创建多少个块和网格，可以动态地利用 GPU 硬件调度器和加载平衡器，并进行调整以适应数据驱动或工作负载。

在 GPU 端直接创建工作的能力可以减少在主机和设备之间传输执行控制和数据的需求，因为在设备上执行的线程可以在运行时决定启动配置。

在本节中，将通过使用动态并行实现递归归约核函数的例子，对如何利用动态并行有一个基本的了解。

3.6.1　嵌套执行

通过动态并行，我们已经熟悉了内核执行的概念（网格、块、启动配置等），也可以直接在 GPU 上进行内核调用。相同的内核调用语法被用在一个内核内启动一个新的核函数。

在动态并行中，内核执行分为两种类型：父母和孩子。父线程、父线程块或父网格启动一个新的网格，即子网格。子线程、子线程块或子网格被父母启动。子网格必须在父线程、父线程块或父网格完成之前完成。只有在所有的子网格都完成之后，父母才会完成。

图 3-26 说明了父网格和子网格的适用范围。主机线程配置和启动父网格，父网格配置和启动子网格。子网格的调用和完成必须进行适当地嵌套，这意味着在线程创建的所有子网格都完成之后，父网格才会完成。如果调用的线程没有显式地同步启动子网格，那么运行时保证父母和孩子之间的隐式同步。在图 3-26 中，在父线程中设置了栅栏，从而可以与其子网格显式地同步。

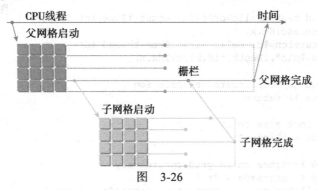

图　3-26

设备线程中的网格启动，在线程块间是可见的。这意味着，线程可能与由该线程启动的或由相同线程块中其他线程启动的子网格同步。在线程块中，只有当所有线程创建的所有子网格完成之后，线程块的执行才会完成。如果块中所有线程在所有的子网格完成之前退出，那么在那些子网格上隐式同步会被触发。

当父母启动一个子网格，父线程块与孩子显式同步之后，孩子才能开始执行。

父网格和子网格共享相同的全局和常量内存存储，但它们有不同的局部内存和共享内存。有了孩子和父母之间的弱一致性作为保证，父网格和子网格可以对全局内存并发存取。有两个时刻，子网格和它的父线程见到的内存完全相同：子网格开始时和子网格完成时。当父线程优于子网格调用时，所有的全局内存操作要保证对子网格是可见的。当父母在子网格完成时进行同步操作后，子网格所有的内存操作应保证对父母是可见的。

共享内存和局部内存分别对于线程块或线程来说是私有的，同时，在父母和孩子之间不是可见或一致的。局部内存对线程来说是私有存储，并且对该线程外部不可见。当启动一个子网格时，向局部内存传递一个指针作为参数是无效的。

3.6.2 在 GPU 上嵌套 Hello World

为了初步理解动态并行，可以创建一个核函数，使其用动态并行来输出"Hello World"。图 3-27 说明了用动态并行由这个核函数构造的嵌套、递归执行。主机应用程序调用父网格，该父网格在一个线程块中有 8 个线程。然后，该父网格中的线程 0 调用一个子网格，该子网格中有一半线程，即 4 个线程。之后，第一个子网格中的线程 0 再调用一个新的子网格，这个新的子网格中也只有一半线程，即 2 个线程，以此类推，直到最后的嵌套中只剩下一个线程。

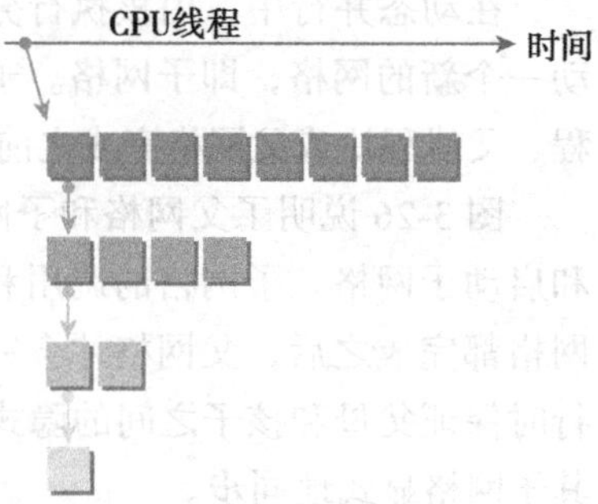

实现这个逻辑的内核代码如下所示。每个线程的核函数执行，会先输出"Hello World"。接着，每个线程检查自己是否该停止。如果在这个嵌套层里线程数大于 1，线程 0 就递归地调用一个带有线程数一半的子网格。

图 3-27

```
__global__ void nestedHelloWorld(int const iSize,int iDepth) {
    int tid = threadIdx.x;
    printf("Recursion=%d: Hello World from thread %d"
        "block %d\n",iDepth,tid,blockIdx.x);

    // condition to stop recursive execution
    if (iSize == 1) return;

    // reduce block size to half
    int nthreads = iSize>>1;

    // thread 0 launches child grid recursively
    if(tid == 0 && nthreads > 0) {
        nestedHelloWorld<<<1, nthreads>>>(nthreads,++iDepth);
        printf("-------> nested execution depth: %d\n",iDepth);
    }
}
```

在 Wrox.com 上可以下载 nestedHelloWorld.cu 文件，里面有本例的所有代码。可以用以下命令编译代码：

```
$ nvcc -arch=sm_35 -rdc=true nestedHelloWorld.cu -o nestedHelloWorld -lcudadevrt
```

因为动态并行是由设备运行时库所支持的，所以 nestedHelloWorld 函数必须在命令行使用 -lcudadevrt 进行明确链接。

当 -rdc 标志为 true 时，它强制生成可重定位的设备代码，这是动态并行的一个要求。在本书的第 10 章将会介绍到更多可重定位设备代码的内容。

嵌套核函数的输出如下：

```
./nestedHelloWorld Execution Configuration: grid 1 block 8
Recursion=0: Hello World from thread 0 block 0
Recursion=0: Hello World from thread 1 block 0
Recursion=0: Hello World from thread 2 block 0
Recursion=0: Hello World from thread 3 block 0
Recursion=0: Hello World from thread 4 block 0
Recursion=0: Hello World from thread 5 block 0
Recursion=0: Hello World from thread 6 block 0
Recursion=0: Hello World from thread 7 block 0
-------> nested execution depth: 1
Recursion=1: Hello World from thread 0 block 0
Recursion=1: Hello World from thread 1 block 0
Recursion=1: Hello World from thread 2 block 0
Recursion=1: Hello World from thread 3 block 0
-------> nested execution depth: 2
Recursion=2: Hello World from thread 0 block 0
Recursion=2: Hello World from thread 1 block 0
-------> nested execution depth: 3
Recursion=3: Hello World from thread 0 block 0
```

从输出信息中可见，由主机调用的父网格有 1 个线程块和 8 个线程。nestedHelloWorld 核函数递归地调用三次，每次调用的线程数是上一次的一半。可以用 nvvp 工具通过以下的命令证明这一点：

```
$ nvvp ./nestedHelloWorld
```

图 3-28 所示为由 nvvp 显示的嵌套执行。子网格被适当地嵌套，并且每个父网格会等待直到它的子网格执行结束，空白处说明内核在等待子网格执行结束。

现在，试着使用两个线程块调用父网格，而不是使用一个。

```
$ ./nestedHelloWorld 2
```

嵌套内核程序的输出如下：

```
./nestedHelloWorld 2Execution Configuration: grid 2 block 8
Recursion=0: Hello World from thread 0 block 1
Recursion=0: Hello World from thread 1 block 1
Recursion=0: Hello World from thread 2 block 1
Recursion=0: Hello World from thread 3 block 1
Recursion=0: Hello World from thread 4 block 1
Recursion=0: Hello World from thread 5 block 1
Recursion=0: Hello World from thread 6 block 1
Recursion=0: Hello World from thread 7 block 1
Recursion=0: Hello World from thread 0 block 0
Recursion=0: Hello World from thread 1 block 0
```

```
Recursion=0: Hello World from thread 2 block 0
Recursion=0: Hello World from thread 3 block 0
Recursion=0: Hello World from thread 4 block 0
Recursion=0: Hello World from thread 5 block 0
Recursion=0: Hello World from thread 6 block 0
Recursion=0: Hello World from thread 7 block 0
-------> nested execution depth: 1
-------> nested execution depth: 1
Recursion=1: Hello World from thread 0 block 0
Recursion=1: Hello World from thread 1 block 0
Recursion=1: Hello World from thread 2 block 0
Recursion=1: Hello World from thread 3 block 0
Recursion=1: Hello World from thread 0 block 0
Recursion=1: Hello World from thread 1 block 0
Recursion=1: Hello World from thread 2 block 0
Recursion=1: Hello World from thread 3 block 0
-------> nested execution depth: 2
-------> nested execution depth: 2
Recursion=2: Hello World from thread 0 block 0
Recursion=2: Hello World from thread 1 block 0
Recursion=2: Hello World from thread 0 block 0
Recursion=2: Hello World from thread 1 block 0
-------> nested execution depth: 3
-------> nested execution depth: 3
Recursion=3: Hello World from thread 0 block 0
Recursion=3: Hello World from thread 0 block 0
```

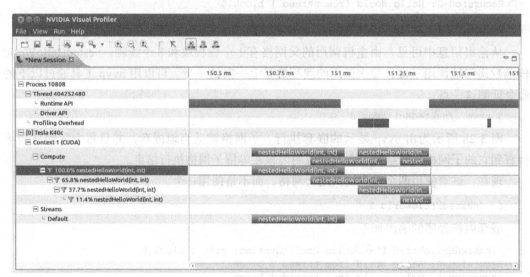

图 3-28

为什么在输出信息里所有子网格线程块的 ID 都是 0？图 3-29 说明了子网格是如何被两个初始线程块递归调用的。父网格包含两个线程块，所有嵌套的子网格仍然只包含一个线程块，这是由于线程配置核函数在 nestedHelloWorld 函数里启动：

```
nestedHelloWorld<<<1, nthreads>>>(nthreads, ++iDepth);
```

可以尝试使用不同的启动策略。图 3-30 所示为另一种生成相同数量并行性的方法，这一部分留给读者作为练习。

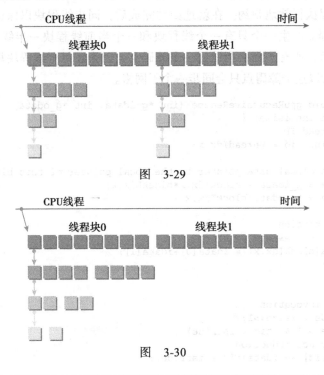

图　3-29

图　3-30

动态并行的限制条件

　　动态并行只有在计算能力为 3.5 或更高的设备上才能被支持。

　　通过动态并行调用的内核不能在物理方面独立的设备上启动。然而，在系统中允许查询任一个带 CUDA 功能的设备性能。

　　动态并行的最大嵌套深度限制为 24，但是实际上，在每一个新的级别中大多数内核受限于设备运行时系统需要的内存数量。因为为了对每个嵌套层中的父网格和子网格之间进行同步管理，设备运行时要保留额外的内存。

3.6.3　嵌套归约

　　归约可以被表示为一个递归函数。本章中的 3.4 节已经用 C 语言演示了递归归约。在 CUDA 里使用动态并行，可以确保 CUDA 里的递归归约核函数的实现像在 C 语言中一样简单。

　　下面列出了带有动态并行的递归归约的内核代码。这个核函数采取图 3-29 所示的方法，原始的网格包含许多线程块，但所有嵌套的子网格中只有一个由其父网格的线程 0 调用的线程块。核函数的第一步是将全局内存地址 g_idata 转换为每个线程块的本地地址。接着，如果满足停止条件（这是指如果该条件是嵌套执行树上的叶子），结果就被拷贝回全局内存，并且控制立刻返回到父内核中。如果它不是一片叶子内核，就需要计算本地归约的大小，一半的线程执行就地归约。在就地归约完成后，同步线程块以保证所有部分和的计算。紧接着，线程 0 产生一个只有一个线程块和一个当前线程块一半线程数量的子网格。在子网格被调用后，所有子网格会设置一个障碍点。因为在每个线程块里，一个线程只产生一个子网格，所以这个障碍点只会同步一个子网格。

```
__global__ void gpuRecursiveReduce (int *g_idata, int *g_odata,
    unsigned int isize) {
  // set thread ID
  unsigned int tid = threadIdx.x;

  // convert global data pointer to the local pointer of this block
  int *idata = g_idata + blockIdx.x*blockDim.x;
  int *odata = &g_odata[blockIdx.x];

  // stop condition
  if (isize == 2 && tid == 0) {
    g_odata[blockIdx.x] = idata[0]+idata[1];
    return;
  }

  // nested invocation
  int istride = isize>>1;
  if(istride > 1 && tid < istride) {
    // in place reduction
    idata[tid] += idata[tid + istride];
  }

  // sync at block level
  __syncthreads();

  // nested invocation to generate child grids
  if(tid==0) {
    gpuRecursiveReduce <<<1, istride>>>(idata,odata,istride);

    // sync all child grids launched in this block
    cudaDeviceSynchronize();
  }

  // sync at block level again
  __syncthreads();
}
```

在 Wrox.com 上可以下载 nestedReduce.cu 文件，里面有本例的所有代码。可以用以下命令编译代码：

```
$ nvcc -arch=sm_35 -rdc=true nestedReduce.cu -o nestedReduce -lcudadevrt
```

用 Kepler K40 设备的输出结果展示如下，相较于使用相邻配对方法的内核实现，嵌套内核慢到无法接受：

```
./nestedReduce starting reduction at device 0: Tesla K40c
   array 1048576 grid 2048 block 512
cpu reduce        elapsed 0.000689 sec cpu_sum: 1048576
gpu Neighbored    elapsed 0.000532 sec gpu_sum: 1048576<<<grid 2048 block 512>>>
gpu nested        elapsed 0.172036 sec gpu_sum: 1048576<<<grid 2048 block 512>>>
```

正如输出结果显示，最初有 2 048 个线程块。因为每个线程块执行 8 次递归，所以总共创建了 16 384 个子线程块，用于同步线程块内部的 __syncthreads 函数也被调用了 16 384 次。如此大量的内核调用与同步很可能是造成内核效率很低的主要原因。

当一个子网格被调用后，它看到的内存与父线程是完全一样的。因为每一个子线程只需要父线程的数值来指导部分归约，所以在每个子网格启动前执行线程块内部的同步是没有必要的。去除所有同步操作会产生如下的核函数：

```
__global__ void gpuRecursiveReduceNosync (int *g_idata, int *g_odata,
    unsigned int isize) {
  // set thread ID
  unsigned int tid = threadIdx.x;

  // convert global data pointer to the local pointer of this block
  int *idata = g_idata + blockIdx.x * blockDim.x;
  int *odata = &g_odata[blockIdx.x];

  // stop condition
  if (isize == 2 && tid == 0) {
    g_odata[blockIdx.x] = idata[0] + idata[1];
    return;
  }

  // nested invoke
  int istride = isize>>1;
  if(istride > 1 && tid < istride) {
    idata[tid] += idata[tid + istride];
    if(tid==0) {
        gpuRecursiveReduceNosync<<<1, istride>>>(idata,odata,istride);
    }
  }
}
```

在 Wrox.com 上可以下载 nestedReduceNosync.cu 文件，里面有本例的完整代码。编译运行它。下面列出了在 Kepler K40 设备上的输出结果。所需时间减少到了第一次动态并行实现的 1/3：

```
./nestedReduceNoSync starting reduction at device 0: Tesla K40c
array 1048576 grid 2048 block 512
cpu reduce        elapsed 0.000689 sec cpu_sum: 1048576
gpu Neighbored    elapsed 0.000532 sec gpu_sum: 1048576<<<grid 2048 block 512>>>
gpu nested        elapsed 0.172036 sec gpu_sum: 1048576<<<grid 2048 block 512>>>
gpu nestedNosyn   elapsed 0.059125 sec gpu_sum: 1048576<<<grid 2048 block 512>>>
```

然而，相较于相邻配对内核，它的性能仍然很差。需要考虑如何减少由大量的子网格启动引起的消耗。在当前的实现中，每个线程块产生一个子网格，并且引起了大量的调用。

如果使用了图 3-30 展示的方法，当创建的子网格数量减少时，那么每个子网格中线程块的数量将会增加，以保持相同数量的并行性。

以下的核函数实现了这种方法：网格中第一个线程块中的第一个线程在每一步嵌套时都调用子网格。比较这两个核函数的特征码，会发现多了一个参数。因为每次嵌套调用时，子线程块大小会减到其父线程块大小的一半，父线程块的维度也必须传递给嵌套的子网格。这使得每个线程都能为它的工作负载部分正确计算出消耗部分的全局内存偏移地址。值得注意的是，在这个实现中，所有空闲的线程都是在每次内核启动时被移除的，而对于第一次实现而言，在每个嵌套层的内核执行过程中都会有一半的线程空闲下来。这样的改变将会释放一半的被第一个核函数消耗的计算资源，这样可以让更多的线程块活跃起来。

```
__global__ void gpuRecursiveReduce2(int *g_idata, int *g_odata, int iStride,
    int const iDim) {
    // convert global data pointer to the local pointer of this block
    int *idata = g_idata + blockIdx.x*iDim;

    // stop condition
    if (iStride == 1 && threadIdx.x == 0) {
        g_odata[blockIdx.x] = idata[0]+idata[1];
        return;
    }

    // in place reduction
    idata[threadIdx.x] += idata[threadIdx.x + iStride];

    // nested invocation to generate child grids
    if(threadIdx.x == 0 && blockIdx.x == 0) {
        gpuRecursiveReduce2 <<<gridDim.x,iStride/2>>>(
            g_idata,g_odata,iStride/2,iDim);
    }
}
```

在 Wrox.com 上可以下载 nestedReduce2.cu 文件，里面有本例的完整代码。K40 GPU 设备输出结果如下：

```
./nestedReduce2 starting reduction at device 0: Tesla K40c
array 1048576 grid 2048 block 512
cpu reduce        elapsed 0.000689 sec cpu_sum: 1048576
gpu Neighbored    elapsed 0.000532 sec gpu_sum: 1048576<<<grid 2048 block 512>>>
gpu nested        elapsed 0.172036 sec gpu_sum: 1048576<<<grid 2048 block 512>>>
gpu nestedNosyn   elapsed 0.059125 sec gpu_sum: 1048576<<<grid 2048 block 512>>>
gpu nested2       elapsed 0.000797 sec gpu_sum: 1048576<<<grid 2048 block 512>>>
```

从这个结果可以看到，递归归约核函数的第三种实现比前两种实现更快了，大概是由于调用了较少的子网格。可以使用 nvprof 来验证性能提高的原因：

```
$ nvprof ./nestedReduce2
```

部分输出结果概括如下。第二列显示了设备内核的调用次数。第一个和第二个内核在设备上共创建了 16 384 个子网格。gpuRecursiveReduce2 内核中的 8 层嵌套并行只创建了 8 个子网格。

```
Calls (host)  Calls (device)       Avg        Min       Max  Name
           1          16384  441.48us    2.3360us  171.34ms  gpuRecursiveReduce
           1          16384   51.140us    2.2080us  57.906ms  gpuRecursiveReduceN
           1              8   56.195us   22.048us  100.74us  gpuRecursiveReduce2
           1              0  352.67us   352.67us  352.67us  reduceNeighbored
```

该递归归约的例子说明了动态并行。对于一个给定的算法，通过使用不同的动态并行技术，可以有多种可能的实现方式。避免大量嵌套调用有助于减少消耗并提升性能。同步对性能与正确性都至关重要，但减少线程块内部的同步次数可能会使嵌套内核效率更高。因为在每一个嵌套层上设备运行时系统都要保留额外的内存，所以内核嵌套的最大数量可能是受限制的。这种限制的程度依赖于内核，也可能会限制任何使用动态并行应用程序的扩展、性能以及其他的性能。

3.7 总结

本章从硬件的角度分析了内核执行。在 GPU 设备上，CUDA 执行模型有两个最显著的特性：

- 使用 SIMT 方式在线程束中执行线程
- 在线程块与线程中分配了硬件资源

这些执行模型的特征使得我们在提高并行性和性能时，能控制应用程序是如何让指令和内存带宽饱和的。不同计算能力的 GPU 设备有不同的硬件限制，因此，网格和线程块的启发式算法在为不同平台优化内核性能方面发挥了非常重要的作用。

动态并行使设备能够直接创建新的工作。它确保我们可以用一种更自然和更易于理解的方式来表达递归或依赖数据并行的算法。为实现一个有效的嵌套内核，必须注意设备运行时的使用，其包括子网格启动策略、父子同步和嵌套层的深度。

本章也介绍了使用命令行分析工具 nvprof 详细分析内核性能的方法。因为一个单纯的内核实现可能不会产生很好的性能，所以配置文件驱动的方法在 CUDA 编程中尤其重要。性能分析对内核行为提供了详细的分析，并能找到产生最佳性能的主要因素。

在第 4 章和第 5 章，将会从 CUDA 内存模型的角度介绍内核执行的内容。

3.8 习题

1. 当在 CUDA 中展开循环、数据块或线程束时，可以提高性能的两个主要原因是什么？解释每种展开是如何提升指令吞吐量的。
2. 参考核函数 reduceUnrolling8 和实现核函数 reduceUnrolling16，在这个函数中每个线程处理 16 个数据块。将该函数的性能与 reduceUnrolling8 内核性能进行比较，通过 nvprof 使用合适的指标与事件来解释性能差异。
3. 参考核函数 reduceUnrolling8，替换以下的代码段：

```
int a1 = g_idata[idx];
int a2 = g_idata[idx+blockDim.x];
int a3 = g_idata[idx+2*blockDim.x];
int a4 = g_idata[idx+3*blockDim.x];
int b1 = g_idata[idx+4*blockDim.x];
int b2 = g_idata[idx+5*blockDim.x];
int b3 = g_idata[idx+6*blockDim.x];
int b4 = g_idata[idx+7*blockDim.x];
g idata[idx] = a1+a2+a3+a4+b1+b2+b3+b4;
```

使用下面在功能上等价的代码：

```
int *ptr = g_idata + idx;
int tmp = 0;

// Increment tmp 8 times with values strided by blockDim.x
for (int i = 0; i < 8; i++) {
    tmp += *ptr; ptr += blockDim.x;
}

g_idata[idx] = tmp;
```

比较每次的性能并解释使用 nvprof 指标的差异。

4. 参考核函数 reduceCompleteUnrollWarps8。不要将 vmem 声明为 volatile 修饰符，而是使用 __syncthreads。注意 __syncthreads 必须被线程块里的所有线程调用。比较两个核函数的性能并使用 nvprof 来解释所有的差异。

5. 用 C 语言实现浮点数 s 的求和归约。

6. 参考核函数 reduceInterleaved 和 reduceCompleteUnrollWarps8，实现每个浮点数 s 的版本。比较它们的性能，选择合适的指标与 / 或事件来解释所有差异。它们相比于操作整数数据类型有什么不同吗？

7. 被动态地产生孩子的全局数据进行更改，这种改变什么时候能保证对其父亲可见？

8. 参考文件 nestedHelloWorld.cu，用图 3-30 所示的方法实现一个新的核函数。

9. 参考文件 nestedHelloWorld.cu，实现一个新的核函数，使其可以用给定深度来限制嵌套层。

全局内存

本章内容：

- 学习 CUDA 内存模型
- CUDA 内存管理
- 全局内存编程
- 探索全局内存访问模式
- 研究全局内存数据布局
- 统一内存编程
- 最大限度地提高全局内存吞吐量

在上一章中，你已经了解了线程是如何在 GPU 中执行的，以及如何通过操作线程束来优化核函数性能。但是，核函数性能并不是只和线程束的执行有关。回忆一下第 3 章的内容，在 3.3.2 节中，把一个线程块最里面一层的维度设为线程束大小的一半，这导致内存负载效率的大幅下降。这种性能损失不能用线程束调度或并行性来解释，造成这种性能损失的真正原因是较差的全局内存访问模式。

在本章，我们将剖析核函数与全局内存的联系及其对性能的影响。本章将介绍 CUDA 内存模型，并通过分析不同的全局内存访问模式来教你如何通过核函数高效地利用全局内存。

4.1 CUDA 内存模型概述

内存的访问和管理是所有编程语言的重要部分。在现代加速器中，内存管理对高性能计算有着很大的影响。

因为多数工作负载被加载和存储数据的速度所限制，所以有大量低延迟、高带宽的内存对性能是十分有利的。然而，大容量、高性能的内存造价高且不容易生产。因此，在现有的硬件存储子系统下，必须依靠内存模型获得最佳的延迟和带宽。CUDA 内存模型结合了主机和设备的内存系统，展现了完整的内存层次结构，使你能显式地控制数据布局以优化性能。

4.1.1　内存层次结构的优点

一般来说，应用程序不会在某一时间点访问任意数据或运行任意代码。应用程序往往遵循局部性原则，这表明它们可以在任意时间点访问相对较小的局部地址空间。有两种不同类型的局部性：

❑ 时间局部性

❑ 空间局部性

时间局部性认为如果一个数据位置被引用，那么该数据在较短的时间周期内很可能会再次被引用，随着时间流逝，该数据被引用的可能性逐渐降低。空间局部性认为如果一个内存位置被引用，则附近的位置也可能会被引用。

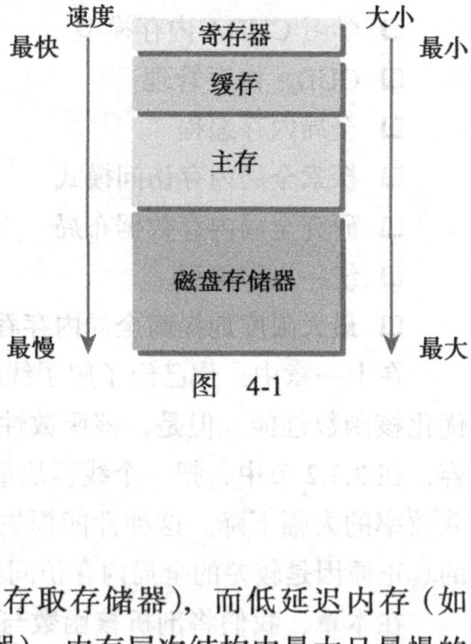

现代计算机使用不断改进的低延迟低容量的内存层次结构来优化性能。这种内存层次结构仅在支持局部性原则的情况下有效。一个内存层次结构由具有不同延迟、带宽和容量的多级内存组成。通常，随着从处理器到内存延迟的增加，内存的容量也在增加。一个典型的层次结构如图 4-1 所示。图 4-1 底部所示的存储类型通常有如下特点：

图　4-1

❑ 更低的每比特位的平均成本

❑ 更高的容量

❑ 更高的延迟

❑ 更少的处理器访问频率

CPU 和 GPU 的主存都采用的是 DRAM（动态随机存取存储器），而低延迟内存（如 CPU 一级缓存）使用的则是 SRAM（静态随机存取存储器）。内存层次结构中最大且最慢的级别通常使用磁盘或闪存驱动来实现。在这种内存层次结构中，当数据被处理器频繁使用时，该数据保存在低延迟、低容量的存储器中；而当该数据被存储起来以备后用时，数据就存储在高延迟、大容量的存储器中。这种内存层次结构符合大内存低延迟的设想。

GPU 与 CPU 在内存层次结构设计中都使用相似的准则和模型。GPU 和 CPU 内存模型的主要区别是，CUDA 编程模型能将内存层次结构更好地呈现给用户，能让我们显式地控制它的行为。

4.1.2 CUDA 内存模型

对于程序员来说，一般有两种类型的存储器：

❑ 可编程的：你需要显式地控制哪些数据存放在可编程内存中

❑ 不可编程的：你不能决定数据的存放位置，程序将自动生成存放位置以获得良好的
性能

在 CPU 内存层次结构中，一级缓存和二级缓存都是不可编程的存储器。另一方面，
CUDA 内存模型提出了多种可编程内存的类型：

❑ 寄存器

❑ 共享内存

❑ 本地内存

❑ 常量内存

❑ 纹理内存

❑ 全局内存

图 4-2 所示为这些内存空间的层次结构，每种都有不同的作用域、生命周期和缓存行
为。一个核函数中的线程都有自己私有的本地内存。一个线程块有自己的共享内存，对同
一线程块中所有线程都可见，其内容持续线程块的整个生命周期。所有线程都可以访问全
局内存。所有线程都能访问的只读内存空间有：常量内存空间和纹理内存空间。全局内存、
常量内存和纹理内存空间有不同的用途。纹理内存为各种数据布局提供了不同的寻址模式
和滤波模式。对于一个应用程序来说，全局内存、常量内存和纹理内存中的内容具有相同
的生命周期。

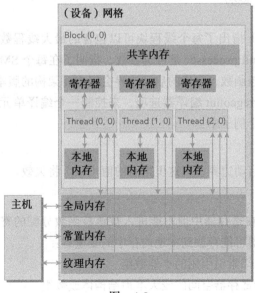

图　4-2

4.1.2.1 寄存器

寄存器是 GPU 上运行速度最快的内存空间。核函数中声明的一个没有其他修饰符的自变量，通常存储在寄存器中。在核函数声明的数组中，如果用于引用该数组的索引是常量且能在编译时确定，那么该数组也存储在寄存器中。

寄存器变量对于每个线程来说都是私有的，一个核函数通常使用寄存器来保存需要频繁访问的线程私有变量。寄存器变量与核函数的生命周期相同。一旦核函数执行完毕，就不能对寄存器变量进行访问了。

寄存器是一个在 SM 中由活跃线程束划分出的较少资源。在 Fermi GPU 中，每个线程限制最多拥有 63 个寄存器。Kepler GPU 将该限制扩展至每个线程可拥有 255 个寄存器。在核函数中使用较少的寄存器将使在 SM 上有更多的常驻线程块。每个 SM 上并发线程块越多，使用率和性能就越高。

你可以用如下的 nvcc 编译器选项检查核函数使用的硬件资源情况。下面的命令会输出寄存器的数量、共享内存的字节数以及每个线程所使用的常量内存的字节数。

```
-Xptxas -v,-abi=no
```

如果一个核函数使用了超过硬件限制数量的寄存器，则会用本地内存替代多占用的寄存器。这种寄存器溢出会给性能带来不利影响。nvcc 编译器使用启发式策略来最小化寄存器的使用，以避免寄存器溢出。我们也可以在代码中为每个核函数显式地加上额外的信息来帮助编译器进行优化：

```
__global__ void
__launch_bounds__(maxThreadsPerBlock, minBlocksPerMultiprocessor)
kernel(...) {
    // your kernel body
}
```

maxThreadsPerBlock 指出了每个线程块可以包含的最大线程数，这个线程块由核函数来启动。minBlockPerMultiprocessor 是可选参数，指明了在每个 SM 中预期的最小的常驻线程块数量。对于给定的核函数，最优的启动边界会因主要架构的版本不同而有所不同。

你还可以使用 maxrregcount 编译器选项，来控制一个编译单元里所有核函数使用的寄存器的最大数量。在这个例子中：

```
-maxrregcount=32
```

如果使用了指定的启动边界，则这里指定的值（32）将失效。

4.1.2.2 本地内存

核函数中符合存储在寄存器中但不能进入被该核函数分配的寄存器空间中的变量将溢出到本地内存中。编译器可能存放到本地内存中的变量有：
- 在编译时使用未知索引引用的本地数组
- 可能会占用大量寄存器空间的较大本地结构体或数组

❏ 任何不满足核函数寄存器限定条件的变量

"本地内存"这一名词是有歧义的：溢出到本地内存中的变量本质上与全局内存在同一块存储区域，因此本地内存访问的特点是高延迟和低带宽，并且如在本章后面的 4.3 节中所描述的那样，本地内存访问符合高效内存访问要求。对于计算能力 2.0 及以上的 GPU 来说，本地内存数据也是存储在每个 SM 的一级缓存和每个设备的二级缓存中。

4.1.2.3　共享内存

在核函数中使用如下修饰符修饰的变量存放在共享内存中：

__shared__

因为共享内存是片上内存，所以与本地内存或全局内存相比，它具有更高的带宽和更低的延迟。它的使用类似于 CPU 一级缓存，但它是可编程的。

每一个 SM 都有一定数量的由线程块分配的共享内存。因此，必须非常小心不要过度使用共享内存，否则将在不经意间限制活跃线程束的数量。

共享内存在核函数的范围内声明，其生命周期伴随着整个线程块。当一个线程块执行结束后，其分配的共享内存将被释放并重新分配给其他线程块。

共享内存是线程之间相互通信的基本方式。一个块内的线程通过使用共享内存中的数据可以相互合作。访问共享内存必须同步使用如下调用，该命令是在之前章节中介绍过的CUDA 运行时调用：

void __syncthreads();

该函数设立了一个执行障碍点，即同一个线程块中的所有线程必须在其他线程被允许执行前达到该处。为线程块里所有线程设立障碍点，这样可以避免潜在的数据冲突。第 3章对数据冲突有详细介绍。当一组未排序的多重访问通过不同的线程访问相同的内存地址时，这些访问中至少有一个是可写的，这时就会出现数据冲突。_syncthreads 也会通过频繁强制 SM 到空闲状态来影响性能。

SM 中的一级缓存和共享内存都使用 64KB 的片上内存，它通过静态划分，但在运行时可以通过如下指令进行动态配置：

cudaError_t cudaFuncSetCacheConfig(const void* func, enum cudaFuncCache
  cacheConfig);

这个函数在每个核函数的基础上配置了片上内存划分，为 func 指定的核函数设置了配置。支持的缓存配置如下：

cudaFuncCachePreferNone: 没有参考值（默认）
cudaFuncCachePreferShared: 建议 48KB 的共享内存和 16KB 的一级缓存
cudaFuncCachePreferL1:   建议 48KB 的一级缓存和 16KB 的共享内存
cudaFuncCachePreferEqual: 建议相同尺寸的一级缓存和共享内存，都是 32KB

Fermi 设备支持前三种配置，Kepler 设备支持以上所有配置。

4.1.2.4 常量内存

常量内存驻留在设备内存中，并在每个 SM 专用的常量缓存中缓存。常量变量用如下修饰符来修饰：

```
__constant__
```

常量变量必须在全局空间内和所有核函数之外进行声明。对于所有计算能力的设备，都只可以声明 64KB 的常量内存。常量内存是静态声明的，并对同一编译单元中的所有核函数可见。

核函数只能从常量内存中读取数据。因此，常量内存必须在主机端使用下面的函数来初始化：

```
cudaError_t cudaMemcpyToSymbol(const void* symbol, const void* src,
    size_t count);
```

这个函数将 count 个字节从 src 指向的内存复制到 symbol 指向的内存中，这个变量存放在设备的全局内存或常量内存中。在大多数情况下这个函数是同步的。

线程束中的所有线程从相同的内存地址中读取数据时，常量内存表现最好。举个例子，数学公式中的系数就是一个很好的使用常量内存的例子，因为一个线程束中所有的线程使用相同的系数来对不同数据进行相同的计算。如果线程束里每个线程都从不同的地址空间读取数据，并且只读一次，那么常量内存中就不是最佳选择，因为每从一个常量内存中读取一次数据，都会广播给线程束里的所有线程。

4.1.2.5 纹理内存

纹理内存驻留在设备内存中，并在每个 SM 的只读缓存中缓存。纹理内存是一种通过指定的只读缓存访问的全局内存。只读缓存包括硬件滤波的支持，它可以将浮点插入作为读过程的一部分来执行。纹理内存是对二维空间局部性的优化，所以线程束里使用纹理内存访问二维数据的线程可以达到最优性能。对于一些应用程序来说，这是理想的内存，并由于缓存和滤波硬件的支持所以有较好的性能优势。然而对于另一些应用程序来说，与全局内存相比，使用纹理内存更慢。

4.1.2.6 全局内存

全局内存是 GPU 中最大、延迟最高并且最常使用的内存。global 指的是其作用域和生命周期。它的声明可以在任何 SM 设备上被访问到，并且贯穿应用程序的整个生命周期。

一个全局内存变量可以被静态声明或动态声明。你可以使用如下修饰符在设备代码中静态地声明一个变量：

```
__device__
```

在第 2 章的 2.1 节中，你已经学习了如何动态分配全局内存。在主机端使用 cuda-Malloc 函数分配全局内存，使用 cudaFree 函数释放全局内存。然后指向全局内存的指针就会作为参数传递给核函数。全局内存分配空间存在于应用程序的整个生命周期中，并且可以访问所有核函数中的所有线程。从多个线程访问全局内存时必须注意。因为线程的执行不能跨线程块同步，不同线程块内的多个线程并发地修改全局内存的同一位置可能会出现问题，这将导致一个未定义的程序行为。

全局内存常驻于设备内存中，可通过 32 字节、64 字节或 128 字节的内存事务进行访问。这些内存事务必须自然对齐，也就是说，首地址必须是 32 字节、64 字节或 128 字节的倍数。优化内存事务对于获得最优性能来说是至关重要的。当一个线程束执行内存加载 / 存储时，需要满足的传输数量通常取决于以下两个因素：

❑ 跨线程的内存地址分布

❑ 每个事务内存地址的对齐方式

在一般情况下，用来满足内存请求的事务越多，未使用的字节被传输回的可能性就越高，这就造成了数据吞吐率的降低。

对于一个给定的线程束内存请求，事务数量和数据吞吐率是由设备的计算能力来确定的。对于计算能力为 1.0 和 1.1 的设备，全局内存访问的要求是非常严格的。对于计算能力高于 1.1 的设备，由于内存事务被缓存，所以要求较为宽松。缓存的内存事务利用数据局部性来提高数据吞吐率。

接下来的部分将研究如何优化全局内存访问，以及如何最大程度地提高全局内存的数据吞吐率。

4.1.2.7 GPU 缓存

跟 CPU 缓存一样，GPU 缓存是不可编程的内存。在 GPU 上有 4 种缓存：

❑ 一级缓存

❑ 二级缓存

❑ 只读常量缓存

❑ 只读纹理缓存

每个 SM 都有一个一级缓存，所有的 SM 共享一个二级缓存。一级和二级缓存都被用来在存储本地内存和全局内存中的数据，也包括寄存器溢出的部分。对 Fermi GPU 和 Kepler K40 或其后发布的 GPU 来说，CUDA 允许我们配置读操作的数据是使用一级和二级缓存，还是只使用二级缓存。

在 CPU 上，内存的加载和存储都可以被缓存。但是，在 GPU 上只有内存加载操作可以被缓存，内存存储操作不能被缓存。

每个 SM 也有一个只读常量缓存和只读纹理缓存，它们用于在设备内存中提高来自于各自内存空间内的读取性能。

4.1.2.8 CUDA 变量声明总结

表 4-1 总结了 CUDA 变量声明和它们相应的存储位置、作用域、生命周期和修饰符。

表 4-1　CUDA 变量和类型修饰符

修 饰 符	变量名称	存 储 器	作 用 域	生命周期
	float var	寄存器	线程	线程
	float var[100]	本地	线程	线程
__shared__	float var +	共享	块	块
__device__	float var +	全局	全局	应用程序
__constant__	float var +	常量	全局	应用程序

+ 既可以表明标量也可以表示数组。

表 4-2 总结了各类存储器的主要特征。

表 4-2　设备存储器的重要特征

存 储 器	片上/片外	缓 存	存 取	范 围	生命周期
寄存器	片上	n/a	R/W	一个线程	线程
本地	片外	+	R/W	一个线程	线程
共享	片上	n/a	R/W	块内所有线程	块
全局	片外	+	R/W	所有线程 + 主机	主机配置
常量	片外	Yes	R	所有线程 + 主机	主机配置
纹理	片外	Yes	R	所有线程 + 主机	主机配置

+ 只在计算能力 2.x 的设备上进行缓存。

4.1.2.9　静态全局内存

下面的代码说明了如何静态声明一个全局变量。如代码清单 4-1 所示，一个浮点类型的全局变量在文件作用域内被声明。在核函数 checkGolbal-Variable 中，全局变量的值在输出之后，就发生了改变。在主函数中，全局变量的值是通过函数 cudaMemcpyToSymbol 初始化的。在执行完 checkGlobalVariable 函数后，全局变量的值被替换掉了。新的值通过使用 cudaMemcpyFromSymbol 函数被复制回主机。

代码清单4-1　静态声明的全局变量（globalVariable.cu）

```
#include <cuda_runtime.h>
#include <stdio.h>

__device__ float devData;

__global__ void checkGlobalVariable() {
    // display the original value
    printf("Device: the value of the global variable is %f\n",devData);
    // alter the value
    devData +=2.0f;
}
```

```
int main(void) {
    // initialize the global variable
    float value = 3.14f;
    cudaMemcpyToSymbol(devData, &value, sizeof(float));
    printf("Host:   copied %f to the global variable\n", value);

    // invoke the kernel
    checkGlobalVariable <<<1, 1>>>();

    // copy the global variable back to the host
    cudaMemcpyFromSymbol(&value, devData, sizeof(float));
    printf("Host:   the value changed by the kernel to %f\n", value);

    cudaDeviceReset();
    return EXIT_SUCCESS;
}
```

用以下指令编译并运行这个例子：

```
$ nvcc -arch=sm_20 globalVariable.cu -o globalVariable
$ ./globalVariable
```

下面是一组示例输出：

```
Host:   copied 3.140000 to the global variable
Device: the value of the global variable is 3.140000
Host:   the value changed by the kernel to 5.140000
```

尽管主机和设备的代码存储在同一个文件中，它们的执行却是完全不同的。即使在同一文件内可见，主机代码也不能直接访问设备变量。类似地，设备代码也不能直接访问主机变量。

你可能会认为主机代码可以使用如下代码访问设备的全局变量：

```
cudaMemcpyToSymbol(devD6ata, &value, sizeof(float));
```

是的，但是注意：

❑ cudaMemcpyToSymbol 函数是存在在 CUDA 运行时 API 中的，可以偷偷地使用 GPU 硬件来执行访问

❑ 在这里变量 devData 作为一个标识符，并不是设备全局内存的变量地址

❑ 在核函数中，devData 被当作全局内存中的一个变量

cudaMemcpy 函数不能使用如下的变量地址传递数据给 devData：

```
cudaMemcpy(&devData, &value, sizeof(float),cudaMemcpyHostToDevice);
```

你不能在主机端的设备变量中使用运算符"&"，因为它只是一个在 GPU 上表示物理位置符号。但是，你可以显式地使用下面的 CUDA API 调用来获取一个全局变量的地址：

```
cudaError_t cudaGetSymbolAddress(void** devPtr, const void* symbol);
```

这个函数用来获取与提供设备符号相关的全局内存的物理地址。获得变量 devData 的地址后，你可以按如下方式使用 cudaMemcpy 函数：

```
float *dptr = NULL;
cudaGetSymbolAddress((void**)&dptr, devData);
cudaMemcpy(dptr, &value, sizeof(float), cudaMemcpyHostToDevice);
```

有一个例外，可以直接从主机引用 GPU 内存：CUDA 固定内存。主机代码和设备代码都可以通过简单的指针引用直接访问固定内存。在下一节中，你将会学习固定内存。

文件作用域中的变量：可见性与可访问性

在 CUDA 编程中，你需要控制主机和设备这两个地方的操作。一般情况下，设备核函数不能访问主机变量，并且主机函数也不能访问设备变量，即使这些变量在同一文件作用域内被声明。

CUDA 运行时 API 能够访问主机和设备变量，但是这取决于你给正确的函数是否提供了正确的参数，这样的话才能对正确的变量进行恰当的操作。因为运行时 API 对某些参数的内存空间给出了假设，如果传递了一个主机变量，而实际需要的是一个设备变量，或反之，都将导致不可预知的后果（如你的应用程序崩溃）。

4.2 内存管理

CUDA 编程的内存管理与 C 语言的类似，需要程序员显式地管理主机和设备之间的数据移动。随着 CUDA 版本的升级，NVIDIA 正系统地实现主机和设备内存空间的统一，但对于大多数应用程序来说，仍需要手动移动数据。这一领域中的最新进展将在本章的 4.2.6 节中进行介绍。现在，工作重点在于如何使用 CUDA 函数来显式地管理内存和数据移动。

❑ 分配和释放设备内存
❑ 在主机和设备之间传输数据

为了达到最优性能，CUDA 提供＝了在主机端准备设备内存的函数，并且显式地向设备传输数据和从设备中获取数据。

4.2.1 内存分配和释放

CUDA 编程模型假设了一个包含一个主机和一个设备的异构系统，每一个异构系统都有自己独立的内存空间。核函数在设备内存空间中运行，CUDA 运行时提供函数以分配和释放设备内存。你可以在主机上使用下列函数分配全局内存：

```
cudaError_t cudaMalloc(void **devPtr, size_t count);
```

这个函数在设备上分配了 count 字节的全局内存，并用 devptr 指针返回该内存的地址。所分配的内存支持任何变量类型，包括整型、浮点类型变量、布尔类型等。如果 cuda-Malloc 函数执行失败则返回 cudaErrorMemoryAllocation。在已分配的全局内存中的值不会被清除。你需要用从主机上传输的数据来填充所分配的全局内存，或用下列函数将其初

始化:

```
cudaError_t cudaMemset(void *devPtr, int value, size_t count);
```

这个函数用存储在变量 value 中的值来填充从设备内存地址 devPtr 处开始的 count 字节。

一旦一个应用程序不再使用已分配的全局内存，那么可以以下代码释放该内存空间:

```
cudaError_t cudaFree(void *devPtr);
```

这个函数释放了 devPtr 指向的全局内存，该内存必须在此前使用了一个设备分配函数（如 cudaMalloc）来进行分配。否则，它将返回一个错误 cudaErrorInvalidDevicePointer。如果地址空间已经被释放，那么 cudaFree 也返回一个错误。

设备内存的分配和释放操作成本较高，所以应用程序应重利用设备内存，以减少对整体性能的影响。

4.2.2 内存传输

一旦分配好了全局内存，你就可以使用下列函数从主机向设备传输数据:

```
cudaError_t cudaMemcpy(void *dst, const void *src, size_t count,
                       enum cudaMemcpyKind kind);
```

这个函数从内存位置 src 复制了 count 字节到内存位置 dst。变量 kind 指定了复制的方向，可以有下列取值:

```
cudaMemcpyHostToHost
cudaMemcpyHostToDevice
cudaMemcpyDeviceToHost
cudaMemcpyDeviceToDevice
```

如果指针 dst 和 src 与 kind 指定的复制方向不一致，那么 cudaMemcpy 的行为就是未定义行为。这个函数在大多数情况下都是同步的。

代码清单 4-2 是一个使用 cudaMemcpy 的例子。这个例子展示了在主机和设备之间来回地传输数据。使用 cudaMalloc 分配全局内存，使用 cudaMemcpy 将数据传输给设备，传输方向由 cudaMemcpyHostToDevice 指定。然后使用 cudaMemcpy 将数据传回主机，方向由 cudaMemcpyDeviceToHost 指定。

代码清单4-2   简单的内存传输（memTransfer.cu）

```c
#include <cuda_runtime.h>
#include <stdio.h>

int main(int argc, char **argv) {
    // set up device
    int dev = 0;
    cudaSetDevice(dev);

    // memory size
    unsigned int isize = 1<<22;
    unsigned int nbytes = isize * sizeof(float);
```

```
// get device information
cudaDeviceProp deviceProp;
cudaGetDeviceProperties(&deviceProp, dev);
printf("%s starting at ", argv[0]);
printf("device %d: %s memory size %d nbyte %5.2fMB\n", dev,
    deviceProp.name,isize,nbytes/(1024.0f*1024.0f));

// allocate the host memory
float *h_a = (float *)malloc(nbytes);

// allocate the device memory
float *d_a;
cudaMalloc((float **)&d_a, nbytes);

// initialize the host memory
for(unsigned int i=0;i<isize;i++) h_a[i] = 0.5f;

// transfer data from the host to the device
cudaMemcpy(d_a, h_a, nbytes, cudaMemcpyHostToDevice);

// transfer data from the device to the host
cudaMemcpy(h_a, d_a, nbytes, cudaMemcpyDeviceToHost);

// free memory
cudaFree(d_a);
free(h_a);

// reset device
cudaDeviceReset();
return EXIT_SUCCESS;
}
```

使用 nvcc 编译代码并通过 nvprof 运行：

```
$ nvcc -O3 memTransfer.cu -o memTransfer
$ nvprof ./memTransfer
```

在一个 Fermi M2090 上的运行输出结果如下所示：

```
==3369== NVPROF is profiling process 3369, command: ./memTransfer
./ memTransfer starting at device 0: Tesla M2090 memory size 4194304 nbyte 16.00MB
==3369== Profiling application: ./memTransfer
==3369== Profiling result:
Time(%)      Time     Calls       Avg       Min       Max  Name
 53.50%   3.7102ms         1   3.7102ms   3.7102ms   3.7102ms  [CUDA memcpy DtoH]
 46.50%   3.2249ms         1   3.2249ms   3.2249ms   3.2249ms  [CUDA memcpy HtoD]
```

从主机到设备的数据传输用 HtoD 来标记，从设备到主机用 DtoH 来标记。

图 4-3 所示为 CPU 内存和 GPU 内存间的连接性能。从图中可以看到 GPU 芯片和板载 GDDR5 GPU 内存之间的理论峰值带宽非常高，对于 Fermi C2050 GPU 来说为 144GB/s。CPU 和 GPU 之间通过 PCIe Gen2 总线相连，这种连接的理论带宽要低得多，为 8GB/s（PCIe Gen3 总线最大理论限制值是 16GB/s）。这种差距意味着如果管理不当的话，主机和设备间的数据传输会降低应用程序的整体性能。因此，CUDA 编程的一个基本原则应是尽可能地

减少主机与设备之间的传输。

4.2.3　固定内存

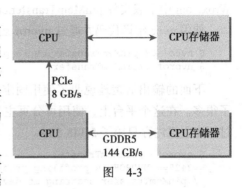

分配的主机内存默认是 pageable（可分页），它的意思也就是因页面错误导致的操作，该操作按照操作系统的要求将主机虚拟内存上的数据移动到不同的物理位置。虚拟内存给人一种比实际可用内存大得多的假象，就如同一级缓存好像比实际可用的片上内存大得多一样。

图　4-3

GPU 不能在可分页主机内存上安全地访问数据，因为当主机操作系统在物理位置上移动该数据时，它无法控制。当从可分页主机内存传输数据到设备内存时，CUDA 驱动程序首先分配临时页面锁定的或固定的主机内存，将主机源数据复制到固定内存中，然后从固定内存传输数据给设备内存，如图 4-4 左边部分所示：

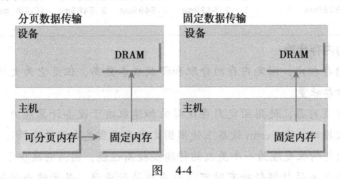

图　4-4

CUDA 运行时允许你使用如下指令直接分配固定主机内存：

```
cudaError_t cudaMallocHost(void **devPtr, size_t count);
```

这个函数分配了 count 字节的主机内存，这些内存是页面锁定的并且对设备来说是可访问的。由于固定内存能被设备直接访问，所以它能用比可分页内存高得多的带宽进行读写。然而，分配过多的固定内存可能会降低主机系统的性能，因为它减少了用于存储虚拟内存数据的可分页内存的数量，其中分页内存对主机系统是可用的。

下面的代码段用来分配固定主机内存，其中含错误检查和基本错误处理：

```
cudaError_t status = cudaMallocHost((void**)&h_aPinned, bytes);
if (status != cudaSuccess) {
    fprintf(stderr, "Error returned from pinned host memory allocation\n");
    exit(1);
}
```

固定主机内存必须通过下述指令来释放：

```
cudaError_t cudaFreeHost(void *ptr);
```

你可以试着在文件 memTransfer.cu 中用固定主机内存替换可分页内存，或者你可以从 Wrox.com 中下载文件 pinMemTransfer.cu。

使用 nvcc 编译代码并通过 nvprof 运行：

```
$ nvcc -O3 pinMemTransfer.cu -o pinMemTransfer
$ nvprof ./pinMemTransfer
```

下面的输出清楚地说明了使用固定内存与使用 memTransfer 生成的输出相比性能提升了很多。在这个平台上，使用可分页主机内存时传输最初耗时总计为 6.94ms，但是现在通过固定主机内存只用了 5.348 5ms。

```
$ nvprof ./pinMemTransfer
==3425== NVPROF is profiling process 3425, command: ./ pinMemTransfer
./ pinMemTransfer starting at device 0: Tesla M2090 memory size 4194304
    nbyte 16.00MB
==3425== Profiling application: ./ pinMemTransfer
==3425== Profiling result:
Time(%)      Time     Calls       Avg       Min       Max  Name
 52.34%  2.7996ms         1   2.7996ms  2.7996ms  2.7996ms  [CUDA memcpy HtoD]
 47.66%  2.5489ms         1   2.5489ms  2.5489ms  2.5489ms  [CUDA memcpy DtoH]
```

主机与设备间的内存传输

与可分页内存相比，固定内存的分配和释放成本更高，但是它为大规模数据传输提供了更高的传输吞吐量。

相对于可分页内存，使用固定内存获得的加速取决于设备计算能力。例如，当传输超过 10MB 的数据时，在 Fermi 设备上使用固定内存通常是更好的选择。

将许多小的传输批处理为一个更大的传输能提高性能，因为它减少了单位传输消耗。

主机和设备之间的数据传输有时可以与内核执行重叠。关于这个话题将在第 6 章中了解更多。你应该尽可能地减少或重叠主机和设备间的数据传输。

4.2.4 零拷贝内存

通常来说，主机不能直接访问设备变量，同时设备也不能直接访问主机变量。但有一个例外：零拷贝内存。主机和设备都可以访问零拷贝内存。

GPU 线程可以直接访问零拷贝内存。在 CUDA 核函数中使用零拷贝内存有以下几个优势。

❑ 当设备内存不足时可利用主机内存
❑ 避免主机和设备间的显式数据传输
❑ 提高 PCIe 传输率

当使用零拷贝内存来共享主机和设备间的数据时，你必须同步主机和设备间的内存访问，同时更改主机和设备的零拷贝内存中的数据将导致不可预知的后果。

零拷贝内存是固定（不可分页）内存，该内存映射到设备地址空间中。你可以通过下列函数创建一个到固定内存的映射：

```
cudaError_t cudaHostAlloc(void **pHost, size_t count, unsigned int flags);
```

这个函数分配了 count 字节的主机内存，该内存是页面锁定的且设备可访问的。用这个函数分配的内存必须用 cudaFreeHost 函数释放。flags 参数可以对已分配内存的特殊属性进一步进行配置：

- ❑ cudaHostAllocDefalt
- ❑ cudaHostAllocPortable
- ❑ cudaHostAllocWriteCombined
- ❑ cudaHostAllocMapped

cudaHostAllocDefault 函数使 cudaHostAlloc 函数的行为与 cudaMallocHost 函数一致。设置 cudaHostAllocPortable 函数可以返回能被所有 CUDA 上下文使用的固定内存，而不仅是执行内存分配的那一个。标志 cudaHostAllocWriteCombined 返回写结合内存，该内存可以在某些系统配置上通过 PCIe 总线上更快地传输，但是它在大多数主机上不能被有效地读取。因此，写结合内存对缓冲区来说是一个很好的选择，该内存通过设备使用映射的固定内存或主机到设备的传输。零拷贝内存的最明显的标志是 cudaHostAllocMapped，该标志返回，可以实现主机写入和设备读取被映射到设备地址空间中的主机内存。

你可以使用下列函数获取映射到固定内存的设备指针：

```
cudaError_t cudaHostGetDevicePointer(void **pDevice, void *pHost, unsigned int flags);
```

该函数返回了一个在 pDevice 中的设备指针，该指针可以在设备上被引用以访问映射得到的固定主机内存。如果设备不支持映射得到的固定内存，该函数将失效。flag 将留作以后使用。现在，它必须被置为 0。

在进行频繁的读写操作时，使用零拷贝内存作为设备内存的补充将显著降低性能。因为每一次映射到内存的传输必须经过 PCIe 总线。与全局内存相比，延迟也显著增加。你可以使用在第 2 章中使用过的 sumArrays 核函数，来确认零拷贝内存的性能：

```
__global__ void sumArraysZeroCopy(float *A, float *B, float *C, const int N) {
    int i = blockIdx.x * blockDim.x + threadIdx.x;
    if (i < N) C[i] = A[i] + B[i];
}
```

为了测试零拷贝内存读操作的性能，你可以给数组 A 和 B 分配零拷贝内存，并在设备内存上为数组 C 分配空间。代码清单 4-3 中有该操作的主函数。你可以从 Wrox.com 中下载 sumArrayZerocopy.cu 的源代码。

主函数包含了两部分：第一部分为从设备内存加载数据及存储数据到设备内存；第二部分为从零拷贝内存加载数据，并将数据存储到设备内存中。开始时，你需要检查一下设备是否支持固定内存映射。

为了允许核函数从零拷贝内存中读取数据，你需要将数组 A 和 B 分配作为映射的固定内存。然后可以直接在主机上初始化数组 *A* 和 *B*，不需要将它们传输给设备内存。接下来，你获得了供核函数使用映射的固定内存的设备指针。一旦内存被分配并初始化，你就可以调用核函数了。

代码清单4-3　用零拷贝内存加总数组（sumArrayZerocopy.cu）（仅列出主函数）

```
main(int argc, char **argv) {
// part 0: set up device and array
// set up device
int dev = 0;
cudaSetDevice(dev);

// get device properties
cudaDeviceProp deviceProp;
cudaGetDeviceProperties(&deviceProp, dev);

// check if support mapped memory
if (!deviceProp.canMapHostMemory) {
    printf("Device %d does not support mapping CPU host memory!\n", dev);
    cudaDeviceReset();
    exit(EXIT_SUCCESS);
}
printf("Using Device %d: %s ", dev, deviceProp.name);

// set up date size of vectors
int ipower = 10;
if (argc>1) ipower = atoi(argv[1]);
int nElem = 1<<ipower;
size_t nBytes = nElem * sizeof(float);
if (ipower < 18) {
    printf("Vector size %d power %d  nbytes  %3.0f KB\n", nElem,\
            ipower,(float)nBytes/(1024.0f));
} else {
    printf("Vector size %d power %d  nbytes  %3.0f MB\n", nElem,\
            ipower,(float)nBytes/(1024.0f*1024.0f));
}

// part 1: using device memory
// malloc host memory
float *h_A, *h_B, *hostRef, *gpuRef;
h_A      = (float *)malloc(nBytes);
h_B      = (float *)malloc(nBytes);
hostRef  = (float *)malloc(nBytes);
gpuRef   = (float *)malloc(nBytes);

// initialize data at host side
initialData(h_A, nElem);
initialData(h_B, nElem);
memset(hostRef, 0, nBytes);
memset(gpuRef,  0, nBytes);

// add vector at host side for result checks
sumArraysOnHost(h_A, h_B, hostRef, nElem);
```

```
// malloc device global memory
float *d_A, *d_B, *d_C;
cudaMalloc((float**)&d_A, nBytes);
cudaMalloc((float**)&d_B, nBytes);
cudaMalloc((float**)&d_C, nBytes);

// transfer data from host to device
cudaMemcpy(d_A, h_A, nBytes, cudaMemcpyHostToDevice);
cudaMemcpy(d_B, h_B, nBytes, cudaMemcpyHostToDevice);

// set up execution configuration
int iLen = 512;
dim3 block (iLen);
dim3 grid  ((nElem+block.x-1)/block.x);

// invoke kernel at host side
sumArrays <<<grid, block>>>(d_A, d_B, d_C, nElem);

// copy kernel result back to host side
cudaMemcpy(gpuRef, d_C, nBytes, cudaMemcpyDeviceToHost);

// check device results
checkResult(hostRef, gpuRef, nElem);

// free device global memory
cudaFree(d_A);
cudaFree(d_B);
free(h_A);
free(h_B);

// part 2: using zerocopy memory for array A and B
// allocate zerocopy memory
unsigned int flags = cudaHostAllocMapped;
cudaHostAlloc((void **)&h_A, nBytes, flags);
cudaHostAlloc((void **)&h_B, nBytes, flags);

// initialize data at host side
initialData(h_A, nElem);
initialData(h_B, nElem);
memset(hostRef, 0, nBytes);
memset(gpuRef,  0, nBytes);

// pass the pointer to device
cudaHostGetDevicePointer((void **)&d_A, (void *)h_A, 0);
cudaHostGetDevicePointer((void **)&d_B, (void *)h_B, 0);

// add at host side for result checks
sumArraysOnHost(h_A, h_B, hostRef, nElem);

// execute kernel with zero copy memory
sumArraysZeroCopy <<<grid, block>>>(d_A, d_B, d_C, nElem);

// copy kernel result back to host side
cudaMemcpy(gpuRef, d_C, nBytes, cudaMemcpyDeviceToHost);

// check device results
```

```
checkResult(hostRef, gpuRef, nElem);

// free  memory
cudaFree(d_C);
cudaFreeHost(h_A);
cudaFreeHost(h_B);

free(hostRef);
free(gpuRef);

// reset device
cudaDeviceReset();
return EXIT_SUCCESS;
}
```

用下列指令进行编译：

```
$ nvcc -O3 -arch=sm_20 sumArrayZerocpy.cu -o sumZerocpy
```

使用 nvprof 收集配置文件信息。来自 Fermi M2090 的示例输出总结如下：

```
$ nvprof ./sumZerocpy
Using Device 0: Tesla M2090 Vector size 1024 power 10  nbytes   4 KB
Time(%)     Time    Calls      Avg       Min       Max  Name
 27.18%  3.7760us        1  3.7760us  3.7760us  3.7760us  sumArraysZeroCopy
 11.80%  1.6390us        1  1.6390us  1.6390us  1.6390us  sumArrays
 25.56%  3.5520us        3  1.1840us  1.0240us  1.5040us  [CUDA memcpy HtoD]
 35.47%  4.9280us        2  2.4640us  2.4640us  2.4640us  [CUDA memcpy DtoH]
```

比较 sumArraysZeroCopy 核函数和 sumArrays 核函数的运行时间。当处理 1 024 个元素时，从零拷贝内存读取的核函数运行时间比只使用设备内存的核函数慢了 2.31 倍。还要注意，从设备到主机传输数据的时间（DtoH），也需要计算在两个核函数的运行时间中。因为它们都使用 cudaMemcpy 来更新主机端数据，计算结果在设备上被执行。

接下来，你可以通过运行下列命令检验使用不同大小的数组的性能，示例结果总结在表 4-3 中。

```
$ ./sumZerocopy <size-log-2>
```

表 4-3　比较零拷贝内存和设备内存

规　　格	设备内存（运行时间）	零拷贝内存（运行时间）	减　速　比
1KB	1.582 0 μs	2.915 0 μs	1.84
4KB	1.664 0 μs	3.790 0 μs	2.28
16KB	1.674 0 μs	7.457 0 μs	4.45
64KB	2.391 0 μs	22.586 μs	9.45
256KB	7.289 0 μs	82.733 μs	11.35
1M	28.26 7 μs	321.57 μs	11.38
4M	104.17 μs	1.274 1 ms	12.23

（续）

规 格	设备内存（运行时间）	零拷贝内存（运行时间）	减 速 比
16M	408.03 μs	5.090 3 ms	12.47
64M	1.6276 ms	20.347 ms	12.50

注：1. 使用 Tesla M2090 运行并使能一级缓存。

　　2. 减度比＝读取零拷贝内存的运行时间 / 读取设备内存的运行时间。

从结果中可以看出，如果你想共享主机和设备端的少量数据，零拷贝内存可能会是一个不错的选择，因为它简化了编程并且有较好的性能。对于由 PCIe 总线连接的离散 GPU 上的更大数据集来说，零拷贝内存不是一个好的选择，它会导致性能的显著下降。

零拷贝内存

有两种常见的异构计算系统架构：集成架构和离散架构。

在集成架构中，CPU 和 GPU 集成在一个芯片上，并且在物理地址上共享主存。在这种架构中，由于无须在 PCIe 总线上备份，所以零拷贝内存在性能和可编程性方面可能更佳。

对于通过 PCIe 总线将设备连接到主机的离散系统而言，零拷贝内存只在特殊情况下有优势。

因为映射的固定内存在主机和设备之间是共享的，你必须同步内存访问来避免任何潜在的数据冲突，这种数据冲突一般是由多线程异步访问相同的内存而引起的。

注意不要过度使用零拷贝内存。由于其延迟较高，从零拷贝内存中读取设备核函数可能很慢。

4.2.5 统一虚拟寻址

计算能力为 2.0 及以上版本的设备支持一种特殊的寻址方式，称为统一虚拟寻址（UVA）。UVA，在 CUDA 4.0 中被引入，支持 64 位 Linux 系统。有了 UVA，主机内存和设备内存可以共享同一个虚拟地址空间，如图 4-5 所示。

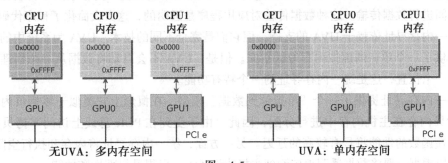

图 4-5

在 UVA 之前，你需要管理哪些指针指向主机内存和哪些指针指向设备内存。有了 UVA，由指针指向的内存空间对应用程序代码来说是透明的。

通过 UVA，由 cudaHostAlloc 分配的固定主机内存具有相同的主机和设备指针。因此，可以将返回的指针直接传递给核函数。回忆前一节中的零拷贝例子，可以知道以下几个方面。

- ❑ 分配映射的固定主机内存
- ❑ 使用 CUDA 运行时函数获取映射到固定内存的设备指针
- ❑ 将设备指针传递给核函数

有了 UVA，无须获取设备指针或管理物理上数据完全相同的两个指针。UVA 会进一步简化前一节中的 sumArrayZerocpy.cu 示例：

```
// allocate zero-copy memory at the host side
cudaHostAlloc((void **)&h_A, nBytes, cudaHostAllocMapped);
cudaHostAlloc((void **)&h_B, nBytes, cudaHostAllocMapped);

// initialize data at the host side
initialData(h_A, nElem);
initialData(h_B, nElem);

// invoke the kernel with zero-copy memory
sumArraysZeroCopy<<<grid, block>>>(h_A, h_B, d_C, nElem);
```

注意，从 cudaHostAlloc 函数返回的指针被直接传递给核函数。使用 UVA 更新的代码可以在 wrox.com 上的 sumArrayZerocpyUVA.cu 中找到。可以用以下命令进行编译：

```
$ nvcc -O3 -arch=sm_20 sumArrayZerocpyUVA.cu -o sumArrayZerocpyUVA
```

执行与前一节相同的测试将产生相同的性能结果。使用更少的代码取得相同的结果，这提高了应用程序的可读性和可维护性。

4.2.6 统一内存寻址

在 CUDA 6.0 中，引入了"统一内存寻址"这一新特性，它用于简化 CUDA 编程模型中的内存管理。统一内存中创建了一个托管内存池，内存池中已分配的空间可以用相同的内存地址（即指针）在 CPU 和 GPU 上进行访问。底层系统在统一内存空间中自动在主机和设备之间进行数据传输。这种数据传输对应用程序是透明的，这大大简化了程序代码。

统一内存寻址依赖于 UVA 的支持，但它们是完全不同的技术。UVA 为系统中的所有处理器提供了一个单一的虚拟内存地址空间。但是，UVA 不会自动将数据从一个物理位置转移到另一个位置，这是统一内存寻址的一个特有功能。

统一内存寻址提供了一个"单指针到数据"模型，在概念上它类似于零拷贝内存。但是零拷贝内存在主机内存中进行分配，因此，由于受到在 PCIe 总线上访问零拷贝内存的影响，核函数的性能将具有较高的延迟。另一方面，统一内存寻址将内存和执行空间分离，因此可以根据需要将数据透明地传输到主机或设备上，以提升局部性和性能。

托管内存指的是由底层系统自动分配的统一内存,与特定于设备的分配内存可以互操作,如它们的创建都使用 cudaMalloc 程序。因此,你可以在核函数中使用两种类型的内存:由系统控制的托管内存,以及由应用程序明确分配和调用的未托管内存。所有在设备内存上有效的 CUDA 操作也同样适用于托管内存。其主要区别是主机也能够引用和访问托管内存。

托管内存可以被静态分配也可以被动态分配。可以通过添加 __managed__ 注释,静态声明一个设备变量作为托管变量。但这个操作只能在文件范围和全局范围内进行。该变量可以从主机或设备代码中直接被引用:

```
__device__ __managed__ int y;
```

还可以使用下述的 CUDA 运行时函数动态分配托管内存:

```
cudaError_t cudaMallocManaged(void **devPtr, size_t size, unsigned int flags=0);
```

这个函数分配 size 字节的托管内存,并用 devPtr 返回一个指针。该指针在所有设备和主机上都是有效的。使用托管内存的程序行为与使用未托管内存的程序副本行为在功能上是一致的。但是,使用托管内存的程序可以利用自动数据传输和重复指针消除功能。

在 CUDA 6.0 中,设备代码不能调用 cudaMallocManaged 函数。所有的托管内存必须在主机端动态声明或者在全局范围内静态声明。

在 4.5 节中,你将有机会亲自体验 CUDA 的统一内存寻址。

4.3　内存访问模式

大多数设备端数据访问都是从全局内存开始的,并且多数 GPU 应用程序容易受内存带宽的限制。因此,最大限度地利用全局内存带宽是调控核函数性能的基本。如果不能正确地调控全局内存的使用,其他优化方案很可能也收效甚微。

为了在读写数据时达到最佳的性能,内存访问操作必须满足一定的条件。CUDA 执行模型的显著特征之一就是指令必须以线程束为单位进行发布和执行。存储操作也是同样。在执行内存指令时,线程束中的每个线程都提供了一个正在加载或存储的内存地址。在线程束的 32 个线程中,每个线程都提出了一个包含请求地址的单一内存访问请求,它并由一个或多个设备内存传输提供服务。根据线程束中内存地址的分布,内存访问可以被分成不同的模式。在本节中,你将学习到不同的内存访问模式,并学习如何实现最佳的全局内存访问。

4.3.1　对齐与合并访问

如图 4-6 所示,全局内存通过缓存来实现加载/存储。全局内存是一个逻辑内存空间,你可以通过核函数访问它。所有的应用程序数据最初存在于 DRAM 上,即物理设备内存中。核函数的内存请求通常是在 DRAM 设备和片上内存间以 128 字节或 32 字节内存事务来实现的。

所有对全局内存的访问都会通过二级缓存，也有许多访问会通过一级缓存，这取决于访问类型和 GPU 架构。如果这两级缓存都被用到，那么内存访问是由一个 128 字节的内存事务实现的。如果只使用了二级缓存，那么这个内存访问是由一个 32 字节的内存事务实现的。对全局内存缓存其架构，如果允许使用一级缓存，那么可以在编译时选择启用或禁用一级缓存。

一行一级缓存是 128 个字节，它映射到设备内存中一个 128 字节的对齐段。如果线程束中的每个线程请求一个 4 字节的值，那么每次请求就会获取 128 字节的数据，这恰好与缓存行和设备内存段的大小相契合。

因此在优化应用程序时，你需要注意设备内存访问的两个特性：

❏ 对齐内存访问
❏ 合并内存访问

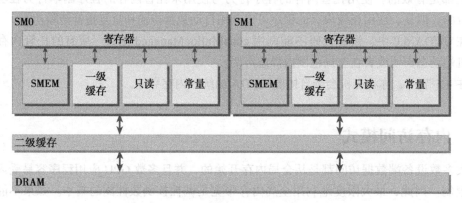

图 4-6

当设备内存事务的第一个地址是用于事务服务的缓存粒度的偶数倍时（32 字节的二级缓存或 128 字节的一级缓存），就会出现对齐内存访问。运行非对齐的加载会造成带宽浪费。

当一个线程束中全部的 32 个线程访问一个连续的内存块时，就会出现合并内存访问。

对齐合并内存访问的理想状态是线程束从对齐内存地址开始访问一个连续的内存块。为了最大化全局内存吞吐量，为了组织内存操作进行对齐合并是很重要的。图 4-7 描述了对齐与合并内存的加载操作。在这种情况下，只需要一个 128 字节的内存事务从设备内存中读取数据。图 4-8 展示了非对齐和未合并的内存访问。在这种情况下，可能需要 3 个 128 字节的内存事务来从设备内存中读取数据：一个在偏移量为 0 的地方开始，读取连续地址之后的数据；一个在偏移量为 256 的地方开始，读取连续地址之前的数据；另一个在偏移量为 128 的地方开始读取大量的数据。注意在内存事务之前和之后获取的大部分字节将不能被使用，这样会造成带宽浪费。

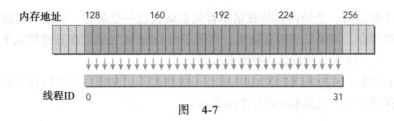

图 4-7

一般来说，需要优化内存事务效率：用最少的事务次数满足最多的内存请求。事务数量和吞吐量的需求随设备的计算能力变化。

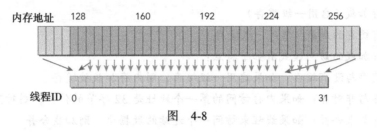

图 4-8

4.3.2 全局内存读取

在 SM 中，数据通过以下 3 种缓存 / 缓冲路径进行传输，具体使用何种方式取决于引用了哪种类型的设备内存：

❑ 一级和二级缓存
❑ 常量缓存
❑ 只读缓存

一 / 二级缓存是默认路径。想要通过其他两种路径传递数据需要应用程序显式地说明，但要想提升性能还要取决于使用的访问模式。全局内存加载操作是否会通过一级缓存取决于两个因素：

❑ 设备的计算能力
❑ 编译器选项

在 Fermi GPU（计算能力为 2.x）和 Kepler K40 及以后的 GPU（计算能力为 3.5 及以上）中，可以通过编译器标志启用或禁用全局内存负载的一级缓存。默认情况下，在 Fermi 设备上对于全局内存加载可以用一级缓存，在 K40 及以上 GPU 中禁用。以下标志通知编译器禁用一级缓存：

```
-Xptxas -dlcm=cg
```

如果一级缓存被禁用，所有对全局内存的加载请求将直接进入到二级缓存；如果二级缓存缺失，则由 DRAM 完成请求。每一次内存事务可由一个、两个或四个部分执行，每个部分有 32 个字节。一级缓存也可以使用下列标识符直接启用：

```
-Xptxas -dlcm=ca
```

设置这个标志后，全局内存加载请求首先尝试通过一级缓存。如果一级缓存缺失，该请求转向二级缓存。如果二级缓存缺失，则请求由 DRAM 完成。在这种模式下，一个内存加载请求由一个 128 字节的设备内存事务实现。

在 Kepler K10、K20 和 K20X GPU 中，一级缓存不用来缓存全局内存加载。一级缓存专门用于缓存寄存器溢出到本地内存中的数据。

内存加载访问模式

❑ 内存加载可以分为两类：

❑ 缓存加载（启用一级缓存）

❑ 没有缓存的加载（禁用一级缓存）

❑ 内存加载的访问模式有如下特点：

❑ 有缓存与没有缓存：如果启用一级缓存，则内存加载被缓存

❑ 对齐与非对齐：如果内存访问的第一个地址是 32 字节的倍数，则对齐加载

❑ 合并与未合并：如果线程束访问一个连续的数据块，则加载合并

你将在下一节中学习这些内存访问模式对核函数性能的影响。

4.3.2.1 缓存加载

缓存加载操作经过一级缓存，在粒度为 128 字节的一级缓存行上由设备内存事务进行传输。缓存加载可以分为对齐 / 非对齐及合并 / 非合并。

图 4-9 所示为理想情况：对齐与合并内存访问。线程束中所有线程请求的地址都在 128 字节的缓存行范围内。完成内存加载操作只需要一个 128 字节的事务。总线的使用率为 100%，在这个事务中没有未使用的数据。

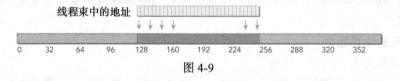

图 4-9

图 4-10 所示为另一种情况：访问是对齐的，引用的地址不是连续的线程 ID，而是 128 字节范围内的随机值。由于线程束中线程请求的地址仍然在一个缓存行范围内，所以只需要一个 128 字节的事务来完成这一内存加载操作。总线利用率仍然是 100%，并且只有当每个线程请求在 128 字节范围内有 4 个不同的字节时，这个事务中才没有未使用的数据。

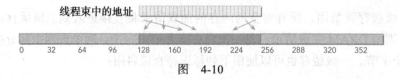

图 4-10

图 4-11 也说明了一种情况：线程束请求 32 个连续 4 个字节的非对齐数据元素。在全局内存中线程束的线程请求的地址落在两个 128 字节段范围内。因为当启用一级缓存时，由 SM 执行的物理加载操作必须在 128 个字节的界线上对齐，所以要求有两个 128 字节的事务来执行这段内存加载操作。总线利用率为 50%，并且在这两个事务中加载的字节有一半是未使用的。

线程束中的地址

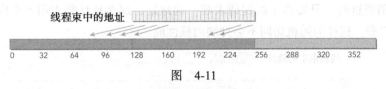

图　4-11

图 4-12 说明了一种情况：线程束中所有线程请求相同的地址。因为被引用的字节落在一个缓存行范围内，所以只需请求一个内存事务，但总线利用率非常低。如果加载的值是 4 字节的，则总线利用率是 4 字节请求 /128 字节加载 = 3.125%。

线程束中的地址

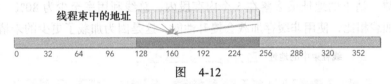

图　4-12

图 4-13 所示为最坏的情况：线程束中线程请求分散于全局内存中的 32 个 4 字节地址。尽管线程束请求的字节总数仅为 128 个字节，但地址要占用 N 个缓存行（$0<N\leqslant32$）。完成一次内存加载操作需要申请 N 次内存事务。

线程束中的地址

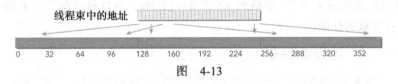

图　4-13

CPU 一级缓存和 GPU 一级缓存之间的差异

CPU 一级缓存优化了时间和空间局部性。GPU 一级缓存是专为空间局部性而不是为时间局部性设计的。频繁访问一个一级缓存的内存位置不会增加数据留在缓存中的概率。

4.3.2.2　没有缓存的加载

没有缓存的加载不经过一级缓存，它在内存段的粒度上（32 个字节）而非缓存池的粒度（128 个字节）执行。这是更细粒度的加载，可以为非对齐或非合并的内存访问带来更好的总线利用率。

图 4-14 所示为理想情况：对齐与合并内存访问。128 个字节请求的地址占用了 4 个内存段，总线利用率为 100%。

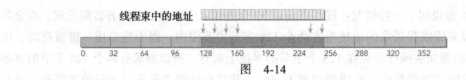

图 4-14

图 4-15 说明了一种情况：内存访问是对齐的且线程访问是不连续的，而是在 128 个字节的范围内随机进行。只要每个线程请求唯一的地址，那么地址将占用 4 个内存段，并且不会有加载浪费。这样的随机访问不会抑制内核性能。

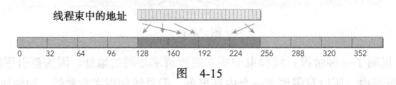

图 4-15

图 4-16 说明了一种情况：线程束请求 32 个连续的 4 字节元素但加载没有对齐到 128 个字节的边界。请求的地址最多落在 5 个内存段内，总线利用率至少为 80%。与这些类型的请求缓存加载相比，使用非缓存加载会提升性能，这是因为加载了更少的未请求字节。

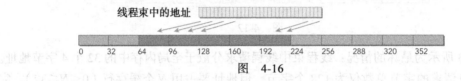

图 4-16

图 4-17 说明了一种情况：线程束中所有线程请求相同的数据。地址落在一个内存段内，总线的利用率是请求的 4 字节 / 加载的 32 字节＝12.5%，在这种情况下，非缓存加载性能也是优于缓存加载的性能。

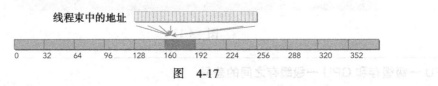

图 4-17

图 4-18 说明了最坏的一种情况：线程束请求 32 个分散在全局内存中的 4 字节字。由于请求的 128 个字节最多落在 N 个 32 字节的内存分段内而不是 N 个 128 个字节的缓存行内，所以相比于缓存加载，即便是最坏的情况也有所改善。

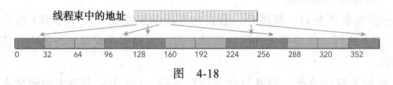

图 4-18

4.3.2.3 非对齐读取的示例

因为访问模式往往是由应用程序实现的一个算法来决定的，所以对于某些应用程序来说合并内存加载是一个挑战。然而,在大多数情况下,使用某些方法可以帮助对齐应用程序内存访问。

为了说明核函数中非对齐访问对性能的影响,我们对第 3 章中使用的向量加法代码进行修改,去掉所有的内存加载操作,来指定一个偏移量。注意在下面的核函数中使用了两种索引。新的索引 k 由给定的偏移量上移,由于偏移量的值可能会导致加载出现非对齐加载。只有加载数组 A 和数组 B 的操作会用到索引 k。对数组 C 的写操作仍使用原来的索引 i,以确保写入访问保持对齐。

```
__global__ void readOffset(float *A, float *B, float *C, const int n,
    int offset) {
    unsigned int i = blockIdx.x * blockDim.x + threadIdx.x;
    unsigned int k = i + offset;
    if (k < n) C[i] = A[k] + B[k];
}
```

为保证修改后核函数的正确性,主机代码也应该做出相应的修改:

```
void sumArraysOnHost(float *A, float *B, float *C, const int n,
    int offset) {
    for (int idx = offset, k = 0; idx < n; idx++, k++) {
        C[k] = A[idx] + B[idx];
    }
}
```

代码清单 4-4 所示为主函数。这段代码中的绝大部分对你来说应该很熟悉了。你可以从 Wrox.com 的 readSegment.cu 上下载完整代码。偏移量的默认值是 0,但是它可以通过一个命令行重写参数。

代码清单4-4　使用偏移量读取内存(readSegment.cu)(仅列出主函数)

```
int main(int argc, char **argv) {
    // set up device
    int dev = 0;
    cudaDeviceProp deviceProp;
    cudaGetDeviceProperties(&deviceProp, dev);
    printf("%s starting reduction at ", argv[0]);
    printf("device %d: %s ", dev, deviceProp.name);
    cudaSetDevice(dev);

    // set up array size
    int nElem = 1<<20; // total number of elements to reduce
    printf(" with array size %d\n", nElem);
    size_t nBytes = nElem * sizeof(float);

    // set up offset for summary
    int blocksize = 512;
    int offset = 0;
    if (argc>1) offset    = atoi(argv[1]);
    if (argc>2) blocksize = atoi(argv[2]);

    // execution configuration
```

```
dim3 block (blocksize,1);
dim3 grid  ((nElem+block.x-1)/block.x,1);

// allocate host memory
float *h_A = (float *)malloc(nBytes);
float *h_B = (float *)malloc(nBytes);
float *hostRef = (float *)malloc(nBytes);
float *gpuRef  = (float *)malloc(nBytes);

//  initialize host array
initialData(h_A, nElem);
memcpy(h_B,h_A,nBytes);

//  summary at host side
sumArraysOnHost(h_A, h_B, hostRef,nElem,offset);

// allocate device memory
float *d_A,*d_B,*d_C;
cudaMalloc((float**)&d_A, nBytes);
cudaMalloc((float**)&d_B, nBytes);
cudaMalloc((float**)&d_C, nBytes);

// copy data from host to device
cudaMemcpy(d_A, h_A, nBytes, cudaMemcpyHostToDevice);
cudaMemcpy(d_B, h_A, nBytes, cudaMemcpyHostToDevice);

//  kernel 1:
double iStart = seconds();
warmup <<< grid, block >>> (d_A, d_B, d_C, nElem, offset);
cudaDeviceSynchronize();
double iElaps = seconds() - iStart;
printf("warmup    <<< %4d, %4d >>> offset %4d elapsed %f sec\n",
    grid.x, block.x,
    offset, iElaps);

iStart = seconds();
readOffset <<< grid, block >>> (d_A, d_B, d_C, nElem, offset);
cudaDeviceSynchronize();
iElaps = seconds() - iStart;
printf("readOffset <<< %4d, %4d >>> offset %4d elapsed %f sec\n",
    grid.x, block.x,
    offset, iElaps);

// copy kernel result back to host side and check device results
cudaMemcpy(gpuRef, d_C, nBytes, cudaMemcpyDeviceToHost);
checkResult(hostRef, gpuRef, nElem-offset);

// copy kernel result back to host side and check device results
cudaMemcpy(gpuRef, d_C, nBytes, cudaMemcpyDeviceToHost);
checkResult(hostRef, gpuRef, nElem-offset);

// copy kernel result back to host side and check device results
cudaMemcpy(gpuRef, d_C, nBytes, cudaMemcpyDeviceToHost);
checkResult(hostRef, gpuRef, nElem-offset);

// free host and device memory
```

```
    cudaFree(d_A);
    cudaFree(d_B);
    cudaFree(d_C);
    free(h_A);
    free(h_B);

    // reset device
    cudaDeviceReset();
    return EXIT_SUCCESS;
}
```

使用下列指令编译代码：

```
$ nvcc -O3 -arch=sm_20 readSegment.cu  -o readSegment
```

你可以使用不同的偏移量进行实验。一个来自 Fermi M2050 的示例输出如下：

```
$ ./readSegment 0
readOffset <<< 32768,  512 >>> offset    0 elapsed 0.001820 sec
$ ./readSegment 11
readOffset <<< 32768,  512 >>> offset   11 elapsed 0.001949 sec
$ ./readSegment 128
readOffset <<< 32768,  512 >>> offset  128 elapsed 0.001821 sec
```

使用值为 11 的偏移量会导致数组 A 和数组 B 的内存加载是非对齐的。在这种情况下，运行时间也是最慢的。通过观察以全局加载效率为指标的结果，可以验证这些非对齐访问就是性能损失的原因：

$$全局加载效率 = \frac{请求的全局内存加载吞吐量}{所需的全局内存加载吞吐量}$$

请求的全局内存加载吞吐量包括重新执行的内存加载指令，这个指令不只需要一个内存事务，而请求的全局内存加载吞吐量并不需要如此。

可以使用 nvprof 获取 gld_efficiency 指标，其中 nvprof 带有 readSegment 测试用例和不同偏移量值：

```
$ nvprof --devices 0 --metrics gld_transactions ./readSegment 0
$ nvprof --devices 0 --metrics gld_transactions ./readSegment 11
$ nvprof --devices 0 --metrics gld_transactions ./readSegment 128
```

示例结果如下：

```
Offset   0: gld_efficiency 100.00%
Offset  11:  gld_efficiency  49.81%
Offset 128:  gld_efficiency 100.00%
```

对于非对齐读取的情况（偏移量为 11），全局加载效率减半，这意味着请求的全局内存加载吞吐量加倍。你可以借助全局加载事务指标来直接验证：

```
$ nvprof --devices 0 --metrics gld_transactions ./readSegment $OFFSET
```

示例结果如下：

```
Offset   0: gld_transactions 65184
Offset  11: gld_transactions 131039
Offset 128: gld_transactions 65744
```

根据预测，对于偏移量为 11 的情况，全局加载事务数量加倍。你也可以看到禁用一级缓存对全局内存加载性能有何影响。为了强制执行没有缓存的加载，重新编译代码并增加了以下 nvcc 选项：

```
-Xptxas -dlcm=cg
```

注意，这个编译器标志只能改变 Fermi 和 Kepler K40 或最新 GPU 的执行过程。示例输出显示如下：

```
$ ./readSegment 0
readOffset <<< 32768,  512 >>> offset     0 elapsed 0.001825 sec
$ ./readSegment 11
readOffset <<< 32768,  512 >>> offset    11 elapsed 0.002309 sec
$ ./  128
readOffset <<< 32768,  512 >>> offset  128 elapsed 0.001823 sec
```

结果显示，没有缓存的加载的整体性能略低于缓存访问的性能。缓存缺失对非对齐访问的性能影响更大。如果启用缓存，一个非对齐访问可能将数据存到一级缓存，这个一级缓存用于后续的非对齐内存访问。但是，如果没有一级缓存，那么每一次非对齐请求需要多个内存事务，并且对将来的请求没有作用。

你也可以借助没有缓存的加载来检验全局加载效率。示例结果显示如下：

```
Offset   0: gld_efficiency  100.00%
Offset  11: gld_efficiency   80.00%
Offset 128: gld_efficiency  100.00%
```

对于非对齐情况，禁用一级缓存使加载效率得到了提高，从 49.8% 提高到了 80%。由于禁用了一级缓存，每个加载请求是在 32 个字节的粒度上而不是 128 个字节的粒度上进行处理，因此加载的字节（但未使用的）数量减少了。

你可能注意到使用没有缓存的整体加载时间并没有减少，但是全局加载效率提高了。确实是这样，但这种结果只针对这种测试示例。随着设备占用率的提高，没有缓存的加载可帮助提高总线的整体利用率。对于没有缓存的非对齐加载模式来说，未使用的数据传输量可能会显著减少。

4.3.2.4　只读缓存

只读缓存最初是预留给纹理内存加载使用的。对计算能力为 3.5 及以上的 GPU 来说，只读缓存也支持使用全局内存加载代替一级缓存。

只读缓存的加载粒度是 32 个字节。通常，对分散读取来说，这些更细粒度的加载要优于一级缓存。

有两种方式可以指导内存通过只读缓存进行读取：

❑ 使用函数 __ldg
❑ 在间接引用的指针上使用修饰符

例如，考虑下面的拷贝核函数：

```
__global__ void copyKernel(int *out, int *in) {
    int idx  = blockIdx.x * blockDim.x + threadIdx.x;
    out[idx] = in[idx];
}
```

你可以使用内部函数 __ldg 来通过只读缓存直接对数组进行读取访问：

```
__global__ void copyKernel(int *out, int *in) {
    int idx  = blockIdx.x * blockDim.x + threadIdx.x;
    out[idx] = __ldg(&in[idx]);
}
```

你也可以将常量 __restrict__ 修饰符应用到指针上。这些修饰符帮助 nvcc 编译器识别无别名指针（即专门用来访问特定数组的指针）。nvcc 将自动通过只读缓存指导无别名指针的加载。

```
__global__ void copyKernel(int * __restrict__ out,
    const    int * __restrict__ in) {
    int idx  = blockIdx.x * blockDim.x + threadIdx.x;
    out[idx] = in[idx];
}
```

4.3.3　全局内存写入

内存的存储操作相对简单。一级缓存不能用在 Fermi 或 Kepler GPU 上进行存储操作，在发送到设备内存之前存储操作只通过二级缓存。存储操作在 32 个字节段的粒度上被执行。内存事务可以同时被分为一段、两段或四段。例如，如果两个地址同属于一个 128 个字节区域，但是不属于一个对齐的 64 个字节区域，则会执行一个四段事务（也就是说，执行一个四段事务比执行两个一段事务效果更好）。

图 4-19 所示为理想情况：内存访问是对齐的，并且线程束里所有的线程访问一个连续的 128 字节范围。存储请求由一个四段事务实现。

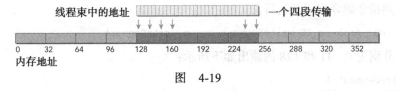

图　4-19

图 4-20 所示为内存访问是对齐的，但地址分散在一个 192 个字节范围内的情况。存储请求由 3 个一段事务来实现。

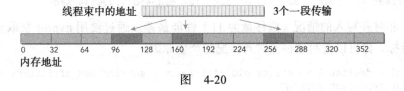

图　4-20

图 4-21 所示为内存访问是对齐的，并且地址访问在一个连续的 64 个字节范围内的情

况。这种存储请求由一个两段事务来完成。

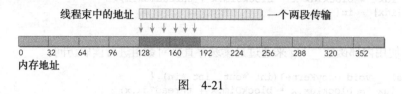

图 4-21

非对齐写入的示例

为了验证非对齐对内存存储效率的影响，按照下面的方式修改向量加法核函数。仍然使用两个不同的索引：索引 k 根据给定的偏移量进行变化，而索引 i 不变（并因此产生对齐访问）。使用对齐索引 i 从数组 *A* 和数组 *B* 中进行加载，以产生良好的内存加载效率。使用偏移量索引 x 写入数组 *C*，可能会造成非对齐写入，这取决于偏移量的值。

```
__global__ void writeOffset(float *A, float *B, float *C,
    const int n, int offset) {
  unsigned int i = blockIdx.x * blockDim.x + threadIdx.x;
  unsigned int k = i + offset;
  if (k < n) C[k] = A[i] + B[i];
}
```

按以上要求修改主机端向量加法代码：

```
void sumArraysOnHost(float *A, float *B, float *C, const int n,
    int offset) {
  for (int idx = offset, k = 0; idx < n; idx++, k++) {
    C[idx] = A[k] + B[k];
  }
}
```

主函数与非对齐加载示例中的主函数几乎完全相同。你可以从 Wrox.com 中的 write-Segment.cu 下载完整的示例代码。

使用下列指令编译代码并运行。

```
$ nvcc -O3 -arch=sm_20 writeSegment.cu -o writeSegment
```

偏移量分别为 0、11 和 128 的输出如下所示：

```
$ ./writeSegment 0
writeOffset <<< 2048, 512 >>> offset    0 elapsed 0.000134 sec
$ ./writeSegment 11
writeOffset <<< 2048, 512 >>> offset   11 elapsed 0.000184 sec
$ ./writeSegment 128
writeOffset <<< 2048, 512 >>> offset  128 elapsed 0.000134 sec
```

显然，非对齐写入的情况（偏移量为 11）性能最差。通过使用 nvprof 获取全局加载和存储效率指标，你可以查明这种非对齐情况的产生原因：

```
$ nvprof --devices 0 --metrics gld_efficiency --metrics gst_efficiency \
    ./writeSegment $OFFSET
```

nvprof 的示例输出如下：

```
writeOffset Offset    0:  gld_efficiency  100.00%
writeOffset Offset    0:  gst_efficiency  100.00%

writeOffset Offset   11:  gld_efficiency  100.00%
writeOffset Offset   11:  gst_efficiency   80.00%

writeOffset Offset  128:  gld_efficiency  100.00%
writeOffset Offset  128:  gst_efficiency  100.00%
```

除了非对齐情况（偏移量为 11）的存储，所有加载和存储的效率都为 100%。非对齐写入的存储效率为 80%。当偏移量为 11 且从一个线程束产生一个 128 个字节的写入请求时，该请求将由一个四段事务和一个一段事务来实现。因此，128 个字节用来请求，160 个字节用来加载，存储效率为 80%。

4.3.4　结构体数组与数组结构体

作为一个 C 程序员，你应该对两种数据组织方式非常熟悉：数组结构体（AoS）和结构体数组（SoA）。这是一个有趣的话题，因为当存储结构化数据集时，它们代表了可以采用的两种强大的数据组织方式（结构体和数组）。

下面是存储成对的浮点数据元素集的例子。首先，考虑这些成对数据元素集如何使用 AoS 方法进行存储。如下定义一个结构体，命名为 innerStruct：

```
struct innerStruct {
    float x;
    float y;
};
```

然后，按照下面的方法定义这些结构体数组。这是利用 AoS 方式来组织数据的。它存储的是空间上相邻的数据（例如，x 和 y），这在 CPU 上会有良好的缓存局部性。

```
struct innerStruct myAoS[N];
```

接下来，考虑使用 SoA 方法来存储数据：

```
struct innerArray {
    float x[N];
    float y[N];
};
```

这里，在原结构体中每个字段的所有值都被分到各自的数组中。这不仅能将相邻数据点紧密存储起来，也能将跨数组的独立数据点存储起来。你可以使用如下结构体定义一个变量：

```
struct innerArray moa;
```

图 4-22 说明了 AoS 和 SoA 方法的内存布局。用 AoS 模式在 GPU 上存储示例数据并执行一个只有 x 字段的应用程序，将导致 50% 的带宽损失，因为 y 值在每 32 个字节段或 128 个字节缓存行上隐式地被加载。AoS 格式也在不需要的 y 值上浪费了二级缓存空间。

用 SoA 模式存储数据充分利用了 GPU 的内存带宽。由于没有相同字段元素的交叉存取，GPU 上的 SoA 布局提供了合并内存访问，并且可以对全局内存实现更高效的利用。

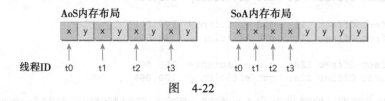

图　4-22

> **AOS 与 SOA**
>
> 　　许多并行编程范式，尤其是 SIMD 型范式，更倾向于使用 SoA。在 CUDA C 编程中也普遍倾向于使用 SoA，因为数据元素是为全局内存的有效合并访问而预先准备好的，而被相同内存操作引用的同字段数据元素在存储时是彼此相邻的。

在每种数据布局中为了帮助理解访问数据对性能的影响，我们将通过执行相同的数学运算来比较两个核函数：一个使用 AoS 数据布局，另一个则使用 SoA 数据布局。

4.3.4.1　示例：使用 AoS 数据布局的简单数学运算

下述核函数采用 AoS 布局。全局内存结构体数组是借助变量 x 和 y 进行线性存储的。每个线程的输入和输出是相同的：一个独立的 innerStruct 结构。

```
__global__ void testInnerStruct(innerStruct *data,
    innerStruct *result, const int n) {
  unsigned int i = blockIdx.x * blockDim.x + threadIdx.x;

  if (i < n) {
      innerStruct tmp = data[i];
      tmp.x += 10.f;
      tmp.y += 20.f;
      result[i] = tmp;
  }
}
```

输入长度定义为 1M：

```
#define LEN 1<<20
```

使用以下语句分配全局内存：

```
int nElem = LEN;
size_t nBytes = nElem * sizeof(innerStruct);

innerStruct *d_A,*d_C;
cudaMalloc((innerStruct**)&d_A, nBytes);
cudaMalloc((innerStruct**)&d_C, nBytes);
```

使用以下主机函数初始化输入数组：

```
void initialInnerStruct(innerStruct *ip, int size) {
    for (int i = 0; i < size; i++) {
        ip[i].x = (float)(rand() & 0xFF) / 100.0f;
        ip[i].y = (float)(rand() & 0xFF) / 100.0f;
    }
    return;
}
```

主函数如代码清单4-5所示。你可以从 Wrox.com 中的 simpleMathAoS.cu 下载完整的示例代码。在下列代码中，warm-up 核函数用于限制 CUDA 启动开销的影响，并且可以获得 textInnerStruct 核函数更精确的时间测量。

代码清单4-5　使用AoS数据布局的简单数学运算（simpleMethAoS.cu）（仅列出主函数）

```
int main(int argc, char **argv) {
    // set up device
    int dev = 0;
    cudaDeviceProp deviceProp;
    cudaGetDeviceProperties(&deviceProp, dev);
    printf("%s test struct of array at ", argv[0]);
    printf("device %d: %s \n", dev, deviceProp.name);
    cudaSetDevice(dev);

    // allocate host memory
    int nElem = LEN;
    size_t nBytes = nElem * sizeof(innerStruct);
    innerStruct     *h_A = (innerStruct *)malloc(nBytes);
    innerStruct *hostRef = (innerStruct *)malloc(nBytes);
    innerStruct *gpuRef  = (innerStruct *)malloc(nBytes);


    //  initialize host array
    initialInnerStruct(h_A, nElem);
    testInnerStructHost(h_A, hostRef,nElem);

    // allocate device memory
    innerStruct *d_A,*d_C;
    cudaMalloc((innerStruct**)&d_A, nBytes);
    cudaMalloc((innerStruct**)&d_C, nBytes);

    // copy data from host to device
    cudaMemcpy(d_A, h_A, nBytes, cudaMemcpyHostToDevice);

    // set up offset for summary
    int blocksize = 128;
    if (argc>1) blocksize = atoi(argv[1]);

    // execution configuration
    dim3 block (blocksize,1);
    dim3 grid  ((nElem+block.x-1)/block.x,1);

    // kernel 1: warmup
    double iStart = seconds();
    warmup <<< grid, block >>> (d_A, d_C, nElem);
```

```
    cudaDeviceSynchronize();
    double iElaps = seconds() - iStart;
    printf("warmup      <<< %3d, %3d >>> elapsed %f sec\n",grid.x,
        block.x,iElaps);
    cudaMemcpy(gpuRef, d_C, nBytes, cudaMemcpyDeviceToHost);
    checkInnerStruct(hostRef, gpuRef, nElem);

    // kernel 2: testInnerStruct
    iStart = seconds();
    testInnerStruct <<< grid, block >>> (d_A, d_C, nElem);
    cudaDeviceSynchronize();
    iElaps = seconds() - iStart;
    printf("innerstruct <<< %3d, %3d >>> elapsed %f sec\n",grid.x,
        block.x,iElaps);
    cudaMemcpy(gpuRef, d_C, nBytes, cudaMemcpyDeviceToHost);
    checkInnerStruct(hostRef, gpuRef, nElem);

    // free memories both host and device
    cudaFree(d_A);
    cudaFree(d_C);
    free(h_A);
    free(hostRef);
    free(gpuRef);

    // reset device
    cudaDeviceReset();
    return EXIT_SUCCESS;
}
```

用以下指令编译示例并运行。

```
$ nvcc -O3 -arch=sm_20 simpleMathAoS.cu -o simpleMathAoS
$ ./simpleMathAoS
```

来自 Fermi M2070 的输出结果如下。

```
innerStruct <<< 8192, 128 >>> elapsed 0.000286 sec
```

运行以下 nvprof 命令来获取全局加载效率和全局存储效率指标：

```
$ nvprof --devices 0 --metrics gld_efficiency,gst_efficiency ./simpleMathAoS
```

下面展示的 50% 的效率结果表明，对于 AOS 数据布局，加载请求和内存存储请求是重复的。因为字段 x 和 y 在内存中是被相邻存储的，并且有相同的大小，每当执行内存事务时都要加载特定字段的值，被加载的字节数的一半也必须属于其他字段。因此，请求加载和存储的 50% 带宽是未使用的。

```
gld_efficiency  50.00%
gst_efficiency  50.00%
```

4.3.4.2 示例：使用 SoA 数据布局的简单数学运算

下述核函数采用 SoA 布局。分配两个一维全局内存基元数组来存储两个字段 x 和 y 的所有值。以下核函数通过索引为每个基元数组获得取适当的值。

```
__global__ void testInnerArray(InnerArray *data,
    InnerArray *result, const int n) {
  unsigned int i = blockIdx.x * blockDim.x + threadIdx.x;

  if (i<n) {
    float tmpx = data->x[i];
    float tmpy = data->y[i];

    tmpx += 10.f;
    tmpy += 20.f;
    result->x[i] = tmpx;
    result->y[i] = tmpy;
  }
}
```

使用的输入长度与 AoS 测试示例中的一样，都是 1M：

```
#define LEN 1<<20
```

用下列语句分配全局内存。注意 sizeof(Innerarray) 包括其静态声明字段 x 和 y 的大小。

```
int nElem = LEN;
size_t nBytes = sizeof(InnerArray);

InnerArray *d_A,*d_C;
cudaMalloc((InnerArray **)&d_A, nBytes);
cudaMalloc((InnerArray **)&d_C, nBytes);
```

SoA 测试的主函数与之前的 simpleMathAoS.cu 示例中的主函数非常相似。你可以从 Wrox.com 中的 simpleMathSoA.cu 下载完整的示例代码。用以下指令编译该文件并进行测试。

```
$ nvcc -O3 -arch=sm_20 simpleMathSoA.cu  -o simpleSoA
$ ./simpleSoA
```

在 Fermi M2070 上运行 simpleMathSoA 的示例输出如下。值得注意的是，与 simple-AoS 相比，其性能略有提升。使用更大的输入长度，性能提升将更为明显。

```
innerArray   <<< 8192, 128 >>> elapsed 0.000200 sec
```

运行以下 nvprof 命令以获取全局加载效率和全局存储效率指标：

```
$ nvprof --devices 0 --metrics gld_efficiency,gst_efficiency ./simpleMathSoA
```

其结果展示如下，100% 的效率说明当处理 SoA 数据布局时，加载或存储内存请求不会重复。每次访问都由一个独立的内存事务来处理。

```
gld_efficiency  100.00%
gst_efficiency  100.00%
```

4.3.5 性能调整

优化设备内存带宽利用率有两个目标：

❑ 对齐及合并内存访问，以减少带宽的浪费

❑ 足够的并发内存操作，以隐藏内存延迟

在上一节中，已经学习了如何组织内存访问模式以实现对齐合并的内存访问。这样做在设备 DRAM 和 SM 片上内存或寄存器之间能确保有效利用字节移动。

第 3 章讨论了优化指令吞吐量的核函数。回忆一下，实现并发内存访问最大化是通过以下方式获得的：

❑ 增加每个线程中执行独立内存操作的数量

❑ 对核函数启动的执行配置进行实验，以充分体现每个 SM 的并行性

4.3.5.1 展开技术

包含了内存操作的展开循环增加了更独立的内存操作。对第 3 章中归约示例的学习你可能已经熟悉了展开操作。

考虑之前的 readSegment 示例。按如下方式修改 readOffset 核函数，使每个线程都执行 4 个独立的内存操作。因为每个加载过程都是独立的，所以你可以调用更多的并发内存访问。

```
__global__ void readOffsetUnroll4(float *A, float *B, float *C,
    const int n, int offset) {
  unsigned int i = blockIdx.x * blockDim.x * 4 + threadIdx.x;
  unsigned int k = i + offset;
  if (k + 3 * blockDim.x < n) {
    C[i]               = A[k]
    C[i + blockDim.x]     = A[k + blockDim.x]     + B[k + blockDim.x];
    C[i + 2 * blockDim.x] = A[k + 2 * blockDim.x] + B[k + 2 * blockDim.x];
    C[i + 3 * blockDim.x] = A[k + 3 * blockDim.x] + B[k + 3 * blockDim.x];
  }
}
```

你可以从 Wrox.com 中的 readSegmentUnroll.cu 下载完整的示例代码。启用一级缓存进行编译（-Xptxas -dlcm=ca）并运行以下测试：

```
$ ./readSegmentUnroll 0
warmup    <<< 32768,  512 >>> offset    0 elapsed 0.001990 sec
unroll4   <<<  8192,  512 >>> offset    0 elapsed 0.000599 sec
$ ./readSegmentUnroll 11
warmup    <<< 32768,  512 >>> offset   11 elapsed 0.002114 sec
unroll4   <<<  8192,  512 >>> offset   11 elapsed 0.000615 sec
$ ./readSegmentUnroll 128
warmup    <<< 32768,  512 >>> offset  128 elapsed 0.001989 sec
unroll4   <<<  8192,  512 >>> offset  128 elapsed 0.000598 sec
```

结果是不是让你很惊讶？这一展开技术对性能有非常好的影响，甚至比地址对齐还要好。相对于原来无循环展开的 readSegment 示例，这些测试说明使用循环展开技术实现了 3.04～3.17 倍的加速。对于这样一个 I/O 密集型的核函数，充分说明内存访问并行有很高的优先级。正如你所预期的那样，两个对齐的测试示例在性能上仍然优于非对齐访问的情况。

但是，展开并不影响执行内存操作的数量（只影响并发执行的数量）。你可以通过使用以下指令来测试非对齐情况（偏移量为 11），通过测量原始核函数和展开核函数的负载和存储效率指标可以证实这一点。

```
$ nvprof --devices 0 --metrics gld_efficiency,gst_efficiency ./readSegmentUnroll
```

示例结果总结如下。两个核函数的加载和存储效率相同。

```
readOffset        gld_efficiency  49.69%
readOffset        gst_efficiency  100.00%
readOffsetUnroll4 gld_efficiency   50.79%
readOffsetUnroll4 gst_efficiency  100.00%
```

现在，在非对齐情况下，尝试获得加载和存储事务的数量（偏移量为 11）。

```
$ nvprof --devices 0 --metrics gld_transactions,gst_transactions
  ./readSegmentUnroll 11
```

示例结果总结如下。展开的核函数中执行读 / 写事务的数量明显减少了。

```
readOffset        gld_transactions 132384
readOffset        gst_transactions  32928
readOffsetUnroll4 gld_transactions  33152
readOffsetUnroll4 gst_transactions   8064
```

4.3.5.2　增大并行性

为了充分体现并行性，你应该用一个核函数启动的网格和线程块大小进行试验，以找到该核函数最佳的执行配置。运行以下测试代码，使用对齐内存访问（偏移量＝0）的块大小进行实验。注意，你可能需要使用 1/3 的命令行参数来指定数据大小，否则在一个网格中线程块将超出限制。

```
$ ./readSegmentUnroll 0 1024 22
unroll4   <<< 1024, 1024 >>> offset    0 elapsed 0.000169 sec
$ ./readSegmentUnroll 0 512 22
unroll4   <<< 2048,  512 >>> offset    0 elapsed 0.000159 sec
$ ./readSegmentUnroll 0 256 22
unroll4   <<< 4096,  256 >>> offset    0 elapsed 0.000157 sec
$ ./readSegmentUnroll 0 128 22
unroll4   <<< 8192,  128 >>> offset    0 elapsed 0.000158 sec
```

对于展开核函数而言，最佳的线程块大小为每块有 256 个线程，与之前测试代码中使用的默认的每块有 512 个线程相比，线程块的数量加倍了。

尽管每块有 128 个线程对 GPU 来说有了更多的并行性，但其性能比每块有 256 个线程稍差。要想知道其中的原因，请参考第 3 章中的表 3-2，需要特别注意的是此处有两个硬件限制。因为在这种情况下，测试系统使用 Fermi GPU，每个 SM 最多有 8 个并发线程块，并且每个 SM 最多有 48 个并发线程束。当采用每个线程块有 128 个线程的方案时，则每个线程块有 4 个线程束。因为一个 Fermi SM 只可以同时放置 8 个线程块，所以该核函数被限制每个 SM 上最多有 32 个线程束。这可能会导致不能充分利用 SM 的计算资源，因为没有达到 48 个线程束的上限。你也可以使用第 3 章介绍的 CUDA 占用率来达到相同的效果。

现在，当非对齐访问被执行时，可以验证线程块大小对性能的影响。以下结果与对齐访问示例产生的结果类似，与每个线程块有 128、256 和 512 个线程的完成情况非常类似。这表明，无论访问是否是对齐的，每个 SM 中相同的硬件资源限制仍会影响核函数的性能。

```
$ ./readSegmentUnroll 11 1024 22
unroll4    <<< 1024, 1024 >>> offset   11 elapsed 0.000184 sec
$ ./readSegmentUnroll 11 512 22
unroll4    <<< 2048, 512 >>> offset    11 elapsed 0.000162 sec
$ ./readSegmentUnroll 11 256 22
unroll4    <<< 4096, 256 >>> offset    11 elapsed 0.000162 sec
$ ./readSegmentUnroll 11 128 22
unroll4    <<< 8192, 128 >>> offset    11 elapsed 0.000162 sec
```

最大化带宽利用率

影响设备内存操作性能的因素主要有两个：

❑ 有效利用设备 DRAM 和 SM 片上内存之间的字节移动：为了避免设备内存带宽的浪费，内存访问模式应是对齐和合并的

❑ 当前的并发内存操作数：可通过以下两点实现最大化当前存储器操作数。1）展开，每个线程产生更多的独立内存访问，2）修改核函数启动的执行配置来使每个 SM 有更多的并行性

4.4 核函数可达到的带宽

在分析核函数性能时，需要注意内存延迟，即完成一次独立内存请求的时间；内存带宽，即 SM 访问设备内存的速度，它以每单位时间内的字节数进行测量。

在上一节中，你已经尝试使用两种方法来改进核函数的性能：

❑ 通过最大化并行执行线程束的数量来隐藏内存延迟，通过维持更多正在执行的内存访问来达到更好的总线利用率

❑ 通过适当的对齐和合并内存访问来最大化内存带宽效率

然而，往往当前问题的本质就是有一个不好的访问模式。对于这样一个核函数来说，什么样的性能才是足够好的呢？在次理想的情况下可达到的最理想性能又是什么呢？在本节中，我们将利用一个矩阵转置的例子学习如何通过使用各种优化手段来调整核函数的带宽。你会看到，即使一个原本不好的访问模式，仍然可以通过重新设计核函数中的几个部分以实现良好的性能。

4.4.1 内存带宽

大多数核函数对内存带宽非常敏感，也就是说它们有内存带宽的限制。因此，在调整核函数时需要注意内存带宽的指标。全局内存中数据的安排方式，以及线程束访问该数据的方式对带宽有显著影响。一般有如下两种类型的带宽：

❑ 理论带宽

❑ 有效带宽

理论带宽是当前硬件可以实现的绝对最大带宽。对禁用 ECC 的 Fermi M2090 来说，理论上设备内存带宽的峰值为 177.6 GB/s。有效带宽是核函数实际达到的带宽，它是测量带宽，可以用下列公式计算：

$$有效带宽（GB/s）= \frac{读字节数＋写字节数 \times 10^{-9}}{运行时间}$$

例如，对于从设备上传入或传出数据的拷贝来说（包含 4 个字节整数的 2 048×2 048 矩阵），有效带宽可用以下公式计算：

$$有效带宽（GB/s）= \frac{2\,048 \times 2\,048 \times 4 \times 2 \times 10^{-9}}{运行时间}$$

在下一节你将会测量和调整矩阵转置核函数的有效带宽。

4.4.2 矩阵转置问题

矩阵转置是线性代数中一个基本问题。虽然是基本问题，但却在许多应用程序中被使用。矩阵的转置意味着每一列与相应的一行进行互换。图 4-23 所示为一个简单的矩阵和它的转置。

以下是基于主机实现的使用单精度浮点值的错位转置算法。假设矩阵存储在一个一维数组中。通过改变数组索引值来交换行和列的坐标，可以很容易得到转置矩阵。

图　4-23

```
void transposeHost(float *out, float *in, const int nx, const int ny) {
    for (int iy = 0; iy < ny; ++iy) {
        for (int ix = 0; ix < nx; ++ix) {
            out[ix*ny+iy] = in[iy*nx+ix];
        }
    }
}
```

在这个函数中有两个用一维数组存储的矩阵：输入矩阵 *in* 和转置矩阵 *out*。矩阵维度被定义为 *nx* 行 *ny* 列。可以用一个一维数组执行转置操作，结果如图 4-24 所示。

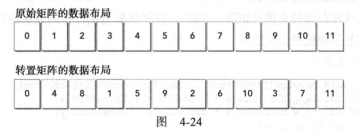

图　4-24

观察输入和输出布局，你会注意到：

❑ 读：通过原矩阵的行进行访问，结果为合并访问

❑ 写：通过转置矩阵的列进行访问，结果为交叉访问

交叉访问是使 GPU 性能变得最差的内存访问模式。但是，在矩阵转置操作中这是不可避免的。本节的剩余部分将侧重于使用两种转置核函数来提高带宽的利用率：一种是按行读取按列存储，另一种则是按列读取按行存储。

图 4-25 所示为第一种方法，图 4-26 所示为第二种方法。你能预测一下这两种实现的相对性能吗？如果禁用一级缓存加载，那么这两种实现的性能在理论上是相同的。但是，如果启用一级缓存，那么第二种实现的性能表现会更好。按列读取操作是不合并的（因此带宽将会浪费在未被请求的字节上），将这些额外的字节存入一级缓存意味着下一个读操作可能会在缓存上执行而不在全局内存上执行。因为写操作不在一级缓存中缓存，所以对按列执行写操作的例子而言，任何缓存都没有意义。在 Kepler K10、K20 和 K20x 设备中，这两种方法在性能上没有差别，因为一级缓存不用于全局内存访问。

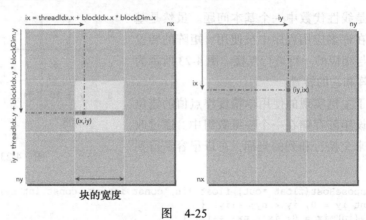

图　4-25

4.4.2.1　为转置核函数设置性能的上限和下限

在执行矩阵转置核函数之前，可以先创建两个拷贝核函数来粗略计算所有转置核函数性能的上限和下限：

❑ 通过加载和存储行来拷贝矩阵（上限）。这样将模拟执行相同数量的内存操作作为转置，但是只能使用合并访问

❑ 通过加载和存储列来拷贝矩阵（下限）。这样将模拟执行相同数量的内存操作作为转置，但是只能使用交叉访问

核函数的实现如下：

```
__global__ void copyRow(float *out, float *in, const int nx, const int ny) {
    unsigned int ix = blockDim.x * blockIdx.x + threadIdx.x;
    unsigned int iy = blockDim.y * blockIdx.y + threadIdx.y;
    if (ix < nx && iy < ny) {
        out[iy*nx + ix] = in[iy*nx + ix];
    }
```

```
}
__global__ void copyCol(float *out, float *in, const int nx,
  const int ny) {
  unsigned int ix = blockDim.x * blockIdx.x + threadIdx.x;
  unsigned int iy = blockDim.y * blockIdx.y + threadIdx.y;

  if (ix < nx && iy < ny) {
     out[ix*ny + iy] = in[ix*ny + iy];
  }
}
```

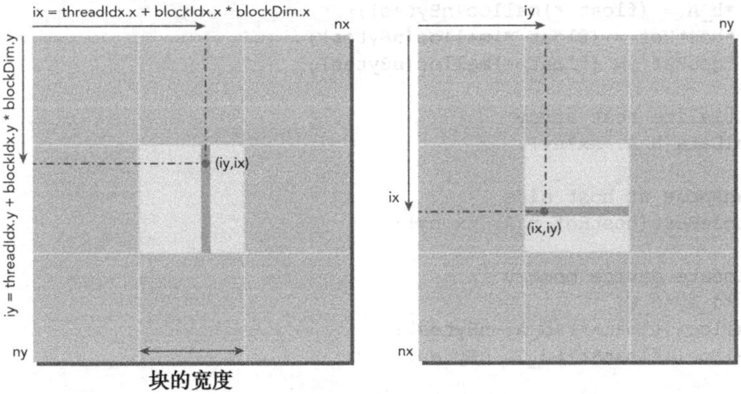

图　4-26

代码清单 4-6 提供了调用这些上限和下限核函数的主程序。你也可以从 Wrox.com 中的 transpose.cu 下载完整的代码。值得注意的是，通过调用主函数中的 switch 语句，可以使用核函数标识符 iKernel 来选择需要调用的那个核函数。

代码清单4-6　矩阵的转置（transpose.cu）（只列出了只要功能）

```
int main(int argc, char **argv) {
    // set up device
    int dev = 0;
    cudaDeviceProp deviceProp;
    cudaGetDeviceProperties(&deviceProp, dev);
    printf("%s starting transpose at ", argv[0]);
    printf("device %d: %s ", dev, deviceProp.name);
    cudaSetDevice(dev);

    // set up array size 2048
    int nx = 1<<11;
    int ny = 1<<11;

    // select a kernel and block size
    int iKernel = 0;
    int blockx = 16;
    int blocky = 16;
    if (argc>1) iKernel = atoi(argv[1]);
    if (argc>2) blockx  = atoi(argv[2]);
```

```
if (argc>3) blocky  = atoi(argv[3]);
if (argc>4) nx  = atoi(argv[4]);
if (argc>5) ny  = atoi(argv[5]);

printf(" with matrix nx %d ny %d with kernel %d\n", nx,ny,iKernel);
size_t nBytes = nx*ny * sizeof(float);

// execution configuration
dim3 block (blockx,blocky);
dim3 grid  ((nx+block.x-1)/block.x,(ny+block.y-1)/block.y);

// allocate host memory
float *h_A = (float *)malloc(nBytes);
float *hostRef = (float *)malloc(nBytes);
float *gpuRef  = (float *)malloc(nBytes);

// initialize host array
initialData(h_A, nx*ny);

// transpose at host side
transposeHost(hostRef,h_A, nx,ny);

// allocate device memory
float *d_A,*d_C;
cudaMalloc((float**)&d_A, nBytes);
cudaMalloc((float**)&d_C, nBytes);

// copy data from host to device
cudaMemcpy(d_A, h_A, nBytes, cudaMemcpyHostToDevice);

// warmup to avoide startup overhead
double iStart = seconds();
warmup <<< grid, block >>> (d_C, d_A, nx, ny);
cudaDeviceSynchronize();
double iElaps = seconds() - iStart;
printf("warmup         elapsed %f sec\n",iElaps);

// kernel pointer and descriptor
void (*kernel)(float *, float *, int, int);
char *kernelName;

// set up kernel
switch (iKernel) {
   case 0:
      kernel = &copyRow;
      kernelName = "CopyRow      ";
      break;

   case 1:
      kernel = &copyCol;
      kernelName = "CopyCol      ";
      break;
}

// run kernel
iStart = seconds();
```

```
kernel <<< grid, block >>> (d_C, d_A, nx, ny);
cudaDeviceSynchronize();
iElaps = seconds() - iStart;

// calculate effective_bandwidth
float ibnd = 2*nx*ny*sizeof(float)/1e9/iElaps;
printf("%s elapsed %f sec <<< grid (%d,%d) block (%d,%d)>>> "
    "effective bandwidth %f GB\n", kernelName, iElaps, grid.x, grid.y,
    block.x, block.y, ibnd);

// check kernel results
if (iKernel>1) {
    cudaMemcpy(gpuRef, d_C, nBytes, cudaMemcpyDeviceToHost);
    checkResult(hostRef, gpuRef, nx*ny, 1);
}

// free host and device memory
cudaFree(d_A);
cudaFree(d_C);
free(h_A);
free(hostRef);
free(gpuRef);

// reset device
cudaDeviceReset();
return EXIT_SUCCESS;
}
```

启用一级负载缓存编译代码：

```
$ nvcc -arch=sm_20 -Xptxas -dlcm=ca transpose.cu -o transpose
```

运行以下指令检验两个拷贝核函数的性能：

```
$ ./transpose 0
$ ./transpose 1
```

表 4-4 给出了在禁用 ECC 的 Fermi M2090 上的两个拷贝核函数的性能。这些测量值给出了上限和下限，它分别是理论峰值带宽的 70% 和 33%。

表 4-4　核函数的有效带宽（启用一级缓存）

核 函 数	带 宽	与峰值带宽的比值
理论峰值带宽	177.6 GB/s	
CopyRow：用行加载 / 存储	125.67 GB/s	上限：70.76%
CopyCol：用列加载 / 存储	58.76 GB/s	下限：33.09%

注：块大小：16×16；矩阵大小：2 048×2 048；有效带宽的单位：GB/s。

4.4.2.2　朴素转置：读取行与读取列

基于行的朴素转置核函数是基于主机实现的。这种转置按行加载按列存储：

```
__global__ void transposeNaiveRow(float *out, float *in, const int nx,
    const int ny) {
```

```
unsigned int ix = blockDim.x * blockIdx.x + threadIdx.x;
unsigned int iy = blockDim.y * blockIdx.y + threadIdx.y;

if (ix < nx && iy < ny) {
    out[ix * ny + iy] = in[iy * nx + ix];
}
}
```

通过互换读索引和写索引，就生成了基于列的朴素转置核函数。这种转置按列加载按行存储：

```
__global__ void transposeNaiveCol(float *out, float *in, const int nx,
    const int ny) {
unsigned int ix = blockDim.x * blockIdx.x + threadIdx.x;
unsigned int iy = blockDim.y * blockIdx.y + threadIdx.y;

if (ix < nx && iy < ny) {
    out[iy*nx + ix] = in[ix*ny + iy];
}
}
```

内核 switch 语句中添加了以下几种情况：

```
case 2:
    kernel = &transposeNaiveRow;
    kernelName = "NaiveRow       ";
    break;

case 3:
    kernel = &transposeNaiveCol;
    kernelName = "NaiveCol       ";
    break;
```

启用一级缓存来重新编译代码，并运行以下指令测试这两个转置核函数的性能。结果总结如表 4-5 所示。

```
$ ./transpose 2
$ ./transpose 3
```

表 4-5 核函数的有效带宽（启用一级缓存）

核 函 数	带 宽	与峰值带宽的比值
NaiveRow：加载行 / 存储列	64.16 GB/s	36.13%
NaiveCol：加载列 / 存储行	81.64 GB/s	45.97%

注：块大小：16×16；矩阵大小：2 048×2 048；有效带宽的单位：GB/s。

结果表明，使用 NaiveCol 方法比 NaiveRow 方法性能表现得更好。如前面所述，导致这种性能提升的一个可能原因是在缓存中执行了交叉读取。即使通过某一方式读入一级缓存中的数据没有都被这次访问使用到，这些数据仍留在缓存中，在以后的访问过程中可能发生缓存命中。为了验证这种情况，试着通过禁用一级缓存（使用 -Xptxas -dlcm=cg）来重新编译。

运行以下指令来获取禁用一级缓存加载的所有核函数的性能。表 4-6 中的结果清楚地说明了禁用缓存加载对交叉读取访问模式有显著影响。

```
$ ./transpose 0
$ ./transpose 1
$ ./transpose 2
$ ./transpose 3
```

表 4-6　核函数的有效带宽（启用一级缓存）

核　函　数	带　　宽	注　　意
CopyRow：用行加载 / 存储	128.07 GB/s	上限
CopyCol：用列加载 / 存储	40.42 GB/s	下限
NaiveRow：加载行 / 存储列	63.79 GB/s	交叉写入 / 合并读取
NaiveCol：加载列 / 存储行	47.13 GB/s	交叉读取 / 合并写入

注：块大小：16×16；矩阵大小：2 048×2 048；有效带宽的单位：GB/s L1 禁用。

你也可以用 **nvprof** 编译下列指令来直接检验缓存加载。表 4-7 所示为检验结果。

```
$ nvprof --devices 0 --metrics gld_throughput,gst_throughput ./transpose \
    $KERNEL 16 16 2048 2048
```

表 4-7　核函数吞吐量的加载 / 存储（启用一级缓存）

核　函　数	加载吞吐量	存储吞吐量
CopyRow：用行加载 / 存储	131.46 GB/s	65.32 GB/s
CopyCol：用列加载 / 存储	475.67 GB/s	118.52 GB/s
NaiveRow：加载行 / 存储列	129.05 GB/s	64.31 GB/s
NaiveCol：加载列 / 存储行	642.33 GB/s	40.02 GB/s

注：块大小：16×16；矩阵大小：2 048×2 048。

结果表明，通过缓存交叉读取能够获得最高的加载吞吐量。在缓存读取的情况下，每个内存请求由一个 128 字节的缓存行来完成。按列读取数据，使得线程束里的每个内存请求都会重复执行 32 次（因为交叉读取 2048 个数据元素），一旦数据预先存储到了一级缓存中，那么许多当前全局内存读取就会有良好的隐藏延迟并取得较高的一级缓存命中率。

接下来，可以使用以下指标来衡量加载 / 存储效率。

```
--metrics gld_efficiency,gst_efficiency
```

所有核函数的结果总结在了表 4-8 中。

表 4-8　核函数加载 / 存储的效率（启用一级缓存）

核　函　数	加载效率	存储效率
CopyRow：用行加载 / 存储	49.81%	100.00%
CopyCol：用列加载 / 存储	6.23%	25.00%
NaiveRow：加载行 / 存储列	50.00%	25.00%
NaiveCol：加载列 / 存储行	6.21%	100.0%

注：块大小：16×16；矩阵大小：2 048×2 048。

结果表明，对于 NaiveCol 实现而言，由于合并写入，存储请求从未被重复执行，但是由于交叉读取，多次重复执行了加载请求。这证明了即使是较低的加载效率，一级缓存中的缓存加载也可以限制交叉加载对性能的负面影响。

4.4.2.3 展开转置：读取行与读取列

接下来，我们将利用展开技术来提高转置内存带宽的利用率。在这个例子中，展开的目的是为每个线程分配更独立的任务，从而最大化当前内存请求。

以下是一个展开因子为 4 的基于行的实现。这里引入了两个新的数组索引：一个用于行访问，另一个用于列访问。

```
__global__ void transposeUnroll4Row(float *out, float *in, const int nx,
    const int ny) {
  unsigned int ix = blockDim.x * blockIdx.x*4 + threadIdx.x;
  unsigned int iy = blockDim.y * blockIdx.y + threadIdx.y;

  unsigned int ti = iy*nx + ix;   // access in rows
  unsigned int to = ix*ny + iy;   // access in columns

  if (ix+3*blockDim.x < nx && iy < ny) {
    out[to]                = in[ti];
    out[to + ny*blockDim.x]   = in[ti+blockDim.x];
    out[to + ny*2*blockDim.x] = in[ti+2*blockDim.x];
    out[to + ny*3*blockDim.x] = in[ti+3*blockDim.x];
  }
}
```

使用相似的展开交换读索引和写索引产生一个基于列的实现：

```
__global__ void transposeUnroll4Col(float *out, float *in, const int nx,
    const int ny) {
  unsigned int ix = blockDim.x * blockIdx.x*4 + threadIdx.x;
  unsigned int iy = blockDim.y * blockIdx.y + threadIdx.y;

  unsigned int ti = iy*nx + ix;   // access in rows
  unsigned int to = ix*ny + iy;   // access in columns

  if (ix+3*blockDim.x < nx && iy < ny) {
    out[ti]              = in[to];
    out[ti +   blockDim.x] = in[to+   blockDim.x*ny];
    out[ti + 2*blockDim.x] = in[to+ 2*blockDim.x*ny];
    out[ti + 3*blockDim.x] = in[to+ 3*blockDim.x*ny];
  }
}
```

向核函数 switch 语句中添加以下代码段。注意，由于添加了展开操作，这些核函数的网格大小需要做出相应调整。

```
case 4:
  kernel = & transposeUnroll4Row;
  kernelName = " Unroll4Row     ";
  grid.x = (nx+block.x*4-1)/(block.x*4);
  break;
```

```
case 5:
    kernel = & transposeUnroll4Col;
    kernelName = " Unroll4Col   ";
    grid.x = (nx+block.x*4-1)/(block.x*4);
    break;
```

启用一级缓存来重新编译代码，并运行以下指令以比较两个新的转置核函数的性能。在 Fermi M2090 上运行的结果如表 4-9 所示。

```
$ ./transpose 4
$ ./transpose 5
```

表 4-9　核函数的有效带宽（启用一级缓存）

核 函 数	带 宽	与峰值带宽的比值
Unroll4Row：加载行 / 存储列	44.15 GB/s	24.85%
Unroll4Col：加载列 / 存储行	90.20 GB/s	50.76%

注：块大小：16×16；矩阵大小：2 048×2 048；有效带宽的单位：GB/s。

此外，通过启用一级缓存，按列加载和按行存储获得了更好的有效带宽和整体执行时间。

4.4.2.4　对角转置：读取行与读取列

当启用一个线程块的网格时，线程块会被分配给 SM。编程模型抽象可能用一个一维或二维布局来表示该网格，但是从硬件的角度来看，所有块都是一维的。每个线程块都有其唯一标识符 bid，它可以用网格中的线程块按行优先顺序计算得出：

```
int bid = blockIdx.y * gridDim.x + blockIdx.x;
```

图 4-27 所示为一个 4×4 的线程块网格，它包含了每个线程块的 ID。

当启用一个核函数时，线程块被分配给 SM 的顺序由块 ID 来确定。一旦所有的 SM 都被完全占用，所有剩余的线程块都保持不变直到当前的执行被完成。一旦一个线程块执行结束，将为该 SM 分配另一个线程块。由于线程块完成的速度和顺序是不确定的，随着内核进程的执行，起初通过 bid 相连的活跃线程块会变得不太连续了。

尽管无法直接调控线程块的顺序，但你可以灵活地使用块坐标 blockIdx.x 和 blockIdx.y。图 4-27 说明了笛卡尔坐标系下的块坐标。图 4-28 展示了一个表示 blockIdx.x 和 blockIdx.y 的不同方法：使用对角块坐标系。

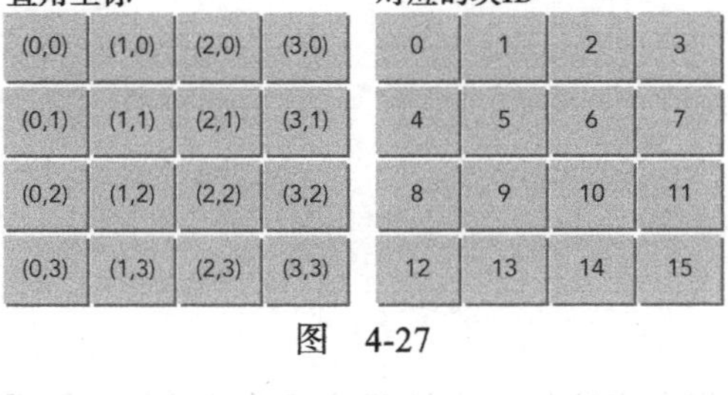

图　4-27 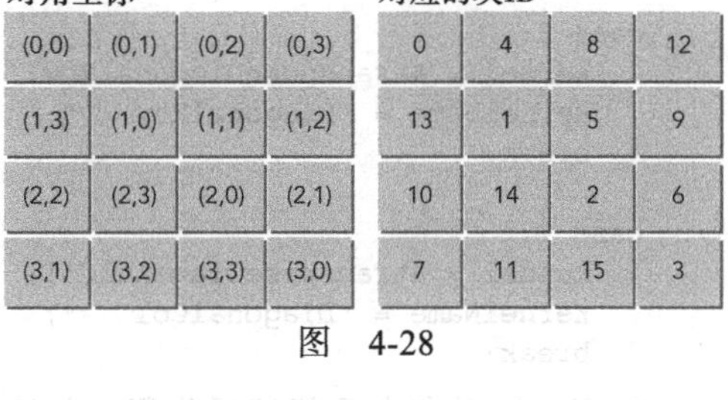　　　　　图　4-28

对角坐标系用于确定一维线程块的 ID，但对于数据访问，仍需使用笛卡尔坐标系。因此，当用对角坐标表示块 ID 时，需要将对角坐标映射到笛卡尔坐标中，以便可以访问到正确的数据块。对于一个方阵来说，这个映射可以通过以下方程式计算得出：

```
block_x = (blockIdx.x + blockIdx.y) % gridDim.x;
block_y = blockIdx.x;
```

这里，blockIdx.x 和 blockIdx.y 为对角坐标。block_x 和 block_y 是它们对应的笛卡尔坐标。基于行的矩阵转置核函数使用如下所示的对角坐标。在核函数的起始部分包含了从对角坐标到笛卡尔坐标的映射计算，然后使用映射的笛卡尔坐标（block_x，block_y）来计算线程索引（ix，iy）。这个对角转置核函数会影响线程块分配数据块的方式。下面的核函数使用了对角线程块坐标，它借助合并读取和交叉写入实现了矩阵的转置：

```
__global__ void transposeDiagonalRow(float *out, float *in, const
    int nx, const int ny) {
  unsigned int blk_y = blockIdx.x;
  unsigned int blk_x = (blockIdx.x+blockIdx.y)%gridDim.x;

  unsigned int ix = blockDim.x * blk_x + threadIdx.x;
  unsigned int iy = blockDim.y * blk_y + threadIdx.y;

  if (ix < nx && iy < ny) {
    out[ix*ny + iy] = in[iy*nx + ix];
  }
}
```

使用基于列的对角坐标的核函数如下所示：

```
__global__ void transposeDiagonalCol(float *out, float *in, const
    int nx, const int ny) {
  unsigned int blk_y = blockIdx.x;
  unsigned int blk_x = (blockIdx.x+blockIdx.y)%gridDim.x;

  unsigned int ix = blockDim.x * blk_x + threadIdx.x;
  unsigned int iy = blockDim.y * blk_y + threadIdx.y;

  if (ix < nx && iy < ny) {
    out[iy*nx + ix] = in[ix*ny + iy];
  }
}
```

向核函数 switch 语句中添加以下代码来调用这些核函数：

```
case 6:
  kernel = &transposeDiagonalRow;
  kernelName = "DiagonalRow   ";
  break;

case 7:
  kernel = &transposeDiagonalCol;
  kernelName = "DiagonalCol   ";
  break;
```

启用一级缓存来重新编译代码，并运行以下指令来比较两个转置核函数的性能。结果总结如表 4-10 所示。

```
$ ./transpose 6
$ ./transpose 7
```

表 4-10 核函数的有效带宽（启用一级缓存）

核 函 数	带 宽	与峰值带宽的比值
DiagonalRow：加载行 / 存储列	73.42 GB/s	41.32%
DiagonalCol：加载列 / 存储行	75.92 GB/s	42.72%

注：块大小：16×16；矩阵大小：2 048×2 048；有效带宽的单位：GB/s。

通过使用对角坐标系来修改线程块的执行顺序，这使基于行的核函数性能得到了大大提升。但是，基于列的核函数在使用笛卡尔块坐标系仍然比使用对角块坐标系表现得更好。对角核函数的实现可以通过展开块得到更大的提升，但是这种实现不像使用基于笛卡尔坐标系的核函数那样简单直接。

这种性能提升的原因与 DRAM 的并行访问有关。发送给全局内存的请求由 DRAM 分区完成。设备内存中的连续的 256 字节区域被分配到连续的分区。当使用笛卡尔坐标将线程块映射到数据块时，全局内存访问可能无法均匀地被分配到整个 DRAM 从分区中，这时就可能发生"分区冲突"的现象。发生分区冲突时，内存请求在某些分区中排队等候，而另一些分区一直未被调用。因为对角坐标映射造成了从线程块到待处理数据块的非线性映射，所以交叉访问不太可能会落入到一个独立的分区中，并且会带来性能的提升。

对最佳性能来说，被所有活跃的线程束并发访问的全局内存应该在分区中被均匀地划分。图 4-29 所示为一个简化的可视化模型，它表示了使用笛卡尔坐标表示块 ID 时的分区冲突。在这个图中，假设通过两个分区访问全局内存，每个分区的宽度为 256 个字节，并且使用一个大小为 32×32 的线程块启动核函数。如果每个数据块的宽度是 128 个字节，那么需要使用两个分区为第 0、1.2.3 个线程块加载数据。但现实是，只能使用一个分区为第 0、1.2.3 个线程块存储数据，因此造成了分区冲突。

图 4-30 借用了图 4-29 中的简化模型，但这次使用对角坐标来表示块 ID。在这种情况下，需要使用两个分区为第 0、1.2.3 个线程块加载和存储数据。加载和存储请求在两个分区之间被均匀分配。这个例子说明了为什么对角核函数能够获得更好的性能。

图 4-29

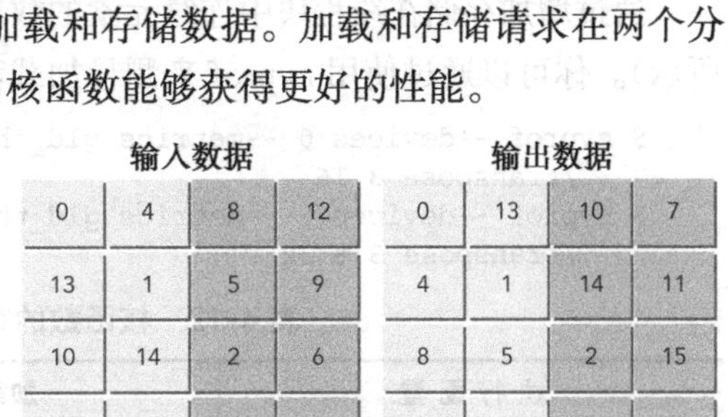

图 4-30

4.4.2.5 使用瘦块来增加并行性

增加并行性最简单的方式是调整块的大小。之前的几节内容已经证明了这种简单的技术对提高性能的有效性。进一步对使用基于列的 NaiveCol 核函数的块大小进行试验（通过核函数 switch 语句中的 case 3 进行访问）。块大小的测试结果列于表 4-11 中。

表 4-11　核函数的有效带宽（启用一级缓存）

核 函 数	块 大 小	带　宽	核 函 数	块 大 小	带　宽
NaiveCol	（32，32）	38.13 GB/s	NaiveCol	（16，8）	70.34 GB/s
NaiveCol	（32，16）	51.46 GB/s	NaiveCol	（8，32）	102.76 GB/s
NaiveCol	（32，8）	54.82 GB/s	NaiveCol	（8，16）	82.64 GB/s
NaiveCol	（16，32）	73.42 GB/s	NaiveCol	（8，8）	59.59 GB/s
NaiveCol	（16，16）	80.27 GB/s			

注：矩阵大小：2 048×2 048；有效带宽的单位：GB/s；核函数：单纯实现加载列和存储行。

目前最佳的块大小为（8，32），尽管它与大小为（16，16）的块显示了相同的并行性，但这种性能的提升是由"瘦的"块（8，32）带来的，如图 4-31 所示。

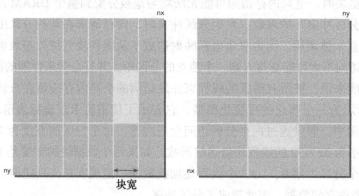

图　4-31

通过增加存储在线程块中连续元素的数量，"瘦"块可以提高存储操作的效率（如表 4-12 所示）。你可以通过使用 nvprof 来测量加载和存储的吞吐量以证实这一点。

```
$ nvprof --devices 0 --metrics gld_throughput,gst_throughput\
    ./transpose 3 16
$ nvprof --devices 0 --metrics gld_throughput,gst_throughput\
    ./transpose 3 8 32
```

表 4-12　核函数的有效带宽（启用一级缓存）

执 行 配 置	加载吞吐量	存储吞吐量
（16,16）	660.89 GB/s	41.11 GB/s
（8,32）	406.43 GB/s	50.80 GB/s

接下来，尝试用以下指令来比较不同核函数实现的带宽，使用的块大小为（8，32）。

```
$ ./transpose 0 8 32
$ ./transpose 1 8 32
$ ./transpose 2 8 32
$ ./transpose 3 8 32
$ ./transpose 4 8 32
```

示例结果如表 4-13 所示。到目前为止，核函数 Unroll4Col 性能表现得最好，甚至优于上限拷贝核函数。有效带宽达到了峰值带宽的 60%～80%，这一结果是很令人满意的。

表 4-13　核函数的有效带宽（启用一级缓存）

核　函　数	带　　　宽	与峰值带宽的比值
理论峰值带宽	177.6	
CopyRow：用行加载 / 存储	102.30	57.57%
NaiveRow：加载行 / 存储列	95.33	53.65%
NaiveCol：加载列 / 存储行	101.99	57.39%
Unroll4Row：加载行 / 存储列	82.04	46.17%
Unroll4Col：加载列 / 存储行	113.36	63.83%

注：块大小：8×32；矩阵大小：2 048×2 048；有效带宽的单位：GB/s。

4.5　使用统一内存的矩阵加法

在第 2 章中你已经学习了如何在 GPU 中添加两个矩阵。为了简化主机和设备内存空间的管理，提高这个 CUDA 程序的可读性和易维护性，可以使用统一内存将以下解决方案添加到矩阵加法的主函数中：

❏ 用托管内存分配来替换主机和设备内存分配，以消除重复指针

❏ 删除所有显式的内存副本

首先，声明和分配 3 个托管数组，其中数组 A 和 B 用于输入，数组 gpuRef 用于输出：

```
float *A, *B, *gpuRef;
cudaMallocManaged((void **)&A, nBytes);
cudaMallocManaged((void **)&B, nBytes);
cudaMallocManaged((void **)&gpuRef, nBytes);
```

然后，使用指向托管内存的指针来初始化主机上的两个输入矩阵：

```
initialData(A, nxy);
initialData(B, nxy);
```

最后，通过指向托管内存的指针调用矩阵加法核函数：

```
sumMatrixGPU<<<grid, block>>>(A, B, gpuRef, nx, ny);
cudaDeviceSynchronize();
```

因为核函数的启动与主机程序是异步的，并且内存块 cudaMemcpy 的调用不需要使用托管内存，所以在直接访问核函数输出之前，需要在主机端显式地同步。相比于之前未托管内存的矩阵加法程序，这里的代码因为使用了统一内存而明显被简化了。

你可以从 Wrox.com 中的 sumMatrixGPUManaged.cu 下载完整的示例代码。你也可以找到其对应的 sumMatrixGPUManual.cu，它使用相同的矩阵加法核函数但不使用托管内存。相反，它显式地将数据拷贝到设备中或将数据拷贝出设备。这两种核函数都需预先运行一个 warm-up 核函数，以避免核函数启动的系统开销，并获得更准确的计时结果。使用 CUDA 6.0 和 Kepler 或更新的 GPU，编译这两种核函数，一个被命名为 managed，另一个被命名为 manual。

```
$ nvcc -arch=sm_30 sumMatrixGPUManaged.cu -o managed
$ nvcc -arch=sm_30 sumMatrixGPUManual.cu -o manual
```

如果在一个多 GPU 设备的系统上进行测试，托管应用需要附加的步骤。因为托管内存分配对系统中的所有设备是可见的，所以可以限制哪一个设备对应用程序可见，这样托管内存便可以只分配在一个设备上。为此，设置环境变量 CUDA_VISIBLE_DEVICES 来使一个 GPU 对 CUDA 应用程序可见：

```
$ export CUDA_VISIBLE_DEVICES=0
```

首先，运行托管程序：

```
$ ./managed 14
```

Kepler K40 的实测结果如下所示：

```
$ ./managed
Starting using Device 0: Tesla K40m
Matrix size: nx 16384 ny 16384
initialization:      5.930170 sec
summatrix on host:   0.504631 sec
summatrix on gpu :   0.025203 sec <<<(512,512), (32,32)>>>
```

下一步，运行不使用托管内存的 manual 程序：

```
$ ./manual 14
```

Kepler K40 的实测结果如下所示：

```
$ ./manual
Starting using Device 0: Tesla K40m
Matrix size: nx 16384 ny 16384
initialization:      1.835069 sec
summatrix on host:   0.474370 sec
summatrix on gpu :   0.020226 sec <<<(512,512), (32,32)>>>
```

这些结果表明，使用托管内存的核函数速度与显式地在主机和设备之间复制数据几乎一样快，并且很明显它需要更少的编程工作。

用 nvprof 跟踪两个程序，如下所示：

```
$ nvprof --profile-api-trace runtime ./managed
$ nvprof --profile-api-trace runtime ./manual
```

Kepler K40 的运行结果总结在了表 4-14 中。影响性能差异的最大因素在于 CPU 数据的初始化时间——使用托管内存耗费的时间更长。矩阵最初是在 GPU 上被分配的，由于矩阵是用初始值填充的，所以首先会在 CPU 上引用。这就要求底层系统在初始化之前，将矩阵中的数据从设备传输到主机中，这是 manual 版的核函数中不执行的传输。

表 4-14 使用托管内存与不使用托管内存的性能比较

核函数或运行函数	使用托管内存	不使用托管内存
矩阵核函数	1.611 4	1.602 4
CUDA 核函数启动	49.259	70.717
CUDA memcpy HtoD		37.987
CUDA memcpy DtoH		20.252
CPU 数据初始化	5 930.17	1 835.07
CPU 矩阵加法	504.63	474.37
矩阵核函数上的 CPU 计时器	25.203	20.226

注：矩阵大小：4 096×4 096；单位：毫秒。

当执行主机端矩阵求和函数时，整个矩阵都在 CPU 上了，因此执行时间比非托管内存要短。接下来，warm-up 核函数将整个矩阵迁回设备中，这样当实际的矩阵加法核函数被启动时，数据已经在 GPU 上了。如果没有执行 warm-up 核函数，使用托管内存的核函数明显运行得更慢。

nvvp 和 nvprof 支持检验统一内存的性能。这两种分析器都可以测量系统中每个 GPU 统一内存的通信量。默认情况是不执行该功能的。通过以下的 nvprof 标志启用统一内存相关指标。

```
$ nvprof --unified-memory-profiling per-process-device  ./managed
```

--print-gpu-trace 还提供统一内存的行为信息。以下是运行在 Kepler K40 上的部分结果。

```
==28893== Unified Memory profiling result:
Device "Tesla K40m (0)"
                     Count        Avg      Min        Max
   Host To Device (bytes)     8  1.3422e+08        0   2.68e+08
   Device To Host (bytes)   507  5490570.86        0   4.03e+08
        CPU Page faults     507    48909.01        0      98304
```

注意，在进行设备到主机传输数据时，将 CPU 的页故障报告给设备。当主机应用程序引用一个 CPU 虚拟内存地址而不是物理内存地址时，就会出现页面故障。当 CPU 需要访问当前驻留在 GPU 中的托管内存时，统一内存使用 CPU 页面故障来触发设备到主机的数据传输。测试出的页面故障的数量与数据大小密切相关。尝试用一个含有 256×256 个元素的矩阵重新运行程序：

```
$ nvprof --unified-memory-profiling per-process-device ./managed 8
```

结果如下。注意这时页面故障的数量大大减少。

```
==29464== Unified Memory profiling result:
Device "Tesla K40m (0)"
                          Count        Avg    Min       Max
   Host To Device (bytes)     2  524288.00     0   1048576
   Device To Host (bytes)     9  505628.44     0   1572864
       CPU Page faults        9     123.44     0       384
```

你也可以使用 nvvp 查看统一内存的行为。如下所示为在使用托管内存的实现中启动 nvvp：

```
$ nvvp ./managed
```

在可执行属性标签"创建新会话"中，在"参数"区域输入 14 来测试一个大型矩阵，然后选择"下一步"。接着选择"启用统一内存分析"复选框，如图 4-32 所示。

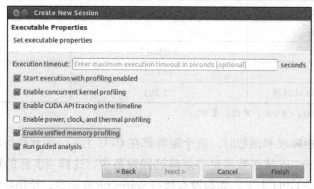

图　4-32

图 4-33 所示为托管程序的时间线。从图中可以看出，主机的页面故障与 DtoH 数据传输密切相关。通过将数据传输到 GPU，统一内存实现了性能优化。底层系统可以维护主机和设备之间的一致性，并将数据放在可以对其高效访问的地方。

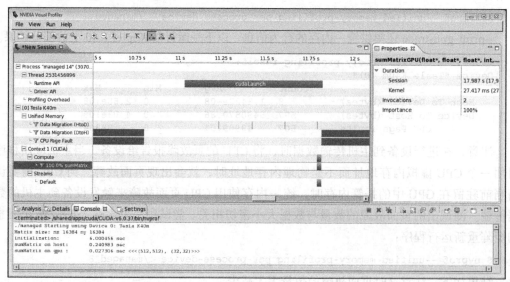

图　4-33

图 4-34 说明了没有使用统一内存的程序时间线。比较图 4-33 和图 4-34，可以看到，显式地管理数据移动只使用一次设备到主机的传输，而使用统一内存却要使用两次传输。

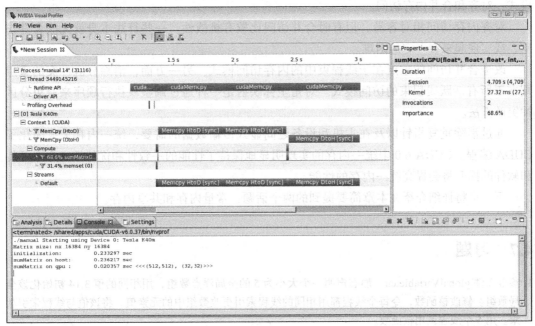

图　4-34

CUDA 6.0 中发布的统一内存是用来提高程序员的编程效率的。底层系统强调性能的一致性和正确性。结果表明，在 CUDA 应用中手动优化数据移动的性能比使用统一内存的性能要更优，可以肯定的是，NVIDIA 公司未来计划推出的硬件和软件将支持统一内存的性能提升和可编程性。

4.6　总结

CUDA 编程模型的一个显著特点是有对程序员直接可用的 GPU 内存层次结构。这对数据移动和布局提供了更多的控制，优化了性能并得到了更高的峰值性能。

全局内存是最大的、延迟最高的、最常用的内存。对全局内存的请求可以由 32 个字节或 128 个字节的事务来完成。记住这些特点和粒度对于调控应用程序中全局内存的使用是很重要的。

通过本章的示例，我们学习了以下两种提高带宽利用率的方法：

❑ 最大化当前并发内存访问的次数

❑ 最大化在总线上的全局内存和 SM 片上内存之间移动字节的利用率

为保持有足够多的正在执行的内存操作，可以使用展开技术在每个线程中创建更多的独立内存请求，或调整网格和线程块的执行配置来体现充分的 SM 并行性。

为了避免在设备内存和片上内存之间有未使用数据的移动，应该努力实现理想的访问模式：对齐和合并内存访问。

对齐内存访问相对容易，但有时合并访问比较有挑战性。一些算法本身就无法合并访问，或实现起来有一定的困难。

改进合并访问的重点在于线程束中的内存访问模式。另一方面，消除分区冲突的重点则在于所有活跃线程束的访问模式。对角坐标映射是一种通过调整块执行顺序来避免分区冲突的方法。

通过消除重复指针以及在主机和设备之间显式传输数据的需要，统一内存大大简化了 CUDA 编程。CUDA 6.0 中统一内存的实现明显地保持了性能的一致性和优越性。未来硬件和软件的提升将会提高统一内存的性能。

下一章将详细介绍在本章简要提到的两个话题：常量内存和共享内存。

4.7 习题

1. 参考文件 globalVariable.cu。静态声明一个大小为 5 的全局浮点数组，用相同的值 3.14 初始化该全局数组。修改核函数，令每个线程都用相同的线程索引更改数组中的元素值。将该值与线程索引相乘。用 5 个线程调用核函数。

2. 参考文件 globalVariable.cu。使用数据传输函数 cudaMemcpy() 替换下列符号拷贝函数：cuda-MemcpyToSymbol()、cudaMemcpyFromSymbol()。需要使用 cudaGetSymbolAddress() 获取全局变量地址。

3. 在 memTransfer 和 pinMemTransfer 中比较固定内存和可分页内存拷贝的性能，利用 nvprof 并选择不同的内存大小：2M、4M、8M、16M、32M、64M、128M。

4. 用相同的例子，比较固定内存空间与可分页内存空间的分配和释放性能，利用 CPU 定时器并选择不同的内存大小：2M、4M、8M、16M、32M、64M、128M。

5. 修改 sumArrayZerocopy.cu，用一个偏移量访问数组 A、B、C。比较启用一级缓存和禁用一级缓存的性能差异。如果你的 GPU 不支持配置一级缓存，推测预期结果。

6. 修改 sumArrayZerocopyUVA.cu，用一个偏移量访问数组 A、B、C。比较启用一级缓存和禁用一级缓存的性能差异。如果你的 GPU 不支持配置一级缓存，解释一下有一级缓存和没有一级缓存的情况下预期的结果。

7. 在偏移量分别为 0、4、8、16、32、64、96、128、160、192、224 和 256 的情况下，编译 readSeg-ment.cu 文件并运行以下命令：

```
./iread $OFFSET
```

证明对齐的地址必须是哪个字节的倍数。

8. 对于 readSegment.cu 参考文件 Makefile。在 Makefile 中禁用一级中缓存并生成可执行的 iread_l2。在偏移量分别为 0、11 和 128 时用以下命令来测试它：

```
./iread_l2 $OFFSET
```

与启用一级缓存的结果相比，看看有什么不同。

9. 运行以下指令，令其偏移量分别为 0、11、128：

```
nvprof --devices 0 \
       --metrics gld_efficiency \
       --metrics gld_throughput \
       ./iread_l2 $OFFSET;
```

与启用一级缓存的结果相比较，并解释其差异。

10. 参考文件 simpleMathAoS.cu。将 innerStruct 定义为 struct__align__（8）innerStruct，对齐到 8 个字节。使用 nvprof 比较性能，并解释使用 nvprof 指标的差异。

11. 基于练习 10，将核函数修改为只读 / 写变量 x。与 simpleMathSoA.cu 文件比较结果。使用合适的 nvprof 指标来解释这种差异。

12. 参考文件 writeSegment.cu。写一个新的核函数 readWriteOffset 代替读和写，并使用偏移量 32，33、64、65、128 和 129 运行该函数。比较 readOffset 和 writeOffset 的性能差异，并解释这种差异。

13. 对 readWriteOffset 使用展开因子 4，并与原程序比较性能，用合适的 nvprof 指标来解释这种差异。

14. 为核函数 readWriteOffset 和 readWriteOffsetUnroll4 的执行配置找到最佳的配置，使用合适的指标来解释为什么这组配置更好。

15. 参考核函数 tranposeUnroll4Row。实现一个新的核函数 tranposeRow，让这个核函数中的每个线程都处理一行中的所有元素。与现有的核函数进行性能比较，并使用合适的指标来解释其差异。

16. 参考核函数 tranposeUnroll4Row。实现一个新的核函数 tranposeUnroll8Row，让这个核函数中的每个线程都处理 8 个元素。与现有的核函数进行性能比较，并使用合适的指标来解释这种差异。

17. 参考核函数 transposeDiagonalCol 和 tranposeUnroll4Row。实现一个新的核函数 transposeDiagonalColUnroll4，让这个核函数中的每个线程都处理 4 个元素。与现有的核函数进行性能比较，并使用合适的指标来解释这种差异。

18. 参考程序 sumArrayZerocpy.cu，使用统一内存实现数组加法。使用 nvprof 比较 sumArrays 和 sumArraysZeroCopy 的性能。

19. 参考程序 sumMatrixGPUManaged.cu。如果删除 warmup 核函数，性能将如何变化？并用 nvprof 和 nvvp 评估其性能。

20. 参考程序 sumMatrixGPUManaged.cu。移除下列的 memsets 会对性能有影响吗？如果有，请用 nvprof 或 nvvp 检验性能。

```
memset(hostRef, 0, nBytes);
memset(gpuRef, 0, nBytes);
```

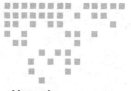

Chapter 5 | 第 5 章

共享内存和常量内存

本章内容:

❑ 了解数据在共享内存中是如何被安排的

❑ 掌握从二维共享内存到线性全局内存的索引转换

❑ 解决不同访问模式中存储体中的冲突

❑ 在共享内存中缓存数据以减少对全局内存的访问

❑ 使用共享内存避免非合并全局内存的访问

❑ 理解常量缓存和只读缓存之间的差异

❑ 使用线程束洗牌指令编程

在前面的章节中,已经介绍了几种全局内存的访问模式。通过安排全局内存访问模式(它们是合并的),我们学会了如何实现良好的性能并且避免了浪费事务。未对齐的内存访问是没有问题的,因为现代的 GPU 硬件都有一级缓存,但在跨全局内存的非合并内存访问,仍然会导致带宽利用率不会达到最佳标准。根据算法性质和相应的访问模式,非合并访问可能是无法避免的。然而,在许多情况下,使用共享内存来提高全局内存合并访问是有可能的。共享内存是许多高性能计算应用程序的关键驱动力。

在本章中,你将学习如何使用共享内存进行编程、数据在共享内存中如何被存储、数据元素是怎样使用不同的访问模式被映射到内存存储体中的。还将掌握使用共享内存提高核函数性能的方法。

5.1 CUDA 共享内存概述

GPU 中有两种类型的内存:

❑ 板载内存

❑ 片上内存

全局内存是较大的板载内存，具有相对较高的延迟。共享内存是较小的片上内存，具有相对较低的延迟，并且共享内存可以提供比全局内存高得多的带宽。可以把它当作一个可编程管理的缓存。共享内存通常的用途有：

❑ 块内线程通信的通道

❑ 用于全局内存数据的可编程管理的缓存

❑ 高速暂存存储器，用于转换数据以优化全局内存访问模式

在本章中，将通过两个例子学习共享内存编程：归约核函数、矩阵转置核函数。

5.1.1　共享内存

共享内存（shared memory，SMEM）是 GPU 的一个关键部件。物理上，每个 SM 都有一个小的低延迟内存池，这个内存池被当前正在该 SM 上执行的线程块中的所有线程所共享。共享内存使同一个线程块中的线程能够互相协作，便于重用片上数据，并可以大大降低核函数所需的全局内存带宽。由于共享内存中的内容是由应用程序显式管理的，所以它通常被描述为可编程管理的缓存。

Fermi 和 Kepler GPU 具有相似的内存层次结构，不同的是 Kepler 包括一个额外的编译器导向缓存，它用于只读数据。如图 5-1 所示，全局内存的所有加载和存储请求都要经过二级缓存，这是 SM 单元之间数据统一的基本点。注意，相较于二级缓存和全局内存，共享内存和一级缓存在物理上更接近 SM。因此，共享内存相较于全局内存而言，延迟要低大约 20～30 倍，而带宽高其大约 10 倍。

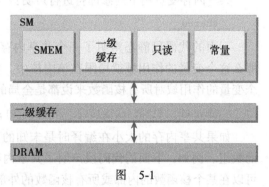

图 5-1

当每个线程块开始执行时，会分配给它一定数量的共享内存。这个共享内存的地址空间被线程块中所有的线程共享。它的内容和创建时所在的线程块具有相同生命周期。每个线程束发出共享内存访问请求。在理想的情况下，每个被线程束共享内存访问的请求在一个事务中完成。最坏的情况下，每个共享内存的请求在 32 个不同的事务中顺序执行。如果多个线程访问共享内存中的同一个字，一个线程读取该字后，通过多播把它发送给其他线程。在以下几节中将介绍避免多事务共享内存请求的更多细节。

共享内存被 SM 中的所有常驻线程块划分，因此，共享内存是限制设备并行性的关键资源。一个核函数使用的共享内存越多，处于并发活跃状态的线程块就越少。

可编程管理的缓存

在 C 语言中，循环转换是一种常用的缓存优化方法。通过重新安排迭代顺序，循环转换可以在循环遍历的过程中提高缓存局部性。在算法层面上，在考虑缓存大小的同时，需要手动调整循环，以实现更好的空间局部性。缓存对程序而言是透明的，编译器可以处理所有的数据移动。我们不能控制缓存的释放。

共享内存是一个可编程管理的缓存。当数据移动到共享内存中以及数据被释放时，我们对它有充分的控制权。由于在 CUDA 中允许手动管理共享内存，所以通过在数据布局上提供更多的细粒度控制和改善片上数据的移动，使得对应用程序代码进行优化变得更简单了。

5.1.2 共享内存分配

有多种方法可以用来分配或声明由应用程序请求所决定的共享内存变量。可以静态或动态地分配共享内存变量。在 CUDA 的源代码文件中，共享内存可以被声明为一个本地的 CUDA 核函数或是一个全局的 CUDA 核函数。CUDA 支持一维、二维和三维共享内存数组的声明。

共享内存变量用下列修饰符进行声明：

`__shared__`

下面的代码段静态声明了一个共享内存的二维浮点数组。如果在核函数中进行声明，那么这个变量的作用域就局限在该内核中。如果在文件的任何核函数外进行声明，那么这个变量的作用域对所有核函数来说都是全局的。

`__shared__ float tile[size_y][size_x];`

如果共享内存的大小在编译时是未知的，那么可以用 extern 关键字声明一个未知大小的数组。例如，下面的代码段声明了共享内存中一个未知大小的一维整型数组。这个声明可以在某个核函数的内部或所有核函数的外部进行。

`extern __shared__ int tile[];`

因为这个数组的大小在编译时是未知的，所以在每个核函数被调用时，需要动态分配共享内存，将所需的大小按字节数作为三重括号内的第三个参数，如下所示：

`kernel<<<grid, block, isize * sizeof(int)>>>(...)`

请注意，只能动态声明一维数组。

5.1.3 共享内存存储体和访问模式

优化内存性能时要度量的两个关键属性是：延迟和带宽。第 4 章解释了由不同的全局内存访问模式引起的延迟和带宽对核函数性能的影响。共享内存可以用来隐藏全局内存延

迟和带宽对性能的影响。要想充分理解这些资源，了解共享内存是如何被安排的，对其将
会有所帮助。

5.1.3.1 内存存储体

为了获得高内存带宽，共享内存被分为 32 个同样大小的内存模型，它们被称为存储
体，它们可以被同时访问。有 32 个存储体是因为在一个线程束中有 32 个线程。共享内存
是一个一维地址空间。根据 GPU 的计算能力，共享内存的地址在不同模式下会映射到不同
的存储体中（稍后详述）。如果通过线程束发布共享内存加载或存储操作，且在每个存储体
上只访问不多于一个的内存地址，那么该操作可由一个内存事务来完成。否则，该操作由
多个内存事务来完成，这样就降低了内存带宽的利用率。

5.1.3.2 存储体冲突

在共享内存中当多个地址请求落在相同的内存存储体中时，就会发生存储体冲突，这
会导致请求被重复执行。硬件会将存储体冲突的请求分割到尽可能多的独立的无冲突事务
中，有效带宽的降低是由一个等同于所需的独立内存事务数量的因素导致的。

当线程束发出共享内存请求时，有以下 3 种典型的模式：

- ❑ 并行访问：多个地址访问多个存储体
- ❑ 串行访问：多个地址访问同一个存储体
- ❑ 广播访问：单一地址读取单一存储体

并行访问是最常见的模式，它是被一个线程束访问的多个地址落在多个存储体中。这
种模式意味着，如果不是所有的地址，那么至少有一些地址可以在一个单一的内存事务中
被服务。最佳情况是，当每个地址都位于一个单独的存储体中时，执行无冲突的共享内存
访问。

串行访问是最坏的模式，当多个地址属于同一个存储体时，必须以串行的方式进行请
求。如果线程束中 32 个线程全都访问同一存储体中不同的内存地址，那么将需要 32 个内
存事务，并且满足这些访问所消耗的时间是单一请求的 32 倍。

在广播访问的情况下，线程束中所有的线程都读取同一存储体中相同的地址。若一
个内存事务被执行，那么被访问的字就会被广播到所有请求的线程中。虽然一个单一的
内存事务只需要一个广播访问，但是因为只有一小部分字节被读取，所以带宽利用率
很差。

图 5-2 显示了最优的并行访问模式。每个线程访问一个 32 位字。因为每个线程访问不
同存储体中的地址，所以没有存储体冲突。图 5-3 显示了不规则的随机访问模式。因为每
个线程访问不同的存储体，所以也没有存储体冲突。图 5-4 显示了另一种不规则的访问模
式，在这里几个线程访问同一存储体。对于这样一个请求，会产生两种可能的行为：

- ❑ 如果线程访问同一个存储体中相同的地址，广播访问无冲突
- ❑ 如果线程访问同一个存储体中不同的地址，会发生存储体冲突

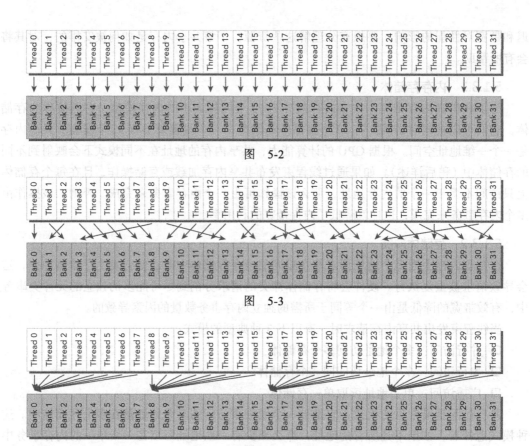

图 5-2

图 5-3

图 5-4

5.1.3.3 访问模式

共享内存存储体的宽度规定了共享内存地址与共享内存存储体的对应关系。内存存储体的宽度随设备计算能力的不同而变化。有两种不同的存储体宽度：

❑ 计算能力 2.x 的设备中为 4 字节（32 位）

❑ 计算能力 3.x 的设备中为 8 字节（64 位）

对于 Fermi 设备，存储体的宽度是 32 位并且有 32 个存储体。每个存储体在每两个时钟周期内都有 32 位的带宽。连续的 32 位字映射到连续的存储体中。因此，从共享内存地址到存储体索引的映射可以按如下公式进行计算：

$$存储体索引 = （字节地址 \div 4 字节 / 存储体）\% 32 存储体$$

字节地址除以 4 转换为一个 4 字节字索引，然后进行模 32 操作，将 4 字节字索引转换为存储体索引。图 5-5 所示的上部显示了在 Fermi 设备中从字节地址到字索引的映射。下部显示了从字索引到存储体索引的映射。注意，存储体成员线束相差 32 个字。邻近的字被分到不同的存储体中，以最大限度地提高线程束中可能的并发访问数量。

当来自相同线程束中的两个线程访问相同的地址时，不会发生存储体冲突。在这种情况下，对于读访问，这个字被广播到请求的线程中；对于写访问，这个字只能由其中一个线程写入，执行这个写入操作的线程是不确定的。

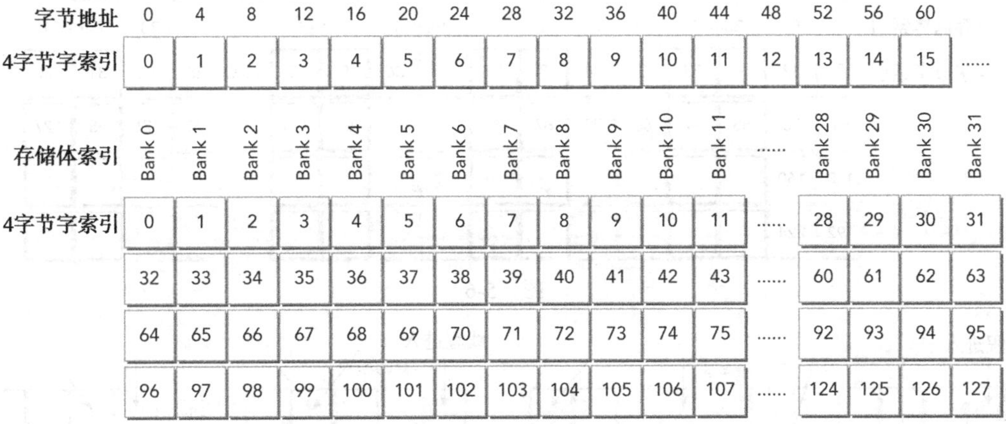

图　5-5

对于 Kepler 设备，共享内存有 32 个存储体，它们有以下两种地址模式：

❑ 64 位模式

❑ 32 位模式

在 64 位模式下，连续的 64 位字映射到连续的存储体中。在每时钟周期内每个存储体都有 64 位的带宽。从共享内存地址到存储体索引的映射可以按以下公式进行计算：

存储体索引＝（字节地址 ÷8 字节 / 存储体）% 32 存储体

如果两个线程访问同一个 64 位字中的任何子字，从线程束发出的共享内存请求就不会产生存储体冲突，因为满足这两个请求只需要一个 64 位的读操作。因此，在相同的访问模式下，相对于 Fermi 架构，在 Kepler 架构上，64 位模式总是产生相同或更少的存储体冲突。

在 32 位模式下，连续的 32 位字映射到连续的存储体中。然而，因为 Kepler 在每个时钟周期内都有 64 位带宽，在同一存储体中访问两个 32 位字并不总意味重操作。在单一的时钟周期内读 64 位并只将 32 位请求传输给每个线程，这是有可能的。图 5-6 显示了在 32 位模式下从字节地址到存储体索引的映射。上部的图是字节地址和 4 字节字索引标记的共享内存。下部的图显示了从 4 字节字索引到存储体索引的映射。虽然 word 0 和 word 32 都在 bank 0 中，但是在相同的内存请求中读取这两个字不会产生存储体冲突。

图 5-7 显示了在 64 位模式下无冲突访问的一种情况，在这种情况下，每个线程访问不同的存储体。图 5-8 显示了在 64 位模式下无冲突访问的另一种情况，在这种情况下，两个线程访问相同存储体中的字和相同的 8 字节字。图 5-9 展示了一个双向存储体冲突，在这种情况下，两个线程访问同一个存储体，但地址落在两个不同的 8 字节字中。图 5-10 展示了一个三向存储体冲突，在这种情况下，3 个线程访问相同的存储体，并且地址落在 3 个不同的 8 字节字中。

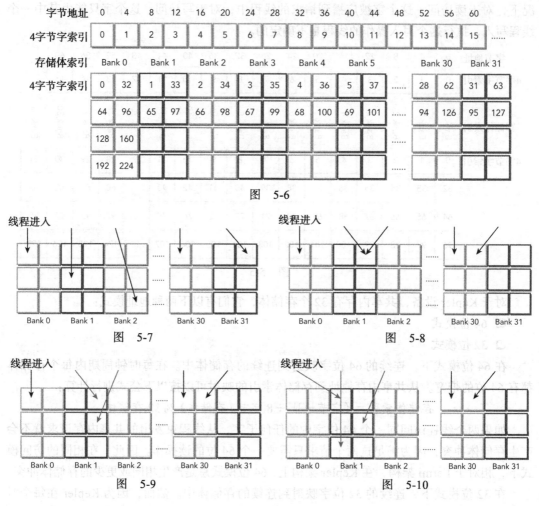

图 5-6

图 5-7

图 5-8

图 5-9

图 5-10

5.1.3.4 内存填充

内存填充是避免存储体冲突的一种方法。图 5-11 所示为通过一个简单的例子来说明内存填充。假设只有 5 个共享内存存储体。如果所有线程访问 bank 0 的不同地址，那么会发生一个五向的存储体冲突。解决这种存储体冲突的一个方法是在每 N 个元素之后添加一个字，这里的 N 是存储体的数量。这就改变了从字到存储体的映射，如图 5-11 的右侧所示。由于填充，之前所有属于 bank 0 的字，现在被传播到了不同的存储体中。

填充的内存不能用于数据存储。其唯一的作用是移动数据元素，以便将原来属于同一个存储体中的数据分散到不同存储体中。这样，线程块可用的总的共享内存的数量将减少。填充之后，还需要重新计算数组索引以确保能访问到正确的数据元素。

虽然 Fermi 和 Kepler 都有 32 个存储体，但它们的存储体宽度不同。在这些不同的架构上填充共享内存时，必须要小心。Fermi 架构中的某些内存填充模式可能会导致 Kepler 中的存储体冲突。

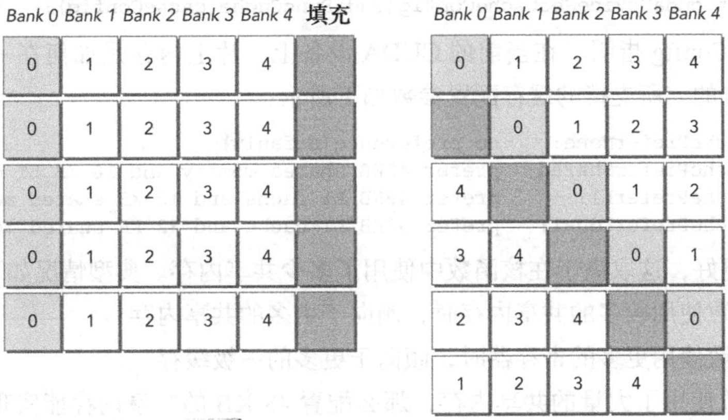

图　5-11

5.1.3.5　访问模式配置

之前提到过，Kepler 设备支持 4 字节和 8 字节的共享内存访问模式。默认是 4 字节模式。可采用以下的 CUDA 运行时 API 函数查询访问模式：

```
cudaError_t cudaDeviceGetSharedMemConfig(cudaSharedMemConfig *pConfig);
```

结果返回到 pConfig 中。返回的存储体配置可以是下列值中的一个：

```
cudaSharedMemBankSizeFourByte
cudaSharedMemBankSizeEightByte
```

在可配置共享内存存储体的设备上，可以使用以下功能设置一个新的存储体大小：

```
cudaError_t cudaDeviceSetSharedMemConfig(cudaSharedMemConfig config);
```

支持的存储体配置为：

```
cudaSharedMemBankSizeDefault
cudaSharedMemBankSizeFourByte
cudaSharedMemBankSizeEightByte
```

在不同的核函数启动之间更改共享内存配置可能需要一个隐式的设备同步点。更改共享内存存储体的大小不会增加共享内存的使用量，也不会影响核函数的占用率，但它对性能可能有重大影响。一个大的存储体可能为共享内存访问产生更高的带宽，但是可能会导致更多的存储体冲突，这取决于应用程序中共享内存的访问模式。

5.1.4　配置共享内存量

每个 SM 都有 64 KB 的片上内存。共享内存和一级缓存共享该硬件资源。CUDA 为配置一级缓存和共享内存的大小提供了两种方法：

❑ 按设备进行配置
❑ 按核函数进行配置

使用下述的运行时函数，可以为在设备上启动的核函数配置一级缓存和共享内存的大小：

```
cudaError_t cudaDeviceSetCacheConfig(cudaFuncCache cacheConfig);
```

参数 cacheConfig 指明，在当前的 CUDA 设备上，片上内存是如何在一级缓存和共享内存间进行划分的。所支持的缓存配置参数如下所示：

```
cudaFuncCachePreferNone:    no preference(default)
cudaFuncCachePreferShared:  prefer 48KB shared memory and 16 KB L1 cache
cudaFuncCachePreferL1:      prefer 48KB L1 cache and 16 KB shared memory
cudaFuncCachePreferEqual:   prefer 32KB L1 cache and 32 KB shared memory
```

哪种模式更好，这取决于在核函数中使用了多少共享内存。典型情况如下：

❑ 当核函数使用较多的共享内存时，倾向于更多的共享内存

❑ 当核函数使用更多的寄存器时，倾向于更多的一级缓存

如果核函数使用了大量的共享内存，那么配置 48 KB 的共享内存能实现较高的占用率和更好的性能。另一方面，如果核函数仅使用了少量的共享内存，那么应该为一级缓存配置 cacheConfig 参数为 48 KB。对 Kepler 设备而言，一级缓存用于寄存器溢出。指定 -Xptxas -v 选项给 nvcc，可以知道核函数使用了多少寄存器。当内核使用的寄存器数量超过了硬件限制所允许的数量时，应该为寄存器溢出配置一个更大的一级缓存。对 Fermi 设备而言，本地内存用于溢出寄存器，但本地内存的加载可能被缓存在一级缓存中。在这种情况下，大的一级缓存可能也是有益的。

CUDA 运行时会尽可能使用请求设备的片上内存配置，但如果需要执行一个核函数，它可自由地选择不同的配置。每个核函数的配置可以覆盖设备范围的设置，也可以使用以下运行时函数进行设置：

```
cudaError_t cudaFuncSetCacheConfig(const void* func,
    enum cudaFuncCacheca cheConfig);
```

核函数使用的这种配置是由核函数指针 func 指定的。启动一个不同优先级的内核比启动有最近优先级设置的内核更可能会导致隐式设备同步。对于每个核，只需调用一次这个函数。每个核函数启动时，片上内存中的配置不需要重新设定。

虽然一级缓存和共享内存位于相同的片上硬件中，但在某些方面它们却不太相同。共享内存是通过 32 个存储体进行访问的，而一级缓存则是通过缓存行进行访问的。使用共享内存，对存储内容和存放位置有完全的控制权，而使用一级缓存，数据删除工作是由硬件完成的。

GPU 缓存与 CPU 缓存

一般情况下，GPU 缓存的行为比 CPU 缓存的行为更难以理解。GPU 使用不同的启发式算法删除数据。在 GPU 上，数百个线程共享相同的一级缓存，数千个线程共享相同的二级缓存。因此，数据删除在 GPU 上可能会发生得更频繁而且更不可预知。使用 GPU 共享内存不仅可以显式管理数据而且还可以保证 SM 的局部性。

5.1.5　同步

并行线程间的同步是所有并行计算语言的重要机制。正如它名字所暗示的,共享内存可以同时被线程块中的多个线程访问。当不同步的多个线程修改同一个共享内存地址时,将导致线程内的冲突。CUDA 提供了几个运行时函数来执行块内同步。同步的两个基本方法如下所示:

- ❑ 障碍
- ❑ 内存栅栏

在障碍中,所有调用的线程等待其余调用的线程到达障碍点。在内存栅栏中,所有调用的线程必须等到全部内存修改对其余调用线程可见时才能继续执行。然而,在学习 CUDA 的块内障碍点和内存栅栏之前,理解 CUDA 采用的弱排序内存模型是十分重要的。

5.1.5.1　弱排序内存模型

现代的内存架构有一个宽松的内存模型。这意味着,内存访问不一定按照它们在程序中出现的顺序进行执行。CUDA 采用弱排序内存模型从而优化了更多激进的编译器。

GPU 线程在不同内存(如共享内存、全局内存、锁页主机内存或对等设备的内存)中写入数据的顺序,不一定和这些数据在源代码中访问的顺序相同。一个线程的写入顺序对其他线程可见时,它可能和写操作被执行的实际顺序不一致。

如果指令之间是相互独立的,线程从不同内存中读取数据的顺序和读指令在程序中出现的顺序不一定相同。

为了显式地强制程序以一个确切的顺序执行,必须在应用程序代码中插入内存栅栏和障碍。这是保证与其他线程共享资源的核函数行为正确的唯一途径。

5.1.5.2　显式障碍

在 CUDA 中,障碍只能在同一线程块的线程间执行。在核函数中,可以通过调用下面的函数来指定一个障碍点:

```
void __syncthreads();
```

__syncthreads 作为一个障碍点来发挥作用,它要求块中的线程必须等待直到所有线程都到达该点。__syncthreads 还确保在障碍点之前,被这些线程访问的所有全局和共享内存对同一块中的所有线程都可见。

__syncthreads 用于协调同一块中线程间的通信。当块中的某些线程访问共享内存或全局内存中的同一地址时,会有潜在问题(写后读、读后写、写后写),这将导致在那些内存位置产生未定义的应用程序行为和未定义的状态。可以通过利用冲突访问间的同步线程来避免这种情况。

在条件代码中使用 __syncthreads 时,必须要特别小心。如果一个条件能保证对整个线程块进行同等评估,则它是调用 __syncthreads 的唯一有效条件。否则执行很可能会挂起或产生意想不到的问题。例如，下面的代码可能会导致块中的线程无限期地等待对方，因为块中的所有线程没有达到相同的障碍点。

```
if (threadID % 2 == 0) {
    __syncthreads();
} else {
    __syncthreads();
}
```

如果不允许跨线程块同步，线程块可能会以任何顺序、并行、串行的顺序在任何 SM 上执行。线程块执行的独立性质使得 CUDA 编程在任意数量的核心中都是可扩展的。如果一个 CUDA 核函数要求跨线程块全局同步，那么通过在同步点分割核函数并执行多个内核启动可能会达到预期的效果。因为每个连续的内核启动必须等待之前的内核启动完成，所以这会产生一个隐式全局障碍。

5.1.5.3 内存栅栏

内存栅栏的功能可确保栅栏前的任何内存写操作对栅栏后的其他线程都是可见的。根据所需范围，有 3 种内存栅栏：块、网格或系统。

通过以下固有函数可以在线程块内创建内存栅栏：

```
void __threadfence_block();
```

__threadfence_block 保证了栅栏前被调用线程产生的对共享内存和全局内存的所有写操作对栅栏后同一块中的其他线程都是可见的。回想一下，内存栅栏不执行任何线程同步，所以对于一个块中的所有线程来说，没有必要实际执行这个指令。

使用下面的固有函数来创建网格级内存栅栏：

```
void __threadfence();
```

__threadfence 挂起调用的线程，直到全局内存中的所有写操作对相同网格内的所有线程都是可见的。

使用下面的函数可以跨系统（包括主机和设备）设置内存栅栏：

```
void __threadfence_system()
```

__threadfence_system 挂起调用的线程，以确保该线程对全局内存、锁页主机内存和其他设备内存中的所有写操作对全部设备中的线程和主机线程是可见的。

5.1.5.4 Volatile 修饰符

在全局或共享内存中使用 volatile 修饰符声明一个变量，可以防止编译器优化，编译器优化可能会将数据暂时缓存在寄存器或本地内存中。当使用 volatile 修饰符时，编译器假定任何其他线程在任何时间都可以更改或使用该变量的值。因此，这个变量的任何引用都会直接被编译到全局内存读指令或全局内存写指令中，它们都会忽略缓存。

> **共享内存与全局内存**
>
> GPU 全局内存常驻在设备内存（DRAM）上，它比 GPU 的共享内存访问慢得多。相较于 DRAM，共享内存有以下几个特点：
> - DRAM 比其高 20～30 倍的延迟
> - 比 DRAM 大 10 倍的带宽
>
> 共享内存的访问粒度也比较小。而 DRAM 的访问粒度可以是 32 个字节或 128 个字节，共享内存的访问粒度如下：
> - Fermi 架构：4 字节存储体宽
> - Kepler 架构：8 字节存储体宽

5.2 共享内存的数据布局

为了全面了解如何有效地使用共享内存，本节将使用共享内存研究几个简单的例子，其中包括下列主题：
- 方阵与矩阵数组
- 行主序与列主序访问
- 静态与动态共享内存的声明
- 文件范围与内核范围的共享内存
- 内存填充与无内存填充

当使用共享内存设计核函数时，重点应放在以下两个概念上：
- 跨内存存储体映射数据元素
- 从线程索引到共享内存偏移的映射

当这些概念了然于心时，就可以设计一个高效的核函数了，它可以避免存储体冲突，并充分利用共享内存的优势。

5.2.1 方形共享内存

使用共享内存可以直接缓存具有方形维度的全局数据。方形矩阵的简单维度可以很容易从二维线程索引中计算出一维内存偏移。图 5-12 显示了一个共享内存块，它在每个维度有 32 个元素，且按行主序进行存储。上部的图显示了一维数据布局的实际排列，下部的图显示了带有 4 字节数据元素和存储体映射的二维共享内存逻辑视图。

使用下面的语句静态声明一个二维共享内存变量：

```
__shared__ int tile[N][N];
```

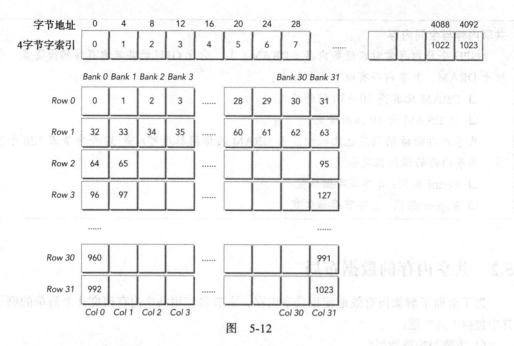

图　5-12

因为这个共享内存块是方形的，所以可以选择一个二维线程块访问它，在 x 或者 y 维度上通过相邻线程访问邻近元素：

```
tile[threadIdx.y][threadIdx.x]
tile[threadIdx.x][threadIdx.y]
```

在这些访问方法中哪个有可能表现得更好？这就需要注意线程与共享内存存储体的映射关系。回想一下，在同一个线程束中若有访问独立存储体的线程，则它是最优的。相同线程束中的线程可由连续的 threadIdx.x 值来确定。属于不同存储体的共享内存元素也可以通过字偏移进行连续存储。因此，最好是有访问共享内存连续位置的线程，且该线程带有连续的 threadIdx.x 值。由此，可以得出结论，第一存取模式（块 [threadIdx.y] [threadIdx.x]）将比第二存取模式（块 [threadIdx.x] [threadIdx.y]）呈现出更好的性能和更少的存储体冲突，因为邻近线程在最内层数组维度上访问相邻的阵列单元。

5.2.1.1 行主序访问和列主序访问

考虑一个例子，在例子中网格有一个二维线程块，块中每个维度包含 32 个可用的线程。可以使用下面的宏来定义块维度：

```
#define BDIMX 32
#define BDIMY 32
```

还可以使用下面的宏来定义核函数的执行配置：

```
dim3 block (BDIMX,BDIMY);
dim3 grid  (1,1);
```

核函数有两个简单操作：

❑ 将全局线程索引按行主序写入到一个二维共享内存数组中

❑ 从共享内存中按行主序读取这些值并将它们存储到全局内存中

首先，可以用如下方法静态声明一个二维共享内存数组：

```
__shared__ int tile[BDIMY][BDIMX];
```

接下来，需要为每个线程计算全局线程索引，它是根据其二维线程 ID 进行计算的。因为只有一个线程块将被启动，该索引转换可以被简化为：

```
unsigned int idx = threadIdx.y * blockDim.x + threadIdx.x;
```

在本节的例子中，idx 用于模拟从输入矩阵中读取值。基于线程全局 ID 的写入位置，存储 idx 的值到输出数组，将允许可视化核函数的访问模式。

将全局线程索引按行主序顺序写入共享内存块，可以按如下方式进行：

```
tile[threadIdx.y][threadIdx.x] = idx;
```

一旦达到同步点（使用 syncthreads 函数），所有线程必须将存储的数据送到共享内存块中，这样就可以按行主序从共享内存给全局内存赋值，如下所示：

```
out[idx] = tile[threadIdx.y][threadIdx.x];
```

核函数的代码如下：

```
__global__ void setRowReadRow(int *out) {
    // static shared memory
    __shared__ int tile[BDIMY][BDIMX];

    // mapping from thread index to global memory index
    unsigned int idx = threadIdx.y * blockDim.x + threadIdx.x;

    // shared memory store operation
    tile[threadIdx.y][threadIdx.x] = idx;

    // wait for all threads to complete
    __syncthreads();

    // shared memory load operation
    out[idx] = tile[threadIdx.y][threadIdx.x] ;
}
```

到目前为止，在内核中有 3 个内存操作：

❑ 共享内存的存储操作

❑ 共享内存的加载操作

❑ 全局内存的存储操作

因为相同线程束中的线程有连续的 threadIdx.x 值，并且可以使用 threadIdx.x 索引共享内存数组 tile 的最内层维度，所以核函数无存储体冲突。

另一方面，如果在将数据分配给共享内存块时交换 threadIdx.y 和 threadIdx.x，线程束的内存将会按列主序访问。每个共享内存的加载和存储将导致 Fermi 装置中有 32 路存储体冲突，导致 Kepler 装置中有 16 路存储体冲突。

```
__global__ void setColReadCol(int *out) {
    // static shared memory
    __shared__ int tile[BDIMX][BDIMY];

    // mapping from thread index to global memory index
    unsigned int idx = threadIdx.y * blockDim.x + threadIdx.x;

    // shared memory store operation
    tile[threadIdx.x][threadIdx.y] = idx;

    // wait for all threads to complete
    __syncthreads();

    // shared memory load operation
    out[idx] = tile[threadIdx.x][threadIdx.y];
}
```

测试这些内核的性能之前，需要准备全局内存。我们鼓励你自己编写主函数。这个示例的代码和本节所有的核函数示例代码也可从 Wrox.com 上的 checkSmemSquare.cu 中查到。使用以下命令将它编译到名为 smemSquare 的可执行文件中：

```
$ nvcc checkSmemSquare.cu -o smemSquare
```

首先，使用以下命令计算运行时间：

```
$ nvprof ./smemSquare
```

在 Tesla K40c 上，具有 4 字节共享内存访问模式的结果如下所示。它们清楚地展示了按行访问共享内存可以提高性能，因为相邻线程引用相邻字。

```
./smemSquare at device 0 of Tesla K40c with Bank Mode:4-byte
<<< grid (1,1) block (32,32)>>>
Time(%)      Time   Calls       Avg       Min       Max  Name
 13.25%  2.6880us       1   2.6880us  2.6880us  2.6880us  setColReadCol(int*)
 11.36%  2.3040us       1   2.3040us  2.3040us  2.3040us  setRowReadRow(int*)
```

接下来，在两种核函数中使用以下 nvprof 指标以检查存储体冲突：

```
shared_load_transactions_per_request
shared_store_transactions_per_request
```

nvprof 的结果如下。这些结果表明，在 setRowReadRow 核函数中，线程束的存储和加载请求由一个事务完成，而相同的请求在 setColReadCol 核函数中由 16 个事务完成。这证实了在 Kepler 设备上，当使用 8 字节共享内存存储体时，核函数会有 16 路存储体冲突。

```
Kernel:setColReadCol (int*)
    1  shared_load_transactions_per_request   16.000000
    1  shared_store_transactions_per_request  16.000000
Kernel:setRowReadRow(int*)
    1  shared_load_transactions_per_request    1.000000
    1  shared_store_transactions_per_request   1.000000
```

5.2.1.2 按行主序写和按列主序读

下面的核函数实现了共享内存中按行主序写入和按列主序读取。按行主序写入共享内存是将线程索引的最内层维度作为二维共享内存块的列索引实现的（等同于最后一个例子）：

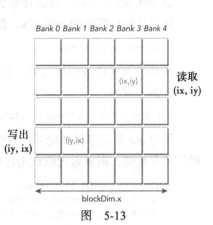

图 5-13

```
tile[threadIdx.y][threadIdx.x] = idx;
```

按列主序在共享内存块中给全局内存赋值，这是在引用共享内存时交换两个线程索引实现的：

```
out[idx] = tile[threadIdx.x][threadIdx.y];
```

图 5-13 显示了两个内存操作，它们使用了简化的五存储体共享内存实现。

内核代码如下：

```
__global__ void setRowReadCol(int *out) {
    // static shared memory
    __shared__ int tile[BDIMY][BDIMX];

    // mapping from thread index to global memory index
    unsigned int idx = threadIdx.y * blockDim.x + threadIdx.x;

    // shared memory store operation
    tile[threadIdx.y][threadIdx.x] = idx;

    // wait for all threads to complete
    __syncthreads();

    // shared memory load operation
    out[idx] = tile[threadIdx.x][threadIdx.y];
}
```

用 nvprof 检查该内核的内存事务后，将会报告下列指标：

```
Kernel:setRowReadCol (int*)
    1  shared_load_transactions_per_request  16.000000
    1  shared_store_transactions_per_request  1.000000
```

存储操作是无冲突的，但是加载操作显示有 16 路冲突。

5.2.1.3 动态共享内存

可以动态声明共享内存，从而实现这些相同的核函数。可以在核函数外声明动态共享内存，使它的作用域为整个文件，也可以在核函数内声明动态共享内存，将其作用域限制在该内核之中。动态共享内存必须被声明为一个未定大小的一维数组，因此，需要基于二维线程索引来计算内存访问索引。因为要在这个核函数中按行主序写入，按列主序读取，所以需要保留以下两个索引：

❑ row_idx：根据二维线程索引计算出的一维行主序内存偏移量

❑ col_idx：根据二维线程索引计算出的一维列主序内存偏移量

使用已经计算出的 row_idx，按行主序写入共享内存，如下所示：

```
tile[row_idx] = row_idx;
```

在共享内存块被填满之后，使用适当的同步，然后按列主序将其读出并分配到全局内存中，如下所示：

```
out[row_idx] = tile[col_idx];
```

因为 out 数组存储在全局内存中，并且线程按行主序被安排在一个线程块内，所以为了确保合并存储，需要通过线程坐标按行主序对 out 数组写入。该核函数的代码如下：

```
__global__ void setRowReadColDyn(int *out) {
    // dynamic shared memory
    extern __shared__ int tile[];

    // mapping from thread index to global memory index
    unsigned int row_idx = threadIdx.y * blockDim.x + threadIdx.x;
    unsigned int col_idx = threadIdx.x * blockDim.y + threadIdx.y;

    // shared memory store operation
    tile[row_idx] = row_idx;

    // wait for all threads to complete
    __syncthreads();

    // shared memory load operation
    out[row_idx] = tile[col_idx];
}
```

在启动内核时，必须指定共享内存的大小，如下所示：

```
setRowReadColDyn<<<grid, block, BDIMX * BDIMY * sizeof(int)>>>(d_C);
```

这个内核在 checkSmemSquare.cu 中也可以使用。试着用 nvprof 检查 setRowReadCol-Dyn 核函数的内存事务。如下所示：

```
Kernel: setRowReadColDyn(int*)
    1   shared_load_transactions_per_request    16.000000
    1   shared_store_transactions_per_request    1.000000
```

这些结果和前面 setRowReadCol 例子中的结果相同，但是它却使用了由一维数组索引计算出的动态声明的共享内存。写操作是无冲突的，然而读操作报告了 16 路冲突。

5.2.1.4　填充静态声明的共享内存

正如本章 5.1.3.4 节所描述的，填充数组是避免存储体冲突的一种方法。填充静态声明的共享内存很简单。只需简单地将一列添加到二维共享内存分配中，代码如下所示：

```
__shared__ int tile[BDIMY][BDIMX+1];
```

下面的核函数是 setRowReadCol 核函数的修改版，setRowReadCol 按列主序读取时报告了 16 路冲突。通过在每行添加一个元素，列元素便分布在了不同的存储体中，因此读和写操作都是无冲突的。

```
__global__ void setRowReadColPad(int *out) {
    // static shared memory
    __shared__ int tile[BDIMY][BDIMX+IPAD];

    // mapping from thread index to global memory offset
    unsigned int idx = threadIdx.y * blockDim.x + threadIdx.x;

    // shared memory store operation
    tile[threadIdx.y][threadIdx.x] = idx;

    // wait for all threads to complete
    __syncthreads();

    // shared memory load operation
    out[idx] = tile[threadIdx.x][threadIdx.y];
}
```

用 nvprof 检查这个核函数的内存事务。结果如下所示：

```
Kernel: setRowReadColPad(int*)
    1   shared_load_transactions_per_request   1.000000
    1   shared_store_transactions_per_request  1.000000
```

对于 Fermi 设备，需要增加一列来解决存储体冲突；对于 Kepler 设备，并非总是如此。在 Kepler 设备中，每行需要填充的数据元素数量取决于二维共享内存的大小。因此，在 Kepler 设备中需要进行更多的测试，以便为 64 位访问模式确定合适的填充数量元素。

5.2.1.5　填充动态声明的共享内存

填充动态声明的共享内存数组更加复杂。当执行从二维线程索引到一维内存索引的索引转换时，对于每一行必须跳过一个填充的内存空间，代码如下：

```
unsigned int row_idx = threadIdx.y * (blockDim.x + 1) + threadIdx.x;
unsigned int col_idx = threadIdx.x * (blockDim.x + 1) + threadIdx.y;
```

图 5-14 显示了这些内存索引计算，这些计算使用了一个简化的五存储体共享内存实现。

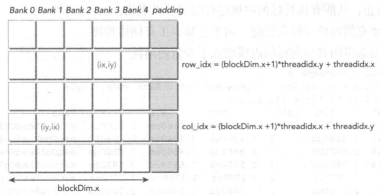

图　5-14

因为在以下核函数中用于存储数据的全局内存小于填充的共享内存，所以需要 3 个索引：一个索引用于按照行主序写入共享内存，一个索引用于按照列主序读取共享内存，一个索引用于未填充的全局内存的合并访问，代码如下所示：

```
__global__ void setRowReadColDynPad(int *out) {
    // dynamic shared memory
    extern __shared__ int tile[];

    // mapping from thread index to global memory index
    unsigned int row_idx = threadIdx.y * (blockDim.x + IPAD) + threadIdx.x;
    unsigned int col_idx = threadIdx.x * (blockDim.x + IPAD) + threadIdx.y;

    unsigned int g_idx = threadIdx.y * blockDim.x + threadIdx.x;

    // shared memory store operation
    tile[row_idx] = g_idx;

    // wait for all threads to complete
    __syncthreads();

    // shared memory load operation
    out[g_idx] = tile[col_idx];
}
```

在启动核函数时应指定填充共享内存的大小，代码如下：

```
setRowReadColDynPad<<<grid, block, (BDIMX + 1) * BDIMY * sizeof(int)>>>(d_C);
```

用 nvprof 检查这个核函数的内存事务。在 K40 上的结果报告如下：

```
Kernel: setRowReadColDynPad(int*)
    1    shared_load_transactions_per_request   1.000000
    1    shared_store_transactions_per_request  1.000000
```

请注意，这些结果和填充静态声明的共享内存是一致的，所以这两种类型的共享内存可以被有效地填充。

5.2.1.6 方形共享内存内核性能的比较

到目前为止，从所有执行过的内核运行时间可以看出：

❑ 使用填充的内核可提高性能，因为它减少了存储体冲突

❑ 带有动态声明共享内存的内核增加了少量的消耗

```
$ nvprof ./smemSquare
./smemSquare at device 0: Tesla K40c with Bank Mode:4-Byte
<<< grid (1,1) block (32,32)>>>
Time(%)     Time   Calls      Avg       Min       Max   Name
  5.32%  3.6160us       1   3.6160us  3.6160us  3.6160us  setColReadCol(int*)
  4.57%  3.1040us       1   3.1040us  3.1040us  3.1040us  setRowReadColDyn(int*)
  4.24%  2.8800us       1   2.8800us  2.8800us  2.8800us  setColReadRow(int*)
  3.81%  2.5920us       1   2.5920us  2.5920us  2.5920us  setRowReadCol(int*)
  3.20%  2.1760us       1   2.1760us  2.1760us  2.1760us  setRowReadColDynPad(int*)
  3.15%  2.1440us       1   2.1440us  2.1440us  2.1440us  setRowReadRow(int*)
  3.15%  2.1440us       1   2.1440us  2.1440us  2.1440us  setRowReadColPad(int*)
```

要想显示每个内核产生的二维矩阵的内容，首先要将共享内存块的维度减少到 4，使其可以更简单地可视化：

```
#define BDIMX 4
#define BDIMY 4
```

然后，编译并运行下面的命令以列出所有核函数的输出。从这个结果可以看到，如果读和写操作使用不同的顺序（例如，读操作使用行主序，而写操作使用列主序），那么核函数会产生转置矩阵。这些简单的核函数为更复杂的转置算法奠定了基础。

```
$./smemSquare 1
./smemSquare at device 0: Tesla K40c with Bank Mode:4-Byte <<< grid (1,1) block
(4,4)>>>
set col read col        : 0  1  2  3  4  5  6  7  8  9 10 11 12 13 14 15
set row read row        : 0  1  2  3  4  5  6  7  8  9 10 11 12 13 14 15
set col read row        : 0  4  8 12  1  5  9 13  2  6 10 14  3  7 11 15
set row read col        : 0  4  8 12  1  5  9 13  2  6 10 14  3  7 11 15
set row read col Dynamic : 0 4  8 12  1  5  9 13  2  6 10 14  3  7 11 15
set row read col Padding : 0 4  8 12  1  5  9 13  2  6 10 14  3  7 11 15
set row read col Dyn Pad : 0 4  8 12  1  5  9 13  2  6 10 14  3  7 11 15
```

5.2.2　矩形共享内存

矩形共享内存是一个更普遍的二维共享内存，在矩形共享内存中数组的行与列的数量不相等。

```
__shared__ int tile[Row][Col];
```

当执行一个转置操作时，不能像在方形共享内存中一样，只是通过简单地转换来引用矩形数组的线程坐标。当使用矩形共享内存时，这样做会导致内存访问冲突。需要基于矩阵维度重新计算访问索引，以重新实现之前描述的核函数。

一般情况下，需要测试一个矩形共享内存数组，其每行有 32 个元素，每列有 16 个元素。在下面的宏中定义了维度：

```
#define BDIMX 32
#define BDIMY 16
```

矩形共享内存块被分配如下：

```
__shared__ int tile[BDIMY][BDIMX];
```

为了简单起见，内核将被启动为只有一个网格和一个二维线程块，该线程块的大小与矩形共享内存数组相同，代码如下：

```
dim3 block (BDIMX,BDIMY);
dim3 grid  (1,1);
```

5.2.2.1　行主序访问与列主序访问

将要测试的前两个核函数也在方形（共享内存）情况下使用：

```
__global__ void setRowReadRow(int *out);
__global__ void setColReadCol(int *out);
```

需要注意每个内核中矩形共享内存数组的声明。在 setRowReadRow 核函数中，共享内存数组 tile 的最内层维度的长度被设置为同二维线程块最内层维度相同的长度：

```
__shared__ int tile[BDIMY][BDIMX];
```

在 setColReadCol 内核中，共享内存数组 tile 的最内层维度的长度被设置为同二维线程块最外层维度相同的长度：

```
__shared__ int tile[BDIMX][BDIMY];
```

从 Wrox.com 上可以下载 checkSmemRectangle.cu 文件，里面有这个例子的代码。编译它并用下面的 nvprof 指标检查存储体冲突的结果：

```
shared_load_transactions_per_request
shared_store_transactions_per_request
```

在 K40 上的结果显示如下：

```
Kernel:setRowReadRow(int*)
    1   shared_load_transactions_per_request   1.000000
    1   shared_store_transactions_per_request  1.000000
Kernel:setColReadCol(int*)
    1   shared_load_transactions_per_request   8.000000
    1   shared_store_transactions_per_request  8.000000
```

共享内存的存储和加载请求，由 setRowReadRow 核函数中的一个事务完成。同样的请求在 setColReadCol 函数中由 8 个事务完成。Kepler K40 的存储体宽度是 8 个字，一列 16 个 4 字节的数据元素被安排到 8 个存储体中，如图 5-6 所示，因此，该操作有一个 8 路冲突。

5.2.2.2　行主序写操作和列主序读操作

在本节中，将实现一个核函数，该核函数使用一个矩形共享内存数组，按行主序写入共享内存，并按列主序读取共享内存。这个内核在现实的应用程序中是可用的。它使用共享内存执行矩阵转置，通过最大化低延迟的加载和存储来提高性能，并合并全局内存访问。

二维共享内存块被声明如下：

```
__shared__ int tile[BDIMY][BDIMX];
```

内核有 3 个内存操作：

❑ 写入每个线程束的共享内存行，以避免存储体冲突
❑ 读取每个线程束中的共享内存列，以完成矩阵转置
❑ 使用合并访问写入每个线程束的全局内存行

计算出正确的共享和全局内存访问的步骤如下所示。首先，将当前线程的二维线程索引转换为一维全局线程 ID：

```
unsigned int idx = threadIdx.y * blockDim.x + threadIdx.x;
```

这个一维行主序的映射可以确保全局内存访问是合并的。因为输出的全局内存中的数据元素是转置过的，所以需要计算转置矩阵中的新坐标，代码如下所示：

```
unsigned int irow = idx / blockDim.y;
unsigned int icol = idx % blockDim.y;
```

通过将全局线程 ID 存储到二维共享内存块中来初始化共享内存块，如下：

```
tile[threadIdx.y][threadIdx.x] = idx;
```

此时，共享内存中的数据是从 0 到 BDIMX×BDIMY-1 线性存储的。由于每个线程束对共享内存执行了行主序写入，因此在写操作期间没有存储体冲突。

现在，可以使用之前计算出的坐标访问转置过的共享内存数据。通过交换过的 irow 和 icol 访问共享内存，可以用一维线程 ID 向全局内存写入转置数据。如下面的代码所示，线程束从共享内存的一列中读取数据元素，并对全局内存执行合并写入操作。

```
out[idx] = tile[icol][irow];
```

完整的核函数代码如下所示：

```
__global__ void setRowReadCol(int *out) {
    // static shared memory
    __shared__ int tile[BDIMY][BDIMX];

    // mapping from 2D thread index to linear memory
    unsigned int idx = threadIdx.y * blockDim.x + threadIdx.x;

    // convert idx to transposed coordinate (row, col)
    unsigned int irow = idx / blockDim.y;
    unsigned int icol = idx % blockDim.y;

    // shared memory store operation
    tile[threadIdx.y][threadIdx.x] = idx;

    // wait for all threads to complete
    __syncthreads();

    // shared memory load operation
    out[idx] = tile[icol][irow];
}
```

当使用 nvprof 检查内存事务时，报告如下：

```
Kernel:setRowReadCol(int*)
   1   shared_load_transactions_per_request  8.000000
   1   shared_store_transactions_per_request 1.000000
```

该存储操作是无冲突的，加载操作报告了一个 8 路冲突。用下面的命令输出生成矩阵的内容：

```
$ ./smemRectangle 1
```

请注意，全局内存中的所有数据元素都被转置了。

5.2.2.3　动态声明的共享内存

因为动态共享内存只能被声明为一维数组，当按照行写入和按照列读取时，将二维线程坐标转换为一维共享内存索引需要一个新的索引：

```
unsigned int col idx = icol * blockDim.x + irow;
```

因为 icol 对应于线程块中最内层的维度，所以这种转换以列主序访问共享内存，这会导致存储体冲突。核函数的代码如下：

```
__global__ void setRowReadColDyn(int *out) {
  // dynamic shared memory
  extern __shared__ int tile[];

  // mapping from thread index to global memory index
  unsigned int idx = threadIdx.y * blockDim.x + threadIdx.x;

  // convert idx to transposed (row, col)
  unsigned int irow = idx / blockDim.y;
  unsigned int icol = idx % blockDim.y;

  // convert back to smem idx to access the transposed element
  unsigned int col_idx = icol * blockDim.x + irow;

  // shared memory store operation
  tile[idx] = idx;

  // wait for all threads to complete
  __syncthreads();

  // shared memory load operation
  out[idx] = tile[col_idx];
}
```

作为内核启动的一部分，共享内存的大小必须被指定：

```
setRowReadColDyn<<<grid, block, BDIMX * BDIMY * sizeof(int)>>>(d_C);
```

用 nvprof 检查共享内存的事务时，报告如下：

```
Kernel: setRowReadColDyn(int*)
    1  shared_load_transactions_per_request   8.000000
    1  shared_store_transactions_per_request  1.000000
```

写操作是无冲突的，然而读操作报告了一个 8 路冲突。动态分配共享内存不会影响存储体冲突。

5.2.2.4 填充静态声明的共享内存

对于矩形共享内存，还可以使用共享内存填充来解决存储体冲突。然而，对于 Kepler 设备，必须计算出需要多少填充元素。为了便于编程，使用宏来定义每一行添加的填充列的数量：

```
#define NPAD  2
```

填充的静态共享内存被声明如下：

```
__shared__ int tile[BDIMY][BDIMX + NPAD];
```

除添加了共享内存的填充以外，setRowReadColPad 核函数与 setRowReadCol 核函数是相同的：

```
__global__ void setRowReadColPad(int *out) {
    // static shared memory
    __shared__ int tile[BDIMY][BDIMX+IPAD];

    // mapping from 2D thread index to linear memory
    unsigned int idx = threadIdx.y * blockDim.x + threadIdx.x;

     // convert idx to transposed (row, col)
    unsigned int irow = idx / blockDim.y;
    unsigned int icol = idx % blockDim.y;

    // shared memory store operation
    tile[threadIdx.y][threadIdx.x] = idx;

    // wait for all threads to complete
    __syncthreads();

    // shared memory load operation
    out[idx] = tile[icol][irow] ;
}
```

用 nvprof 检查内存事务，结果报告如下：

```
Kernel: setRowReadColPad(int*)
    1  shared_load_transactions_per_request  1.000000
    1  shared_store_transactions_per_request 1.000000
```

在前面的宏中若将填充数据元素的数量从 2 改到 1，则 nvprof 报告有两个事务完成共享内存的加载操作，即发生一个双向存储体冲突。鼓励你用不同数值的 NPAD 进行试验，分析得到的结果并解释它。

5.2.2.5　填充动态声明的共享内存

填充技术还可以应用于动态共享内存的内核中，该内核使用矩形共享内存区域。因为填充的共享内存和全局内存大小会有所不同，所以在内核中每个线程必须保留 3 个索引：

❑ row_idx：填充共享内存的行主序索引。使用该索引，线程束可以访问单一的矩阵行

❑ col_idx：填充共享内存的列主序索引。使用该索引，线程束可以访问单一的矩阵列

❑ g_idx：线性全局内存索引。使用该索引，线程束可以对全局内存进行合并访问

这些索引是用以下代码计算出来的：

```
// mapping from thread index to global memory index
unsigned int g_idx = threadIdx.y * blockDim.x + threadIdx.x;

// convert idx to transposed (row, col)
unsigned int irow = g_idx / blockDim.y;
unsigned int icol = g_idx % blockDim.y;
unsigned int row_idx = threadIdx.y * (blockDim.x + IPAD) + threadIdx.x;

// convert back to smem idx to access the transposed element
unsigned int col_idx = icol * (blockDim.x + IPAD) + irow;
```

完整的内核代码如下所示：

```
__global__ void setRowReadColDynPad(int *out) {
    // dynamic shared memory
    extern __shared__ int tile[];

    // mapping from thread index to global memory index
    unsigned int g_idx = threadIdx.y * blockDim.x + threadIdx.x;

    // convert idx to transposed (row, col)
    unsigned int irow = g_idx / blockDim.y;
    unsigned int icol = g_idx % blockDim.y;

    unsigned int row_idx = threadIdx.y * (blockDim.x + IPAD) + threadIdx.x;

    // convert back to smem idx to access the transposed element
    unsigned int col_idx = icol * (blockDim.x + IPAD) + irow;

    // shared memory store operation
    tile[row_idx] = g_idx;

    // wait for all threads to complete
    __syncthreads();

    // shared memory load operation
    out[g_idx] = tile[col_idx];
}
```

可以通过减少每个请求的事务来测试共享内存填充的情况。报告如下：

```
Kernel: setRowReadColDynPad(int*)
    1   shared_load_transactions_per_request  1.000000
    1   shared_store_transactions_per_request 1.000000
```

5.2.2.6 矩形共享内存内核性能的比较

运行以下命令，计算在本节中使用矩形数组实现的所有核函数的运行时间。在一般情况下，核函数使用共享内存填充消除存储体冲突以提高性能，使用动态共享内存的核函数会显示有少量的消耗。

```
$ nvprof ./smemRectangle
./smemRectangle at device 0: Tesla K40c with Bank Mode:4-Byte
<<< grid (1,1) block (32,16)>>>
Time(%)      Time  Calls       Avg       Min       Max  Name
  5.35%  2.4000us      1   2.4000us  2.4000us  2.4000us  setRowReadColDyn(int*)
  4.99%  2.2400us      1   2.2400us  2.2400us  2.2400us  setRowReadColDynPad(int*)
  4.85%  2.1760us      1   2.1760us  2.1760us  2.1760us  setRowReadCol(int*)
  4.71%  2.1120us      1   2.1120us  2.1120us  2.1120us  setRowReadColPad(int*)
  4.07%  1.8240us      1   1.8240us  1.8240us  1.8240us  setRowReadRow(int*)
```

要想显示所有内核产生的内容，需将矩形共享内存数组的维度重新定义为一个非常小的数，如下所示：

```
#define BDIMX 8
#define BDIMY 2
```

然后，编译和运行以下命令，列出由所有核函数生成的二维矩阵的内容。第一个核函数产生原始矩阵，所有其他的核函数使用矩形共享内存数组进行转置操作。

```
$ ./smemRectangle 1
./smemRectangle at device 0: Tesla K40c with Bank Mode:4-Byte <<< grid (1,1) block
(8,2)>>>
setRowReadRow       :  0  1  2  3  4  5  6  7  8  9 10 11 12 13 14 15
setRowReadCol       :  0  8  1  9  2 10  3 11  4 12  5 13  6 14  7 15
setRowReadColDyn    :  0  8  1  9  2 10  3 11  4 12  5 13  6 14  7 15
setRowReadColPad    :  0  8  1  9  2 10  3 11  4 12  5 13  6 14  7 15
setRowReadColDynPad :  0  8  1  9  2 10  3 11  4 12  5 13  6 14  7 15
```

5.3　减少全局内存访问

使用共享内存的主要原因之一是要缓存片上的数据，从而减少核函数中全局内存访问的次数。第 3 章介绍了使用全局内存的并行归约核函数，并集中解释了以下几个问题：

❑ 如何重新安排数据访问模式以避免线程束分化

❑ 如何展开循环以保证有足够的操作使指令和内存带宽饱和

在本节中，将重新使用这些并行归约核函数，但是这里使用共享内存作为可编程管理缓存以减少全局内存的访问。

5.3.1　使用共享内存的并行归约

下面的 reduceGmem 核函数将被用作基准性能的起点，在第 3 章中介绍过该函数。实现并行归约只使用全局内存，输入元素的内循环是完全展开的。以下的核函数代码可以在 Wrox.com 上的 reduceInteger.cu 文件中找到。

```
__global__ void reduceGmem(int *g_idata, int *g_odata, unsigned int n) {
  // set thread ID
  unsigned int tid = threadIdx.x;
  int *idata = g_idata + blockIdx.x * blockDim.x;

  // boundary check
  unsigned int idx = blockIdx.x * blockDim.x + threadIdx.x;
  if (idx >= n) return;

  // in-place reduction in global memory
  if (blockDim.x >= 1024 && tid < 512) idata[tid] += idata[tid + 512];
  __syncthreads();

  if (blockDim.x >= 512 && tid < 256) idata[tid] += idata[tid + 256];
  __syncthreads();

  if (blockDim.x >= 256 && tid < 128) idata[tid] += idata[tid + 128];
  __syncthreads();

  if (blockDim.x >= 128 && tid < 64) idata[tid] += idata[tid + 64];
  __syncthreads();

  // unrolling warp
  if (tid < 32) {
    volatile int *vsmem = idata;
    vsmem[tid] += vsmem[tid + 32];
```

```
    vsmem[tid] += vsmem[tid + 16];
    vsmem[tid] += vsmem[tid +  8];
    vsmem[tid] += vsmem[tid +  4];
    vsmem[tid] += vsmem[tid +  2];
    vsmem[tid] += vsmem[tid +  1];
}
// write result for this block to global mem
if (tid == 0) g_odata[blockIdx.x] = idata[0];
}
```

这个核函数有4个主要部分。首先，计算数据块的偏移量，该数据块属于线程块，与全局输入有关。

```
int *idata = g_idata + blockIdx.x * blockDim.x;
```

接下来，核函数执行一个使用全局内存的原地归约，将其归约到32个元素：

```
// in-place reduction in global memory
if (blockDim.x >= 1024 && tid < 512) idata[tid] += idata[tid + 512];
__syncthreads();

if (blockDim.x >= 512 && tid < 256) idata[tid] += idata[tid + 256];
__syncthreads();

if (blockDim.x >= 256 && tid < 128) idata[tid] += idata[tid + 128];
__syncthreads();

if (blockDim.x >= 128 && tid < 64) idata[tid] += idata[tid + 64];
__syncthreads();
```

然后，核函数执行原地归约，这个过程仅使用每个线程块的第一个线程束。注意在循环展开的部分，volatile 修饰符用来确保当线程束在锁步中执行时，只有最新数值能被读取。

```
volatile int *vsmem = idata;
vsmem[tid] += vsmem[tid + 32];
vsmem[tid] += vsmem[tid + 16];
vsmem[tid] += vsmem[tid +  8];
vsmem[tid] += vsmem[tid +  4];
vsmem[tid] += vsmem[tid +  2];
vsmem[tid] += vsmem[tid +  1];
```

最后，分配给该线程块的输入数据块总数被写回到全局内存中：

```
if (tid == 0) g_odata[blockIdx.x] = idata[0];
```

在所有的测试中，使用以下语句，数组的长度将被设置为16M，这相当于减少了整型的数目。

```
int size = 1<<24;
```

使用下述的宏，将块大小设置为恒定的128个线程：

```
#define DIM 128
```

现在，用以下命令编译文件：

```
$ nvcc reduceInteger.cu -o reduce
```

使用 nvprof 计算这个仅使用全局内存的归约核函数的运行时间：

```
$ nvprof ./reduce
```

使用 Tesla k40c 的基准结果总结如下：

```
reduce at device 0: Tesla K40c with array size 16777216  grid 131072 block 128
Time(%)     Time   Calls     Avg       Min       Max   Name
  2.01%  2.1206ms     1  2.1206ms  2.1206ms  2.1206ms  reduceGmem()
```

接下来测试下面的原地归约核函数 reduceSmem，它增加了带有共享内存的全局内存操作。这个核函数和原来的 reduceGmem 核函数几乎相同。然而，reduceSmem 函数没有使用全局内存中的输入数组子集来执行原地归约，而是使用了共享内存数组 smem。smem 被声明为与每个线程块具有相同的维度。

```
__shared__ int smem[DIM];
```

每个线程块都用它的全局输入数据块来初始化 smem 数组：

```
smem[tid] = idata[tid];
__syncthreads();
```

然后，原地归约是使用共享内存（smem）被执行的，而不是全局内存（idata）。reduce-Smem 核函数的代码如下：

```
__global__ void reduceSmem(int *g_idata, int *g_odata, unsigned int n) {
    __shared__ int smem[DIM];

    // set thread ID
    unsigned int tid = threadIdx.x;

    // boundary check
    unsigned int idx = blockIdx.x * blockDim.x + threadIdx.x;
    if (idx >= n) return;

    // convert global data pointer to the local pointer of this block
    int *idata = g_idata + blockIdx.x * blockDim.x;

    // set to smem by each threads
    smem[tid] = idata[tid];
    __syncthreads();

    // in-place reduction in shared memory
    if (blockDim.x >= 1024 && tid < 512) smem[tid] += smem[tid + 512];
    __syncthreads();

    if (blockDim.x >= 512 && tid < 256) smem[tid] += smem[tid + 256];
    __syncthreads();

    if (blockDim.x >= 256 && tid < 128) smem[tid] += smem[tid + 128];
    __syncthreads();

    if (blockDim.x >= 128 && tid < 64)  smem[tid] += smem[tid + 64];
    __syncthreads();
```

```
// unrolling warp
if (tid < 32) {
    volatile int *vsmem = smem;
    vsmem[tid] += vsmem[tid + 32];
    vsmem[tid] += vsmem[tid + 16];
    vsmem[tid] += vsmem[tid +  8];
    vsmem[tid] += vsmem[tid +  4];
    vsmem[tid] += vsmem[tid +  2];
    vsmem[tid] += vsmem[tid +  1];
}
// write result for this block to global mem
if (tid == 0) g_odata[blockIdx.x] = smem[0];
}
```

用 nvprof 为两个核函数（有共享内存和没有共享内存的）计算运行时间：

```
$ nvprof ./reduce
```

使用 Tesla K40c 的结果总结如下：

```
reduce at device 0: Tesla K40c with array size 16777216  grid 131072 block 128
Time(%)      Time     Calls       Avg       Min       Max  Name
  2.01%   2.1206ms        1   2.1206ms  2.1206ms  2.1206ms  reduceGmem()
  1.10%   1.1536ms        1   1.1536ms  1.1536ms  1.1536ms  reduceSmem()
```

使用共享内存的核函数比只使用全局内存的核函数快了 1.84 倍。下一步，使用下列指标测试全局内存加载和存储事务，看一下共享内存是如何很好地减少全局内存访问的：

gld_transactions: *全局内存加载事务的数量*
gst_transactions: *全局内存存储事务的数量*

结果总结如下：

```
Device "Tesla K40c (0)"
        Kernel: reduceSmem(int*, int*, unsigned int)
          1               Global Load Transactions    524288
          1               Global Store Transactions   131072
        Kernel: reduceGmem(int*, int*, unsigned int)
          1               Global Load Transactions   2883584
          1               Global Store Transactions  1179648
```

从这个结果可以看出，使用共享内存明显减少了全局内存访问。

5.3.2   使用展开的并行归约

在前面的核函数中，每个线程块处理一个数据块。在第 3 章中，可以通过一次运行多个 I/O 操作，展开线程块来提高内核性能。以下内核展开了 4 个线程块，即每个线程处理来自于 4 个数据块的数据元素。通过展开，以下优势是可预期的：

❑ 通过在每个线程中提供更多的并行 I/O，增加全局内存的吞吐量
❑ 全局内存存储事务减少了 1/4
❑ 整体内核性能的提升
核函数的代码如下：

```
__global__ void reduceSmemUnroll(int *g_idata, int *g_odata, unsigned int n) {
    // static shared memory
    __shared__ int smem[DIM];

    // set thread ID
    unsigned int tid = threadIdx.x;

    // global index, 4 blocks of input data processed at a time
    unsigned int idx = blockIdx.x * blockDim.x * 4 + threadIdx.x;

    // unrolling 4 blocks
    int tmpSum = 0;

    // boundary check
    if (idx + 3 * blockDim.x <= n) {
        int a1 = g_idata[idx];
        int a2 = g_idata[idx + blockDim.x];
        int a3 = g_idata[idx + 2 * blockDim.x];
        int a4 = g_idata[idx + 3 * blockDim.x];
        tmpSum = a1 + a2 + a3 + a4;
    }

    smem[tid] = tmpSum;
    __syncthreads();

    // in-place reduction in shared memory
    if (blockDim.x >= 1024 && tid < 512) smem[tid] += smem[tid + 512];
    __syncthreads();

    if (blockDim.x >= 512 && tid < 256)  smem[tid] += smem[tid + 256];
    __syncthreads();

    if (blockDim.x >= 256 && tid < 128)  smem[tid] += smem[tid + 128];
    __syncthreads();

    if (blockDim.x >= 128 && tid < 64)   smem[tid] += smem[tid + 64];
    __syncthreads();

    // unrolling warp
    if (tid < 32) {
        volatile int *vsmem = smem;
        vsmem[tid] += vsmem[tid + 32];
        vsmem[tid] += vsmem[tid + 16];
        vsmem[tid] += vsmem[tid +  8];
        vsmem[tid] += vsmem[tid +  4];
        vsmem[tid] += vsmem[tid +  2];
        vsmem[tid] += vsmem[tid +  1];
    }
    // write result for this block to global mem
    if (tid == 0) g_odata[blockIdx.x] = smem[0];
}
```

要使每个线程处理 4 个数据元素，第一步是基于每个线程的线程块和线程索引，重新计算全局输入数据的偏移：

```
unsigned int idx = blockIdx.x * blockDim.x * 4 + threadIdx.x;
```

因为每个线程读取 4 个数据元素,所以每个线程的处理起点现在被偏移为就好像是线程块的 4 倍。利用这个新的偏移,每个线程读取 4 个数据元素,然后将其添加到局部变量 tmpSum 中。然后,tmpSum 用于初始化共享内存,而不是直接从全局内存进行初始化。

```
int tmpSum = 0;
if (idx + 3 * blockDim.x <= n) {
    int a1 = g_idata[idx];
    int a2 = g_idata[idx + blockDim.x];
    int a3 = g_idata[idx +2 * blockDim.x];
    int a4 = g_idata[idx +3 * blockDim.x];
    tmpSum = a1 + a2 + a3 + a4;
}
```

在这个展开下,全局内存加载事务的数量在核函数中没有变化,但是全局内存存储事务的数量减少了 1/4。此外,一次运行 4 个全局加载运算,GPU 在并发调度时有了更大的灵活性,可能会产生更好的全局内存利用率。

该核函数的网格维度必须被减少到每个线程执行工作量的 1/4:

```
reduceGmemUnroll<<<grid.x / 4, block>>>(d_idata, d_odata, size);
```

有了这些变化,使用 nvprof 检查运行时间。被 4 展开的共享内存核函数(reduceSmem-Unroll),比示例系统中的上个共享内存核函数(reduceSmem)快了 2.76 倍。结果概括如下:

```
reduce at device 0: Tesla K40c with array size 16777216  grid 131072 block 128
Time(%)      Time    Calls       Avg       Min       Max  Name
  1.10%  1.1536ms        1  1.1536ms  1.1536ms  1.1536ms  reduceSmem()
  0.40%  418.27us        1  418.27us  418.27us  418.27us  reduceSmemUnroll()
```

使用 nvprof 检查全局内存事务也是有趣的。同 reduceSeme 函数相比,reduceSmem-Unroll 函数中存储事务的数量减少了 1/4,然而加载事务的数量保持不变,结果如下所示:

```
Kernel: reduceSmem(int*, int*, unsigned int)
            1            Global Load Transactions        524288
            1            Global Store Transactions       131072
Kernel: reduceSmemUnroll(int*, int*, unsigned int)
            1            Global Load Transactions        524288
            1            Global Store Transactions        32768
```

最后,检查全局内存吞吐量。加载吞吐量增加了 2.57 倍而存储吞吐量下降了 1.56 倍。加载吞吐量的增加归因于大量的同时加载请求。存储吞吐量的下降是因为较少的存储请求使总线达到了饱和。结果总结如下:

```
Kernel: reduceSmem(int*, int*, unsigned int)
            1         Requested Global Load Throughput   63.537GB/s
            1         Requested Global Store Throughput  496.38 MB/s
Kernel: reduceSmemUnroll(int*, int*, unsigned int)
            1         Requested Global Load Throughput   162.57 GB/s
            1         Requested Global Store Throughput  317.53 MB/s
```

5.3.3 使用动态共享内存的并行归约

并行归约核函数还可以使用动态共享内存来执行,通过以下声明,在 reduceSmem-

Unroll 中用动态共享内存取代静态共享内存：

`extern __shared__ int smem[];`

启动核函数时，必须指定待动态分配的共享内存数量：

`reduceSmemUnrollDyn<<<grid.x / 4, block, DIM * sizeof(int)>>>(d_idata, d_odata, size);`

如果用 nvprof 计算核函数的运行时间，那么会发现用动态分配共享内存实现的核函数和用静态分配共享内存实现的核函数之间没有显著的差异。

5.3.4 有效带宽

由于归约核函数是受内存带宽约束的，所以评估它们时所使用的适当的性能指标是有效带宽。有效带宽是在核函数的完整执行时间内 I/O 的数量（以字节为单位）。对于内存约束的应用程序，有效带宽是一个估算实际带宽利用率的很好的指标。它可以表示为：

$$有效带宽＝（读字节＋写字节）÷（运行时间 \times 10^9）GB/s$$

表 5-1 总结了每个核函数已取得的有效带宽。显然，可以通过展开块来获得有效带宽的显著改进。这样做使每个线程在运行中同时有多个请求，这会导致内存总线高饱和。

表 5-1　在 Tesla K40c 上归约核函数已取得的有效带宽

核　　函　　数	运行时间（ms）	读　数　据	写　数　据	全部字节	带宽（GB/s）
reduceGmem	2.135 7	16 777 216	131 072	67 633 152	31.67
reduceSmem	1.120 6	16 777 216	131 072	67 633 152	60.35
reduceSmemUnroll	0.417 1	16 777 216	32 768	67 239 936	161.21
reduceSmemUnrollDyn	0.416 9	16 777 216	32 768	67 239 936	161.29

5.4　合并的全局内存访问

使用共享内存也能帮助避免对未合并的全局内存的访问。矩阵转置就是一个典型的例子：读操作被自然合并，但写操作是按照交叉访问的。第 4 章中已表明，交叉访问是全局内存中最糟糕的访问模式，因为它浪费总线带宽。在共享内存的帮助下，可以先在共享内存中进行转置操作，然后再对全局内存进行合并写操作。

在本章前面的部分，测试了一个矩阵转置核函数，该核函数使用单个线程块对共享内存中的矩阵行进行写入，并读取共享内存中的矩阵列。在本节中，将扩展该核函数，具体方法是使用多个线程块对基于交叉的全局内存访问重新排序到合并访问。

5.4.1 基准转置内核

作为基准，下面的核函数是一个仅使用全局内存的矩阵转置的朴素实现。

```
__global__ void naiveGmem(float *out, float *in, const int nx, const int ny) {
    // matrix coordinate (ix,iy)
    unsigned int ix = blockIdx.x * blockDim.x + threadIdx.x;
    unsigned int iy = blockIdx.y * blockDim.y + threadIdx.y;

    // transpose with boundary test
    if (ix < nx && iy < ny) {
        out[ix*ny+iy] = in[iy*nx+ix];
    }
}
```

因为 ix 是这个核函数二维线程配置的最内层维度，全局内存读操作在线程束内是被合并的，而全局内存写操作在相邻线程间是交叉访问的。naiveGmem 核函数的性能是一个下界，本节中涵盖的逐步优化将再次被测量。

以执行合并访问为目的的更改写操作会生成副本内核。因为读写操作将被合并，但仍执行相同数量的 I/O，所以 copyGmem 函数将成为一个性能近似的上界：

```
__global__ void copyGmem(float *out, float *in, const int nx, const int ny) {
    // matrix coordinate (ix,iy)
    unsigned int ix = blockIdx.x * blockDim.x + threadIdx.x;
    unsigned int iy = blockIdx.y * blockDim.y + threadIdx.y;

    // transpose with boundary test
    if (ix < nx && iy < ny) {
        out[iy * nx + ix] = in[iy * nx + ix];
    }
}
```

这个部分的核函数和主机代码可以在 Wrox.com 上的 transposeRectangle.cu 中找到。对于这些测试，矩阵大小被设置为 4 096×4 096，并且还会用到一个维度为 32×16 的二维线程块。

在 Tesla M2090 和 Tesla K40c 上，copyGmem 和 naiveGmem 核函数的结果总结如表 5-2 所示。

表 5-2 转置核函数的性能

核 函 数	TESLA M2090 (ECC OFF)		TESLA K40C (ECC OFF)	
	运行时间 (ms)	带宽 (GB/s)	运行时间 (ms)	带宽 (GB/s)
copyGmem	1.048	128.07	0.758	177.15
naiveGmem	3.611	37.19	1.947	68.98

副本内核比朴素内核快了将近 3 倍。由于朴素内核写入全局内存，使其带有了 4 096 个元素的跨度，所以一个单一线程束的存储内存操作是由 32 个全局内存事务完成的。可以使用以下 nvprof 指标来确认这一点：

```
gld_transactions_per_request: average number of transactions per load request
gst_transactions_per_request: average number of transactions per store request
```

这些 nvprof 指标计算了加载和存储全局内存请求的平均事务的次数。在 Tesla K40c 上的结果如下所示，它表明对全局内存的存储请求在 naiveGmem 核函数中重复了 32 次。

```
Device "Tesla K40c (0)"   Metrics        Transactions
Kernel:copyGmem(float*, float*, int, int)
  1    gld_transactions_per_request   1.000000
  1    gst_transactions_per_request   1.000000
Kernel:naiveGmem(float*, float*, int, int)
  1    gld_transactions_per_request   1.000000
  1    gst_transactions_per_request   32.000000
```

5.4.2 使用共享内存的矩阵转置

为了避免交叉全局内存访问，可以使用二维共享内存来缓存原始矩阵的数据。从二维共享内存中读取的一列可以被转移到转置矩阵行中，它被存储在全局内存中。虽然朴素实现将导致共享内存存储体冲突，但这个结果将比非合并的全局内存访问好得多。图 5-15 显示了在矩阵转置中是如何使用共享内存的。

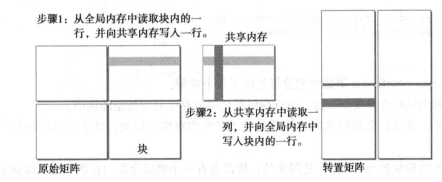

图 5-15

下面的核函数实现了使用共享内存的矩阵转置。它可以被看作是前面的章节中所讨论的 setRowReadCol 函数的扩展。这两个核函数之间的差别在于 setRowReadCol 使用一个线程块处理输入矩阵的单块转置，而 transposeSmem 扩展了转置操作，使用了多个线程块和多个数据块。

```
__global__ void transposeSmem(float *out, float *in, int nx, int ny) {
    // static shared memory
    __shared__ float tile[BDIMY][BDIMX];

    // coordinate in original matrix
    unsigned int ix,iy,ti,to;
    ix = blockIdx.x *blockDim.x + threadIdx.x;
    iy = blockIdx.y *blockDim.y + threadIdx.y;

    // linear global memory index for original matrix
    ti = iy*nx + ix;

    // thread index in transposed block
```

```
    unsigned int bidx,irow,icol;
    bidx = threadIdx.y*blockDim.x + threadIdx.x;
    irow = bidx/blockDim.y;
    icol = bidx%blockDim.y;

    // coordinate in transposed matrix
    ix = blockIdx.y * blockDim.y + icol;
    iy = blockIdx.x * blockDim.x  + irow;

    // linear global memory index for transposed matrix
    to = iy*ny + ix;

    // transpose with boundary test
    if (ix < nx && iy < ny)
    {
        // load data from global memory to shared memory
        tile[threadIdx.y][threadIdx.x] = in[ti];

        // thread synchronization
        __syncthreads();

        // store data to global memory from shared memory
        out[to] = tile[icol][irow];
    }
}
```

kerneltransposeSmem 函数可被分解为以下几个步骤：

1. 线程束执行合并读取一行，该行存储在全局内存中的原始矩阵块中。

2. 然后，该线程束按行主序将该数据写入共享内存中，因此，这个写操作没有存储体冲突。

3. 因为线程块的读 / 写操作是同步的，所以会有一个填满全局内存数据的二维共享内存数组。

4. 该线程束从二维共享内存数组中读取一列。由于共享内存没有被填充，所以会发生存储体冲突。

5. 然后该线程束执行数据的合并写入操作，将其写入到全局内存的转置矩阵中的某行。

对于每一个线程，若要想从全局内存和共享内存中取得正确的数据，都必须计算多个索引。对于一个给定的线程，首先要基于其线程索引和块索引计算其原始矩阵坐标，如下：

```
ix = blockIdx.x * blockDim.x  + threadIdx.x;
iy = blockIdx.y * blockDim.y  + threadIdx.y;
```

然后可以计算出全局内存的索引：

```
ti = iy * nx + ix;
```

因为 ix 是沿着线程块的最内层维度，包含 32 个线程的线程束可以用 ti 对全局内存进行合并读取。

同样，转置矩阵的坐标计算公式如下所示：

```
ix = blockIdx.y * blockDim.y + icol;
```

```
iy = blockIdx.x * blockDim.x + irow;
```

与原始矩阵中线程的坐标计算相比，它有两个主要的差异。

首先，转置矩阵中块的偏移交换了 blockDim 和 blockIdx 的使用：线程配置的 *x* 维度被用来计算转置矩阵的列坐标，*y* 维度被用来计算行坐标。

此外，两个新的变量 icol 和 irow 被引入以代替 threadIdx。这些变量是相应转置块的索引：

```
bidx = threadIdx.y * blockDim.x + threadIdx.;
irow = bidx / blockDim.y;
icol = bidx % blockDim.y;
```

然后，用于存储转置矩阵的全局内存索引可以根据下式进行计算：

```
to = iy * ny + ix;
```

利用计算出的偏移量，线程中的线程束可以从全局内存中连续读取，并对二维共享内存数组 tile 的行进行写入，如下所示：

```
tile[threadIdx.y][threadIdx.x] = in[ti];
```

全局内存的读操作是合并的，同时共享内存存储体中的写操作没有冲突。所以线程中的线程束可以从共享内存 tile 中读取一列，并连续写入到全局内存中：

```
out[to] = tile[icol][irow];
```

全局内存的写入是合并的，但是从共享内存读取会导致存储体冲突，因为每个线程束沿 tile 中的一列读取数据。在本节的稍后部分将使用共享内存填充来解决存储体冲突问题。图 5-16 显示了索引的计算。

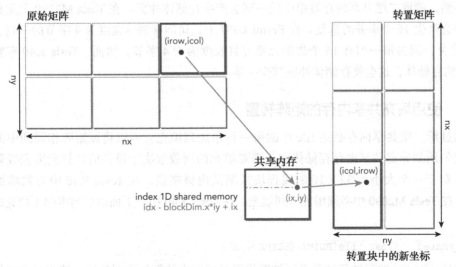

图　5-16

使用共享内存提高了转置内核的性能，如表 5-3 所示。

表 5-3 转置内核的性能

核 函 数	TESLA M2090（ECC OFF）		TESLA K40C（ECC OFF）	
	运行时间（ms）	带宽（GB/s）	运行时间（ms）	带宽（GB/s）
copyGmem	1.048	128.07	0.758	177.15
naiveGmem	3.611	37.19	1.947	68.98
transposeSmem	1.551	86.54	1.149	116.82

使用 nvprof 报告 transposeSmem 函数中每个请求执行的全局内存事务数量：

```
Device "Tesla K40c (0)"   Metrics    Transactions
Kernel: transposeSmem (float*, float*, int, int)
    1    gld_transactions_per_request  1.000000
    1    gst_transactions_per_request  2.000000
```

全局内存存储的重复数量从 32 减少到 2。由于转置块中的块宽为 16，所以线程束前半部分的写操作和线程束后半部分的写操作间隔了 4 080；因此，线程束的写入全局内存请求是由两个事务完成的。将线程块大小更改到 32×32 会把重复次数减少到 1。然而，32×16 的线程块配置比 32×32 的启动配置显示出了更多的并行性。稍后将调查哪个优化会更有利。

以下是在 Tesla K40 上每个共享内存加载和存储请求的共享内存事务的计算结果。

```
Device "Tesla K40c (0)"   Metrics    Transactions
Kernel: transposeSmem (float*, float*, int, int)
    1    shared_load_transactions_per_request   8.000000
    1    shared_store_transactions_per_request  1.000000
```

显然，读取二维共享内存数组中的一列会产生存储体冲突。在 Tesla M2090 上运行这个核函数会产生 16 个事务的重复。在 Fermi GPU 上，访问存储体宽度为 4 字节的一列会导致 16 路冲突，因为每一列有 16 个数据元素并且长度为均 4 字节。然而，Tesla K40 有宽度为 8 字节的存储体，这会使存储体冲突减少一半。

5.4.3　使用填充共享内存的矩阵转置

通过给二维共享内存数组 tile 中的每一行添加列填充，可以将原矩阵相同列中的数据元素均匀地划分到共享内存存储体中。需要填充的列数取决于设备的计算能力和线程块的大小。对于一个大小为 32×16 的线程块被测试内核来说，在 Tesla K40 中必须增加两列填充，在 Tesla M2090 中必须增加一列填充。在 Tesla K40 中，下面的语句声明了填充的共享内存：

```
__shared__ float tile[BDIMY][BDIMX + 2];
```

此外，对 tile 的存储和加载必须被转化以对每行中的额外两列负责。填充列会提供额外的加速，如表 5-4 所示。

表 5-4　转置内核的性能

核　函　数	TESLA M2090 (ECC OFF)		TESLA K40 (ECC OFF)	
	运行时间 (ms)	带宽 (GB/s)	运行时间 (ms)	带宽 (GB/s)
copyGmem	1.048	128.07	0.758	177.15
naiveGmem	3.611	37.19	1.947	68.98
transposeSmem	1.551	86.54	1.149	116.82
transposeSmemPad	1.416	94.79	1.102	121.83

下面是在 Tesla K40 上每个请求的共享内存事务的计算结果。在共享内存数组中添加列填充消除了所有的存储体冲突。

```
Device "Tesla K40c (0)"   Metrics    Transactions
Kernel: transposeSmemPad (float*, float*, int, int)
  1    shared_load_transactions_per_request  1.000000
  1    shared_store_transactions_per_request 1.000000
```

5.4.4　使用展开的矩阵转置

下面的核函数展开两个数据块的同时处理：每个线程现在转置了被一个数据块跨越的两个数据元素。这种转化的目标是通过创造更多的同时加载和存储以提高设备内存带宽利用率。

```
__global__ void transposeSmemUnrollPad(float *out, float *in, const int nx,
    const int ny) {
    // static 1D shared memory with padding
    __shared__ float tile[BDIMY*(BDIMX*2+IPAD)];

    // coordinate in original matrix
    unsigned int ix = 2 * blockIdx.x * blockDim.x + threadIdx.x;
    unsigned int iy = blockIdx.y * blockDim.y + threadIdx.y;

    // linear global memory index for original matrix
    unsigned int ti = iy*nx + ix;

    // thread index in transposed block
    unsigned int bidx = threadIdx.y * blockDim.x + threadIdx.x;
    unsigned int irow = bidx / blockDim.y;
    unsigned int icol = bidx % blockDim.y;

    // coordinate in transposed matrix
    unsigned int ix2 = blockIdx.y * blockDim.y + icol;
    unsigned int iy2 = 2 * blockIdx.x * blockDim.x + irow;

    // linear global memory index for transposed matrix
    unsigned int to = iy2*ny + ix2;

    if (ix+blockDim.x < nx && iy < ny)
    {
```

```
    // load two rows from global memory to shared memory
    unsigned int row_idx = threadIdx.y * (blockDim.x * 2 + IPAD) + threadIdx.x;
    tile[row_idx]       = in[ti];
    tile[row_idx+BDIMX] = in[ti+BDIMX];

    // thread synchronization
    __syncthreads();

    // store two rows to global memory from two columns of shared memory
    unsigned int col_idx = icol*(blockDim.x*2+IPAD) + irow;
    out[to] = tile[col_idx];
    out[to+ny*BDIMX] = tile[col_idx+BDIMX];
    }
}
```

在这个内核中，添加列填充的一维共享内存数组 tile 被静态声明：

```
__shared__ float tile[BDIMY * (BDIMX * 2 + IPAD)];
```

对于一个给定的线程，输入矩阵的坐标和用于存储输入矩阵的全局内存数组的索引计算如下：

```
ix = blockIdx.x * blockDim.x * 2 + threadIdx.x;
iy = blockIdx.y * blockDim.y + threadIdx.y;
ti = iy * nx + ix;
```

如图 5-17 所示，一个 32×16 的线程块配置与一个展开大小为（32＋32）×16 的数据块一起使用。

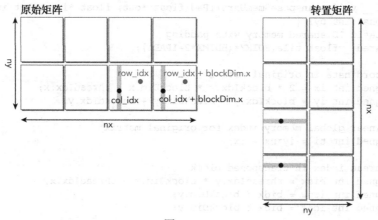

图 5-17

共享内存转置块中的新线程索引计算如下：

```
bidx = threadIdx.y * blockDim.x + threadIdx.x;
irow = bidx / blockDim.y;
icol = bidx % blockDim.y;
```

由于共享内存数组 tile 是一维的，所以必须将二维线程索引转换为一维共享内存索引，以访问填充的一维共享内存：

```
row_idx = threadIdx.y * (blockDim.x * 2 + IPAD) + threadIdx.x;
col_idx = icol * (blockDim.x * 2 + IPAD) + irow;
```

因为填充的内存不是用来存储数据的，所以计算索引时必须跳过填充列。

最后，转置矩阵中输出矩阵的坐标和被用来存储计算结果的全局内存中的相应索引计算如下：

```
ix2 = blockIdx.y * blockDim.y * 2 + icol;
iy2 = blockIdx.x * blockDim.x * 2 + irow;
to  = iy2 * ny + ix2;
```

使用上面计算出的全局和共享内存的索引，每个线程读取全局内存一行中的两个数据元素，并将它们写入共享内存的一行中，代码如下所示：

```
tile[row_idx]         = in[ti];
tile[row_idx + BDIMX] = in[ti + BDIMX];
```

同步之后，每个线程从共享内存的一列中读取两个数据元素，并将它们写入到全局内存的一行中。请注意，由于共享内存数组 tile 有添加填充，所以这些沿着同一列的共享内存请求不会导致存储体冲突。

```
out[to] = tile[col_idx];
out[to + ny * BDIMX] = tile[col_idx + BDIMX];
```

对这个核函数进行一个微小的扩展可以提供更多的灵活性，可以将共享内存数组 tile 的声明替换成下面这一行，以允许动态共享内存的分配。正如在以前的例子中观察到的，预计会有微小的性能下降。

```
extern __shared__ float tile[];
```

从表 5-5 中显示的结果可以看出在 Tesla K40 和 Tesla M2090 上，展开的两块提供了显著的性能改善。

表 5-5　转置内核的性能

核　函　数	TESLA M2090（ECC OFF）		TESLA K40（ECC OFF）	
	运行时间（ms）	带宽（GB/s）	运行时间（ms）	带宽（GB/s）
copyGmem（上限）	1.048	128.07	0.758	177.15
naiveGmem（下限）	3.611	37.19	1.947	68.98
transposeSmem	1.551	86.54	1.149	116.82
transposeSmemPad	1.416	94.97	1.102	121.83
transposeSmemUnrollPad	1.036	129.55	0.732	183.34
transposeSmemUnrollPadDyn	1.039	129.18	0.732	183.33

通过展开的两块，更多的内存请求将同时处于运行状态并且读/写的吞吐量会提高。这可以通过以下的 nvprof 指标来检查：

```
dram_read_throughput: Device Memory Read Throughput
dram_write_throughput: Device Memory Write Throughput
```

在 Tesla K40 上使用 nvprof 的结果总结如下。展开内核的吞吐量提高近 1.5 倍。

```
Kernel: transposeSmemUnrollPad(float*, float*, int, int)
    1    dram_read_throughput     94.135GB/s
    1    dram_write_throughput    94.128GB/s
Kernel: transposeSmemUnrollPadDyn(float*, float*, int, int)
    1    dram_read_throughput     94.112GB/s
    1    dram_write_throughput    94.110GB/s
Kernel: transposeSmemPad(float*, float*, int, int)
    1    dram_read_throughput     62.087GB/s
    1    dram_write_throughput    62.071GB/s
Kernel: transposeSmem (float*, float*, int, int)
    1    dram_read_throughput     59.646GB/s
    1    dram_write_throughput    59.636GB/s
Kernel: naiveGmem(float*, float*, int, int)
    1    dram_read_throughput     34.791GB/s
    1    dram_write_throughput    44.497GB/s
Kernel: copyGmem(float*, float*, int, int)
    1    dram_read_throughput     94.018GB/s
    1    dram_write_throughput    94.011GB/s
```

5.4.5 增大并行性

一个简单而有效的优化技术是调整线程块的维度，以找出最佳的执行配置。表 5-6 总结了在 Tesla K40 上各种线程块配置的测试结果。块大小为 16×16 时展示出了最好的性能，因为它有更多的并发线程块，从而有最好的设备并行性。

表 5-6　使用不同线程块配置的转置内核的性能

内　　核	块的大小（32×32）		块的大小（32×16）		块的大小（16×16）	
	运行时间（ms）	带宽（GB/s）	运行时间（ms）	带宽（GB/s）	运行时间（ms）	带宽（GB/s）
SmemUnrollPad	0.779	172.21	0.732	183.34	0.732	185.66
SmemUnrollPadDyn	0.782	171.55	0.732	183.33	0.722	185.99

表 5-7 总结了在 Tesla K40 中从 transposeSmemUnrollPadDyn 函数上获得全局内存吞吐量和共享内存存储体冲突的 nvprof 结果。虽然线程块配置为 32×16 时最大程度地减少了存储体冲突，但线程块配置为 16×16 时最大程度地增加了全局内存吞吐量。由此，可以得出结论，与共享内存吞吐量相比，这个内核受到全局内存吞吐量的约束更多。

表 5-7　使用不同块大小的转置内核的性能

指　标	块的大小（32×32）	块的大小（32×16）	块的大小（16×16）
gst_throughput	87.724 GB/s	94.118 GB/s	95.010 GB/s
gld_throughput	87.724 GB/s	94.118 GB/s	95.010 GB/s
shared_load_transactions_per_request	2.000	1.000	1.000
shared_store_transactions_per_ request	1.046	1.000	1.625

5.5　常量内存

常量内存是一种专用的内存，它用于只读数据和统一访问线程束中线程的数据。常量内存对内核代码而言是只读的，但它对主机而言既是可读又是可写的。

常量内存位于设备的 DRAM 上（和全局内存一样），并且有一个专用的片上缓存。和一级缓存和共享内存一样，从每个 SM 的常量缓存中读取的延迟，比直接从常量内存中读取的低得多。每个 SM 常量内存缓存大小的限制为 64KB。

到目前为止相较于在本书中学习的任何其他类型的内存而言，常量内存有一个不同的最优访问模式。在常量内存中，如果线程束中的所有线程都访问相同的位置，那么这个访问模式就是最优的。如果线程束中的线程访问不同的地址，则访问就需要串行。因此，一个常量内存读取的成本与线程束中线程读取唯一地址的数量呈线性关系。

在全局作用域中必须用以下修饰符声明常量变量：

```
__constant__
```

常量内存变量的生存期与应用程序的生存期相同，其对网格内的所有线程都是可访问的，并且通过运行时函数对主机可访问。当使用 CUDA 独立编译能力时，常量内存变量跨多个源文件是可见的（在第 10 章有更多关于独立编译的细节内容）。因为设备只能读取常量内存，所以常量内存中的值必须使用以下运行时函数进行初始化：

```
cudaError_t cudaMemcpyToSymbol(const void *symbol, const void * src,
              size_t count, size_t offset, cudaMemcpyKind kind)
```

cudaMemcpyToSymbol 函数将 src 指向的数据复制到设备上由 symbol 指定的常量内存中。枚举变量 kind 指定了传输方向，默认情况下，kind 是 cudaMemcpyHostToDevice。

5.5.1　使用常量内存实现一维模板

在数值分析中，模板计算在几何点集合上应用函数，并用输出更新单一点的值。模板是求解许多偏微分方程算法的基础。在一维中，在位置 x 周围的九点模板会给这些位置上的值应用一些函数：

$$\{x-4h,\ x-3h,\ x-2h,\ x-h,\ x,\ x+h,\ x+2h,\ x+3h,\ x+4h\}$$

图 5-18 展示了一个九点模板。

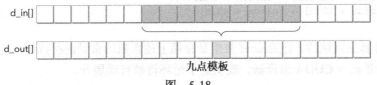

图　5-18

一个九点模板的例子是实变量函数 f 在点 x 上一阶导数的第八阶中心差分公式。理解这个公式的应用并不重要，只要简单地了解到它会将上述的九点作为输入并产生单一输出。

在本节中该公式将被作为一个示例模板。

$$f'(x) \approx c_0 (f(x+4h)-f(x-4h)) + c_1 (f(x+3h)-f(x-3h)) - c_2$$
$$(f(x+2h)-f(x-2h)) + c_3 (f(x+h)-f(x-h))$$

在一维数组中对该公式的应用是对一个数据进行并行操作，该操作能很好地映射到 CUDA。它可以为每个线程分配位置 x，并计算出 $f'(x)$。可以从 Wrox.com 下载 constant-Stencil.cu 文件，查看这个例子的代码。

现在，在模板计算中哪里可以应用常量内存？在上述模板公式的例子下，系数 c_0、c_1、c_2 和 c_3 在所有线程中都是相同的并且不会被修改。这使它们成为常量内存最优的候选，因为它们是只读的，并将呈现一个广播式的访问模式：线程束中的每个线程同时引用相同的常量内存地址。

下面的内核实现了基于上述公式的一维模板计算。由于每个线程需要 9 个点来计算一个点，所以要使用共享内存来缓存数据，从而减少对全局内存的冗余访问。

```
__shared__ float smem[BDIM + 2 * RADIUS];
```

RADIUS 定义了点 x 两侧点的数量，这些点被用于计算 x 点的值。在这个例子中，为了形成一个九点模板，RADIUS 被定义为 4：x 两侧各有 4 个点加上位置 x 的值。如图 5-19 所示，在每个块的左、右边界上各需要一个 RADIUS 个元素的光环。

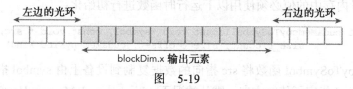

图 5-19

访问全局内存的索引可使用以下语句来进行计算：

```
int idx = blockIdx.x * blockDim.x + threadIdx.x;
```

访问共享内存的每个线程的索引可使用以下语句来进行计算：

```
int sidx = threadIdx.x + RADIUS;
```

从全局内存中读取数据到共享内存中时，前四个线程负责从左侧和右侧的光环中读取数据到共享内存中，如下所示：

```
if (threadIdx.x < RADIUS) {
    smem[sidx - RADIUS] = in[idx - RADIUS];
    smem[sidx + BDIM] = in[idx + BDIM];
}
```

该模板计算是直接的。注意 coef 数组是存储上述系数的常量内存数组。此外，#pragma unroll 的作用是提示 CUDA 编译器，表明这个循环将被自动展开。

```
#pragma unroll
for( int i = 1; i <= RADIUS; i++) {
    tmp += coef[i] * (smem[sidx+i] - smem[sidx-i]);
}
```

因为有限差分系数被存储在常量内存中，并且这是由主机线程准备的，所以在核函数中访问它们就像访问数组一样简单。完整的核函数如下：

```
__global__ void stencil_1d(float *in, float *out) {
    // shared memory
    __shared__ float smem[BDIM + 2*RADIUS];

    // index to global memory
    int idx = threadIdx.x + blockIdx.x * blockDim.x;

    // index to shared memory for stencil calculatioin
    int sidx = threadIdx.x + RADIUS;

    // Read data from global memory into shared memory
    smem[sidx] = in[idx];

    // read halo part to shared memory
    if (threadIdx.x < RADIUS) {
        smem[sidx - RADIUS] = in[idx - RADIUS];
        smem[sidx + BDIM] = in[idx + BDIM];
    }

    // Synchronize (ensure all the data is available)
    __syncthreads();

    // Apply the stencil
    float tmp = 0.0f;
    #pragma unroll
    for (int i = 1; i <= RADIUS; i++) {
        tmp += coef[i] * (smem[sidx+i] - smem[sidx-i]);
    }

    // Store the result
    out[idx] = tmp;
}
```

在常量内存中声明 coef 数组，代码如下所示：

```
__constant__ float coef[RADIUS + 1];
```

然后使用 cudaMemcpyToSymbol 的 CUDA API 调用从主机端初始化的常量内存：

```
void setup_coef_constant(void) {
    const float h_coef[] = {a0, a1, a2, a3, a4};
    cudaMemcpyToSymbol(coef, h_coef, (RADIUS + 1) * sizeof(float));
}
```

5.5.2　与只读缓存的比较

Kepler GPU 添加了一个功能，即使用 GPU 纹理流水线作为只读缓存，用于存储全局内存中的数据。因为这是一个独立的只读缓存，它带有从标准全局内存读取的独立内存带宽，所以使用此功能可以为带宽限制内核提供性能优势。

每个 Kepler SM 都有 48KB 的只读缓存。一般来说，只读缓存在分散读取方面比一级缓存更好，当线程束中的线程都读取相同地址时，不应使用只读缓存。只读缓存的粒度为32 个字节。

当通过只读缓存访问全局内存时，需要向编译器指出在内核的持续时间里数据是只读的。有两种方法可以实现这一点：

❑ 使用内部函数 __ldg

❑ 全局内存的限定指针

内部函数 __ldg 用于代替标准指针解引用，并且强制加载通过只读数据缓存，如下面的代码片段所示：

```
__global__ void kernel(float* output, float* input) {
    ...
    output[idx] += __ldg(&input[idx]);
    ...
}
```

也可以限定指针为 const __restrict__，以表明它们应该通过只读缓存被访问：

```
void kernel(float* output, const float* __restrict__ input) {
    ...
    output[idx] += input[idx];
}
```

在只读缓存机制需要更多显式控制的情况下，或者在代码非常复杂以至于编译器无法检测到只读缓存的使用是否是安全的情况下，内部函数 __ldg 是一个更好的选择。

只读缓存是独立的，而且区别于常量缓存。通过常量缓存加载的数据必须是相对较小的，而且访问必须一致以获得良好的性能（一个线程束内的所有线程在任何给定时间内应该都访问相同的位置），而通过只读缓存加载的数据可以是比较大的，而且能够在一个非统一的模式下进行访问。

下面的内核是根据以前的模板内核修改而来的。它使用只读缓存来存储之前存储在常量内存中的系数。比较一下这两个内核，会发现它们唯一的区别就是函数声明。

```
__global__ void stencil_1d_read_only (float* in,
        float* out, const float *__restrict__ dcoef) {
    // shared memory
    __shared__ float smem[BDIM + 2*RADIUS];

    // index to global memory
    int idx = threadIdx.x + blockIdx.x * blockDim.x;

    // index to shared memory for stencil calculatioin
    int sidx = threadIdx.x + RADIUS;

    // Read data from global memory into shared memory
    smem[sidx] = in[idx];

    // read halo part to shared memory
    if (threadIdx.x < RADIUS) {
    smem[sidx - RADIUS] = in[idx - RADIUS];
```

```
        smem[sidx + BDIM] = in[idx + BDIM];
    }

    // Synchronize (ensure all the data is available)
    __syncthreads();

    // Apply the stencil
    float tmp = 0.0f;
#pragma unroll
    for (int i=1; i<=RADIUS; i++) {
        tmp += dcoef[i]*(smem[sidx+i]-smem[sidx-i]);
    }

    // Store the result
    out[idx] = tmp;
}
```

因为该系数最初是存储在全局内存中并且读入缓存中的，调用内核之前必须分配和初
始化全局内存以便在设备上存储系数，代码如下所示：

```
const float h_coef[] = {a0, a1, a2, a3, a4};
cudaMalloc((float**)&d_coef, (RADIUS + 1) * sizeof(float));
cudaMemcpy(d_coef, h_coef, (RADIUS + 1) * sizeof(float), cudaMemcpyHostToDevice);
```

从 Wrox.com 上可以下载包含这个代码的 constantReadOnly.cu 文件。在 Tesla K40 上，
使用 nvprof 测试得出的以下结果表明，对此应用程序使用只读内存时其性能实际上会降低。
这是由于 coef 数组使用了广播访问模式，相比于只读缓存，该模式更适合于常量内存：

```
Tesla K40c array size: 16777216 (grid, block) 524288,32
        3.4517ms  stencil_1d(float*, float*)
        3.6816ms  stencil_1d_read_only(float*, float*, float const *)
```

常量缓存与只读缓存

❏ 在设备上常量缓存和只读缓存都是只读的。

❏ 每个 SM 资源都有限：常量缓存是 64 KB，而只读缓存是 48 KB。

❏ 常量缓存在统一读取中可以更好地执行（统一读取是线程束中的每一个线程都访
　　问相同的地址）。

❏ 只读缓存更适合于分散读取。

5.6　线程束洗牌指令

在本章中，已经介绍了如何使用共享内存执行线程块中线程间低延迟数据的交换。从
用 Kepler 系列的 GPU（计算能力为 3.0 或更高）开始，洗牌指令（shuffle instruction）作为
一种机制被加入其中，只要两个线程在相同的线程束中，那么就允许这两个线程直接读取
另一个线程的寄存器。

洗牌指令使得线程束中的线程彼此之间可以直接交换数据，而不是通过共享内存或全局内存来进行的。洗牌指令比共享内存有更低的延迟，并且该指令在执行数据交换时不消耗额外的内存。因此，洗牌指令为应用程序快速交换线程束中线程间的数据提供了一个有吸引力的方法。

因为洗牌指令在线程束中的线程之间被执行，所以首先介绍一下束内线程（lane）的概念。简单来说，一个束内线程指的是线程束内的单一线程。线程束中的每个束内线程是 [0, 31] 范围内束内线程索引（lane index）的唯一标识。线程束中的每个线程都有一个唯一的束内线程索引，并且同一线程块中的多个线程可以有相同的束内线程索引（就像同一网格中的多个线程可以有相同的 threadIdx.x 值一样）。然而，束内线程索引没有内置变量，因为线程索引有内置变量。在一维线程块中，对于一个给定线程的束内线程索引和线程束索引可以按以下公式进行计算：

```
laneID = threadIdx.x % 32
warpID = threadIdx.x / 32
```

例如，线程块中的线程 1 和线程 33 都有束内线程 ID 1，但它们有不同的线程束 ID。对于二维线程块，可以将二维线程坐标转换为一维线程索引，并应用前面的公式来确定束内线程和线程束的索引。

5.6.1　线程束洗牌指令的不同形式

有两组洗牌指令：一组用于整型变量，另一组用于浮点型变量。每组有 4 种形式的洗牌指令。在线程束内交换整型变量，其基本函数标记如下：

```
int __shfl(int var, int srcLane, int width=warpSize);
```

内部指令 __shfl 返回值是 var，var 通过由 srcLane 确定的同一线程束中的线程传递给 __shfl。srcLane 的含义变化取决于宽度值（详情如下）。这个函数能使线程束中的每个线程都可以直接从一个特定的线程中获取某个值。线程束内所有活跃的线程都同时产生此操作，这将导致每个线程中有 4 字节数据的移动。

变量 width 可被设置为 2～32 之间 2 任何的指数（包括 2 和 32），这是可选择的。当设置为默认的 warpSize（即 32）时，洗牌指令跨整个线程束来执行，并且 srcLane 指定源线程的束内线程索引。然而，设置 width 允许将线程束细分为段，使每段包含有 width 个线程，并且在每个段上执行独立的洗牌操作。对于不是 32 的其他 width 值，线程的束内线程 ID 和其在洗牌操作中的 ID 不一定相同。在这种情况下，一维线程块中的线程洗牌 ID 可以按以下公式进行计算：

```
shuffleID = threadIdx.x % width;
```

例如，如果 shfl 被线程束中的每个线程通过以下参数调用：

```
int y = shfl(x, 3, 16);
```

那么线程 0~15 将从线程 3 接收 *x* 的值，线程 16~31 将从线程 19 接收 *x* 的值（在线程束的前 16 个线程中其偏移量为 3）。为了简单起见，**srcLane** 将被称为在本节的其余部分提到过的束内线程索引。

当传递给 shfl 的束内线程索引与线程束中所有线程的值相同时，指令从特定的束内线程到线程束中所有线程都执行线程束广播操作，如图 5-20 所示。

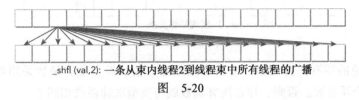

_shfl (val,2): 一条从束内线程2到线程束中所有线程的广播

图　5-20

洗牌操作的另一种形式是从与调用线程相关的线程中复制数据：

```
int __shfl_up(int var, unsigned int delta, int width=warpSize)
```

__shfl_up 通过减去调用的束内线程索引 delta 来计算源束内线程索引。返回由源线程所持有的值。因此，这一指令通过束内线程 delta 将 var 右移到线程束中。__shfl_up 周围没有线程束，所以线程束中最低的线程 delta 将保持不变，如图 5-21 所示。

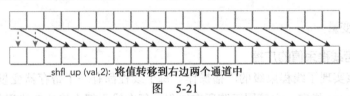

_shfl_up (val,2): 将值转移到右边两个通道中

图　5-21

相反，洗牌指令的第三种形式是从相对于调用线程而言具有高索引值的线程中复制：

```
int __shfl_down(int var, unsigned int delta, int width=warpSize)
```

__shfl_down 通过给调用的束内线程索引增加 delta 来计算源束内线程索引。返回由源线程持有的值。因此，该指令通过束内线程 delta 将 var 的值左移到线程束中。使用 __shfl_down 时周围没有线程束，所以线程束中最大的束内线程 delta 将保持不变，如图 5-22所示。

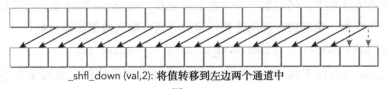

_shfl_down (val,2): 将值转移到左边两个通道中

图　5-22

洗牌指令的最后一种形式是根据调用束内线程索引自身的按位异或来传输束内线程中的数据：

```
int __shfl_xor(int var, int laneMask, int width=warpSize)
```

通过使用 laneMask 执行调用束内线程索引的按位异或，内部指令可计算源束内线程索引。返回由源线程持有的值。该指令适合于蝴蝶寻址模式（a butterfly addressing pattern），如图 5-23 所示。

_shfl_xor (val,1): 实现蝴蝶交换

图　5-23

在本节讨论的所有洗牌函数还支持单精度浮点值。浮点洗牌函数采用浮点型的 var 参数，并返回一个浮点数。否则，浮点洗牌函数就与整型洗牌函数相同了。

5.6.2　线程束内的共享数据

在本节中，会介绍几个有关线程束洗牌指令的例子，并说明线程束洗牌指令的优点。洗牌指令将被应用到以下 3 种整数变量类型中：

❑ 标量变量
❑ 数组
❑ 向量型变量

5.6.2.1　跨线程束值的广播

下面的内核实现了线程束级的广播操作。每个线程都有一个寄存器变量 value。源束内线程由变量 srcLane 指定，它等同于跨所有线程。每个线程都直接从源线程复制数据。

```
__global__ void test_shfl_broadcast(int *d_out, int *d_in, int const srcLane) {
    int value = d_in[threadIdx.x];
    value = __shfl(value, srcLane, BDIMX);
    d_out[threadIdx.x] = value;
}
```

为了简单起见，使用有 16 个线程的一维线程块：

```
#define BDIMX 16
```

调用内核的方法如下。通过第三个参数 test_shfl_ broadcast 将源束内线程设置为每个线程束内的第三个线程。全局内存的两片被传递到内核：输入数据和输出数据。

```
test_shfl_broadcast<<<1, BDIMX>>>(d_outData, d_inData, 2);
```

从 Wrox.com 上可以下载 simpleShfl.cu 文件中此示例的代码。线程束中每个线程的初始值是根据自己的线程索引来设置的。调用 __shfl 后，第三个线程（在束内线程 2 中且值为 2）的数值将被广播到其他所有线程中。在 Tesla K40 上，CUDA 6.0 版本下的结果如下：

```
initialData:  0  1  2  3  4  5  6  7  8  9 10 11 12 13 14 15
shfl bcast :  2  2  2  2  2  2  2  2  2  2  2  2  2  2  2  2
```

5.6.2.2 线程束内上移

下面的内核实现了洗牌上移的操作。线程束中每个线程的源束内线程都是独一无二的，并由它自身的线程索引减去 delta 来确定。

```
__global__ void test_shfl_up(int *d_out, int *d_in, unsigned int const delta) {
    int value = d_in[threadIdx.x];
    value = __shfl_up(value, delta, BDIMX);
    d_out[threadIdx.x] = value;
}
```

此核函数也在上述的 simpleShfl.cu 文件中。通过指定 delta 为 2 可以调用核函数：

```
test_shfl_up<<<1, BDIMX>>>(d_outData, d_inData, 2);
```

其结果是，每个线程的值向右移动两个束内线程，结果如下所示。最左边的两个束内线程值保持不变。

```
initialData: 0 1 2 3 4 5 6 7 8 9 10 11 12 13 14 15
shfl up    : 0 1 0 1 2 3 4 5 6 7 8 9 10 11 12 13
```

5.6.2.3 线程束内下移

下面的内核实现了下移操作。线程束中每个线程的源束内线程都是独一无二的，并由它自身的线程索引加上 delta 来确定。

```
__global__ void test_shfl_down(int *d_out, int *d_in, unsigned int const delta) {
    int value = d_in[threadIdx.x];
    value = __shfl_down(value, delta, BDIMX);
    d_out[threadIdx.x] = value;
}
```

此核函数也在上述的 simpleShfl.cu 文件中。通过指定 delta 为 2 可以调用核函数：

```
test_shfl_down<<<1, BDIMX>>>(d_outData, d_inData, 2);
```

每个线程的值向左移动两个束内线程，结果如下所示。最右边的两个束内线程值保持不变。

```
initialData: 0 1 2 3 4 5 6 7 8 9 10 11 12 13 14 15
shfl down  : 2 3 4 5 6 7 8 9 10 11 12 13 14 15 14 15
```

5.6.2.4 线程束内环绕移动

下面的核函数实现了跨线程束的环绕移动操作。每个线程的源束内线程是不同的，并由它自身的束内线程索引加上偏移量来确定。偏移量可为正数也可为负数。

```
__global__ void test_shfl_wrap(int *d_out, int *d_in, int const offset) {
    int value = d_in[threadIdx.x];
    value = __shfl(value, threadIdx.x + offset, BDIMX);
    d_out[threadIdx.x] = value;
}
```

通过指定一个正偏移量来调用内核，代码如下：

```
test_shfl_wrap<<<1,BDIMX>>>(d_outData, d_inData, 2);
```

这个内核实现了环绕式左移操作，如下所示。不同于由 test_shfl_down 产生的结果，最右边的两个束内线程的值也变化了。

```
initialData    : 0 1 2 3 4 5 6 7 8 9 10 11 12 13 14 15
shfl wrap left : 2 3 4 5 6 7 8 9 10 11 12 13 14 15  0  1
```

通过指定一个负偏移量来调用内核，代码如下：

```
test_shfl_wrap <<< 1, block >>>(d_outData, d_inData, -2);
```

这个内核实现了环绕式右移操作，如下所示。此测试类似于 test_shfl_up 函数，不同的是这里最左边的两个束内线程也发生了改变。

```
initialData    : 0 1 2 3 4 5 6 7 8 9 10 11 12 13 14 15
shfl wrap right: 14 15 0 1 2 3 4 5 6 7 8 9 10 11 12 13
```

5.6.2.5 跨线程束的蝴蝶交换

下面的内核实现了两个线程之间的蝴蝶寻址模式，这是通过调用线程和线程掩码确定的。

```
__global__ void test_shfl_xor(int *d_out, int *d_in, int const mask) {
    int value = d_in[threadIdx.x];
    value = __shfl_xor (value, mask, BDIMX);
    d_out[threadIdx.x] = value;
}
```

调用掩码值为 1 的内核将导致相邻的线程交换它们的值。

```
test_shfl_xor<<<1, BDIMX>>>(d_outData, d_inData, 1);
```

这个内核启动的输出如下：

```
initialData: 0 1 2 3 4 5 6 7 8 9 10 11 12 13 14 15
shfl xor   : 1 0 3 2 5 4 7 6 9 8 11 10 13 12 15 14
```

5.6.2.6 跨线程束交换数组值

考虑内核中使用寄存器数组的情况，在这种情况下，我们若想要在线程束的线程间交换数据的某些部分，则可以使用洗牌指令交换线程束中线程间的数组元素。

在下面的内核中，每个线程都有一个寄存器数组 value，其大小是 SEGM。每个线程从全局内存 d_in 中读取数据块到 value 中，使用由掩码确定的相邻线程交换该块，然后将接收到的数据写回到全局内存数组 d_out 中。

```
__global__ void test_shfl_xor_array(int *d_out, int *d_in, int const mask) {
    int idx = threadIdx.x * SEGM;
    int value[SEGM];

    for (int i = 0; i < SEGM; i++) value[i] = d_in[idx + i];

    value[0] = __shfl_xor (value[0], mask, BDIMX);
    value[1] = __shfl_xor (value[1], mask, BDIMX);
    value[2] = __shfl_xor (value[2], mask, BDIMX);
    value[3] = __shfl_xor (value[3], mask, BDIMX);
    for (int i = 0;i < SEGM; i++) d_out[idx + i] = value[i];
}
```

数组大小由下面的宏设置为 4。

```
#define SEGM  4
```

因为每个线程有 4 个元素，所以线程块被缩小到原来大小的 1/4。调用核函数如下所示：

```
test_shfl_xor_int4<<<1, BDIMX / SEGM>>>(d_outData, d_inData, 1);
```

因为掩码被设置为 1，所以相邻的线程交换其数组值，如下所示：

```
initialData: 0 1 2 3 4 5 6 7 8 9 10 11 12 13 14 15
shfl array : 4 5 6 7 0 1 2 3 12 13 14 15 8 9 10 11
```

5.6.2.7 跨线程束使用数组索引交换数值

在之前的内核中，通过洗牌操作交换的数组元素在每个线程的本地数组中有相同的偏移量。如果想在两个线程各自的数组中以不同的偏移量交换它们之间的元素，需要有基于洗牌指令的交换函数。

下面的函数交换了两个线程之间的一对值。布尔变量 pred 被用于识别第一个调用的线程，它是交换数据的一对线程。要交换的数据元素是由第一个线程的 firstIdx 和第二个线程的 secondIdx 偏移标识的。第一个调用线程通过交换 firstIdx 和 secondIdx 中的元素开始，但此操作仅限于本地数组。然后在两线程间的 secondIdx 位置执行蝴蝶交换。最后，第一个线程交换接收自 secondIdx 返回到 firstIdx 的元素。

```
__inline__ __device__
void swap(int *value, int laneIdx, int mask, int firstIdx, int secondIdx) {
    bool pred = ((laneIdx / mask + 1) == 1);

    if (pred) {
        int tmp = value[firstIdx];
        value[firstIdx] = value[secondIdx];
        value[secondIdx]= tmp;
    }

    value[secondIdx] = __shfl_xor(value[secondIdx], mask, BDIMX);

    if (pred) {
        int tmp = value[firstIdx];
        value[firstIdx] = value[secondIdx];
        value[secondIdx]= tmp;
    }
}
```

下面的内核基于上述的交换函数，交换两个线程间不同偏移的两个元素。

```
__global__
void test_shfl_swap(int *d_out, int *d_in, int const mask, int firs
                    int secondIdx) {
    int idx = threadIdx.x * SEGM;
    int value[SEGM];

    for (int i = 0; i < SEGM; i++) value[i] = d_in[idx + i];

    swap(value, threadIdx.x, mask, firstIdx, secondIdx);
```

```
        for (int i = 0; i < SEGM; i++) d_out[idx + i] = value[i];
}
```

通过指定掩码为 1、第一个索引为 0、第二个索引为 3 调用内核：

```
test_shfl_swap<<<1, block / SEGM >>>(d_outData, d_inData, 1, 0, 3);
```

这两个函数都包含在 simpleShfl.cu 文件中。结果如下所示，对于每对线程而言，第一个调用线程数组中的第一个元素与第二个调用线程数组中的第四个元素可以进行交换。

```
initial   : 0 1 2 3 4 5 6 7 8 9 10 11 12 13 14 15
shfl swap : 7 1 2 3 4 5 6 0 15 9 10 11 12 13 14 8
```

5.6.3 使用线程束洗牌指令的并行归约

在前面的 5.3.1 节中，已经介绍了如何使用共享内存来优化并行归约算法。在本节中，将介绍如何使用线程束洗牌指令来解决同样的问题。

基本思路非常简单，它包括 3 个层面的归约：

❑ 线程束级归约
❑ 线程块级归约
❑ 网格级归约

一个线程块中可能有几个线程束。对于线程束级归约来说，每个线程束执行自己的归约。每个线程不使用共享内存，而是使用寄存器存储一个从全局内存中读取的数据元素：

```
int mySum = g_idata[idx];
```

线程束级归约作为一个内联函数实现，如下所示：

```
__inline__ __device__ int warpRed
  mySum += __shfl_xor(mySum, 16);
  mySum += __shfl_xor(mySum, 8);
  mySum += __shfl_xor(mySum, 4);
  mySum += __shfl_xor(mySum, 2);
  mySum += __shfl_xor(mySum, 1);
  return mySum;
}
```

在这个函数返回之后，每个线程束的总和保存到基于线程索引和线程束大小的共享内存中，如下所示：

```
int laneIdx = threadIdx.x % warpSize;
int warpIdx = threadIdx.x / warpSize;
mySum = warpReduce(mySum);
if (laneIdx == 0) smem[warpIdx] = mySum;
```

对于线程块级归约，先同步块，然后使用相同的线程束归约函数将每个线程束的总和进行相加。之后，由线程块产生的最终输出由块中的第一个线程保存到全局内存中，如下所示：

```
__syncthreads();
mySum = (threadIdx.x < SMEMDIM) ? smem[laneIdx] : 0;
```

```
if (warpIdx == 0) mySum = warpReduce(mySum);
if (threadIdx.x == 0) g_odata[blockIdx.x] = mySum;
```

对于网格级归约，g_odata 被复制回到执行最终归约的主机中。下面是完整的 reduce-Shfl 核函数：

```
__global__ void reduceShfl(int *g_idata, int *g_odata, unsigned int n) {
    // shared memory for each warp sum
    __shared__ int smem[SMEMDIM];

    // boundary check
    unsigned int idx = blockIdx.x*blockDim.x + threadIdx.x;
    if (idx >= n) return;

    // read from global memory
    int mySum = g_idata[idx];

    // calculate lane index and warp index
    int laneIdx = threadIdx.x % warpSize;
    int warpIdx = threadIdx.x / warpSize;

    // block-wide warp reduce
    mySum = warpReduce(mySum);

    // save warp sum to shared memory
    if (laneIdx==0) smem[warpIdx] = mySum;

    // block synchronization
    __syncthreads();

    // last warp reduce
    mySum = (threadIdx.x < SMEMDIM) ? smem[laneIdx]:0;
    if (warpIdx==0) mySum = warpReduce (mySum);

    // write result for this block to global mem
    if (threadIdx.x == 0) g_odata[blockIdx.x] = mySum;
}
```

可从 Wrox.com 上下载 reduceIntegerShfl.cu 文件。在 Tesla K40 上使用 CUDA 6.0 的结果如下。使用洗牌指令实现线程束级并行归约获得了 1.42 倍的加速。

```
Time(%)       Time   Calls       Avg       Min       Max Name
 24.95%   4.0000us       1   4.0000us  4.0000us  4.0000us reduceSmem()
 17.76%   2.8480us       1   2.8480us  2.8480us  2.8480us reduceShfl()
```

5.7　总结

为了获得最大的应用性能，需要有一个能显式管理的内存层次结构。在 C 语言中，没有直接控制数据移动的方式。在本章中，介绍了不同 CUDA 内存层次结构类型，如共享内存、常量内存和只读缓存。介绍了当从共享内存中引入或删除数据时如何显式控制以显著提高其性能。还介绍了常量内存和只读缓存的行为，以及如何最有效地使用它们。

共享内存可以被声明为一维或二维数组，它能为每个程序提供一个简单的逻辑视图。物理上，共享内存是一维的，并能通过 32 个存储体进行访问。避免存储体冲突是在共享内存应用优化过程中一个重要的因素。共享内存被分配在所有常驻线程块中，因此，它是一个关键资源，可能会限制内核占用率。

在内核中使用共享内存有两个主要原因：一个是用于缓存片上数据并且减少全局内存访问量；另一个是传输共享内存中数据的安排方式，避免非合并的全局内存访问。

常量内存对只读数据进行了优化，这些数据每次都将数据广播到许多线程中。常量内存也使用自己的 SM 缓存，防止常量内存的读操作通过一级缓存干扰全局内存的访问。因此，对合适的数据使用常量内存，不仅可优化特定项目的访问，还可能提高整体全局内存吞吐量。

只读纹理缓存提供了常量内存的替代方案，该方案优化了数据的分散读取。只读缓存访问全局内存中的数据，但它使用一个独立的内存访问流水线和独立的缓存，以使 SM 可以访问数据。因此，只读缓存共享了常量内存的许多好处，同时对不同的访问模式也进行了优化。

洗牌指令是线程束级的内部功能，能使线程束中的线程彼此之间快速直接地共享数据。洗牌指令具有比共享内存更低的延迟，并且不需要分配额外的资源。使用洗牌指令可以减少内核中线程束同步优化的数目。然而，在许多情况下，洗牌指令不是共享内存的替代品，因为共享内存在整个线程块中都可见。

本章对一些有特殊用途的内存类型进行了深度了解。虽然这些内存类型比全局内存使用得少，但是适当地使用它们可以提高带宽利用率，降低整体的内存延迟。如果你正在研究优化的因素，那么牢记共享内存、常量内存、只读缓存和洗牌指令都是非常重要的。

5.8 习题

1. 假设你有一个维度为 [32][32] 的共享内存块，对于一个 4 字节访问模式的 Kepler 设备，给该内存共享块填充一列，然后画出数据元素和存储体之间映射关系的示意图。
2. 参考 checkSmemSquare.cu 文件中的 setRowReadCol 函数，构造一个新的核函数 setColReadRow，该函数执行列写入和行读取操作。用 nvprof 测试内存事务并观察输出。
3. 参考 checkSmemSquare.cu 文件中的 setRowReadColDyn 函数，构造一个新的核函数 setColReadRowDyn，该函数动态地声明共享内存，然后执行列写入和行读取操作。用 nvprof 测试内存事务并观察输出。
4. 参考 checkSmemSquare.cu 文件中的 setRowReadColPad 函数，构造一个新的核函数 setColReadRowPad，该函数填充一列，然后执行列写入和行读取操作。用 nvprof 测试内存事务并观察输出。
5. 假设 checkSmemSquare.cu 文件中的方形共享内存数组大小为 16×16，而不是 32×32，那么在 Fermi 和 Kepler 设备上，共享内存事务的数量将会如何变化？尝试画出每种情况下共享内存安排的图形。

6. 参考 checkSmemRectangle.cu 文件中的 setRowReadCol 函数，构造一个新的核函数 setColRead-Row，该函数执行列写入和行读取操作。用 nvprof 测试内存事务并观察输出。

7. 参考 checkSmemRectangle.cu 文件中的 setRowReadColPad 函数，构造一个新的核函数 setColRead-RowPad，该函数执行列写入和行读取。用 nvprof 测试内存事务并观察输出。

8. 参考 reduceInteger.cu 文件，测试大小分别为 64.128、512 和 1024 的块，通过 nvprof 计算核函数的运行时间，确定最佳的执行配置。

9. 参考 stencil_1d_read_only 函数，用全局内存写一个核函数以存储有限差分的系数。通过 nvprof 比较 3 个核函数：使用常量缓存的核函数，使用只读缓存的核函数和使用带有一级缓存的全局内存的核函数。

10. 参考 simpleShfl.cu 文件中的 test_shfl_up 函数，用一个负 delta 来调用它，结果如下：

```
test_shfl_up<<<1, BDIMX>>>(d_outData, d_inData, -2);
```

检查输出的结果和原因。

11. 参考 simpleShfl.cu 文件中的 test_shfl_wrap 函数，构造一个新的可产生下列结果的核函数：

```
Initial: 0  1  2  3  4  5  6  7  8  9 10 11 12 13 14 15
Result : 2  4  6  8 10 12 14 16 18 20 22 24 26 28 14 16
```

12. 参考 simpleShfl.cu 文件中的 test_shfl_xor 函数，构造一个新的可产生下列结果的核函数：

```
Initial: 0  1  2  3  4  5  6  7  8  9 10 11 12 13 14 15
Result : 1  1  5  5  9  9 13 13 17 17 21 21 25 25 29 29
```

13. 参考 simpleShfl.cu 文件中的 test_shfl_xor_array 函数，构造一个新的仅能执行下列一个操作的核函数：

```
value[3] = __shfl_xor (value[0], mask, BDIMX);
```

检查输出的结果和产生该结果的原因。

14. 参考 simpleShfl.cu 文件中的 test_shfl_wrap 函数，构造一个新的核函数，可在一个环绕式的线程束方法中移动双精度变量。

15. 参考 reduceIntegerShfl.cu 文件中的内联函数 warpReduce，写一个使用 __shfl_down 指令的等效函数。

Chapter 6 第 6 章

流 和 并 发

本章内容:

- ❑ 理解流和事件的本质
- ❑ 理解网格级并发
- ❑ 重叠内核执行和数据传输
- ❑ 重叠 CPU 和 GPU 执行
- ❑ 理解同步机制
- ❑ 避免不必要的同步
- ❑ 调整流的优先级
- ❑ 注册设备回调函数
- ❑ 通过 NVIDIA 可视化性能分析器显示应用程序执行的时间轴

一般来说,在 CUDA C 编程中有两个级别的并发:

- ❑ 内核级并发
- ❑ 网格级并发

到目前为止,你的关注点可能仅限于内核级的并发,在此级别的并发中,单一的任务或内核被 GPU 的多个线程并行执行。前面几章已经介绍了提升内核性能的几种方法,它们分别是从编程模型、执行模型和内存模型的角度进行介绍的。想必你已经了解了一些通过命令行性能分析器来研究和分析内核行为的方法。

本章将研究网格级的并发。在网格级并发中,多个内核在同一设备上同时执行,这往往会让设备利用率更好。在本章中,你将学习到如何使用 CUDA 流实现网格级的并发。还将使用 CUDA 的可视化性能分析器 nvvp 将内核并发执行可视化。

6.1　流和事件概述

CUDA 流是一系列异步的 CUDA 操作，这些操作按照主机代码确定的顺序在设备上执行。流能封装这些操作，保持操作的顺序，允许操作在流中排队，并使它们在先前的所有操作之后执行，并且可以查询排队操作的状态。这些操作包括在主机与设备间进行数据传输，内核启动以及大多数由主机发起但由设备处理的其他命令。流中操作的执行相对于主机总是异步的。CUDA 运行时决定何时可以在设备上执行操作。我们的任务是使用 CUDA 的 API 来确保一个异步操作在运行结果被使用之前可以完成。在同一个 CUDA 流中的操作有严格的执行顺序，而在不同 CUDA 流中的操作在执行顺序上不受限制。使用多个流同时启动多个内核，可以实现网格级并发。

因为所有在 CUDA 流中排队的操作都是异步的，所以在主机与设备系统中可以重叠执行其他操作。在同一时间内将流中排队的操作与其他有用的操作一起执行，可以隐藏执行那些操作的开销。

在本书中，CUDA 编程的一个典型模式是以下形式：

1. 将输入数据从主机移到设备上。

2. 在设备上执行一个内核。

3. 将结果从设备移回主机中。

在许多情况下，执行内核比传输数据耗时更多。在这些情况下，可以完全隐藏 CPU 和 GPU 之间的通信延迟。通过将内核执行和数据传输调度到不同的流中，这些操作可以重叠，程序的总运行时间将被缩短。流在 CUDA 的 API 调用粒度上可实现流水线或双缓冲技术。

CUDA 的 API 函数一般可以分为同步或异步。具有同步行为的函数会阻塞主机端线程，直到它们完成。具有异步行为的函数被调用后，会立即将控制权归还给主机。异步函数和流是在 CUDA 中构建网格级并发的两个基本支柱。

从软件的角度来看，CUDA 操作在不同的流中并发运行；而从硬件上来看，不一定总是如此。根据 PCIe 总线争用或每个 SM 资源的可用性，完成不同的 CUDA 流可能仍然需要互相等待。

在本章中，你可以仔细研究在有多种计算能力的设备上流是如何运行的。

6.1.1　CUDA 流

所有的 CUDA 操作（包括内核和数据传输）都在一个流中显式或隐式地运行。流分为两种类型：

❑ 隐式声明的流（空流）

❑ 显式声明的流（非空流）

如果没有显式地指定一个流，那么内核启动和数据传输将默认使用空流。本书中前面章节所使用的例子都是空流或默认流。

另一方面，非空流可以被显式地创建和管理。如果想要重叠不同的 CUDA 操作，必须使用非空流。基于流的异步的内核启动和数据传输支持以下类型的粗粒度并发：

- ❑ 重叠主机计算和设备计算
- ❑ 重叠主机计算和主机与设备间的数据传输
- ❑ 重叠主机与设备间的数据传输和设备计算
- ❑ 并发设备计算

思考下面使用默认流的代码：

```
cudaMemcpy(..., cudaMemcpyHostToDevice);
kernel<<<grid, block>>>(...);
cudaMemcpy(..., cudaMemcpyDeviceToHost);
```

要想理解一个 CUDA 程序，应该从设备和主机两个角度去考虑。从设备的角度来看，上述代码中所有的 3 个操作都被发布到默认的流中，并且按发布顺序执行。设备不知道其他被执行的主机操作。从主机的角度来看，每个数据传输都是同步的，在等待它们完成时，将强制空闲主机时间。内核启动是异步的，所以无论内核是否完成，主机的应用程序几乎都立即恢复执行。这种内核启动的默认异步行为使它可以直接重叠设备和主机计算。

数据传输也可以被异步发布，但是必须显式地设置一个 CUDA 流来装载它们。CUDA 运行时提供了以下 cudaMemcpy 函数的异步版本：

```
cudaError_t cudaMemcpyAsync(void* dst, const void* src, size_t count,
    cudaMemcpyKind kind, cudaStream_t stream = 0);
```

请注意附加的流标识符作为第五个参数。默认情况下，流标识符被设置为默认流。这个函数与主机是异步的，所以调用发布后，控制权将立即返回到主机。将复制操作和非空流进行关联是很容易的，但是首先需要使用如下代码创建一个非空流：

```
cudaError_t cudaStreamCreate(cudaStream_t* pStream);
```

cudaStreamCreate 创建了一个可以显式管理的非空流。之后，返回到 pStream 中的流就可以被当作流参数供 cudaMemcpyAsync 和其他异步 CUDA 的 API 函数来使用。在使用异步 CUDA 函数时，常见的疑惑在于，它们可能会从先前启动的异步操作中返回错误代码。因此返回错误的 API 调用并不一定是产生错误的那个调用。

当执行异步数据传输时，必须使用固定（或非分页的）主机内存。可以使用 cuda-MallocHost 函数或 cudaHostAlloc 函数分配固定内存：

```
cudaError_t cudaMallocHost(void **ptr, size_t size);
cudaError_t cudaHostAlloc(void **pHost, size_t size, unsigned int flags);
```

在主机虚拟内存中固定分配，可以确保其在 CPU 内存中的物理位置在应用程序的整个生命周期中保持不变。否则，操作系统可以随时自由改变主机虚拟内存的物理位置。如果在没有固定主机内存的情况下执行一个异步 CUDA 转移操作，操作系统可能会在物理层面上移动数组，而 CUDA 操作运行时将该数组移动到设备中，这样会导致未定义的行为。

在非默认流中启动内核，必须在内核执行配置中提供一个流标识符作为第四个参数：

```
kernel_name<<<grid, block, sharedMemSize, stream>>>(argument list);
```

一个非默认流声明如下：

```
cudaStream_t stream;
```

非默认流可以使用如下方式进行创建：

```
cudaStreamCreate(&stream);
```

可以使用如下代码释放流中的资源：

```
cudaError_t cudaStreamDestroy(cudaStream_t stream);
```

在一个流中，当 cudaStreamDestroy 函数被调用时，如果该流中仍有未完成的工作，cudaStreamDestroy 函数将立即返回，当流中所有的工作都已完成时，与流相关的资源将被自动释放。

因为所有的 CUDA 流操作都是异步的，所以 CUDA 的 API 提供了两个函数来检查流中所有操作是否都已经完成：

```
cudaError_t cudaStreamSynchronize(cudaStream_t stream);
cudaError_t cudaStreamQuery(cudaStream_t stream);
```

cudaStreamSynchronize 强制阻塞主机，直到在给定流中所有的操作都完成了。cudaStreamQuery 会检查流中所有操作是否都已经完成，但在它们完成前不会阻塞主机。当所有操作都完成时 cudaStreamQuery 函数会返回 cudaSuccess，当一个或多个操作仍在执行或等待执行时返回 cudaErrorNotReady。

为了说明在实践中如何使用 CUDA 流，下面是一个在多个流中调度 CUDA 操作的常见模式。

```
for (int i = 0; i < nStreams; i++) {
  int offset = i * bytesPerStream;
  cudaMemcpyAsync(&d_a[offset], &a[offset], bytePerStream, streams[i]);
  kernel<<grid, block, 0, streams[i]>>(&d_a[offset]);
  cudaMemcpyAsync(&a[offset], &d_a[offset], bytesPerStream, streams[i]);
}

for (int i = 0; i < nStreams; i++) {
    cudaStreamSynchronize(streams[i]);
}
```

图 6-1 所示为一个简单的时间轴，展示了使用 3 个流的 CUDA 操作。数据传输和内核计算都是均匀分布在 3 个并发流中的。

在图 6-1 中，数据传输操作虽然分布在不同的流中，但是并没有并发执行。这是由一个共享资源导致的：PCIe 总线。虽然从编程模型的角度来看这些操作是独立的，但是因为它们共享一个相同的硬件资源，所以它们的执行必须是串行的。具有双工 PCIe 总线的设备可以重叠两个数据传输，但它们必须在不同的流中以及不同的方向上。在图 6-1 中可以观察到，在一个流中从主机到设备的数据传输与另一个流中从设备到主机的数据传输是重叠的。

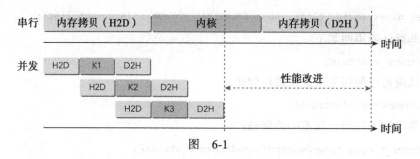

图　6-1

并发内核的最大数量是依赖设备而确定的。Fermi 设备支持 16 路并发，Kepler 设备支持 32 路并发。设备上可用的计算资源进一步限制了并发内核的数量，如共享内存和寄存器。在本章后面的例子中将会探索这些局限性。

6.1.2　流调度

从概念上讲，所有的流可以同时运行。但是，当将流映射到物理硬件时并不总是这样的。本节将说明如何通过硬件调度多个 CUDA 流内的并发内核操作。

6.1.2.1　虚假的依赖关系

虽然 Fermi GPU 支持 16 路并发，即多达 16 个网格同时执行，但是所有的流最终是被多路复用到单一的硬件工作队列中的。当选择一个网格执行时，在队列前面的任务由 CUDA 运行时调度。运行时检查任务的依赖关系，如果仍有任务在执行，那么将等待该任务依赖的任务执行完。最后，当所有依赖关系都执行结束时，新任务被调度到可用的 SM 中。这种单一流水线可能会导致虚假的依赖关系。如图 6-2 所示，最终只有带圆圈的任务对被并行执行，因为在启动其他网格前，运行时将会被阻塞。在工作队列中，一个被阻塞的操作会将队列中该操作后面的所有操作都阻塞，即使它们属于不同的流。

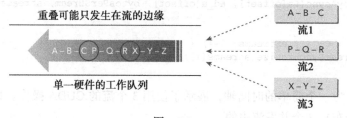

图　6-2

6.1.2.2　Hyper-Q 技术

Kepler GPU 家族中的 Hyper-Q 技术，使用多个硬件工作队列，从而减少了虚假的依赖关系。Hyper-Q 技术通过在主机和设备之间维持多个硬件管理上的连接，允许多个 CPU 线程或进程在单一 GPU 上同时启动工作。被 Fermi 架构中虚假依赖关系限制的应用程序，在不改变任何现有代码的情况下可以看到显著的性能提升。Kepler GPU 使用 32 个硬件工作队列，每个流分配一个工作队列。如果创建的流超过 32 个，多个流将共享一个硬件工作队列。这样做的结果是可实现全流级并发，并且其具有最小的虚假流间依赖关系。图 6-3 展示了一个简单的案例，3 个流在 3 个硬件工作队列上。

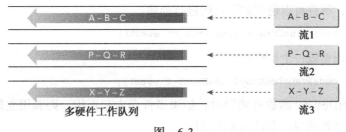

图 6-3

6.1.3 流的优先级

对计算能力为 3.5 或更高的设备，可以给流分配优先级。使用下面的函数可以创建一个具有特定优先级的流：

```
cudaError_t cudaStreamCreateWithPriority(cudaStream_t* pStream, unsigned int flags,
    int priority);
```

这个函数创建了一个具有指定整数优先级的流，并在 pStream 中返回一个句柄。这个优先级是与 pStream 中的工作调度相关的。高优先级流的网格队列可以优先占有低优先级流已经执行的工作。流优先级不会影响数据传输操作，只对计算内核有影响。如果指定的优先级超出了设备定义的范围，它会被自动限制为定义范围内的最低值或最高值。对于一个给定的设备，可以使用以下函数查询优先级的允许范围：

```
cudaError_t cudaDeviceGetStreamPriorityRange(int *leastPriority,
    int *greatestPriority);
```

这个函数的返回值存放在 leastPriority 和 greatestPriority 中，分别对应于当前设备的最低和最高优先级。按照惯例，一个较低的整数值表示更高的优先级。如果当前的设备不支持流优先级，cudaDeviceGetStreamPriorityRange 将 0 返回给这两个参数。

6.1.4 CUDA 事件

CUDA 中事件本质上是 CUDA 流中的标记，它与该流内操作流中特定点相关联。可以使用事件来执行以下两个基本任务：

- 同步流的执行
- 监控设备的进展

CUDA 的 API 提供了在流中任意点插入事件以及查询事件完成的函数。只有当一个给定 CUDA 流中先前的所有操作都执行结束后，记录在该流内的事件才会起作用（即完成）。在默认流中指定的事件，适用于 CUDA 流中先前所有的操作。

6.1.4.1　创建和销毁

一个事件声明如下：

```
cudaEvent_t event;
```

一旦被声明，事件可以使用如下代码进行创建：

```
cudaError_t cudaEventCreate(cudaEvent_t* event);
```

使用如下代码销毁一个事件：

```
cudaError_t cudaEventDestroy(cudaEvent_t event);
```

当 cudaEventDestroy 函数被调用时，如果事件尚未起作用，则调用立即返回，当事件被标记完成时自动释放与该事件相关的资源。

6.1.4.2　记录事件和计算运行时间

事件在流执行中标记了一个点。它们可以用来检查正在执行的流操作是否已经到达了给定点。它们可以被看作是添加到 CUDA 流中的操作，当从工作队列中取出时，这个操作的唯一作用就是通过主机端标志来指示完成的状态。一个事件使用如下函数排队进入 CUDA 流：

```
cudaError_t cudaEventRecord(cudaEvent_t event, cudaStream_t stream = 0);
```

已经排队进入 CUDA 流中的事件可用于等待或测试在指定流中先前操作的完成情况。等待一个事件会阻塞主机线程的调用，它可以用下面的函数来执行：

```
cudaError_t cudaEventSynchronize(cudaEvent_t event);
```

对于流来说，cudaEventSynchronize 函数类似于 cudaStreamSynchronize 函数，但 cuda-EventSynchronize 函数允许主机等待流执行的中间点。

可以使用如下代码测试一个事件是否可以不用阻塞主机应用程序来完成：

```
cudaError_t cudaEventQuery(cudaEvent_t event);
```

cudaEventQuery 函数类似于 cudaStreamQuery 函数，但这是对于事件来说的。

下面的函数用来计算被两个事件标记的 CUDA 操作的运行时间：

```
cudaError_t cudaEventElapsedTime(float* ms, cudaEvent_t start, cudaEvent_t stop);
```

此函数返回事件启动和停止之间的运行时间，以毫秒为单位。事件的启动和停止不必在同一个 CUDA 流中。请注意，如果在非空流中记录启动事件或停止事件时，返回的时间可能比预期的要大。这是因为 cudaEventRecord 函数是异步的，并且不能保证计算的延迟正好处于两个事件之间。

下面的示例代码演示了如何将事件用于时间设备操作：

```
// create two events
cudaEvent_t start, stop;
cudaEventCreate(&start);
cudaEventCreate(&stop);

// record start event on the default stream
cudaEventRecord(start);
```

```
// execute kernel
kernel<<<grid, block>>>(arguments);

// record stop event on the default stream
cudaEventRecord(stop);

// wait until the stop event completes
cudaEventSynchronize(stop);

// calculate the elapsed time between two events
float time;
cudaEventElapsedTime(&time, start, stop);

// clean up the two events
cudaEventDestroy(start);
cudaEventDestroy(stop);
```

在这里，启动和停止事件被默认放置到空流中。一个时间戳记录空流开始时的启动事件，另一个时间戳记录空流结束时的停止事件。然后，使用 cudaEventElapsedTime 函数得到两个事件之间的运行时间。

6.1.5 流同步

在非默认流中，所有的操作对于主机线程都是非阻塞的，因此会遇到需要在同一个流中运行主机和运算操作同步的情况。

从主机的角度来说，CUDA 操作可以分为两大类：

❑ 内存相关操作

❑ 内核启动

对于主机来说，内核启动总是异步的。许多内存操作本质上是同步的（如 cuda-Memcpy），但是 CUDA 运行时也为内存操作的执行提供了异步函数。

正如前面介绍的，有两种类型的流：

❑ 异步流（非空流）

❑ 同步流（空流 / 默认流）

在主机上非空流是一个异步流，其上所有的操作都不阻塞主机执行。另一方面，被隐式声明的空流是主机上的同步流。大多数添加到空流上的操作都会导致主机在先前所有的操作上阻塞，主要的异常是内核启动。

非空流可进一步被分为以下两种类型：

❑ 阻塞流

❑ 非阻塞流

虽然非空流在主机上是非阻塞的，但是非空流内的操作可以被空流中的操作所阻塞。如果一个非空流是阻塞流，则空流可以阻塞该非空流中的操作。如果一个非空流是非阻塞流，则它不会阻塞空流中的操作。在下面的部分中，将介绍如何使用阻塞流和非阻塞流。

6.1.5.1 阻塞流和非阻塞流

使用 cudaStreamCreate 函数创建的流是阻塞流，这意味着在这些流中操作执行可以被阻塞，一直等到空流中先前的操作执行结束。空流是隐式流，在相同的 CUDA 上下文中它和其他所有的阻塞流同步。一般情况下，当操作被发布到空流中，在该操作被执行之前，CUDA 上下文会等待所有先前的操作发布到所有的阻塞流中。此外，任何发布到阻塞流中的操作，会被挂起等待，直到空流中先前的操作执行结束才开始执行。

例如，下面的代码中，在 stream_1 中启动核函数 kernel_1，在空流中启动 kernel_2，在 stream_2 中启动 kernel_3：

```
kernel_1<<<1, 1, 0, stream_1>>>();
kernel_2<<<1, 1>>>();
kernel_3<<<1, 1, 0, stream_2>>>();
```

这段代码的结果是，直到核函数 kernel_1 执行结束，kernel_2 才会在 GPU 上开始执行，kernel_2 执行结束后，kernel_3 才开始执行。请注意，从主机的角度来看，每一个内核启动仍然是异步和非阻塞的。

CUDA 运行时提供了一个定制函数，它是关于空流的非空流行为，代码如下：

```
cudaError_t cudaStreamCreateWithFlags(cudaStream_t* pStream, unsigned int flags);
```

flags 参数决定了所创建流的行为。flags 的有效值如下所示：

```
cudaStreamDefault: default stream creation flag (blocking)
cudaStreamNonBlocking: asynchronous stream creation flag (non-blocking)
```

指定 cudaStreamNonBlocking 使得非空流对于空流的阻塞行为失效。在前面的例子中，如果 stream_1 和 stream_2 都使用 cudaStreamNonBlocking 进行创建，那么所有核函数的执行都不会被阻塞，都不用等待其他核函数执行结束。

6.1.5.2 隐式同步

CUDA 包括两种类型的主机 - 设备同步：显式和隐式。在前面已经介绍了许多执行显式同步的函数，如 cudaDeviceSynchronize，cudaStreamSynchronize 以及 cudaEventSynchronize 函数。这些函数被主机显式调用，使得在设备上任务执行和主机线程同步。在应用程序的逻辑点中，可以手动插入显式同步调用。

前文中也已经介绍了隐式同步的例子。例如，调用 cudaMemcpy 函数，可以隐式同步设备和主机，这是由于主机的应用程序在数据传输完成之前会被阻塞。然而，由于此函数的主要目的不是同步，因此其同步的产生是隐式的。理解隐式同步是很重要的，因为无意中调用隐式同步主机和设备的函数，可能会导致意想不到的性能下降。

隐式同步在 CUDA 编程中特别吸引编程人员的注意，因为带有隐式同步行为的运行时函数可能会导致不必要的阻塞，这种阻塞通常发生在设备层面。许多与内存相关的操作意味着在当前设备上所有先前的操作上都有阻塞，例如：

❏ 锁页主机内存分配

- ❑ 设备内存分配
- ❑ 设备内存初始化
- ❑ 同一设备上两个地址之间的内存复制
- ❑ 一级缓存 / 共享内存配置的修改

6.1.5.3 显式同步

CUDA 运行时在网格级支持显式同步 CUDA 程序的几种方法：

- ❑ 同步设备
- ❑ 同步流
- ❑ 同步流中的事件
- ❑ 使用事件跨流同步

使用下述函数可以阻塞一个主机线程直到设备完所有先前的任务：

```
cudaError_t cudaDeviceSynchronize(void);
```

这个函数使主机线程等待直到所有和当前设备相关的计算和通信完成。因为这是一个比较重要的同步函数，所以应该尽量少使用该函数，以免拖延主机运行。

使用 cudaStreamSynchronize 函数可以阻塞主机线程直到流中所有的操作完成为止，使用 cudaStreamQuery 函数可以完成非阻塞测试，两个函数代码如下：

```
cudaError_t cudaStreamSynchronize(cudaStream_t stream);
cudaError_t cudaStreamQuery(cudaStream_t stream);
```

使用下述的 cudaEventSynchronize 函数和 cudaEventQuery 函数，CUDA 事件也可以用于细粒度阻塞和同步：

```
cudaError_t cudaEventSynchronize(cudaEvent_t event);
cudaError_t cudaEventQuery(cudaEvent_t event);
```

此外，cudaStreamWaitEvent 函数提供了一个使用 CUDA 事件引入流间依赖关系比较灵活的方法：

```
cudaError_t cudaStreamWaitEvent(cudaStream_t stream, cudaEvent_t event);
```

在流中执行任何排队的操作之前，并且在 cudaStreamWaitEvent 调用之后，cudaStream-WaitEvent 函数能使指定流等待指定事件。该事件可能与同一个流相关，也可能与不同的流相关。在后者的情况下，这个函数执行跨流同步，如图 6-4 所示。在这里，流 2 发布的等待可以确保在流 1 创建的事件是满足依赖关系的，然后继续。

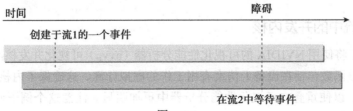

图 6-4

6.1.5.4 可配置事件

CUDA 运行时提供了一种方式来定制事件的行为和性能，代码如下：

```
cudaError_t cudaEventCreateWithFlags(cudaEvent_t* event, unsigned int flags);
```

有效的标志包括下面 4 个：

```
cudaEventDefault
cudaEventBlockingSync
cudaEventDisableTiming
cudaEventInterprocess
```

其中，cudaEventBlockingSync 指定使用 cudaEventSynchronize 函数同步事件会阻塞调用的线程。cudaEventSynchronize 函数的默认操作是围绕事件进行的，使用 CPU 周期不断检查事件的状态。将标志设置成 cudaEventBlockingSync，调用的线程在另一个将要休眠的线程或进程上运行，而不是放弃核心，直到事件满足依赖关系。如果其他有用的工作可以被执行，那么这样会减少 CPU 周期的浪费，但是这也会使事件满足依赖关系以及激活调用线程之间的延迟被加长。

设置 cudaEventDisableTiming 表明创建的事件只能用来进行同步，不需要记录时序数据。除去时间戳花费的总开销提高了调用 cudaStreamWaitEvent 和 cudaEventQuery 函数调用的性能。

标志设置为 cudaEventInterprocess 表明创建的事件可能被用作进程间事件。

6.2   并发内核执行

前面已经解释了流、事件和同步的概念以及 API，接下来用几个例子来演示一下。第一个示例演示了如何使用多个流并发运行多个核函数。这个简单的例子将介绍并发内核执行的几个基本问题，包括以下几个方面：

❏ 使用深度优先或广度优先方法的调度工作
❏ 调整硬件工作队列
❏ 在 Kepler 设备和 Fermi 设备上避免虚假的依赖关系
❏ 检查默认流的阻塞行为
❏ 在非默认流之间添加依赖关系
❏ 检查资源使用是如何影响并发的

6.2.1   非空流中的并发内核

在本节中，将使用 NVIDIA 的可视化性能分析器（nvvp）可视化并发核函数执行。在该例子中使用的核函数包括在设备上仿真有用工作的虚拟计算。这确保了内核驻留在 GPU 中的时间足够长，以使重叠在可视化性能分析器中更加明显。注意这个例子使用了多个相同的核函数（被称为 kernel_1，kernel_2，…）：

```
__global__ void kernel_1() {
    double sum = 0.0;
    for (int i = 0; i < N; i++) {
        sum = sum + tan(0.1) * tan(0.1);
    }
}
```

这样做是为了在 nvvp 中更容易将不同内核的执行进行可视化。

首先必须要创建一组非空流。这组非空流中，发布每个流中的内核启动应该在 GPU 上同时运行，但是应不存在由于硬件资源限制而导致的虚假依赖关系。

```
cudaStream_t *streams = (cudaStream_t *)malloc(n_streams * sizeof(cudaStream_t));
for (int i = 0 ; i < n_streams; i++) {
    cudaStreamCreate(&streams[i]);
}
```

使用一个循环遍历所有的流，这样内核在每个流中都可以被调度：

```
dim3 block(1);
dim3 grid(1);
for (int i = 0; i < n_streams; i++) {
    kernel_1<<<grid, block, 0, streams[i]>>>();
    kernel_2<<<grid, block, 0, streams[i]>>>();
    kernel_3<<<grid, block, 0, streams[i]>>>();
    kernel_4<<<grid, block, 0, streams[i]>>>();
}
```

这些内核启动的执行配置被指定为单一线程块中的单一线程，以保证有足够的 GPU 资源能并发运行所有的内核。因为每个内核启动相对于主机来说都是异步的，所以可以通过使用单一主机线程同时调度多个内核到不同的流中。

在本例中，为了计算运行时间，也创建了两个事件：

```
cudaEvent_t start, stop;
cudaEventCreate(&start);
cudaEventCreate(&stop);
```

在启动所有的内核循环前，启动事件就已经被记录在默认流中了。而在所有的内核启动后，停止事件也被记录在默认流中。

```
cudaEventRecord(start);
for (int i = 0; i < n_streams; i++) {
    ...
}
cudaEventRecord(stop);
```

在同步停止事件后可以计算运行时间：

```
cudaEventSynchronize(stop);
cudaEventElapsedTime(&elapsed_time, start, stop);
```

这个示例代码可以从 Wrox.com 的 simpleHyperqDepth.cu 文件中下载。它可以通过 nvcc 来编译，在 Tesla K40 上运行时，输出如下结果：

```
$ ./simpleHyperq
> Using Device 0: Tesla K40c with num_streams=4
> Compute Capability 3.5 hardware with 15 multi-processors
Measured time for parallel execution = 0.079s
```

NVIDIA 的可视化性能分析器（nvvp）包含在 CUDA 工具包中。nvvp 便于收集性能指标（类似于 nvprof），也同样便于结果的可视化。在这个例子中，nvvp 可以用来显示内核的时间轴。下面的命令将首先从 simpleHyperq 的一个样本执行中收集执行数据，然后可视化并发内核执行：

```
$ nvvp ./simpleHyperq
```

图 6-5 显示了在 Tesla K40 中通过 nvvp 生成的时间轴。随着时间进度条向右移动，每种颜色对应不同内核的执行，并且每行对应不同的流。正如所期望的，在 K40 上可以看到 4 个并发内核在 4 个不同的流中执行。

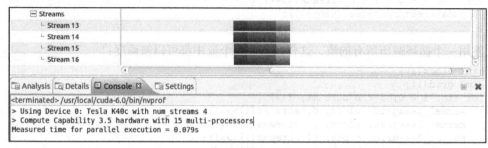

图 6-5

6.2.2　Fermi GPU 上的虚假依赖关系

为了演示虚假的依赖关系，可以在 Fermi 设备上运行相同的代码。在 Tesla M2090 上 simpleHyperq 函数的输出如下：

```
$ ./simpleHyperq
> Using Device 0: Tesla M2090 with num_streams=4
> GPU does not support HyperQ
> CUDA kernel runs will have limited concurrency
> Compute Capability 2.0 hardware with 16 multi-processors
Measured time for parallel execution = 0.342s
```

simpleHyperq 告诉我们，Fermi 设备不支持 Hyper-Q，而且内核最终会限制并发一起运行。

图 6-6 显示了与图 6-5 相同应用程序的时间轴，但不同的是它运行在 Fermi GPU 上。因为在 Fermi 设备上有虚假的依赖关系，所以 4 个流不能同时启动，这是由共享硬件工作队列造成的。为什么流 $i+1$ 能够在流 i 开始其最后任务时开始它的第一个任务呢？因为两个任务是在不同的流中，所以它们之间没有依赖关系。当流 i 的最后一个任务被启动时，CUDA 运行时从工作队列中调度下一个任务，这是流 $i+1$ 的第一个任务。因为每个流的第一个任务不依赖于之前的任何任务，并且有可用的 SM，所以它可以立即启动。之后，调度流 $i+1$ 的第二个任务，然而它对第一个任务的依赖却阻止它被执行，这就会导致任务执行再次被阻塞。

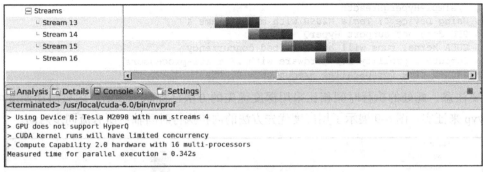

图 6-6

这种虚假的依赖关系是由主机调度内核的顺序引起的。该应用程序使用深度优先的方法，在下一个流启动前，在该流中启动全系列的操作。利用深度优先方法得到的工作队列中的任务顺序如图 6-7 所示。由于所有流被多路复用到一个硬件工作队列中，所以前面的流就连续阻塞了后面的流。

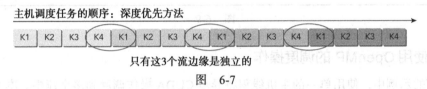

图 6-7

在 Fermi GPU 上，为了避免虚假的依赖关系，可以用广度优先的方法从主机中调度工作：

```
// dispatch job with breadth first way
for (int i = 0; i < n_streams; i++)
    kernel_1<<<grid, block, 0, streams[i]>>>();
for (int i = 0; i < n_streams; i++)
    kernel_2<<<grid, block, 0, streams[i]>>>();
for (int i = 0; i < n_streams; i++)
    kernel_3<<<grid, block, 0, streams[i]>>>();
for (int i = 0; i < n_streams; i++)
    kernel_4<<<grid, block, 0, streams[i]>>>();
```

采用广度优先顺序可以确保工作队列中相邻的任务来自于不同的流（如图 6-8 所示）。因此，任何相邻的任务对之间都不会再有虚假的依赖关系，从而得以实现并发内核执行。

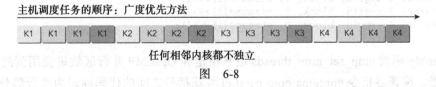

图 6-8

从 Wrox.com 中可以下载 simpleHyperqBreadth.cu 文件，其中包含完整的示例代码，在 Fermi M2090 GPU 上编译并且运行，结果输出如下：

```
$ ./simpleHyperqBreadth
> Using Device 0: Tesla M2090 with num_streams 4
> GPU does not support HyperQ
> CUDA kernel runs will have limited concurrency
> Compute Capability 2.0 hardware with 16 multi-processors
Measured time for parallel execution = 0.105s
```

要注意，此处的执行时间相比采用深度优先的方法已提高了 3 倍。内核启动调度可以用 nvvp 来证实。图 6-9 展示了用广度优先方法的内核执行时间轴：所有流同步启动。

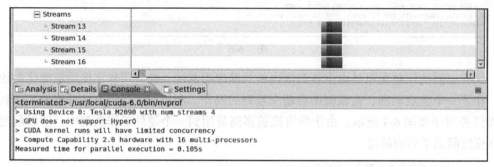

图 6-9

6.2.3 使用 OpenMP 的调度操作

前面的示例中，使用单一的主机线程将异步 CUDA 操作调度到多个流中。本节的示例将使用多个主机线程将操作调度到多个流中，并使用一个线程来管理每一个流。

OpenMP 是 CPU 的并行编程模型，它使用编译器指令来识别并行区域。支持 OpenMP 指令的编译器可以将它们用作如何并行化应用程序的提示。用很少的代码，在主机上就可以实现多核并行。

在使用 OpenMP 的同时使用 CUDA，不仅可以提高便携性和生产效率，而且还可以提高主机代码的性能。在 simpleHyperQ 例子中，我们使用了一个循环调度操作，与此不同，我们使用了 OpenMP 线程调度操作到不同的流中，具体方法如下所示：

```
omp_set_num_threads(n_streams);
#pragma omp parallel
{
    int i = omp_get_thread_num();
    kernel_1<<<grid, block, 0, streams[i]>>>();
    kernel_2<<<grid, block, 0, streams[i]>>>();
    kernel_3<<<grid, block, 0, streams[i]>>>();
    kernel_4<<<grid, block, 0, streams[i]>>>();
}
```

OpenMp 函数 omp_set_num_threads 用来指定在 OpenMP 并行区域里要用到的 CPU 核心的数量。编译器指令 #pragma omp parallel 将花括号之间的代码标记为并行部分。omp_get_thread_num 函数为每个主机线程返回唯一一个线程 ID，将该 ID 用作 streams 数组中的索引，用来创建 OpenMP 线程和 CUDA 流间的一对一映射。

从 Wrox.com 上下载 simpleHyperqOpenmp.cu 文件。用 nvcc 进行编译，使用 -Xcompiler 选项将标识传递给支持 OpenMP 的主机编译器。

```
$ nvcc -O3 -Xcompiler -fopenmp simpleHyperqOpenmp.cu -o simpleHyperqOpenmp -lgomp
```

在 Kepler 40 设备上测试 simpleHyperqOpenmp，与之前没有 OpenMP 的 simpleHyperQ 测试产生相同的性能：

```
$ ./simpleHyperqOpenmp
CUDA_DEVICE_MAX_CONNECTIONS = 32
> Using Device 0: Tesla K40c with num_streams 4
> Compute Capability 3.5 hardware with 15 multi-processors
> grid 1 block 1
Measured time for parallel execution = 0.079s
```

什么时候从 OpenMP 中调度并行 CUDA 操作是有用的？在一般情况下，如果每个流在内核执行之前、期间或之后有额外的工作待完成，那么它可以包含在同一个 OpenMP 并行区域里，并且跨流和线程进行重叠。这样做更明显地说明了每个 OpenMP 线程中的主机工作与同一个线程中启动的流 CUDA 操作是相关的，并且可以为了优化性能简化代码的书写。

在第 10 章中将介绍关于 OpenMP 和 CUDA 的详细内容，具体内容参见 10.4 节。

6.2.4　用环境变量调整流行为

支持 Hyper-Q 的 GPU 在主机和每个 GPU 之间维护硬件工作队列，消除虚假的依赖关系。Kepler 设备支持的硬件工作队列的最大数量是 32。然而，默认情况下并发硬件连接的数量被限制为 8。由于每个连接都需要额外的内存和资源，所以设置默认的限制为 8，减少了不需要全部 32 个工作队列的应用程序的资源消耗。可以使用 CUDA_DEVICE_MAX_CONNECTIONS 环境变量来调整并行硬件连接的数量，对于 Kepler 设备而言，其上限是 32。

有几种设置该环境变量的方法。在 Linux 中，可以根据 shell 的版本，通过以下代码进行设置，对于 Bash 和 Bourne Shell，其代码如下：

```
export CUDA_DEVICE_MAX_CONNECTIONS=32
```

对于 C-Shell，其代码如下：

```
setenv CUDA_DEVICE_MAX_CONNECTIONS 32
```

这个环境变量也可以直接在 C 主机程序中进行设定：

```
setenv("CUDA_DEVICE_MAX_CONNECTIONS", "32", 1);
```

每个 CUDA 流都会被映射到单一的 CUDA 设备连接中。如果流的数量超过了硬件连接的数量，多个流将共享一个连接。当多个流共享相同的硬件工作队列时，可能会产生虚假的依赖关系。

在支持 Hyper-Q 技术但是没有足够硬件连接的平台上，要检查 CUDA 流的行为，需要将 simpleHyperqDepth 示例修改为使用 8 个 CUDA 流：

```
#define NSTREAM 8
```

并将 CUDA 设备连接的数量设置为 4：

```
// set up max connectioin
char* iname = "CUDA_DEVICE_MAX_CONNECTIONS";
setenv (iname, "4", 1);
```

Kepler GPU 上使用 nvvp 运行修改的程序：

```
$ nvvp ./simpleHyperqDepth
```

图 6-10 展示了 8 个流，但是只有 4 路并发。因为现在只有 4 个设备连接，两个流共享一个队列。采用深度优先的方法调度内核，导致了分配在同一工作队列中的两个流之间出现了虚假的依赖关系，这与在 Fermi GPU 上使用深度优先顺序时的结果类似。

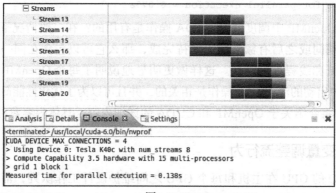

图　6-10

下一步，使用相同的设置，检查使用广度优先方法的行为。如图 6-11 所示，现在 8 个流都是同步运行。用广度优先顺序调度内核去除了虚假的依赖关系。

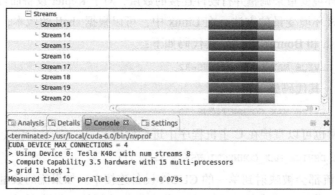

图　6-11

6.2.5　GPU 资源的并发限制

有限的内核资源可以抑制应用程序中可能出现的内核并发的数量。在之前的例子中，启动内核时只有一个线程，以避免并发时任何的硬件限制。因此，每个内核执行只需要少量的设备计算资源。

```
kernel_1<<<1, 1, 0, streams[i]>>>();
```

在实际应用中，内核启动时通常会创建多个线程。通常，会创建数百或数千个线程。有了这么多线程，可用的硬件资源可能会成为并发的主要限制因素，因为它们阻止启动符合条件的内核。为了在活动中观察到这个行为，可以在 simpleHyperqBreadth 例子中改变执行配置，在每个块中使用多个线程，在每个网格中使用更多的块：

```
dim3 block(128);
dim3 grid (32);
```

也应该将使用的 CUDA 流的数量增加到 16：

```
#define NSTREAM 16
```

重新编译后，在 Kepler 设备上使用 nvvp 查看 simpleHyperqBreadth 的行为。

```
$ nvvp ./simpleHyperqBreadth
```

如图 6-12 所示，图中只实现了 8 路并发，即使 CUDA 设备连接的数量被设置为 32。因为 GPU 无法分配足够的资源来执行所有符合条件的内核，所以并发性是有限的。

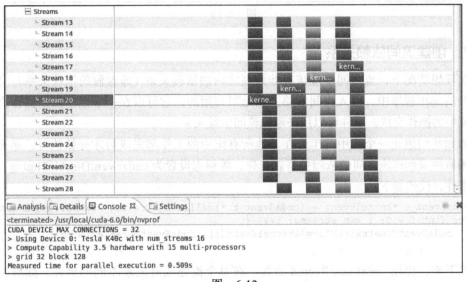

图 6-12

6.2.6 默认流的阻塞行为

为了说明默认流在非空流中是如何阻塞操作的，在 simpleHyperqDepth.cu 中，将深度优先调度循环改为在默认流中调用 kernel_3。

```
// dispatch job with depth first ordering
for (int i = 0; i < n_streams; i++) {
    kernel_1<<<grid, block, 0, streams[i]>>>();
    kernel_2<<<grid, block, 0, streams[i]>>>();
```

```
    kernel_3<<<grid, block>>>();
    kernel_4<<<grid, block, 0, streams[i]>>>();
}
```

因为第三个内核在默认流中被启动，所以在非空流上所有之后的操作都会被阻塞，直到默认流中的操作完成。图 6-13 显示了这段代码运行的时间轴，它是在 Tesla K40 上使用 nvvp 得到的。这个时间轴显示了每个 kernel_3 启动是如何阻止所有其他阻塞流中进一步执行的。

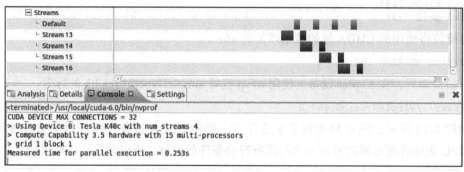

图　6-13

6.2.7　创建流间依赖关系

在理想情况下，流之间不应该有非计划之内的依赖关系（即虚假的依赖关系）。然而，在复杂的应用程序中，引入流间依赖关系是很有用的，它可以在一个流中阻塞操作直到另一个流中的操作完成。事件可以用来添加流间依赖关系。

假如我们想让一个流中的工作在其他所有流中的工作都完成后才开始执行，那么就可以使用事件来创建流之间的依赖关系。首先，将标志设置为 cudaEventDisableTiming，创建同步事件，代码如下：

```
cudaEvent_t *kernelEvent = (cudaEvent_t *)malloc(n_streams * sizeof(cudaEvent_t));
for (int i = 0; i < n_streams; i++) {
    cudaEventCreateWithFlags(&kernelEvent[i], cudaEventDisableTiming);
}
```

接下来，使用 cudaEventRecord 函数，在每个流完成时记录不同的事件。然后，使用 cudaStreamWaitEvent 使最后一个流（即 streams[n_streams-1]）等待其他所有流：

```
// dispatch job with depth first way
for (int i=0; i<n_streams; i++) {
    kernel_1<<<grid, block, 0, streams[i]>>>();
    kernel_2<<<grid, block, 0, streams[i]>>>();
    kernel_3<<<grid, block, 0, streams[i]>>>();
    kernel_4<<<grid, block, 0, streams[i]>>>();

    cudaEventRecord(kernelEvent[i], streams[i]);
    cudaStreamWaitEvent(streams[n_streams-1], kernelEvent[i], 0);
}
```

从 Wrox.com 上可以下载 simpleHyperqDependence.cu 文件的完整代码。图 6-14 表示了 nvvp 内核时间轴。要注意，第四个流，即 streams[n_streams-1]，在其他所有流完成后才能开始启动工作。

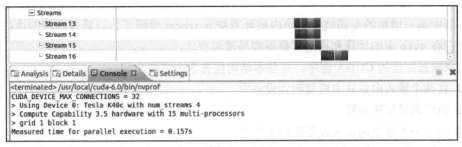

图 6-14

6.3 重叠内核执行和数据传输

在前一节中，已经介绍了如何在多个流中并发执行多个内核。在本节中，将学习如何并发执行内核和数据传输。重叠内核和数据传输表现出不同的行为，并且需要考虑一些与并发内核执行相比不同的因素。

Fermi GPU 和 Kepler GPU 有两个复制引擎队列：一个用于将数据传输到设备，另一个用于从设备中将数据提取出来。因此，最多可以重叠两个数据传输，并且只有当它们的方向不同并且被调度到不同的流时才能这样做，否则，所有的数据传输都将是串行的。在决定如何使用内核计算最佳地重叠数据传输时，记住这一点是很重要的。

在应用程序中，还需要检验数据传输和内核执行之间的关系，从而可以区分以下两种情况：

❑ 如果一个内核使用数据 A，那么对 A 进行数据传输必须要安排在内核启动前，且必须位于相同的流中。

❑ 如果一个内核完全不使用数据 A，那么内核执行和数据传输可以位于不同的流中。

在第二种情况下，实现内核和数据传输的并发执行是很容易的：将它们放置在不同的流中，这就已经向运行时表示了并发地执行它们是安全的。然而，在第一种情况下，要实现数据传输和内核执行之间的重叠会更复杂，因为内核依赖数据作为输入。当内核和传输之间存在依赖关系时，可以使用向量加法示例来检验如何实现重叠数据传输和内核执行。

6.3.1 使用深度优先调度重叠

我们已经非常熟悉向量加法内核了：

```
__global__ void sumArrays(float *A, float *B, float *C, const int N) {
  int idx = blockIdx.x * blockDim.x + threadIdx.x;
```

```
    if (idx < N)
        for (int i = 0; i < n_repeat; i++) {
            C[idx] = A[idx] + B[idx];
        }
}
```

本节中唯一增加的变动就是这个内核计算被 n_repeat 增强了，以延长内核的执行时间，从而使它在 nvvp 中的计算和通信重叠更容易被可视化。

实现向量加法的 CUDA 程序，其基本结构包含 3 个主要步骤：

❑ 将两个输入向量从主机复制到设备中

❑ 执行向量加法运算

❑ 将单一的输出向量从设备返回主机中

从这些步骤中也许不能明显看出计算和通信是如何被重叠的。为了在向量加法中实现重叠，需要将输入和输出数据集划分成子集，并将来自一个子集的通信与来自于其他子集的计算进行重叠。具体对向量加法来说，需要将两个长度为 N 的向量加法问题划分为长度为 N/M 的向量相加的 M 个子问题。因为这里的每个子问题都是独立的，所以每一个都可以被安排在不同的 CUDA 流中，这样它们的计算和通信就可以重叠了。

在第 2 章的向量加法程序中，数据传输是通过同步复制函数实现的。要重叠数据传输和内核执行，必须使用异步复制函数。因为异步复制函数需要固定的主机内存，所以首先需要使用 cudaHostAlloc 函数，在固定主机内存中修改主机数组的分配：

```
cudaHostAlloc((void**)&gpuRef, nBytes, cudaHostAllocDefault);
cudaHostAlloc((void**)&hostRef, nBytes, cudaHostAllocDefault);
```

接下来，需要在 NSTREAM 流中平均分配该问题的任务。每一个流要处理的元素数量使用以下代码定义：

```
int iElem = nElem / NSTREAM;
```

现在，可以使用一个循环来为几个流同时调度 iElem 个元素的通信和计算，代码如下：

```
for (int i = 0; i < NSTREAM; ++i) {
    int ioffset = i * iElem;
    cudaMemcpyAsync(&d_A[ioffset], &h_A[ioffset], iBytes,
                cudaMemcpyHostToDevice, stream[i]);
    cudaMemcpyAsync(&d_B[ioffset], &h_B[ioffset], iBytes,
                cudaMemcpyHostToDevice, stream[i]);
    sumArrays<<<grid, block,0,stream[i]>>>(&d_A[ioffset], &d_B[ioffset],
                &d_C[ioffset],iElem);
```

由于这些内存复制和内核启动对主机而言是异步的，因此全部的工作负载都可以毫无阻塞地在流之间进行分配。通过将数据传输和该数据上的计算放置在同一个流中，输入向量、内核计算以及输出向量之间的依赖关系可以被保持。

为了进行对比，此例还使用了一个阻塞实现来计算基准性能：

```
sumArrays<<<grid, block>>>(d_A, d_B, d_C, nElem);
```

从 Wrox.com 的 simpleMultiAddDepth.cu 文件中可以下载这个示例的完整代码。编译后，用 **nvvp** 显示副本和内核的时间轴：

```
$ nvvp ./simpleMultiAddDepth
```

图 6-15 显示了 Tesla K40 设备典型的时间轴。图中使用了 8 个硬件工作队列和 4 个 CUDA 流来重叠内核执行和数据传输。相对于阻塞的默认流执行，该流执行实现了近 40% 的性能提升。图 6-15 显示了以下 3 种重叠：

❑ 不同流中内核的互相重叠

❑ 内核与其他流中的数据传输重叠

❑ 在不同流以及不同方向上的数据传输互相重叠

图 6-15 还呈现了以下两种阻塞行为：

❑ 内核被同一流中先前的数据传输所阻塞

❑ 从主机到设备的数据传输被同一方向上先前的数据传输所阻塞

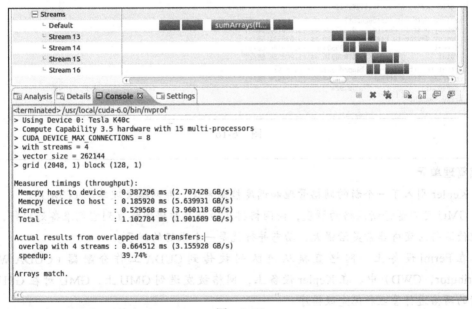

图   6-15

虽然从主机到设备的数据传输是在 4 个不同的流中执行的，但时间轴显示它们是按顺序执行的，因为实际上它们是通过相同的复制引擎队列来执行的。

接下来，可以尝试将硬件工作队列的数量减少至一个，然后重新运行，测试一下其性能。图 6-16 显示了在 Tesla K40 设备上产生的时间轴。要注意，图 6-16（1 个工作队列）和图 6-15（8 个工作队列）之间没有显著差异。因为每个流只执行单一的一个内核，所以减少工作队列的数目并没有增加虚假依赖关系，同样，现存的虚假依赖关系（由主机到设备的复制队列引起的）也没有减少。

减少 K40 中工作队列的数目，可以创造一个类似于 Fermi GPU 的环境：一个工作队列和两个复制队列。如果在 Fermi GPU 上运行相同的测试，会发现虚假的依赖关系是确实存在的。这是由 Kepler 的工作调度机制导致的，在网格管理单元（Grid Management Unit，GMU）中实现。GMU 负责对发送到 GPU 中的工作进行管理和排序。通过对 GMU 的分析有助于减少虚假的依赖关系。

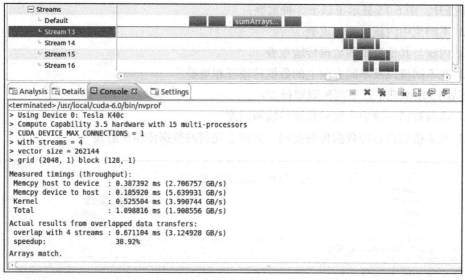

图　6-16

网格管理单元

Kepler 引入了一个新的网格管理和调度控制系统，即网格管理单元（GMU）。

GMU 可以暂停新网格的调度，使网格排队等待且暂停网格直到它们准备好执行，这样就使运行时变得非常灵活强大，动态并行就是一个很好的例子。

在 Fermi 设备上，网格直接从流队列被传到 CUDA 工作分配器（CUDA Work Distributor，CWD）中。在 Kepler 设备上，网格被发送到 GMU 上，GMU 对在 GPU 上执行的网格进行管理和优先级排序。

GMU 创建了多个硬件工作队列，从而减少或消除了虚假的依赖关系。通过 GMU，流可以作为单独的工作流水线。即使 GMU 被限制只能创建一个单一的硬件工作队列，根据以上测试结果证实，通过 GMU 进行的网格依赖性分析也可以帮助消除虚假的依赖关系。

6.3.2　使用广度优先调度重叠

先前的例子表明，当采用广度优先的方式调度内核时，Fermi GPU 可以实现最好的效果。现在，将在重叠数据传输和计算内核中，检验广度优先排序产生的效果。

下面的代码演示了使用广度优先的方法来调度流间的计算和通信：

```
// initiate all asynchronous transfers to the device
for (int i = 0; i < NSTREAM; ++i) {
    int ioffset = i * iElem;
    cudaMemcpyAsync(&d_A[ioffset], &h_A[ioffset], iBytes,
                cudaMemcpyHostToDevice, stream[i]);
    cudaMemcpyAsync(&d_B[ioffset], &h_B[ioffset], iBytes,
                cudaMemcpyHostToDevice, stream[i]);
}

// launch a kernel in each stream
for (int i = 0; i < NSTREAM; ++i) {
    int ioffset = i * iElem;
    sumArrays<<<grid, block, 0, stream[i]>>>(&d_A[ioffset], &d_B[ioffset],
                &d_C[ioffset],iElem);
}

// queue asynchronous transfers from the device
for (int i = 0; i < NSTREAM; ++i) {
    int ioffset = i * iElem;
    cudaMemcpyAsync(&gpuRef[ioffset],&d_C[ioffset], iBytes,
                cudaMemcpyDeviceToHost, stream[i]);
}
```

从 Wrox.com 的 simpleMultiAddBreadth.cu 文件中可以下载完整的示例代码。图 6-17 显示了在 K40 设备上只使用一个硬件工作队列时的时间轴。与深度优先的方法相比它没有明显的差异，因为 Kepler 的双向调度机制有助于消除虚假的依赖关系。但如果在 Fermi 设备上运行相同的测试，在整体性能方面会发现，使用广度优先方法不如使用深度优先方法。由主机到设备复制队列上的争用导致的虚假依赖关系，在主机到设备间的传输完成前，将阻止所有的内核启动。

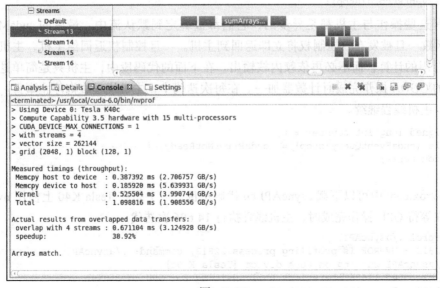

图 6-17

因此，对于 Kepler 设备而言，在大多数情况下无须关注其工作调度顺序。而在 Fermi 设备上，要注意这些问题，并且对不同的调度方案做出评估，使工作负载找到最佳的任务调度顺序。

6.4 重叠 GPU 和 CPU 执行

相对而言，实现 GPU 和 CPU 执行重叠是比较简单的，因为所有的内核启动在默认情况下都是异步的。因此，只需简单地启动内核，并且立即在主机线程上实现有效操作，就能自动重叠 GPU 和 CPU 执行。

本节的示例主要包括两个部分：

❑ 内核被调度到默认流中

❑ 等待 GPU 内核时执行主机计算

使用以下简单的内核实现一个向量与标量的加法：

```
__global__ void kernel(float *g_data, float value) {
    int idx = blockIdx.x * blockDim.x + threadIdx.x;
    g_data[idx] = g_data[idx] + value;
}
```

本例中使用了 3 个 CUDA 操作（两个复制和一个内核启动）。记录一个停止事件，以标记所有 CUDA 操作的完成。

```
cudaMemcpyAsync(d_a, h_a, nbytes, cudaMemcpyHostToDevice);
kernel<<<grid, block>>>(d_a, value);
cudaMemcpyAsync(h_a, d_a, nbytes, cudaMemcpyDeviceToHost);
cudaEventRecord(stop);
```

所有这些操作与主机都是异步的，它们都被绑定到默认流中。最后的 cudaMemcpy-Async 函数一旦被发布，控制权将立即返回到主机。一旦控制权返回给主机，主机就可以做任何有用的计算，而不必再依赖内核输出。在下面的代码段中，主机只是简单迭代，等待所有的 CUDA 操作完成时计数器加一。在每次迭代中，主机线程查询停止事件。一旦事件完成，主机线程继续。

```
unsigned long int counter = 0;
while (cudaEventQuery(stop) == cudaErrorNotReady) {
    counter++;
}
```

从 Wrox.com 中可以下载 asyncAPI.cu 代码示例。以下是在 Tesla K40 上使用 nvprof 的输出。在等待 GPU 操作完成时，主机线程执行 14 606 次迭代。

```
$ nvprof ./asyncAPI
==22813== NVPROF is profiling process 22813, command: ./asyncAPI
> ./asyncAPI running on CUDA device [Tesla K40c]
CPU executed 14606 iterations while waiting for GPU to finish
==22813== Profiling application: ./asyncAPI
==22813== Profiling result:
```

```
Time(%)     Time    Calls     Avg      Min      Max   Name
48.89%   10.661ms       1   10.661ms  10.661ms  10.661ms  [CUDA memcpy HtoD]
46.04%   10.041ms       1   10.041ms  10.041ms  10.041ms  [CUDA memcpy DtoH]
 3.25%   709.82us       1   709.82us  709.82us  709.82us  kernel(float*, float)
 1.82%   396.13us       1   396.13us  396.13us  396.13us  [CUDA memset]
```

6.5　流回调

流回调是另一种可以到 CUDA 流中排列等待的操作。一旦流回调之前所有的流操作全部完成，被流回调指定的主机端函数就会被 CUDA 运行时所调用。此函数由应用程序提供，并允许任意主机端逻辑插入到 CUDA 流中。流回调是另一种 CPU 和 GPU 同步机制。回调功能十分强大，因为它们是第一个 GPU 操作的例子，此操作作用于在主机系统上创建工作，这与在本书中阐述这一点的 CUDA 概念完全相反。

流回调函数是由应用程序提供的一个主机函数，并在流中使用以下的 API 函数注册：

```
cudaError_t cudaStreamAddCallback(cudaStream_t stream,
    cudaStreamCallback_t callback, void *userData, unsigned int flags);
```

此函数为提供的流添加了一个回调函数。在流中所有先前排队的操作完成后，回调函数才能在主机上执行。每使用 cudaStreamAddCallback 一次，只执行一次回调，并阻塞队列中排在其后面的工作，直到回调函数完成。当它被 CUDA 运行时调用时，回调函数会通过调用它的流，并且会有错误代码来表明是否有 CUDA 错误的发生。还可以使用 cudaStreamAddCallback 的 userData 参数，指定传递给回调函数的应用程序数据。flags 参数在后面将会使用，目前没有任何意义；因此，必须将它设置为零。在所有流中先前的全部工作都完成后，排在空流中的回调队列才被执行。

对于回调函数有两个限制：

❏ 从回调函数中不可以调用 CUDA 的 API 函数

❏ 在回调函数中不可以执行同步

一般来说，对互相关联或与其他 CUDA 操作相关的回调顺序做任何假设都是有风险的，可能都会导致代码不稳定。

下面的代码示例在 4 个流都执行 4 个内核后，为每个流的末尾添加回调函数 my_callback。只有当每个流中的所有工作都完成后，回调函数才开始在主机上运行。

```
void CUDART_CB my_callback(cudaStream_t stream, cudaError_t status, void *data) {
    printf("callback from stream %d\n", *((int *)data));
}
```

为每个流添加流回调的代码如下：

```
for (int i = 0; i < n_streams; i++) {
    stream_ids[i] = i;
    kernel_1<<<grid, block, 0, streams[i]>>>();
    kernel_2<<<grid, block, 0, streams[i]>>>();
    kernel_3<<<grid, block, 0, streams[i]>>>();
    kernel_4<<<grid, block, 0, streams[i]>>>();
```

```
    cudaStreamAddCallback(streams[i], my_callback, (void *)(stream_ids + i), 0);
}
```

从 Wrox.com 可以下载 simpleCallback.cu 文件。下面是在 Tesla K40 GPU 上得到的示例输出：

```
$ ./callback
> ./callback Starting...
> Using Device 0: Tesla K40c
> Compute Capability 3.5 hardware with 15 multi-processors
> CUDA_DEVICE_MAX_CONNECTIONS = 8
> with streams = 4
callback from stream 0
callback from stream 1
callback from stream 2
callback from stream 3
Measured time for parallel execution = 0.104s
```

6.6 总结

流的概念是 CUDA 编程模型的一个基本组成部分。允许高级 CUDA 操作在独立的流中排队执行，CUDA 流可以实现粗粒度并发。因为 CUDA 支持异步操作和大多数版本的运行时函数，所以它可以在多个 CUDA 流之间调度计算和通信。

从概念上讲，如果 CUDA 操作之间存在依赖关系，则它们必须在同一个流中被调度。例如，为了确保应用程序的准确无误，内核必须在同一个流中被调度，并在它使用的任何数据传输后进行。另外，没有依赖关系的操作可以在任意的流中被调度。在 CUDA 中，通常可以使用 3 种不同类型的重叠方案来隐藏计算或通信延迟：

❑ 在设备上重叠多个并发的内核
❑ 重叠带有传入或传出设备数据传输的 CUDA 内核
❑ 重叠 CPU 执行和 GPU 执行

为了充分利用设备，并确保最大的并发性，还需要注意以下问题：

❑ 平衡内核资源需求和并发资源需求。在设备上一次启动过多的计算任务，可能会导致内核串行，这会使得硬件资源的工作块变得可用。但是，也需要确保设备没有被充分利用，一直有工作在排队等待执行。
❑ 如果可能的话，避免使用默认流执行异步操作。放置在默认流中的操作可能会阻塞其他非默认 CUDA 流的进展。
❑ 在 Fermi 设备上，从深度优先和广度优先两方面考虑主机的调度。这个选择可以通过消除共享硬件工作队列上的虚假依赖关系，显著影响其性能。
❑ 要注意隐式同步的函数，并且充分利用它们和异步函数来避免性能的降低。

此外，本章还介绍了 CUDA 可视化性能分析器（nvvp）在可视化 GPU 执行中的作用。nvvp 允许确认操作重叠的条件，并且易于多个流行为的可视化。

6.7 习题

1. 描述"CUDA 流"的定义。哪些操作可以置于 CUDA 流中？在应用程序中使用流的主要优点是什么？

2. 事件是如何与流相关联的？举一个例子，在该例中 CUDA 事件是有用的，并且其能实现单独用流无法有效实现的逻辑。

3. 什么因素能造成 GPU 上虚假的依赖关系？在 Fermi 和 Kepler 架构上产生这些虚假依赖关系的原因有什么区别？ Hyper-Q 是如何限制虚假的依赖关系的？

4. 描述显式同步和隐式同步的差异。可以创建隐式主机和设备同步点的具体 CUDA API 函数的例子有哪些？

5. 在 CUDA 流中执行任务时，使用深度优先和广度优先的方法有哪些不同？特别是 Fermi 结构如何通过广度优先序列的方法获得益处？

6. 列出不同类型的 CUDA 重叠。描述要实现每种 CUDA 重叠所需的技术。

7. 使用 nvvp 代码画出在 Fermi 设备上运行 simpleHyperqBreadth 预期的时间轴：

   ```
   $ nvvp ./simplehHyperqBreadth
   ```

   假设使用了 32 个流，解释你所画的时间轴。

8. 画出在 Kepler 设备上，使用如下命令产生的时间轴：

   ```
   $ nvvp ./simpleHyperDepth
   ```

   假设使用了 32 个流，解释你所画的时间轴。

9. 参考 simpleCallback.cu，把回调点设定在第二个内核启动后。使用 nvvp 运行并且观察差异。

调整指令级原语

本章内容：

❑ 学习 CUDA 指令及其在应用程序行为中的作用

❑ 单浮点数和双浮点数的精确度对比

❑ 有关标准函数及 CUDA 内部函数的性能和精确度的实验

❑ 从不安全的内存访问中发现未定义行为

❑ 理解运算指令的意义和使用不当所产生的后果

当决定使用 CUDA 处理一个特殊的应用程序时，通常主要应该考虑的是 GPU 的计算吞吐量。正如本书前面章节所介绍的，为了在 GPU 上实现较高的吞吐量，你需要了解有哪些因素限制峰值的性能。如果很看重延迟、带宽或算术运算的话，那么你可以借助所学到的 CUDA 工具。基于此，可以将应用程序分为两类：

❑ I/O 密集型

❑ 计算密集型

本章重点介绍计算密集型应用。处理器的计算吞吐量可以用它在一段时间内执行操作的数量来衡量。因为 GPU 有很多 SIMT 指令和计算核心，所以其峰值计算吞吐量通常比其他的处理器要高。

但并不是所有的指令都是平等的。如果结果不能正确收敛或没有获得预期的结果，那么程序运行速度再快也没有用。对应用程序的吞吐量和正确性进行优化时，理解不同低级原语的性能、数值精确度和线程安全性方面的优缺点是很重要的。知道内核代码在什么时候被编译成一条原语或其他语句，能让你根据需求调整编译器生成的代码。

为了演示如何有效地调整低级指令，看一下以下的代码段：

```
double value = in1 * in2 + in3;
```

这种乘法后紧跟加法的算术模式被称为乘法加，或者 MAD，其应用非常广泛。任何利用向量和矩阵的应用程序都可能包含许多 MAD 指令来执行线性代数中的点积运算、矩阵乘法运算，以及其他运算。一个简单的编译器会把一个 MAD 指令转化成两个算术指令：先进行乘法运算紧接着进行加法运算。因为这种模式很常见，所以现代运算结构（包括 NVIDIA GPU）都支持 MAD 指令。因此，执行一个 MAD 的结果是循环次数减少了一半。这种性能的提升并不是没有代价的。一个 MAD 指令的数据准确性往往比单独的乘法和加法指令的要低。与 MAD 指令类似，本章所讨论的内容都将在一个理想的应用程序行为和另一个理想的应用程序之间进行权衡。

在本章中，你将学到各种用于优化性能、提高准确性和正确性比较低级的 CUDA 的原语。你将学习到这些特性是如何在指令级中对应用程序产生影响的。在本章的最后，你会明白单精度浮点值和双精度浮点值、内部函数和标准函数，以及原子操作的优点和缺点。

7.1　CUDA 指令概述

指令是处理器中的一个逻辑单元。对你来说 CUDA 指令可能很陌生，但是知道 CUDA 内核代码什么时候会产生不同指令以及高级语言如何转化为指令，对你来说却是很重要的。对两个功能等效指令的选择可以影响很多应用程序的特性，包括性能、精确度和正确性。当通过严格的数字验证请求，把遗留应用程序传输到 CUDA 时，就要特别留意这些问题了。本节涵盖了显著影响 CUDA 内核生成指令的 3 大因素：浮点运算、内置和标准函数、原子操作。浮点运算是针对于非整数值的计算，并且会影响 CUDA 程序的精确度和性能。虽然内置和标准的函数使用相同的数学运算，但有不同的精确度和性能。当调用多个线程执行操作时，原子指令确保了程序执行的正确性。本章将围绕这些话题展开，使你更深入地了解它们对编译器生成指令的影响。

7.1.1　浮点指令

自从浮点运算采用 IEEE—754 标准后，所有的主流处理器厂商都使用这一标准，包括 NVIDIA。这个标准规定将二进制浮点数据编码

符号	指数	尾数

图　7-1

成 3 段：符号段（sign），一个比特位；指数段（exponent），多个比特位；以及尾数或分数段（fraction），多个比特位。如图 7-1 所示。

为了确保跨平台计算的一致性，IEEE—754 定义了 32 位和 64 位浮点格式，它们分别对应 C 语言数据类型的 float 和 double，它们的位长度不同，如图 7-2 所示。

给定一个 32 位的浮点变量，其中标志位 s 占 1 位，指数 e 为 8 位，尾数 v 为 23 位，这个浮点变量可以表示成图 7-3 所示的格式。

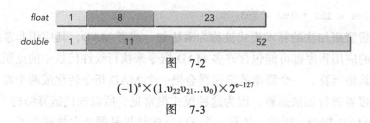

图 7-2

$$(-1)^s \times (1.v_{22}v_{21}...v_0) \times 2^{e-127}$$

图 7-3

因为浮点变量相较于整型变量来说能够更精确地表示一个数值，所以这个浮点变量表达式在应用中非常重要。然而数值的精确度是有限的，并且用浮点类型存储的数据是离散且有限的。例如下面的代码段：

```
float a = 3.1415927f;
float b = 3.1415928f;
if (a == b) {
    printf("a is equal to b\n");
} else {
    printf("a does not equal b\n");
}
```

因为 a 和 b 的最后一个数字不同，所以预期输出为：

a does not equal b

但是，在与 IEEE—754 标准兼容的体系结构中，其输出为：

a is equal to b

在这个例子中，这两个值都不能在浮点型变量 a 和 b 所在的有限比特位中存储。因此，两者的数值只能被近似存储，这样的话两者的值就恰好相等了。

浮点型数值不能精确存储，只能在四舍五入后再存储。例如，在前面例子中，使用默认的近似舍入，将不可精确表示的数值表示成最接近的数值。还有一些其他的舍入方式，例如，向零取舍（向绝对值最小的方向舍入）、向上取舍、向下取舍。

浮点编程中需要考虑的另一个方面是浮点数的粒度问题。像上面所讨论的，浮点数的粒度比整数来说要好。然而浮点数只能在离散的区间间隔内存储数据。随着浮点数值离零越来越远（在正负两个方向上），表示数值的区间也会随之增大（如图 7-4 所示）。

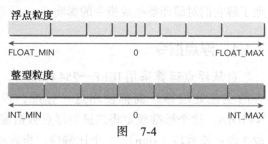

图 7-4

可以使用 C 语言中的数学函数 nextafterf，从一个给定值找到下一个最高位浮点数。表 7-1 通过一些数字说明了一个浮点数和下一个最高位可表示数字的区别。值得注意的是，随着 x 值的增大，精度会大幅降低。浮点数之间的区间间隔意味着在任何可能产生极端数值的应用中，对数值进行四舍五入会对输出有很大的影响。

表 7-1　浮点数位

X	NEXTAFTERF(X)−X	X	NEXTAFTERF(X)−X	X	NEXTAFTERF(X)−X
3.14	2.384 186e−07	314 159.28	0.03 125	314 159 275 180 032.00	3.355 443e+07

在浮点数值上进行操作的指令被称为浮点指令。CUDA 支持所有在浮点数上常见的算数运算，如加法、乘法、除法和减法。

就像之前提到过的，CUDA 和其他遵循 IEEE—754 标准的编程模式支持两种浮点精度：32 位和 64 位。这些不同的格式也分别被称为单精度和双精度。因为双精度浮点数的位数是单精度浮点数的两倍，所以双精度可以表示更多的数值。这意味着双精度浮点数既有更好的细粒度又有比单精度值更大的数值范围。例如，以之前所用的浮点精度为例，它使用的是双精度浮点数而不是单精度浮点数：

```
double a = 3.1415927;
double b = 3.1415928;
if (a == b) {
    printf("a is equal to b\n");
} else {
    printf("a does not equal b\n");
}
```

期望输出：

```
a does not equal b
```

而当用双精度变量存储时，a 和 b 最近似的表示值是不同的。

注意尽管所有的 NVIDIA GPU 都支持单精度浮点运算，但还是需要在一个计算能力为 1.3 或更高版本的 NVIDIA GPU 上使用双精度值。

不过，即使是双精度值也有局限性。本章后面 7.2.1 节将详细介绍浮点编程的挑战以及单精度与双精度浮点之间的不同。

7.1.2　内部函数和标准函数

除了单精度和双精度操作的区别，CUDA 还将所有算数函数分成内部函数和标准函数。标准函数用于支持可对主机和设备进行访问并标准化主机和设备的操作。标准函数包含来自于 C 标准数学库的数学运算，如 sqrt、exp 和 sin。单指令运算如乘法和加法，也包含在标准函数中。

CUDA 内置函数只能对设备代码进行访问。在编程中，如果一个函数是内部函数或是内置函数，那么在编译时对它的行为会有特殊响应，从而产生更积极的优化和更专业化的指令生成。这对 CUDA 内部函数来说是真实可信的。事实上，许多三角函数是直接在 GPU 硬件上实现的，因为它们中的大部分是用图形应用计算的（变换、旋转和其他在 3D 可视化应用上的操作）。

在 CUDA 中，许多内部函数与标准函数是有关联的，这意味着存在与内部函数功能相同的标准函数。举个例子，标准函数中的双精度浮点平方根函数也就是 sqrt。有相同功能的内部函数是 __dsqrt_rn。还有执行单精度浮点除法运算的内部函数：__fdividef。

内部函数分解成了比与它们等价的标准函数更少的指令。这会导致内部函数比等价的标准函数更快，但数值精确度却更低。因此可以在同一应用中交替使用标准函数和内部函数，但是它们在性能和数值精确度上会有所不同。

标准函数和内部函数大大增加了 CUDA 应用程序的灵活性。它们作为细粒度旋钮，可以在运行操作基础上调整性能和数值精确度。在本章后面的 7.2.2 节中，通过调整这些旋钮来观察它们的执行效果。

7.1.3 原子操作指令

一条原子操作指令用来执行一个数学运算，此操作是一个独立不间断的操作，且没有其他线程的干扰。当一个线程在一个变量上成功完成一个原子操作时，那么不管有多少线程正在访问这个变量，这个变量的状态都已经发生了改变。因为原子操作指令阻止了多个线程之间互相干扰，它们可以对跨线程共享数据进行"读-改-写"操作（例如，读取当前值，增大它的值，然后写入新的值）。在 GPU 这样的高并发执行环境中，保证"读-改-写"操作的完整性尤为重要。CUDA 提供了在 32 位或 64 位全局内存或共享内存上执行"读-改-写"操作的原子函数。

所有计算能力为 1.1 或以上的设备都支持原子操作，Kepler 型全局原子内存操作比 Fermi 型操作更快，吞吐量也显著提高了。这可能会使之前因高度依赖原子操作而被认为不适合 GPU 执行的 CUDA 型应用能够有更好的性能表现。

与标准函数和内部函数类似，每个原子函数都能实现一个基本的数学运算，如加法、乘法或减法。不同于目前介绍过的其他指令类型，当原子操作指令在两个竞争线程共享的内存空间进行操作时，会有一个定义好的行为。

用下面这个核函数来帮助理解这个概念：

```
__global__ void incr(int *ptr) {
    int temp = *ptr;
    temp = temp + 1;
    *ptr = temp;
}
```

这个内核从一个内存位置上读取一个数据，同时将其值加一，然后将得到的值写回到相同位置。注意，这里没有使用线程 ID 来改变正在被访问的内存位置，内核启动时每个线程都会从相同地址读写。如果启用一个含 32 个线程的线程块来运行这个核函数，那么会得到什么样的输出？你可能会说对于 32 个线程，每个线程都会增加 1。事实上，结果是不确定的。这是因为不止一个线程对同一个内存位置进行写操作，这叫作数据竞争，或者称为对内存的不安全访问。数据竞争的定义是两个或者多个独立的正在执行的线程访问同一个地址，并且至少其中一个访问会修改该地址。直到程序真正被执行时，才能知道在这个过程中哪一个线程赢得了胜利。因此，对于这个例子或任何会发生数据竞争的应用程序来说，其结果是不能事先确定的。

幸好，使用原子操作指令可以避免这种事情的发生。原子操作指令是通过 CUDA API 访问的函数。例如：

```
int atomicAdd(int *M, int V);
```

大多数的原子函数是二进制函数，能够在两个操作数上进行操作。它们把一个内存位置 M 和一个数值 V 作为输入。与原子函数相关的操作在 V 上执行，数值 V 早已存储在内存地址 *M 中了，然后将运算结果写到同样的内存位置中。

原子运算函数分为 3 种：算术运算函数、按位运算函数和替换函数。原子算术函数在目标内存位置上执行简单的算术运算，包括加、减、最大、最小、自增和自减等操作。原子位运算函数在目标内存位置上执行按位操作，包括按位与、按位或、按位异或。原子替换函数可以用一个新值来替换内存位置上原有的值，它可以是有条件的也可以是无条件的。不管替换是否成功，原子替换函数总是会返回最初存储在目标位置上的值。atomicExch 可以无条件地替换已有的值。如果当前存储的值与由 GPU 线程调用指定的值相同，那么 atomicCAS 可以有条件地替换已有的值。

如下所示，回调前面的自增核函数：

```
__global__ void incr(int *ptr) {
    int temp = *ptr;
    temp = temp + 1;
    *ptr = temp;
}
```

可以使用 atomicAdd 函数来重写自增内核程序。atomicAdd 在原子级使数值 V 与存储在内存位置 M 中的数值相加。更新后的自增内核使用以下语句来增大存储在地址 ptr 上的数值，并在增大之前返回存储在 ptr 上的数值。

```
__global__ void incr(__global__ int *ptr) {
    int temp = atomicAdd(ptr, 1);
}
```

随着这些变化的发生，此内核的行为已经有了明确的定义。如果启动 32 个线程，存储在 *ptr 所指位置中的值应该是 32。

另一方面，如果你的应用程序不需要所有线程都成功地增大数值，那么会怎样？如果我们只关心位于同一线程束中的一个或者几个线程能否成功运行呢？观察以下内核代码：

```
__global__ void check_threshold(int *arr, int threshold, int *flag) {
    if (arr[blockIdx.x * blockDim.x + threadIdx.x] > threshold) {
        *flag = 1;
    }
}
```

这里，每一个线程都在将数值与阈值进行比较。如果该值在阈值以上，则设置全局标志。假设所有的线程都在同一个全局标志上运行，如果多个数值在阈值之上，那么给标志位赋值的操作就是不安全的。

可以使用 atomicExch 来消除这种不安全访问：

```
int atomicExch(int *M, int V);
```

atomicExch 无条件地用 V 替换存储在 M 中的值，并返回原来存储在 M 中的值。用 atomicExch 重写 check_threshold 内核来去除对标志位的不安全访问。

```
__global__ void check_threshold(int *arr, int threshold, int *flag) {
    if (arr[blockIdx.x * blockDim.x + threadIdx.x] > threshold) {
        atomicExch(flag, 1);
    }
}
```

在这个例子中，真的有必要使用 atomicExch 吗？在这种情况下，如果使用了不安全的访问，仍然可以保证至少有一个线程会成功写入 *flag。使用 atomicexch 实际上并没有修改这个内核的行为。对一个应用程序来说，在 check_threshold 中简单地使用不安全的访问且能正确执行是有可能的。事实上，使用 atomicexch 等原子操作可能会显著降低其性能。当使用这种优化时必须非常小心，因为这种运算并不依赖于每个线程可见的运算结果。如果用 check_threshold 来统计高于阈值的数值数量，那么这种不安全访问将是无效的。

原子操作指令在高并行运行环境如 GPU 中是很强大的。它们提供了一种安全的方法，来操作被成百上千个线程所共享的数据。虽然原子函数没有精确度上的顾虑（而内部函数需要考虑精确度），但是它们的使用可能会严重降低性能。本章后面的 7.2.3 节中将探讨其原因。

7.2 程序优化指令

用于优化程序的指令，有很多的选择：单精度或双精度浮点值、标准或内部函数、原子函数或不安全访问。一般情况下，每一个选择在性能、精确度和正确性上都有不同表现。对于所有应用程序来说并没有最佳的选择，最佳决策取决于应用程序的要求。

本节涵盖了体现每一类指令不同优缺点的例子。

7.2.1 单精度与双精度的比较

正如前面所讨论的，用于存储单精度和双精度数的位数是不同的。因此，双精度变量相较于单精度变量来说，可以在一个更精细的粒度和更广泛的范围上表示不同的数值。为了证明这一点，可以从 Wrox.com 下载 floating-point-accuracy.cu 来创建和运行相关程序。这个程序在主机和设备端将数值 12.1 分别存储为单精度变量和双精度变量，然后将按 20 个小数位存储的实际值进行输出。以下为输出示例：

```
Host single-precision representation of 12.1  = 12.10000038146972656250
Host double-precision representation of 12.1  = 12.09999999999999964473
```

```
Device single-precision representation of 12.1 = 12.10000038146972656250
Device double-precision representation of 12.1 = 12.09999999999999964473
Device and host single-precision representation equal? yes
Device and host double-precision representation equal? yes
```

虽然主机和设备上的数值都与 12.1 近似，但都不是精确值。在这个特殊的例子中，双精度数值比单精度数值稍微更接近于真实数值。

双精度数值的精确性是以空间和性能消耗为代价的。来自于 Wrox.com 上的 floating-point-perf.cu 程序随机产生了一个浮点输入向量，将该向量复制到 GPU 中，在 GPU 上重复执行大量的数学运算，然后再将结果复制回主机。使用单精度向量和双精度向量执行同样的操作，并对传输和内核所需时间进行测量。整个过程是反复运行的，以减少执行时间中随机变动造成的测量误差。该程序的输出示例如下：

```
Running 65535 blocks with 256 threads/block over 154990080 elements

Input  Diff Between Single- and Double-Precision
------------
0       1.16110611328622326255e-01
1       1.42341757498797960579e-01
2       1.45135404032771475613e-01
3       1.47929050144739449024e-01
4       1.03847696445882320404e-01
5       1.84766342732473276556e-01
6       1.48497488888096995652e-01
7       1.20041135203791782260e-01
8       1.38459781592246145010e-01
9       1.49065927878837101161e-01

For single-precision floating point, mean times for:
   Copy to device:   129 ms
   Kernel execution: 574 ms
   Copy from device: 201 ms
For double-precision floating point, mean times for:
   Copy to device:   258 ms (2.00x slower than single-precision)
   Kernel execution: 890 ms (1.55x slower than single-precision)
   Copy from device: 401 ms (2.00x slower than single-precision)
```

这个例子说明了两点。首先，单精度和双精度浮点运算在通信和计算上的性能差异是不可忽略的。在这种情况下，使用双精度数值能够使总的程序运行时间增加近一倍（虽然这个结果可能取决于应用程序是计算密集型还是 I/O 密集型）。在设备端进行数据通信的时间也是使用单精度数值的两倍，这是由双精度数值长度是单精度数值长度的两倍造成的。随着全局内存输入 / 输出数量和每条指令执行的位操作数量的增加，设备上的计算时间也会增加。

这个程序也说明了单精度与双精度的结果有较大的数值差异，这些结果可能在迭代过程中不断被积累，即第一次迭代产生的不精确的结果作为下一次迭代的输入继续参与运算，导致最终结果偏差很大。因此，考虑到数值精确度，在迭代应用中可能更需要使用双精度变量。

还需要注意的是，由于双精度数值所占空间是单精度数值的两倍，所以当在寄存器中存储一个双精度数值（在内核中已被声明）时，一个线程块总的共享寄存器区域会比使用浮点数小得多。在声明单精度浮点数值时必须非常谨慎（例如，pi＝3.14i59f;）。任何不正确的省略尾数 f 的声明（pi＝3.14i59）都会自动地被 NVCC 编译器转换成双精度数。

小结

浮点运算对应用程序的性能和数值精确度上的影响并不是只在 GPU 上才会产生，使用其他架构时，会面对同样的问题。以下是 CUDA 和 GPU 独有的特点：

- ❑ 使用双精度数值增加主机与设备之间的通信
- ❑ 使用双精度数值增加全局内存的输入 / 输出
- ❑ 数值精度的损失是由 CUDA 编译器强制浮点数值优化导致的

一般情况下，如果应用程序对精确度要求很高的话，那么必须使用双精度数值。否则，使用单精度数值可以获得性能提升。表 7-2 总结了在 CUDA 中使用浮点数运算的一些经验。

表 7-2　单精度和双精度浮点数的性能、精确度和正确性

	性　　能	精　确　度	正　确　性
单精度浮点数	性能更好；通信较少，稍微提高了计算吞吐量	精确度好；使用 32 位来存储数据；最小值和最大值间的范围更小，但可以用来表示数值的粒度更大	没有变化；没有对多线程不安全访问的保护
双精度浮点数	性能好；由于所占数据位是单精度浮点数的两倍，所以两倍数据位传给 GPU 且能操作更多的数据	精确度更好；由于使用 64 位存储，表示的数值范围更广并且提高了精确度	没有变化；没有对多线程不安全访问的保护

7.2.2　标准函数与内部函数的比较

标准函数和内部函数在数值精确度和性能上的表现是不同的。标准函数支持大部分的数学运算。但是，许多等效的内部函数能够使用较少的指令、改进的性能和更低的数值精确度，实现相同的功能。

7.2.2.1　标准函数和内部函数可视化

通过学习由 CUDA 编译器产生的针对每个函数的指令，可以将标准函数和内部函数差异可视化。使用 nvcc 的 --ptx 标志能够让编译器在并行线程执行（PTX）和指令集架构（ISA）中生成程序的中间表达式，而不是生成一个最终的可执行文件。PTX 类似于 x86 编程里面的程序集，它提供了一个你所编写的内核代码之间的中间表达式，该指令在 GPU 上执行。因此，它对于深入了解内核的低级别执行路径是很有用的。

例如，你可以为以下两个 CUDA 函数生成一个 PTX 来直观地比较标准函数和内部函数。为此，将这些核函数存储到一个命名为 foo.cu 的文件中：

```
__global__ void intrinsic(float *ptr) {
    *ptr = __powf(*ptr, 2.0f);
```

```
    }
    __global__ void standard(float *ptr) {
        *ptr = powf(*ptr, 2.0f);
    }
```

接下来使用以下命令生成一个 PTX 文件并命名为 foo.ptx:

```
$ nvcc --ptx -o foo.ptx foo.cu
```

nvcc 编译器会为这些设备函数生成一个包含 PTX 指令的文件。可以用文本编辑器打开 foo.ptx。

如果你之前没有读过原指令,foo.ptx 的内容对你来说可能比较难懂。首先要介绍的是 special-purpose .entry 指令,这个指令标志了一个函数定义的开始。由于在 foo.cu 中有两个核函数,所以在生成的 PTX 文件中会有两个 .entry 指令。在 CUDA 5.0 中,标准函数的函数签名是:

```
.entry _Z8standardPf (
    .param .u64 __cudaparm__Z8standardPf_ptr)
{
    ...
}
```

对于 instrinsic 函数是:

```
.entry _Z9intrinsicPf (
    .param .u64 __cudaparm__Z9intrinsicPf_ptr)
{
    ...
}
```

函数名可能会因编译器版本的不同而不同。.entry 后的开括号以及随后文件中相应的闭括号之间的内容对你来说并不陌生。和 C 语言一样,这些括号括起来的是每个函数逻辑指令的定义。例如,foo.ptx 文件中定义的第一个函数是内部函数,并且类似于以下代码:

```
.entry _Z9intrinsicPf (
        .param .u64 __cudaparm__Z9intrinsicPf_ptr)
    {
    .reg .u64 %rd<3>;
    .reg .f32 %f<7>;
    .loc    14  4   0
$LDWbegin__Z9intrinsicPf:
    .loc    14  5   0
    ld.param.u64    %rd1, [__cudaparm__Z9intrinsicPf_ptr];
    ld.global.f32   %f1, [%rd1+0];
    lg2.approx.f32  %f2, %f1;
    mov.f32         %f3, 0f40000000;        // 2
    mul.f32         %f4, %f2, %f3;
    ex2.approx.f32  %f5, %f4;
    st.global.f32   [%rd1+0], %f5;
    .loc    14  6   0
    exit;
$LDWend__Z9intrinsicPf:
    } // _Z9intrinsicPf
```

内部函数 _powf 实现需要 17 行代码，并且只有 7 条指令执行浮点数运算。看一下 foo.ptx 文件中的标准函数 powf，它实现的代码要长得多（在 CUDA 5.0 开发工具包中使用了 344 行）。这些代码行数并不直接转化为指令或者循环，所以性能上的区别仍很重要。

然而，区分标准函数和内部函数的不仅有性能，它们的计算精度也是不同的。为了测试性能和精确度的不同，可以从 Wrox.com 中下载 intrinsic-standard-comp.cu 这个例子，创建并运行相关应用程序。在该程序中的核函数中，先使用标准函数 powf，再使用内部函数 __powf，利用它们反复计算输入值的平方根。这个例子也使用主机上的 C 标准数学库来执行相同的计算，并使用主机上的结果作为基准值。intrinsic-standard-comp.cu 的示例输出如下所示：

```
Host calculated              66932852.000000
Standard Device calculated   66932848.000000
Intrinsic Device calculated  66932804.000000
Host equals Standard?        No diff=4.000000e+00
Host equals Intrinsic?       No diff=4.800000e+01
Standard equals Intrinsic?   No diff=4.400000e+01

Mean execution time for standard function powf:    47 ms
Mean execution time for intrinsic function __powf: 2 ms
```

不出所料，使用内部函数相较于标准函数来说，速度提升了将近 24 倍，获得了巨大的性能提升。CUDA 标准函数和内部函数不仅输出结果不同，它们与主机标准数学库计算的结果也不同。但是，当比较内部函数和标准函数的计算结果时，内在结果比主机结果相差一个数量级。

CPU 到 GPU 的移植

使用 CUDA 来执行科学仿真、金融算法和其他要求高精度和高保真度的应用程序通常需要两个步骤：将传统应用从只有 CPU 的系统移植到 CUDA 系统中，接着通过比较传统应用结果与使用 CUDA 的执行结果，来验证程序移植的数值精确性。

即使使用数值稳定的 CUDA 函数，GPU 上的运算结果仍与传统的只在 CPU 上运行的应用结果不同。由于主机和设备上的浮点运算都存在固有的不精确性，有时很难指出一个输出结果与另一个输出结果哪个更精确。因此，必须考虑数值差异并做出恰当的移植计划，而且有必要的话需要设置允许的误差范围。

7.2.2.2　操纵指令生成

在大多数情况下，将程序员编写的内核代码转换为 GPU 指令集这一过程是由 CUDA 编译器完成的。程序员很少会有检查或手动修改指令的想法。但是，这并不意味着你无法引导编译器倾向于实现良好的性能或准确性或者达到两者的平衡。CUDA 编译器中有两种方法可以控制指令级优化类型：编译器标志、内部或标准函数调用。

例如，内部函数 __fdividef 与运算符 "/" 相比，在执行浮点数除法时速度更快但数值精确度相对较低。假设有下面的核函数 foo：

```
__global__ void foo(...) {
    float a = ...;
    float b = ...;
    float c = a / b;
}
```

可以用功能上等价的 __fdividef 来替换 "/"，并测试性能：

```
__global__ void foo(...) {
    float a = ...;
    float b = ...;
    float c = __fdividef(a, b);
}
```

一个个手动调整内核操作的工作量太大了。编译器标志提供了一个更自动、全局化的方式来操纵编译器指令的生成。例如，你可能想要通过 CUDA 编译器控制浮点数 MAD（FMAD）指令的生成。MAD 是一个简单的编译器优化指令，它能将乘法和加法融合到一个指令中，从而使运算时间比使用两个指令缩短一半。但是，这个优化需要以数值精度为代价。所以，一些应用程序会明确限制 FMAD 指令的使用。

nvcc 的 --fmad 选项可全局性地启用或禁用 FMAD 整个编译单元的优化。默认情况下，nvcc 使用 "--fmad=true" 以启用 FMAD 指令来优化性能。"--fmad=false" 的意思是阻止编译器混合任何乘法和加法，这虽然有损性能但可能提高应用程序的数值精度。

例如，给出以下核函数：

```
__global__ void foo(float *ptr) {
    *ptr = (*ptr) * (*ptr) + (*ptr);
}
```

用 "--fmad=true" 为 foo 函数生成 PTX，也就是为内核产生一个算术指令：

```
mad.f32    %f2, %f1, %f1, %f1;
```

正如预期所料，在这里你能看到一个应用于 3 个 32 位浮点值的 MAD 乘 – 加指令。如果这个内核用 "--fmad=false" 进行编译，在 MAD 指令的位置会出现一对指令，如下所示：

```
mul.rn.f32    %f2, %f1, %f1;
add.rn.f32    %f3, %f2, %f1;
```

编译器标志按预期运行，可以看到 nvcc 没有将乘法和加法融合为一个 MAD 指令。

注意，除了 --fmad，还有许多 CUDA 编译器标志会影响算法指令的生成。完整的列表可在 nvcc 的 --help 选项中找到，表 7-3 中列出了这些编译器标志。

表 7-3 用于引导指令生成的编译器标志

标志	描述	缺省值	对性能的影响	对精度的影响
--ftz= [true,false]	将所有单精度非正规浮点数置为零。对非正规数的介绍超出了本书范围，但它们在应用程序中可能会让所有或某些运算操作采取不太有效的代码路径（取决于 GPU 版本是在有 Fermi 之前还是之后）	false	设置为 true 时，可能会提高性能，这取决于待处理的值和应用中执行的算法	设置为 false 时，可能会提高精度，这取决于待处理的值和应用中执行的算法
--prec-div= [true,false]	提高了所有单精度除法和倒数数值的精度	true	设置为 true 时，可能会降低性能	设置为 true 时，可能会提高与 IEEE 标准数值的兼容性
--prec-sqrt= [true,false]	强制执行一个精度更高的平方根函数	true	设置为 true 时，可能会降低性能	设置为 true 时，可能会提高与 IEEE 标准数值的兼容性
--fmad= [true,false]	控制是否允许编译器融合乘－加操作到一个 FMAD 指令中	true	如果在应用程序中有对于浮点型变量的 MAD 运算，启用 FMAD 会提高性能	启用 FMAD 可能会降低应用程序的精度
--use_fast_math	用等价的内部函数替换应用程序中所有的标准函数，同时也设置了 --ftz=true，--prec-div=false 和 --prec-sqrt=false	false	启用 --use_fast_math 暗示启用了一系列提高性能的优化	启用 --use_fast_math 可能会降低数值的精度

除了 --fmad 选项，CUDA 还包含一对用于控制 FMAD 指令生成的内部函数：__fmul 和 __dmul，这些函数用于实现单精度浮点型和双精度浮点型乘法。然而这些函数不会影响乘法运算的性能，在有 "＊" 运算符的地方调用它们可阻止 nvcc 将乘法作为乘加优化的一部分来使用。例如，在之前的核函数 foo 中，--fmad=false 就阻止生成一个 mad.f32 指令。通过插入一个 __fmul 函数调用可以实现相同效果。

```
__global__ void foo(float *ptr) {
    ptr = __fmul_rn(*ptr, *ptr) + *ptr;
}
```

需要注意的是，不论是指定 --fmad=true 还是 --fmad=false，__fmul 和 __dmul 都阻止 MAD 指令的生成。因此，当通过有选择地调用 __fmul 或者 __dmul 的计算来提升某些数值的健壮性时，可启用 MAD 编译器优化全局。

你可能已经注意到在 foo 中调用 __fmul 时，实际上调用的是一个函数 __fmul_rn。许多浮点型内部函数（包括 __fadd，__fsub，__fmul 等）在函数名中都使用两个后缀字符，这明确指出了浮点四舍五入的模式（在表 7-4 中已列出）。回想一下，由于浮点变量只能表示离散的细粒度值，任何不能表示的值必须被舍入为可表示的值。浮点运算的舍入模式决定了如何将不可表示的值转化成可表示的值。

既然已经知道了启用或禁用 FMAD 优化给指令级带来的变化，你就可以观察到这些变化对数值精度的影响。你可以从 Wrox.com 下载 fmad.cu 示例，创建并运行相关程序。这个示例使用标准函数在主机和设备上各运行一个 MAD 操作。用不同的 --fmad 标志值编译 fmad.cu，可以将是否有 MAD 优化的 CUDA 内核运行结果和主机的基准值进行对比。

表 7-4　不同的四舍五入模式下 __fmul 的变体

后　缀	含　义
rn	在当前浮点模式（单或双精度）下不能精确表示的数值，用可表示的最近似值来表示。这是默认模式
rz	总是向零取整（例如，比零大的值向下取整，比零小的值向上取整）
ru	总是向上取整到正无穷
rd	总是向下取整到负无穷

首先，尝试启用 MAD CUDA 优化来编译 fmad.cu。注意，你也可以省略参数 --fmad=true，因为它的默认值即为 true。

```
$ nvcc -arch=sm 20 --fmad=true fmad.cu -o fmad
```

运行程序产生如下输出：

```
$ ./fmad
The device output a different value than the host, diff=8.881784e-16.
```

正如预期的那样，使用 MAD 优化在设备上导致出现了一些小的数值误差。fmad.cu 也可以在禁用 MAD 编译优化时执行编译：

```
$ nvcc -arch=sm_20 --fmad=false fmad.cu -o fmad
```

运行禁用 MAD 的应用程序产生如下输出：

```
$ ./fmad
The device output the same value as the host.
```

禁用 FMAD 后，主机和设备上产生的值是相同的。但是，设备内核需要更多的指令去执行这个计算。

7.2.2.3　小结

本节证明了标准函数和内部函数对程序行为有很大的影响（见表 7-5 中的总结）。在许多情况下，你可以控制编译器如何生成指令，这对于调控应用程序的性能和精度是十分有帮助的。

表 7-5　标准函数和内部函数的性能、精度和正确性

	性　能	精　度	正　确　性
标准函数	一般，标准函数通常会转译成更多的指令	更好，根据 CUDA 编程指南，相比它们对应的内部函数，标准函数更能保证数值的精度	无变化，没有针对多线程不安全访问的保护
内部函数	更好，内部函数充分利用本地 GPU 指令来减少指令的使用数	一般，为大幅减少指令使用数，使用近似值通常是很有必要的	无变化，没有针对多线程不安全访问的保护

7.2.3 了解原子指令

在本节中，你将学习如何使用原子操作，并学习在高并发环境下的共享数据上如何执行正确的操作。注意，不同计算能力的 GPU 支持不同的原子函数。需要在计算能力为 1.0 或以上的 GPU 上来运行本节的示例。

7.2.3.1 从头开始

通过使用一个原子函数，每个由 CUDA 提供的原子函数可以重复被执行：原子级比较并交换（CAS）运算符。原子级 CAS 是一个很重要的操作，不仅可以使你在 CUDA 中定义你自己的原子函数，还能帮助你更深层次地理解原子操作。

CAS 将 3 个内容作为输入：内存地址、存储在此地址中的期望值，以及实际想要存储在此位置的新值，然后执行以下几步：

1. 读取目标地址并将该处地址的存储值与预期值进行比较。

a. 如果存储值与预期值相等，那么新值将存入目标位置。

b. 如果存储值与预期值不等，那么目标位置不会发生变化。

2. 不论发生什么情况，一个 CAS 操作总是返回目标地址中的值。注意，使用返回值可以用来检查一个数值是否被替换成功。如果返回值等于传入的预期值，那么 CAS 操作一定成功了。

这只是 CAS 操作。一个原子 CAS 意味着整个 CAS 进程是在没有其他任何线程的干扰下完成的。因为这是一个原子运算符，如果 CAS 操作返回值显示写操作成功，那么所执行的数值交换必须对其他所有线程也可见。

想要学习更多关于原子操作的知识，可以使用 CUDA 的 atomicCAS 设备函数从头开始去实现一个原子函数。在这个例子中，你可以进行原子级 32 位整型加法运算。atomicCAS 相关变体的函数签名为：

```
int atomicCAS(int *address, int compare, int val);
```

其中"address"是目标内存地址，"compare"是预期值，"val"是实际想写入的新值。

所以，你会怎样利用 atomicCAS 执行一个原子加法呢？首先需要分解加法运算并把它定义成 CAS 操作。当执行自定义原子操作时，定义目标的起始和结束状态是很有帮助的。在原子加法中，起始状态是递增运算的基值。结束状态值是起始状态和增量的总和。这个定义直接转换为 atomicCAS：预期值是起始状态，实际写入的新值是完成状态。

若想实现一个自定义的原子加法函数，需要从函数签名开始，它需要一个目的地址存储到该地址的值。

```
__device__ int myAtomicAdd(int *address, int incr) {
    ...
}
```

可以通过读取目标内存的地址，计算出存放在目标地址中的预期值。将读取到的值以及传递给 myAtomicAdd 的 incr 值定义实际值。使用这些预期值和实际值，可以调用

atomicCAS 来实现加法运算：

```
__device__ int myAtomicAdd(int *address, int incr) {
    // Create an initial guess for the value stored at *address.
    int expected = *address;
    int oldValue = atomicCAS(address, expected, expected + incr);
    ...
}
```

这个 myAtomicAdd 函数可以实现原子加法。但是，只有当执行 atomicCAS 后，读入"expected"的值与存入"address"的值相同时操作才成功。因为目标位置是由多线程共享的（否则不需要原子操作），所以另一个线程修改"address"的值是有可能的，这个值处于被"expected"读入和 atomicCAS 修改之间。如果发生这种情况，atomicCAS 的执行会因在"address"中的值和"expected"中的值不同而失败。

回忆一下可知，如果"atomicCAS"的返回值与预期值不同则程序会失败。因此，myAtomicAdd 可以用来检查失败并在一个循环中重试 CAS 直到 atomicCAS 成功。

```
__device__ int myAtomicAdd(int *address, int incr) {
    // Create an initial guess for the value stored at *address.
    int expected = *address;
    int oldValue = atomicCAS(address, expected, expected + incr);

    // Loop while expected is incorrect.
    while (oldValue != expected) {
        expected = oldValue;
        oldValue = atomicCAS(address, expected, expected + incr);
    }
    return oldValue;
}
```

该函数的前三行和之前的相同。如果第一个 atomicCAS 失败了，那么 myAtomicAdd 就会循环执行直到 atomicCAS 最后的返回值与预期值不同。一旦条件失败，交换必须已经成功，并且 myAtomicAdd 退出循环。另一方面，预期值重置为最近读取的值并重试。为了匹配其他 CUDA 原子函数的语义，通过 atomicCAS 最近的返回值，myAtomicAdd 也返回目标地址中的数值。

你可以从 Wrox.com 中下载 my-atomic-add.cu 程序，创建并运行这个程序的副本。如下建立：

```
$ nvcc -arch=sm_11 my-atomic-add.cu
```

下一节将会涵盖 CUDA 支持的原子函数，但不应局限于它们的使用，这是非常重要的。有了 atomicCAS，你可以通过特定的应用程序执行所需的范围更广的原子操作。

7.2.3.2 内置的 CUDA 原子函数

CUDA 支持原子函数的集合。你可以使用何种子集取决于设备的计算能力。

原子函数支持始于计算能力 1.1 的设备。在这个级别，你将有对全局内存中 32 位数值操作函数访问的权限。

对共享内存中 32 位数值的操作和全局内存中 64 位数值的操作支持始于计算能力 1.2 的设备。对共享内存中 64 位数值的操作支持始于计算能力 2.0 的设备。

表 7-6 列出了 CUDA 支持的原子函数的原子操作，包括相关的 CUDA 设备函数和支持的数值类型。

表 7-6　内置 CUDA 原子操作

操　　作	函　　数	支持的数值类型
加法	atomicAdd	int, unsigned int, unsigned long long int, float
减法	atomicSub	int, unsigned int
无条件替换	atomicExch	int, unsigned int, unsigned long long int, float
最小值	atomicMin	int, unsigned int, unsigned long long int
最大值	atomicMax	int, unsigned int, unsigned long long int
增量	atomicInc	unsigned int
减量	atomicDec	unsigned int
CAS	atomicCAS	int, unsigned int, unsigned long long int
与	atomicAnd	int, unsigned int, unsigned long long int
或	atomicOr	int, unsigned int, unsigned long long int
异或	atomicXor	int, unsigned int, unsigned long long int

7.2.3.3　原子操作的成本

原子函数在一些应用中很有帮助且很有必要，但可能要付出很高的性能代价。导致这种局面的原因有如下几个方面：

1. 当在全局或共享内存中执行原子操作时，能保证所有的数值变化对所有线程都是立即可见的。因此，在最低限度下，一个原子操作指令将通过任何方式进入到全局或共享内存中读取当前存储的数值而不需要缓存。如果原子指令操作成功，那么必须把实际需要的值写入到全局或共享内存中。

2. 共享地址冲突的原子访问可能要求发生冲突的线程不断地进行重试，类似于运行多个 myAtomicAdd 循环的迭代。尽管内置原子函数建立过程的可见性是有限的，但对你所实现的任何自定义原子操作来说都是真实的。如果你的应用程序反复循环而致使 I/O 开销较大，相应地性能会降低。

3. 当线程在同一个线程束中时必须执行不同的指令，线程束执行是序列化的。如果一个线程束中的多个线程在相同的内存地址发出一个原子操作，就会产生类似于线程冲突的问题。因为只有一个线程的原子操作可以成功，所以所有其他的线程必须重试。如果一个原子指令需要 n 个循环，并且需要同一线程束中的 t 个线程在相同的内存地址上执行该原子指令，那么运行的时间将会是 $t \times n$，因为每次重试时只有一个线程会成功。记住，线程束中剩下的那些线程会等待所有原子操作的完成，并且一个原子操作也意味着一个全局的读取和写入。

　　为了探索原子操作指令，需要研究一些简单的例子。首先，对原子操作与不安全访问间的行为和性能的比较是很有趣的。你可以从 Wrox.com 中下载 atomic-ordering.cu，创建并运行相关程序。这个小应用程序包含了两个核函数，分别叫作 atomics 和 unsafe。在一个共享变量上，atomics 核函数在每个线程上执行原子加法，保存目标地址中原来存储的数值。

```
values_read[tid] = atomicAdd(shared_var, 1);
```

　　在相同的共享变量上，unsafe 核函数执行相同的加法，但并不使用原子函数。

```
int old = *shared_var;
*shared_var = old + 1;
values_read[tid] = old;
```

　　这意味着运行内核 unsafe 的线程正执行全局读取和写入并且没有任何机制来阻止线程之间的重写。因为两个核函数都存储目标地址中原来存储的数值，所以线程冲突可以被视为复制原来的值。一个示例的输出如下所示：

```
In total, 30 runs using atomic operations took 3704 ms
  Using atomic operations also produced an output of 6400064
In total, 30 runs using unsafe operations took 11 ms
  Using unsafe operations also produced an output of 100001
Threads performing atomic operations read values 1 3 5 7 17 19 21 23 33 35
Threads performing unsafe operations read values 0 0 0 0 0 0 0 0 0 0
```

　　性能上的差异很明显：使用 atomics 版本的运行时间是 unsafe 运行时间的 300 倍还要多。最终的输出说明不是所有在 unsafe 中执行的加法都会写入到全局内存中，许多是重写的并且永远不会被其他线程所读取。这些冲突在输出值的最后两行中表现得更明显。atomics 核函数中的线程有独有的增量值，而在 unsafe 核函数的前十个线程中每一个线程都是从 0 开始增大并全部写入相同的值：1。需要注意的是，一些在 unsafe 核函数中的加法结束了，因为最后的输出不是 1，所以一些线程将结果成功地写入全局内存并将内存中原来的数值读回。

　　这个例子说明了当原子操作是必要的而不安全访问是一个选择项时，这将在很大程度上降低性能和正确性。当做这个决定时必须非常小心，并不推荐使用不安全访问，应当只有在能保证正确性的情况下才尝试使用不安全访问。

7.2.3.4　限制原子操作的性能成本

　　幸运的是，当必须执行原子操作时，使用有些方法可以减少性能损失。你可以使用局部操作来增强全局原子操作，这些局部操作能从同一线程块的线程中产生一个中间结果。这需要使用本地较低延迟的资源，如 shuffle 指令或共享内存，在使用原子操作把局部结果结合到最终全局结果之前，需要先从每个线程块产生局部结果。当然，为使其有效，这些操作必须是可替换的（也就是说操作的顺序不能影响最后的结果）。图 7-5 展示了局部还原产生部分结果，然后是原子操作去计算最终的输出。

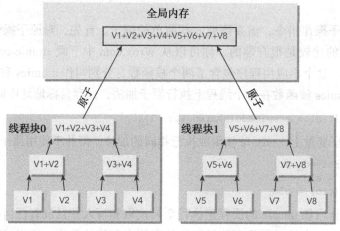

图 7-5

7.2.3.5　原子级浮点支持

原子函数中要注意的一点是它们大多被声明在整型数值上操作，如 int、unsigned int 或 unsigned long long int。纵观所有原子函数，只有 atomicExch 和 atomicAdd 支持单精度浮点数。所有原子函数都不支持双精度数值的运算。所幸，如果你的应用程序需要管理多个线程访问共享浮点变量，那么有些方法可以让你实现自己的浮点原子操作。在高级别上，有一个办法是用一个变量中支持的类型存储浮点数的原始比特位，并使用所支持的类型执行原子 CAS 操作。

通过一个例子可以更直观地说明这一点。下面是一个用单精度浮点数实现的 myAtomicAdd 核函数：

```
__device__ float myAtomicAdd(float *address, float incr) {
    // Convert address to point to a supported type of the same size
    unsigned int *typedAddress = (unsigned int *)address;

    // Stored the expected and desired float values as an unsigned int
    float currentVal = *address;
    unsigned int expected = __float2uint_rn(currentVal);
    unsigned int desired = __float2uint_rn(currentVale + incr);

    int oldIntValue = atomicCAS(typedAddress, expected, desired);
    while (oldIntValue != expected) {
        expected = oldIntValue;
        /*
         * Convert the value read from typedAddress to a float, increment,
         * and then convert back to an unsigned int
         */
        desired = __float2uint_rn(__uint2float_rn(oldIntValue) + incr);
        oldIntValue = atomicCAS(typedAddress, expected, desired);
    }
    return __uint2float_rn(oldIntValue);
}
```

这段代码中的大部分内容与之前的 myAtomicAdd 示例类似。主要的不同是 atomicCAS 数值转换的传入和传出，这个过程使用的是 CUDA 提供的各种类型的转换函数。这个特例使用了：

1. 一个 cast 改变了 address 指针的类型，使其从 float 型到 unsigned int 型。

2. 使用 __float2uint_rn 将期望值、*address、期望值以及 *address＋incr 的类型转换为包含相同比特位的 unsigned int 类型。

3. 如果操作失败了，使用 __uint2float_rn 检索一个从 atomicCAS 返回的 unsigned int 浮点数并计算新的期望值。

所有这些类型转换都是必要的，因为应用程序要求的类型（float）和 atomicCAS 函数要求的类型（unsigned int）是不同的。CUDA 提供了一个有很大范围的有其他特定类型转换的函数，包括 __double_as_longlong、__longlong_as_double、__double-2float_rn 等。这些函数对实现 CUDA 中大范围的自定义浮点原子函数是很有用的。完整的列表可以在 CUDA Math API 文档中找到。

7.2.3.6　小结

本节对 CUDA 中原子操作的作用进行了深入的研究。其中包含原子操作在 CUDA 中的工作背景，CUDA 中可用的各种原子操作，限制原子操作性能影响的方式和 CUDA 原子函数中所支持的浮点类型。表 7-7 总结了本节内容。

表 7-7　原子操作的性能、精度和正确性

	性　　能	精　　度	正　确　性
原子操作	差，原子性在简单的数学运算上有巨大的开销	对精度无影响，即便在开始时一些内置原子函数是支持浮点运算的	会造成多线程访问的冲突
不安全访问	更好，对不安全访问和任何其他全局内存访问表现出相同的性能	无影响	对正确性没有保证

7.2.4　综合范例

本节使用一个简单且有实际意义的例子：NBody，来将本章学习到的内容应用到一个简单的示例中。nbody.cu 的代码可以从 Wrox.com 中下载。

如果你对 NBody 不是很熟悉的话，我可以告诉你的是，它就是一个普通的仿真基准。它模拟了一系列的粒子和它们之间的相互操作，如图 7-6 所示。NBody 特别适用于 GPU，并且有大量可用于较高版本 GPU 的 NBody 的文献介绍。所提供的示例代码不是基于这些研究的，而是用作一个例子来帮助你理解的。在仿真

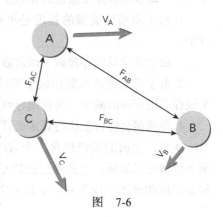

图　7-6

过程中 NBody 基于其他粒子所赋予的加速度，迭代更新每一个粒子的速度，随后基于新的速度更新每个粒子的位置。

首先，考虑 NBody.cu 对原子操作的作用。NBody 实现要进行两个全局统计：是否有任何粒子已经超过了相对于原点的某个距离，有多少粒子移动的速度比指定速度快。由于需要对超过阈值速度的粒子进行精确计数，所以应用程序必须利用原子操作以确保计数完全正确。但是，因为应用程序只需要知道是否有粒子与原点的距离超过了指定半径，所以可以用不安全访问来设立一个布尔类型的标志。

配置好 nbody.cu 以支持单精度和双精度浮点数值的使用，使它们可以存储粒子位置、速度和加速度。决定使用单精度还是双精度取决于编译时是否使用了预处理器宏。由于 nbody.cu 默认使用单精度，所以在编译时，你可以通过在命令行添加 -DSINGLE_PREC 或者 -DDOUBLE_PREC 来显式地进行选择。例如，下面的示例是使用单精度浮点数 NBody 的编译和执行：

```
$ nvcc -arch=sm_20 -DSINGLE_PREC -DVALIDATE nbody.cu -o nbody
$ ./nbody
Using single-precision floating-point values
Running host simulation. WARNING, this might take a while.
Any points beyond bounds? true, # points exceeded velocity 30262/30720
Total execution time 10569
Error = 5.48078840035512282469e+00
```

双精度值可以使用以下命令配置和测试：

```
$ nvcc -arch=sm_20 -DDOUBLE_PREC -DVALIDATE nbody.cu -o nbody
$ ./nbody
Using double-precision floating-point values
Running host simulation. WARNING, this might take a while.
Any points beyond bounds? true, # points exceeded velocity 30251/30720
Total execution time 60688
Error = 3.66473952850002815396e+00
```

注意，当使用双精度浮点值时，总的执行时间减少到 1/6。这对于提高精度来说是一个很高的代价，但是在很多应用程序中这是必需的。回想之前分析的 floating-point-perf.cu 例子可知，造成这种速度减慢的原因主要有以下几个方面：

1. 由于双精度类型的长度是单精度类型的两倍，所以导致了双倍的主机 – 设备通信开销。

2. 由于从全局内存加载了两次数据，所以增加了设备上的 I/O 消耗。

3. 由于双精度浮点数相较于单精度来说，能存入寄存器的更少，同时每个线程块中每个线程可用资源的减少，潜在地导致了全局内存中有更多溢出变量。

4. 在两倍比特位上执行算术运算增加了计算成本。

注意，上面的编译包含一个 -DVALIDATE 标志。在 NBody 中，这增加了一个针对结果数值精度的测试，它是通过比较 CUDA 输出和一个主机端的输出实现的。输出的错误结果是主机和设备端计算的粒子位置之间的平均差。双精度浮点数值的使用使精度有了一个明显的提高，但是，通过把默认标志传给 CUDA 编译器，CUDA 和主机计算的数值之间仍然有很大的差异。

最后，还需要研究的一点是，当使用我们之前讨论过的编译器标志时，标准函数和内部函数的性能是如何变化的。回想表 7-3 中的 --ftz，--prec-div，--prec-sqrt，以及—fmad，每一个都可以影响性能和精度，并且当自动选择内部函数代替标准函数时，--use_fast_math 设置了所有最大化性能的选项。表 7-8 显示了在使用不同标志下的执行时间和数值错误，其中这些标志被设置用来最大化性能或精度。这些程序都使用了单精度数值参与执行。

表 7-8　使用编译器标志的 NBody 的性能和精确度变化

描　　述	--ftz	--prec-div	--prec -sqrt	--fmad	--use_fast_math	时间（ms）	错　　误
所有用来最大化性能的标志	True	False	False	True	True	5336	4.694 6
所有用来最大化数值精度的标志	False	True	True	False	False	12 042	0.000 0

这些结果与预期的结果完全相吻合，并且证明了编译器标志使用的重要性。对于用来最大化性能的标志，总的执行时间提高了 2.25 倍。对于用来最大化精度的标志来说，它消除了主机实现时的数值偏差。

7.3　总结

当建立一个 CUDA 应用程序时，你必须明白以下几点对性能和数值精度的影响：浮点型运算，标准和内部函数以及原子操作。

在本章中，对于怎样引导编译器指令生成核函数有了更详细的介绍。CUDA 编译器和函数库通常隐藏了底层细节，这对于程序员来说是把双刃剑。自动编译器的优化减少了一些优化负担，但可能会导致内核中数据转化变为不可见。这种不透明性会导致数值问题调试困难。此外，如果对这些性能调节方案了解的不够全面，那么在程序优化时你可能想不出合适的方法。

通过本章描述的理论方法，你将对优化应用程序的性能、精度和正确性有了更好的准备。NBody 例子说明了与以下内容相关的性能提升：

❑ 单精度和双精度浮点数运算
❑ 内部函数和标准函数
❑ 原子级访问和不安全访问

这些内容可以帮助你充分利用 GPU 的计算吞吐量，且不以牺牲应用程序的正确性为代价。接下来，你将要学习如何通过 CUDA 加速库和基于 OpenACC 指令的编译器来提高编程效率。

7.4 习题

1. 将下列运算转化为调用双精度内部函数 __fma_rn。然后试着使用相同的操作调用 __dmul_rn 和 __dmul_rn：：

```
a * b + c * d + e * f * g
```

2. 写一个程序，给定一个单精度浮点值，计算下一个最大和最小的单精度浮点值，使其可以使用相同的存储类型来正确表示。使用单精度和双精度类型执行相同的操作并比较结果。你能列出一些单精度表示更准确数值的示例吗？如果不能，你仍然认为它们是存在的吗？

3. 你已经知道了来自多个线程的不安全访问会导致不可预知的结果。你也已经知道了不安全访问需要有一些保证（如果每一个线程执行写一个 1 的操作，那么最后的数值不会变为其他内容）。考虑以下代码片段：

```
int n = 0;
int main(int argc, char **argv) {
    for (i = 0; i < 5; i++) {
        int tmp = n;
        tmp = tmp + 1;
        n = tmp;
    }
    return 0;
}
```

如果一个线程运行这个应用程序，期望输出结果为 5，那么，如果 5 个线程并行地执行相同的循环呢？ n 的最大值和最小值是什么？很明显最大值是：25，通过 5 个线程的 5 个增量。关于可能的最小值推理起来较难。提示：n 可以小于 5，但你需要弄清楚原因。后续，当并行运行时，你将如何使用原子指令和局部归约来优化这段代码的性能？

4. 基于 myAtomicAdd 实例，基于 atomicCAS 实现一个自定义 myAtomiMin 设备函数。

5. 基于单精度浮点型 myAtomicAdd 示例，通过使用 atomicCAS 实现原子双精度浮点型加法。

6. 本章中的示例都使用了位于全局内存位置上的原子操作。对计算能力为 1.2 以上的 GPU 来说，共享内存空间支持 CUDA 32 位原子操作。根据你在第 5 章学到的关于共享内存冲突的内容，在共享内存中使用原子指令的时候你还发现了哪些问题？

7. 试着在有无 --use_fast_math 编译器标志的情况下，编译 nbody.cu 到 PTX，生成的指令数有什么变化？

8. 在 nbody.cu 中，用第 5 章中基于 reduceSmemShfl 的优化并行归约函数来代替 atomicAdd 的使用。值得注意的是你仍然要使用 atomicAdd 来操作聚集结果，这会影响性能吗？为什么会或为什么不会？

9. 在创建 nbody.cu 时，试着切换编译器标志。你能找到比示例中所提供的性能更好的方法吗？为什么性能会提高？你能在平衡性能和数值精度的优化标志位中，找到一个中间点吗？

10. 重写 nbody.cu 使其直接调用内部函数，无须指定 --use_fast_math。你所写的显式调用内部函数的程序和所提供的设置了 --use_fast_math 代码相比，由 nbody.cu 生成的 PTX 有什么不同？记住其他由 --use_fast_math 产生的优化。你能手动编写一个与使用 --use_fast_math 功能相同的 nbody.cu 程序吗？如果不能，比较一下 PTX 指令的数量，思考你能做到什么程度。

第 8 章 *Chapter 8*

GPU 加速库和 OpenACC

本章内容:
- ❏ 利用 CUDA 库(GPU 加速库)探索并行编程的新高度
- ❏ 了解多种 CUDA 库共享的通用工作流
- ❏ 尝试在线性代数、傅里叶变换和随机数中使用 CUDA 库
- ❏ CUDA 6.0 中新的库特性
- ❏ 使用 OpenACC 指令在 GPU 上进行应用程序加速

通过对本书的学习,你已经掌握了 CUDA C 的一些特性。在今后编写新的应用程序、自定义应用程序或进行应用程序移植时,这些学习经验能使你充分利用 GPU 在大吞吐量应用中的计算优势。在多数情况下,用 CUDA 构建应用程序的最大障碍是开发时间,因此,在创建或移植应用程序时,必须最大限度地提高开发效率。

CUDA 提供了一系列的库来提高 CUDA 开发人员的开发效率。NVIDIA 和其他机构提供了特定领域内的 CUDA 库,它们可以作为编写复杂的应用程序的构建模块。这些库被CUDA 编程方面的专家所优化,同时,他们设计具有标准化数据格式的高水平 API 来提供应用程序接口。CUDA 库在 CUDA 运行时之上,为主机应用程序和第三方库提供一个简单、熟悉且有针对性的接口(如图 8-1 所示)。

另一个在 CUDA 上提供抽象层的工具是 OpenACC。OpenACC 使用编译指令注释来自于主机端和加速设备端用于减荷的代码和

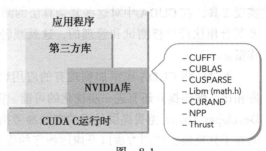

图   8-1

数据区域。编译器通过自动生成任意必要的内存拷贝、内核启动以及其他 CUDA API 调用，来对这些在设备上执行的代码进行编译。你会觉得 OpenACC 很熟悉，这是因为它的工作方式与第 6 章中提到的 OpenMP 类似。OpenACC 可以与 CUDA 库和手写的 CUDA 内核相结合，它允许程序员实现自己编写的内核代码，但会分离出很多普通的 CUDA 编程任务。

接下来的部分和示例将使你对 CUDA 有更深入的理解，以帮助你了解这些工具的使用以及如何将它们整合到你的应用程序中。你将从以下 CUDA 库的学习开始探寻更多有关 OpenACC 的细节。

❑ cuSPARSE 提供了一系列针对稀疏矩阵的基本线性代数子程序
❑ cuBLAS 提供了 1、2、3 级标准基础线性代数子程序（BLAS）库中所有函数的 CUDA 接口
❑ cuFFT 提供了一系列函数帮助开发者进行快速傅里叶变换（FFT）及其逆变
❑ cuRAND 提供了使用 GPU 快速生成随机数的不同方法

8.1 CUDA 库概述

CUDA 库和系统库或用户自定义库没有什么不同，它们是一组在头文件中说明其原型的函数定义的集合。CUDA 库的特殊性在于，其中实现的所有计算均使用了 GPU 加速，而不是 CPU。

使用 CUDA 库与创建手写 CUDA C 程序和使用主机现有的库相比有很多优势。CUDA 库为很多应用程序在可用性和性能之间提供了最佳平衡。许多 CUDA 库中的 API 与相同作用域中的标准库 API 基本相同。因此，你可以以基于主机的方式来使用 CUDA 库，这样能减少编程工作量，同时还能实现明显的加速。将复杂的算法从 CPU 移植到 GPU 中所需的时间可以从几个月或几周减少到几天甚至几小时。

CUDA 库在性能方面已经超过了主机库，而且有时也超过了手写的 CUDA 实现。CUDA 库的开发人员对 GPU 体系架构的研究都有很深的造诣，CUDA 库使你能够利用他们的专业知识迅速加速应用程序的开发。

对 CUDA 库的使用也降低了软件开发人员的维护成本，通过重用现有的比较成熟的实现工具，在 CUDA 中对这些复杂算法的测试和管理也变得简单了。这些库是由 NVIDIA 及其合作伙伴严格测试和管理的，这就减轻了领域内专家和新接触 CUDA 的程序员的工作量。

不过，将 CUDA 库添加到现有的应用程序中一般还需要几个步骤，而且与标准主机库相比，性能提升还有进一步优化的可能。需要声明的是，NVIDIA 开发者社区（NVIDIA Developer Zone）免费提供优秀的在线参考指南。本章的重点不在于每个独立函数的使用，而在于其高级的使用方法以及应用程序的优化。本节中的示例使用了基于特定库进行案例分析的 CUDA 库。

8.1.1　CUDA 库支持的作用域

在本书的写作期间，NVIDIA 开发者社区（developer.nvidia.com）收录了 19 个可供下载的 GPU 加速库文档。想要获取最新的列表，请前往 NVIDIA 开发者社区。表 8-1 列举了当前所有的 GPU 加速库以及它们的作用域。

表 8-1　CUDA C 支持的 CUDA 库及其作用域

库　名	作　用　域	库　名	作　用　域
NVIDIA cuFFT	快速傅里叶变换	NVIDIA cuRAND	随机数的生成
NVIDIA cuBLAS	线性代数（BLAS 库）	NVIDIA NPP	图像和信号处理
CULA Tools	线性代数	NVIDIA CUDA Math Library	数学运算
MAGMA	新一代线性代数	Thrust	并行算法和数据结构
IMSL Fortran Numerical Library	数学与统计学	HiPLAR	R 语言中的线性代数
NVIDIA cuSPARSE	稀疏线性代数	Geometry Performance Primitives	计算几何
NVIDIA CUSP	稀疏线性代数和图形计算	Paralution	稀疏迭代方法
AccelerEyes ArrayFire	数学，信号和图像处理，统计学	AmgX	核心求解

如果你的应用程序符合这些作用域中的任何一个，那么强烈建议你去探索 NVIDIA 开发者社区提供的关于这些库的在线文档。

8.1.2　通用的 CUDA 库工作流

当在主机端程序中调用 CUDA 库函数时，很多函数有通用的概念、特性及使用步骤。NVIDIA 函数库的通用工作流如下所示：

1. 在库操作中创建一个特定的库句柄来管理上下文信息。
2. 为库函数的输入输出分配设备内存。
3. 如果输入格式不是函数库支持的格式则需要进行转换。
4. 将输入以支持的格式填入预先分配的设备内存中。
5. 配置要执行的库运算。
6. 执行一个将计算部分交付给 GPU 的库函数调用。
7. 取回设备内存中的计算结果，它可能是库设定的格式。
8. 如有必要，则将取回的数据转换成应用程序的原始格式。
9. 释放 CUDA 资源。
10. 继续完成应用程序的其他工作。

并非每个库都遵循这一工作流，有些库可能会跳过某些步骤。你对每一步工作背后内容的认识是很重要的，因为这有助于你进行性能优化或简化调试过程。本章后面涉及的每个函数库基本上都遵循这个工作流。下面对该工作流的每一步进行详细说明，其中包含一些新概念和新词汇。

8.1.2.1 第1步：创建一个函数库句柄

许多 CUDA 库都有句柄这个概念，它包含了该库的一些上下文信息，如使用的数据结构格式、用于计算的设备端的使用等。对于使用句柄的库，在库调用前要做的就是为句柄分配内存及初始化。一般情况下，可以把句柄视作一个存放在主机上、包含每个库函数可能访问的信息且对程序员不透明的对象。例如，你可能希望所有的库操作都在一个特定的 CUDA 流中运行。尽管不同函数库使用不同的函数名，许多函数库都有一个使所有操作在特定流中运行的函数（例如，cuSPARSE 中的 cusparseSetStream，cuBLAS 中的 cublasSetStream 以及 cuFFT 中的 cufftSetStream）。这个流信息就保存在库句柄中，这个句柄提供了一种存储库信息的方法，程序员则负责管理句柄的并发访问。

8.1.2.2 第2步：分配设备内存

本节所介绍的函数库，都是由程序员或函数库自己调用 cudaMalloc 为其分配设备内存的。只有在使用多 GPU 编程库时，才需要使用 API 来分配设备内存。

8.1.2.3 第3步：将输入数据转换为函数库支持的格式

如果 CUDA 库不支持应用程序的数据格式，那么就需要进行格式转换。例如，如果应用程序按行优先顺序存储二维数组，但 CUDA 库只接受按列优先顺序存储的数组，那么你就需要进行格式转换了。为了取得最优性能，应尽可能地与 CUDA 库的数据格式一致从而避免数据转换。

8.1.2.4 第4步：将输入数据传送到设备内存中

有了第2步分配的全局内存和第3步格式化后的数据，第4步的任务就是将数据传送到设备内存中，以供 CUDA 设备上的库函数使用。这类似于 cudaMemcpy 的作用，尽管多数情况下使用的是库特有的函数。例如，在使用基于 cuBLAS 的应用程序中把一个向量从主机传输到设备，用的就是 cublasSetVector。当然其内部还是调用 cudaMemcpy（或其他等价函数）来将输入数据传输到设备内存中的。

8.1.2.5 第5步：配置函数库

通常，被调用的库函数必须明确自己所用的数据格式、维度或其他配置参数。在第5步，需要你来管理这个配置过程。在某些情况下，这些配置只是一些传递给计算函数库的参数。在其他情况下，就需要手动配置之前所说的库句柄了。还有个别情况，你需要管理一些分离的数据对象。

8.1.2.6 第6步：执行

执行阶段其实是函数库调用中最简单的一步！前面的5个步骤已经配置好了所需的库函数，并且获得了高度优化的 CUDA 库函数性能。

8.1.2.7　第 7 步：取回设备内存中的结果

在这一步中，将输出数据按预定义的格式从设备内存中传回至主机内存（数据格式按第 5 步配置的或由函数库规定的），可以理解为它是第 4 步的反过程。

8.1.2.8　第 8 步：将数据转换回原始格式

如果应用程序的原始数据格式和 CUDA 库支持的格式不同，那么就需要将其转换回应用程序所用的格式，这是第 3 步的反过程。

8.1.2.9　第 9 步：释放 CUDA 资源

如果被工作流分配的资源不再使用就要释放掉，以便在以后的计算中使用。注意，分配和释放资源会有一些开销，因此最好多次调用 CUDA 库来重用设备内存、函数库句柄和 CUDA 流等资源。

8.1.2.10　第 10 步：继续应用程序的其他部分

在第 7 步取回输出的数据并（可选地）在第 8 步转换成应用程序的原始数据格式后，便可以继续其他操作了，就好像在 GPU 上还没有执行计算操作一样。

以上这些复杂的介绍或许会让你觉得使用 CUDA 库是一件高开销低效率的事。后面几节会说明事实并非如此。很多情况下，整个工作流只需要几行代码。以上如此详细的介绍是为了帮助你加深对函数库的理解。

在下一节中，你将会对一些最常用的 CUDA 库进行更深入的学习。接下来将介绍每个函数库的相关概念，并通过一个例子来理解其工作流。

8.2　cuSPARSE 库

cuSPARSE 是一个线性代数库，内含很多通用的稀疏线性代数函数。这些函数支持一系列稠密和稀疏的数据格式。

表 8-2 列举了 cuSPARSE 支持的线性代数运算。想要对下列函数有更详细的了解，请参阅在线的 cuSPARSE 用户指南。cuSPARSE 将函数进行了分类，第一类函数只能在稠密向量和稀疏向量中进行操作，第二类函数可以在稀疏矩阵和稠密向量中进行操作，第三类函数可以在稀疏矩阵和稠密矩阵中进行操作。

表 8-2　cuSPARSE 支持的稀疏线性代数运算

函　数　名	描　　述
第一类函数	
axpyi	$y = y + ax$
doti	$z = y^{\mathrm{T}}x$
dotci	$z = y^{\mathrm{H}}x$

(续)

函　数　名	描　　述
gthr	基于向量 z 中存储的索引，把向量 y 中的一组数据传给向量 x
gthrz	与 gthr 执行的操作相同，但把从 y 中读取的位置全部设为 0
roti	对向量 x 和向量 y 应用 Givens 旋转算法
sctr	基于向量 z 中存储的索引，将选定的元素从向量 x 中分散到向量 y 中
第二类函数	
mv	最基本的，mv 执行运算 $y=aAx+by$，但是也有针对其他操作的更多高级功能
sv	解决稀疏三角线性系统
第三类函数	
mm	$C=aAB+bC$
sm	解决稀疏三角线性系统

注：在每个稀疏线性代数操作的描述中，小写黑斜体字母表示向量，大写黑斜体字母表示矩阵，白斜体小写字母表示标量。

在下一节，你将学习到 cuSPARSE 所支持的数据格式以及数据格式的转换。

8.2.1　cuSPARSE 数据存储格式

稠密矩阵中基本都是非零元素，矩阵中的每个值都是存储在一个多维数组中的。相反，稀疏矩阵和稀疏向量中基本都是零元素，因此在存储时可以只保存非零元素的值及其坐标。稀疏矩阵的存储方式有很多，目前 cuSPARSE 支持的有 8 种，本节简要介绍其中 3 种存储方式。

8.2.1.1　稠密存储方式

稠密矩阵格式是一种常见的存储方式，这种方式把矩阵中的每个元素都存储起来，不管它是否为零。由于这些矩阵是存储在内存中的，而内存本身是一维的，因此稠密矩阵中的每个元素必须变平且映射到连续的一维内存地址中。图 8-2 所示为二维矩阵 M 到一维存储格式 T 的映射。

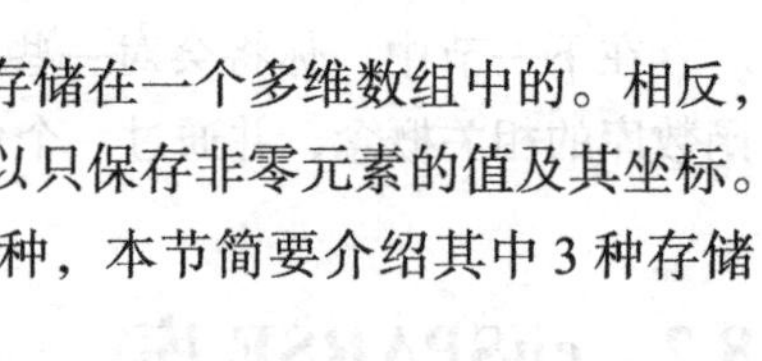

$$M \begin{bmatrix} 3 & 0 & 0 \\ 6 & 0 & 0 \\ 0 & 2 & 1 \end{bmatrix} \rightarrow \boxed{\begin{array}{|c|c|c|c|c|c|c|c|c|} 3 & 0 & 0 & 6 & 0 & 0 & 0 & 2 & 1 \end{array}} T$$

图　8-2

8.2.1.2　坐标存储方式

坐标稀疏矩阵格式（COO）存储了稀疏矩阵中每个非零元素的行坐标、列坐标及其元素值。因此当通过给定的行列坐标对存储在 COO 格式中的稀疏矩阵进行检索的时候，如果没有匹配值，那么这个位置的值为零。

坐标矩阵存储格式与稠密矩阵存储格式所占用的空间大小取决于矩阵的稀疏程度、元素的大小以及存储坐标类型的大小。例如，一个存储 32 位浮点型数据的稀疏矩阵，其坐标索引使用 32 位整型表示，只有当矩阵中的非零元素不到 1/3 时，才会节约存储空间。这是因为在这样的存储格式下，存储一个非零元素占用的空间是稠密格式下的 3 倍。图 8-3 所示为二维矩阵 *M* 到表示其坐标索引 *T* 的映射。

8.2.1.3　压缩稀疏行方式（CSR）

压缩稀疏行方式（CSR）与 COO 类似。唯一不同的是对于非零元素行索引的存储。在 COO 中，每个非零元素对应一个表示其值行索引的整数，而不是为每个值显式地存储行索引。而 CSR 则为同一行的所有元素值存储一个偏移量。

例如，假设稀疏矩阵 *M* 的非零元素存储在数组 *V* 中，而这些元素的列索引则存储在数组 *C* 中，如图 8-4 所示。相比 COO，CSR 没有存储行索引。

因为同一行的所有元素在 *V* 中都是被相邻的存储，因此要想找到某一行的值只需要数组 *V* 中的一个偏移量和长度值。例如，如果你只想知道 *M* 中第三行的非零元素有哪些，我们可以使用偏移量 2 和长度 2 在 *V* 中进行检索，如图 8-5 所示。这就是 CSR 中行索引的存储方式。

在列数组 *C* 中利用相同的偏移量和长度值可以确定所存储元素的列索引，因此该方法完全可以确定某个元素在原始的稀疏矩阵 *M* 中的位置。当存储一个较大的矩阵且每行元素都较多时，每行都使用一个偏移量和长度值进行存储比存储每个值的行索引要有效得多。

那么，每行数据的偏移量和长度该如何存储呢？最简单的方法是创建长度为 nRows 的数组 R_O 和 R_L，R_O 用来储存每一行的偏移量，R_L 用来存储每一行的长度。但如果一个矩阵有很多行，就需要有两个较大的数组。因此，我们可以使用一个长度为 nRows+1 的简单数组 *R*，数组 *V* 和 *C* 中第 *i* 行的偏移量就存储在数组 *R* 的 *i* 索引中。第 *i* 行的长度可以通过比较 *i* 和 *i*+1 行的偏移量来判定。而数组 *R*[*i*+1] 中实质上存储的是所有行中所有非零值的总数。*R*[nRows] 是矩阵 *M* 中非零值的总数，综上所得的数组 *R* 如图 8-6 所示。

由图 8-6 可知，在数组 *V* 和 *C* 中可以获得矩阵 *M* 中第 0 行的值和列索引，其长度为 1−0=1，对于矩阵 *M* 的第 1 行和第 2 行元素可以应用同样的方法得到其值和列索引。*M* 中非零值的总数也可以由 *R* 的最后一个元素获得。

因此，CSR 比 COO 更节省存储空间。CSR 的完整示意如图 8-7 所示。

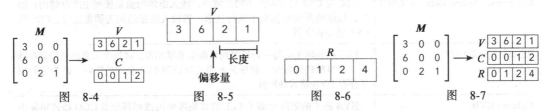

图 8-4　　　　　图 8-5　　　　　图 8-6　　　　　图 8-7

可以把 CSR 格式的稀疏矩阵传到 GPU 中，然后直接在 cuSPARSE 函数中使用。首先，假设你已经通过下列代码在主机上定义了一个 CSR 格式的稀疏矩阵：

```
float *h_csrVals;
int *h_csrCols;
int *h_csrRows;
```

h_csrVals 用来存储稀疏矩阵的非零值个数，h_csrCols 用来存储每个值的列索引，h_csrRows 用来存储 h_csrVals 和 h_csrCols 中的行偏移。接下来为每个数组分配设备内存，然后传给 GPU：

```
float *d_csrVals;
int *d_csrCols;
int *d_csrRows;

cudaMalloc((void **)&d_csrVals, n_vals * sizeof(float));
cudaMalloc((void **)&d_csrCols, n_vals * sizeof(int));
cudaMalloc((void **)&d_csrRows, (n_rows + 1) * sizeof(int));

cudaMemcpy(d_csrVals, h_csrVals, n_vals * sizeof(float),
    cudaMemcpyHostToDevice);
cudaMemcpy(d_csrCols, h_csrCols, n_vals * sizeof(int),
    cudaMemcpyHostToDevice);
cudaMemcpy(d_csrRows, h_csrRows, (n_rows + 1) * sizeof(int),
    cudaMemcpyHostToDevice);
```

8.2.1.4 cuSPARSE 存储格式小结

在 cuSPARSE 中支持本节描述的所有存储格式，并且每种存储格式因所处理数据集的特点而表现出不同的优缺点。cuSPARSE 用户指南的第三部分中有 cuSPARSE 数据格式的完整说明。表 8-3 列出了 cuSPARSE 当前支持的数据格式及各自的最佳使用情况。

表 8-3 稀疏矩阵存储格式

矩阵数据格式	最佳使用情况
Dense	稠密的输入数据格式含有较少的非零项。当输入数据为稠密数据时，使用 Dense 格式能更好地访问局部
Coordinate（COO）	一种简单而通用的稀疏矩阵格式。当输入矩阵的非零元素少于 1/3 时，COO 比 Dense 节省空间
Compressed Sparse Row（CSR）	CSR 为每一行的所有元素值存储一个偏移量，而不是为每一个非零值存储行坐标，因此，当矩阵中的每一行都至少有一个非零元素时，CSR 比 COO 节省空间。但是，无法用 O（1）来查询给定数值的所在行
Compressed Sparse Column（CSC）	CSC 与 CSR 只有两点不同。第一，输入矩阵的值是按列主序存储的；第二，压缩的是列坐标而不是行坐标。当输入数据的列为稠密型时，CSC 比 CSR 更节省空间
Ellpack-Itpack（ELL）	ELL 把矩阵中的每一行压缩到只保留非零元素，将每个元素的列信息存储到一个单独的矩阵中。程序员不能直接访问 ELL 格式的矩阵，因为它们用于保存 HYB 格式的矩阵
Hybrid（HYB）	HYB 格式的矩阵存储了 ELL 格式矩阵中的规则部分及 COO 格式矩阵中的不规则部分。对那些有不同稀疏性的矩阵来说，这种混合格式的方案有助于优化对 GPU 的访问模式

（续）

矩阵数据格式	最佳使用情况
Block Compressed Sparse Row（BSR）	BSR 的实现算法与 CSR 相同，但不存储标量值，它支持存储一个标量类型的二维块。BSR 格式（及非常类似的 BSRX 格式）优化多 CUDA 线程块之间的一个较大矩阵的细分
Extended BSR（BSRX）	BSRX 与 BSR 基本相同，只有在内存中标记唯一的二维块位置的方法上稍有不同

8.2.2　用 cuSPARSE 进行格式转换

在函数库的工作流中有两个阶段，先将应用程序的原始数据格式转换成函数库支持的数据格式，然后再进行这个过程的逆过程。当用 cuSPARSE 支持的格式转换应用程序的原始数据格式的开销很高时，这两个步骤与之相关。例如，许多传统的应用程序可能只使用稠密矩阵存储格式，然而，在 cuSPARSE 中执行矩阵与向量或矩阵与矩阵之间的操作时就要求用 CSR，BSR，BSRX 或 HYB 等存储格式。

cuSPARSE 数据格式转换所带来的开销，包括计算开销和存储空间的开销。因此，为了发挥 cuSPARSE 在稀疏矩阵存储上的优势，你应尽量避免进行这种数据格式转换。

cuSPARSE 里有很多用于格式转换的函数，表 8-4 列出了其中几个。最上面一行是输入数据（源数据）格式，最左边那一列是输出数据（目标数据）格式。空的单元格表明不支持两种数据格式的转换，你可以通过多次转换来实现未显示支持的转换。例如，dense2bsr 的转换没有被支持，但我们可以用 dense2csr 和 csr2bsr 来进行间接转换。

表 8-4　支持稀疏矩阵格式的转换

		源　格　式				
		DENSE	COO	CSR	CSC	HYB	BSR
目标格式	DENSE			csr2dense	csc2dense	hyb2dense	
	COO			csr2coo			
	CSR	dense2csr	coo2csr			hyb2csr	
	CSC	dense2csc		csr2csc		hyb2csc	hsr2csr
	HYB	dense2hyb		csr2hyb	csc2hyb		
	BSR			csr2bsr			

8.2.3　cuSPARSE 功能示例

本节代码涉及矩阵向量乘法、格式转换等 cuSPARSE 特性。你可以在 Wrox.com 中下载 cusparse.cu 的示例代码，代码核心如下所示：

```
// Create the cuSPARSE handle
cusparseCreate(&handle);

// Allocate device memory for vectors and the dense form of the matrix A
...

// Construct a descriptor of the matrix A
cusparseCreateMatDescr(&descr);
cusparseSetMatType(descr, CUSPARSE_MATRIX_TYPE_GENERAL);
cusparseSetMatIndexBase(descr, CUSPARSE_INDEX_BASE_ZERO);

// Transfer the input vectors and dense matrix A to the device
...

// Compute the number of non-zero elements in A
cusparseSnnz(handle, CUSPARSE_DIRECTION_ROW, M, N, descr, dA,
            M, dNnzPerRow, &totalNnz);

// Allocate device memory to store the sparse CSR representation of A
...

// Convert A from a dense formatting to a CSR formatting, using the GPU
cusparseSdense2csr(handle, M, N, descr, dA, M, dNnzPerRow,
            dCsrValA, dCsrRowPtrA, dCsrColIndA);

// Perform matrix-vector multiplication with the CSR-formatted matrix A
cusparseScsrmv(handle, CUSPARSE_OPERATION_NON_TRANSPOSE,
            M, N, totalNnz, &alpha, descr, dCsrValA, dCsrRowPtrA,
            dCsrColIndA, dX, &beta, dY);

// Copy the result vector back to the host
cudaMemcpy(Y, dY, sizeof(float) * M, cudaMemcpyDeviceToHost);
```

cusparse.cu 只是一个传统应用程序的小例子,它使用的是稠密矩阵数据格式,使用 cuSPARSE 和 CSR 稀疏矩阵格式可以进行移植。它的工作流与前文所述的通用工作流非常类似:

1. 使用 cusparseCreate 创建一个 cuSPARSE 库句柄。

2. 使用 cudaMalloc 可以分配设备内存,它用于存储稠密和 CSR 格式的输入矩阵和向量。

3. 用 cusparseCreateMatDescr 和 cusparseSetMat * 来配置矩阵的某一属性,然后用 cudaMemcpy 将所有输入数据传到预先分配好的设备内存中。格式转换子程式 cusparse-Sdense2csr 用于生成 CSR 格式的稠密输入数据,并由 cusparseSnnz 统计稠密矩阵中各列和各行非零元素的数目。

4. 在 CSR 稀疏矩阵和输入向量上调用 cusparseScsrmv 来执行矩阵向量乘法。

5. cudaMemcpy 用于从设备内存的向量 y 上取回最终的计算结果,由于计算结果是以稠密向量格式存储和处理的,因此不需要进行格式转换。

6. 使用 cudaFree,cusparseDestroyMatDescr 和 cusparseDestroy 释放 CUDA 和 cuSPARSE

资源。

本例使用了以下命令：

```
$ nvcc -lcusparse cusparse.cu -o cusparse
```

8.2.4 cuSPARSE 发展中的重要主题

尽管可以说 cuSPARSE 是 CUDA 库中以最快和最简单的方式执行高性能线性代数的函数库，但如果你要探索 cuSPARSE 更多的高级功能，那么你需要谨记 cuSPARSE 使用的一些关键点。

你可能会遇到的第一个挑战就是需要保证正确的矩阵和向量数据格式。cuSPARSE 本身是不能检测到错误或不恰当的数据输入格式的（例如，将一个 CSR 格式的矩阵传递给一个只接受 COO 格式输入的函数）。如果出错，最好的诊断信息可能来自于 cuSPARSE 内的段错误，或应用程序上的验证错误。

对于 cuSPARSE 的数据格式转换函数来说，在矩阵和向量数据规模较小时，手动验证其数据格式是可行的。通过格式转换的逆过程得到原数据格式的数据，可以使自动验证数据集成为可能，并比较两次转换后的数据与原数据是否相同。

为了对计算函数验证输入数据格式，建议你与具有相同功能的主机端实现进行对比。

另一个挑战是 cuSPARSE 默认的异步行为。对于许多 CUDA 函数来说这并没有什么特别的，但对于传统的有返回值的主机端阻塞式数学库来说，计算结果会出乎预料。如果你使用 cudaMemcpy 将 cuSPARSE 的结果从设备传到主机，那么应用程序将会自动阻塞，等待来自设备的结果（类似 cusparse.cu 中的情况）。然而，如果配置要求 cuSPARSE 使用 CUDA 流和 cudaMemcpyAsync，那么在访问 cuSPARSE 调用结果之前必须确保任务同步性的正确。

最后一点比较新奇的是标量参数的转换，它总是以引用的方式传递的。如下所示，在 cusparse.cu 内，传递的是浮点数值 beta 的地址而不是数值：

```
float beta = 4.0f;
...
// Perform matrix-vector multiplication with the CSR-formatted matrix A
cusparseScsrmv(handle, CUSPARSE_OPERATION_NON_TRANSPOSE,
    M, N, totalNnz, &alpha, descr, dCsrValA, dCsrRowPtrA,
    dCsrColIndA, dX, &beta, dY);
```

如果你不小心传递了 beta 而不是 &beta，那么你的应用程序会在主机端产生来自于 cuSPARSE 库的报错（SEGFAULT），不注意的话会很难调试。

此外，标量输出参数可以作为主机或设备指针进行传递。对于返回的标量结果，用 cusparseSetPointerMode 函数来决定是否使用指针来获取计算结果。

8.2.5 cuSPARSE 小结

本节简要介绍了 cuSPARSE 库的使用，它在稀疏线性代数操作中充分利用了 GPU 计算吞吐量的优势。你已经学习了 cuSPARSE 支持的数据格式、cuSPARSE 支持的一些操作以及原始的数据格式与 cuSPARSE 支持的数据格式之间的转换方法。在下一节中，你将学习一个类似于 CUDA 的库函数：cuBLAS。

8.3　cuBLAS 库

cuBLAS 是一个线性代数子程式。与 cuSPARSE 不同的是，cuBLAS 是一个传统线性代数库的接口，即基本线性代数子程序库（BLAS）。

与 BLAS 类似，基于 cuBLAS 子程序操作的数据类型，对这些子程序进行了分类。第一类包含仅有向量参与的操作，如向量加法。第二类包含矩阵与向量之间的操作，如矩阵 - 向量乘法。第三类包含矩阵与矩阵之间的操作，如矩阵乘法。与 cuSPARSE 不同，cuBLAS 不支持多种稀疏数据格式，它仅支持并善于优化稠密向量和稠密矩阵的操作。

由于最初的 BLAS 库是用 FORTRAN 语言编写的，因此它使用的是以列优先的数组存储和以 1 为基准的索引。列优先是指多维矩阵在一维地址空间中的存储方式。8.2.1 节是对稠密矩阵进行以行优先的压缩。在列优先的压缩格式中，在处理下一列之前会先遍历该列中的所有元素并将其存储在连续的地址空间中。因此，同一列的元素在内存中的位置是相邻的，而同一行中的元素是不相邻的。这与行优先的 cuBLAS 的 C/C++ 语义有很大差别，也就是说同一行中元素的存储位置是彼此相邻的。图 8-2 所示的是将一个二维矩阵压缩成一个行优先的一维数组的结果。图 8-8 是同样的过程，但是按列优先的顺序排列的。

换句话说，给定一个要被压缩成一维数组的二维矩阵的 M 行 N 列，可以使用以下公式计算元素的目的位置 (m, n)：

$$\begin{bmatrix} 3 & 0 & 0 \\ 6 & 0 & 0 \\ 0 & 2 & 1 \end{bmatrix} \rightarrow \boxed{3\ 6\ 0\ 0\ 0\ 2\ 0\ 0\ 1}$$

图　8-8

行优先：$f(m, n) = m \times N + n$

列优先：$f(m, n) = n \times M + m$

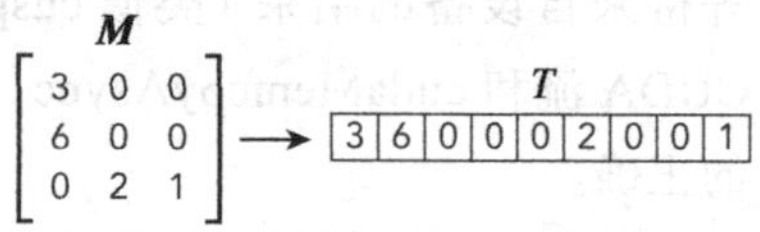

出于兼容性的考虑，cuBLAS 库也选择使用列优先的存储方式。所以对于习惯了 C/C++ 中行优先的数组布局的程序员来说，这是一个令人苦恼的问题。

另一方面，以 1 为基准的索引意味着数组中第一个元素的引用是 1 而不是 0，这在 C 语言和其他程序中常遇到。也就是说，一个 N 元数组中最后一个元素的引用是 N 而不是 $N-1$。

然而，cuBLAS 库不能决定 C/C++ 编程语言的构建，所以它必须使用从零开始的索引。这时 FORTRAN BLAS 库适用的列优先的规则就会出现一种混乱的情况，而以 1 为基准的索引规则就不会。

cuBLAS 库有两个 API。cuBLAS Legascy API 是 cuBLAS 最原始的一个实现，现在已经不用了。现在的 cuBLAS API（CUDA 4.0 以后可用）用于所有应用程序的开发工作。在大多数情况下，它们之间的差别是很小的，但要注意的是，差别虽然小但仍然存在。本章中所有的示例代码都来自当前所用的 cuBLAS API。

在本节中，你会发现 cuBLAS 的工作流与 cuSPARSE 的通用工作流有很多相似之处。需要管理句柄、流和标量参数，在完成本节示例的学习后，你应该对通用工作流很熟悉了。

8.3.1　管理 cuBLAS 数据

与 cuSPARSE 相比，cuBLAS 中的数据格式和类型的注意事项相对少很多。所有操作都是在稠密 cuBLAS 向量或矩阵上完成的。使用 cudaMalloc 分配连续的设备内存给这些向量和矩阵，但是使用自定义的 cuBLAS 函数，如 cublasSetVector/cublasGetVector 和 cublasSetMatrix / cublasGetMatrix，在主机和设备之间传输数据。尽管你可以将这些特殊函数看作是 cudaMemcpy 周围的封装器，但它们可以更好地传输连续和不连续的数据。以下是对 cublasSetMatrix 函数的一次调用：

```
cublasStatus_t cublasSetMatrix(int rows, int cols, int elementSize,
        const void *A, int lda, void *B, int ldb);
```

前四个参数不需要特别说明：它们定义了要传输矩阵的维度，矩阵中每个元素的大小，以及主机内存中列优先的源矩阵 A 的内存位置。第六个参数 B 定义了设备内存中目标矩阵的位置。第五个和第七个参数的用途不太清楚。lda 和 ldb 指定源矩阵 A 和目标矩阵 B 的主维度。所谓主维度就是矩阵各自的总行数。如果主机内存中只有一个矩阵的子矩阵被传送到 GPU 中的话，这个方法就很有用。也就是说，如果传输的是存储在 A 和 B 中的整个矩阵，那么 lda 和 ldb 应该相等，且等于 M。如果传输的是子矩阵，lda 和 ldb 的值应该是全矩阵的行长度。lda 和 ldb 应该总是大于或等于行数。

如果给定一个主机端列优先的稠密二维矩阵 A，其元素是单精度浮点类型，矩阵大小为 $M×N$，则使用 cublasSetMatrix 来传输矩阵：

```
cublasSetMatrix(M, N, sizeof(float), A, M, dA, M);
```

你还可以使用 cublasSetVector 来将矩阵 A 中的单个列传给设备端的向量 dV：

```
cublasStatus_t cublasSetVector(int n, int elemSize, const void *x, int incx,
    void *y, int incy)
```

x 是主机端的源位置，y 是设备端的目标位置，n 是要传输的元素数量，elemSize 是以字节为单位的每个元素的大小，incx/incy 是传输元素之间的地址间隔。使用下列命令将长度为 M 行优先的矩阵 A 的某一列传给向量 dV：

```
cublasSetVector(M, sizeof(float), A, 1, dV, 1);
```

你也可以使用 cublasSetVector 将矩阵 A 中的某一行传给设备上的向量 dV：

```
cublasSetVector(N, sizeof(float), A, M, dV, 1);
```

这个函数可以跳过 M 个元素将 A 中的 N 个元素复制给向量 dV。由于矩阵 A 是一个列优先的矩阵，这个命令可以将矩阵 A 的第一行复制到设备端，下面是第 i 行的实况：

```
cublasSetVector(N, sizeof(float), A + i, M, dV, 1);
```

这是一个比 cuSPARSE 展示的简单得多的数据模型。除非应用程序对稀疏的数据结构需求较大，否则利用 cuBLAS 在提升性能的同时，也能提高开发效率。

8.3.2 cuBLAS 功能示例

这里演示的 cuBLAS 示例重点在于说明 cuBLAS 的统一性和易用性。GPU 比优化的主机端 BLAS 库的计算速度要快 15 倍以上，用 cuBLAS 进行开发的工作量仅略微大于传统的 BLAS 的实现。

8.3.2.1 一个简单的 cuBLAS 示例

这个例子是要在 GPU 上执行矩阵向量乘法的运算，一个 cuBLAS 二级操作。你可以从 Wrox.com 中下载 cublas.cu 示例代码或使用下面的代码片段：

```
// Create the cuBLAS handle
cublasCreate(&handle);

// Allocate device memory
cudaMalloc((void **)&dA, sizeof(float) * M * N);
cudaMalloc((void **)&dX, sizeof(float) * N);
cudaMalloc((void **)&dY, sizeof(float) * M);

// Transfer inputs to the device
cublasSetVector(N, sizeof(float), X, 1, dX, 1);
cublasSetVector(M, sizeof(float), Y, 1, dY, 1);
cublasSetMatrix(M, N, sizeof(float), A, M, dA, M);

// Execute the matrix-vector multiplication
cublasSgemv(handle, CUBLAS_OP_N, M, N, &alpha, dA, M, dX, 1,
            &beta, dY, 1);

// Retrieve the output vector from the device
cublasGetVector(M, sizeof(float), dY, 1, Y, 1);
```

使用 cuBLAS 库比较简单。cublas.cu 示例演示了一个与前面 cuSPARSE 示例相比简单得多的通用库工作流的子流程。它包含以下步骤：

1. 用 cublasCreateHandle 创建一个 cuBLAS 句柄。

2. 使用 cudaMalloc 可以分配用于输入输出的设备内存。

3. 使用 cublasSetVector 和 cublasSetMatrix 向分配好的设备内存填充输入数据。

4. 调用 cublasSgemv 库来让 GPU 执行矩阵向量乘法操作。

5. 使用 cublasGetVector 从设备内存中取回结果。

6. 使用 cudaFree 和 cublasDestroy 来释放 CUDA 和 cuBLAS 资源。

这个示例使用以下命令进行创建：

```
$ nvcc -lcublas cublas.cu
```

使用 cuBLAS 库比使用 cuSPARSE 库要容易得多，这主要是因为 cuBLAS 与传统的 BLAS 库高度兼容。

8.3.2.2　BLAS 库的程序移植

将 BLAS 库中 C 语言实现的传统应用程序移植到 cuBLAS 也是很简单的。移植过程主要包括 4 个步骤：

1. 为任何输入输出向量或矩阵的应用程序添加设备内存分配调用（cudaMalloc）和设备内存释放调用（cudaFree）。

2. 在主机和设备之间添加传输输入输出向量或矩阵状态的方法（如 cublasSetVector，cublasSetMatrix，cublasGetVector，cublasGetMatrix）。

3. 将实际对 BLAS 库的调用转换为调用相应的 cuBLAS 库。这可能需要对传入的参数进行细微的改变。前面的示例用的是以下 cuBLAS 函数：

```
cublasStatus_t cublasSgemv(cublasHandle_t handle, cublasOperation_t trans,
  int m, int n, const float *alpha, const float *A, int lda, const float *x, int
  incx, const float *beta, float *y, int incy);
```

等价的 BLAS 命令是：

```
void cblas_sgemv(const CBLAS_ORDER order, const CBLAS_TRANSPOSE TransA,
  const MKL_INT M, const MKL_INT N, const float alpha, const float *A,
  const MKL_INT lda, const float *X, const MKL_INT incX, const float beta, float *Y,
  const MKL_INT incY);
```

两个命令有许多参数是相同或相似的（trans、M、N、alpha、A、lda、X、incx、beta、Y、incy），BLAS 包含的是有序参数（使输入可以是行优先也可以使列优先），同时，cuBLAS 添加了 cuBLAS 句柄。还要注意，BLAS 中的 alpha 和 beta 参数并不像 cuBLAS 中那样以引用的形式进行传递。这些都是细微的差别，这并不是移植 BLAS 应用程序到 cuBLAS 中的主要障碍。

4. 最后，你也可以在程序移植成功后优化新的 cuBLAS 程序，这个步骤可能包括：

a. 对于每次的 cuBLAS 调用，复用内存分配空间，而不是重复进行内存分配和释放。

b. 对于向量和矩阵，除去设备到主机之间拷贝的冗余数据，这些冗余数据就是下一次 cuBLAS 调用时复用的输入数据。

c. 使用 cublasSetStream 添加基于流的执行，以实现异步传输。想了解更多关于流是怎样辅助提高性能的，参见第 6 章。

8.3.3　cuBLAS 发展中的重要主题

与 cuSPARSE 相比，如果你用过传统的 BLAS 库，那么 cuBLAS 对你来说就非常熟悉了。因此，对程序执行过程的理解对你来说也就容易很多了。这种简单也就意味着，与 cuSPARSE 相比，可能出现的潜在问题通常更容易分开来解决。

如果你常用的是行优先的编程语言，用 cuBLAS 进行开发则可能需要多关注细节。使用最熟悉的编程模式会比较容易，例如，使用行优先的索引来压缩一个数组。为了方便起见，你可以定义宏去自动实现以 0 为基准的行优先索引到列优先索引的转换：

```
#define R2C(r, c, nrows) ((c) * (nrows) + (r))
```

但是，即使使用这样的宏，你也需要更多考虑循环次序问题。许多 C/C++ 程序员倾向于使用以下命令：

```
for (int r = 0; r < nrows; r++) {
    for (int c = 0; c < ncols; c++) {
        A[R2C(r, c, nrows)] = ...
    }
}
```

虽然这段代码是正确的，但不是最优的，因为它没有线性扫描数组 A 中的内存位置。例如，如果数组 A 从内存为 0 的位置开始，这个循环完成的前三个引用将位于 0，nrows，和 2×nrows 这 3 个位置上。鉴于 nrows 可能非常大，所以以很大间隔分隔开的内存访问可能会导致很差的缓存局部性。因此，当使用列优先的数组时，必须将循环倒置：

```
for (int c = 0; c < ncols; c++) {
    for (int r = 0; r < nrows; r++) {
        A[R2C(r, c, nrows)] = ...
    }
}
```

这样做时要小心，因为可能会无意中导致分配空间的右侧有较差的缓存局部性。

cuBLAS 最吸引人的地方是从传统的 BLAS 库转变后的易用性。在这种情况下，唯一的主要变化是设备内存管理和 CUDA 调用转移的增加。

8.3.4 cuBLAS 小结

本节介绍了简单易用的 cuBLAS 库，重点介绍了传统的 BLAS 库。下一节重点介绍目前在科学计算和信号处理中最实用的算法：快速傅里叶变换。

8.4 cuFFT 库

cuFFT 库提供了一个优化的且基于 CUDA 实现的快速傅里叶变换（FFT）。FFT 在信号处理中可以将信号从时域转换到频域，逆 FFT 过程则相反。换句话说，一个 FFT 以规则的时间间隔接收信号中的序列样本并作为输入。然后使用这些样本生成一组叠加的分量频率，按频率抽取作为输入样本的信号。如图 8-9 所示，两个信号叠加形成信号 $\cos(x) + \cos(2x)$，并通过 FFT 将两个信号的分量转为频率 1.0 和 2.0。FFT 其他的详细内容超出了本书范围。

8.4.1 使用 cuFFT API

cuFFT 通常指两个独立的库：核心高性能的 cuFFT 库和可移植的 cuFFTW 库。cuFFT 库是在 CUDA 中能提供自身 API 的 FFT 实现。另一方面，cuFFTW 与标准的 FFTW（快速傅里叶变换的标准 C 语言程序集）主机端 FFT 库有相同的 API。和 cuBLAS 与传统的

BLAS 库共享大部分 API 的情况类似，cuFFTW 则是用来最大限度地提高使用 FFTW 现有代码的可移植性。FFTW 库的很多函数在 cuFFTW 中同样适用。此外，cuFFTW 库假设所有要传输的输入数据都存储在主机内存中，并为用户处理所有的内存分配（cudaMalloc）和内存拷贝（cudaMemcpy）。虽然这可能对性能有所影响，但它大大加快了程序移植的过程。至于 cuFFTW 和 cuFFT 支持的操作，请参阅 cuFFT 用户指南。

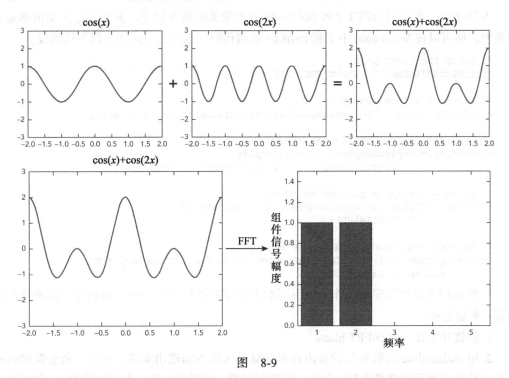

图 8-9

cuFFT 库的配置是用 FFT plan 完成的，即 cuFFT 是用来指代它的操作术语。一个plan 定义了一个要进行的单一变换操作。cuFFT 使用 plan 来获取内存分配、内存转移，以及内核启动来执行变换请求。不同的 plan 创建函数可以用来生成增大复杂性和维数的plan：

```
cufftResult cufftPlan1d(cufftHandle *plan, int nx, cufftType type, int batch);
cufftResult cufftPlan2d(cufftHandle *plan, int nx, int ny, cufftType type);
cufftResult cufftPlan3d(cufftHandle *plan, int nx, int ny, int nz, cufftType type);
```

cuFFT 还支持多种输入和输出数据类型，包括以下几种：

❑ 复数到复数
❑ 实数到复数
❑ 复数到实数

对于许多实际的应用程序，最实用的是实数到复数这种类型，它允许你从实际系统输入实际的测量结果到 cuFFT 中。

一旦配置好一个 cuFFT plan，使用 cufftExec* 函数来对它进行调用执行（例如，cufft-ExecC2C）。一般来说，无论该变换是一种正向 FFT（时域到频域）还是逆向 FFT（频域到时域），函数调用都可以将 plan、输入数据的存储位置、输出数据的存放位置作为输入。

8.4.2　cuFFT 功能示例

本节介绍一个使用 cuFFT API 执行一维 FFT 变换的简单例子，其中，输入输出都是复数类型。你可以在 Wrox.com 中下载 cufft.cu 示例代码，也可以直接学习以下代码段。

```
// Setup the cuFFT plan
cufftPlan1d(&plan, N, CUFFT_C2C, 1);

// Allocate device memory
cudaMalloc((void **)&dComplexSamples, sizeof(cufftComplex) * N);

// Transfer inputs into device memory
cudaMemcpy(dComplexSamples, complexSamples,
            sizeof(cufftComplex) * N, cudaMemcpyHostToDevice);

// Execute a complex-to-complex 1D FFT
cufftExecC2C(plan, dComplexSamples, dComplexSamples,
            CUFFT_FORWARD);

// Retrieve the results into host memory
cudaMemcpy(complexFreq, dComplexSamples, sizeof(cufftComplex) * N,
        cudaMemcpyDeviceToHost);
```

一个 cuFFT 应用程序的工作流的不同取决于变换的复杂性。一个 cuFFT 应用程序的工作流一般应包括：

1. 创建并配置一个 cuFFT plan。

2. 用 cudamalloc 函数分配设备内存来存储输入样本和输出频率。注意，所分配的内存必须支持对应执行的变换类型（例如，复数到复数、实数到复数、复数到实数）。你可以使用相同的设备内存对输入和输出直接进行变换。

3. 用 cudaMemcpy 把输入信号样本传给设备内存。

4. 使用 cufftExec* 函数执行 plan。

5. 用 cudaMemcpy 取回设备内存中的结果。

6. 用 cudaFree 和 cufftDestroy 释放 CUDA 和 cuFFT 资源。

使用下面的命令构建示例：

```
$ nvcc -lcufft cufft.cu -o cufft
```

cufft.cu 提供的示例从函数 $\cos(x)$ 中生成一个输入样本序列，将其转换为复数后传给 GPU，在将结果拷贝回主机端之前执行复数到复数的一维 plan。值得注意的是，对于输入和输出参数，因为可以将相同的内存位置 dComplexSamples 传给 cufftExecC2C，所以这是一个就地 FFT 运算。可以预先分配一个独立的输出缓冲区，并用来存储输出结果。

8.4.3 cuFFT 小结

本节简要介绍了 cuFFT 库对使用 FFT 的应用程序加速的能力。在下一节中，你将了解用于生成随机数的 CUDA 库，该函数库有两个 API：一个用于在主机中创建随机数，另一个用于在设备端直接创建随机数。

8.5 cuRAND 库

随机数的生成在应用科学、密码学和金融应用领域中都有很广泛的用途。一个随机数生成器（RNG）是一个没有任何参数的函数 f，但是在每次调用时都能返回随机值序列的下一个值。你可以把它看作一个指针，该指针可以遍历随机数构成的数组，如图 8-10 所示。

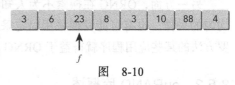

图   8-10

cuRAND 库用在基于 CUDA 库的拟随机数和伪随机数的生成。下一节讲述了随机数生成的一些背景、cuRAND 的配置以及使用 cuRAND 的两个例子。

8.5.1 拟随机数或伪随机数的选择

对于以计算机为基础的随机数生成的学习，需要明白的是没有真正的随机数生成。因为计算机是一个有序系统（以保证函数正常运行），所以从根本上来说就没有能描绘随机序列的概念，也就不能生成真正的随机数。某些硬件解决方案可以生成被认为是真正的随机数，但是许多库用来生成随机数的 RNG 算法也都有很好的算法结构和定义，它能让用户有了生成真正随机数的错觉。然而，不能说这是一个不好的特性，虽然它在某些情况下还是有用的。

例如，RNG 是从一个种子数据开始生成随机数的，这个种子是生成随机数序列的初始值。你可以把它当作是图 8-10 所示的最开始的第一个值，其他所有值都是在它的基础上生成的。你可以每次都给一个定义好的 RNG 算法提供相同的初始值，而每次都会得到相同的随机数序列，这对于测试应用程序很有用，可以重复使用相同的随机序列。

RNG 可以分为两大类：伪随机数生成器和拟随机数生成器。两者各有各的用途并且都被 cuRAND 所支持。

一个伪随机数生成器（PRNG）使用 RNG 算法生成随机数序列。在这个序列中，每个值都是有效范围内的任意值，并且都是 RNG 所用的数据存储类型。例如，当从一个整数类型的 PRNG 中取回一个值时，返回值为 1 的概率 P（1）和返回值是 2 的概率 P（2）或是 3 的概率 P（3）以及所有的 P（INT_MAX）都相等。这对于 PRNG 中返回的每一个值都成立。这就意味着，不能仅仅因为上一个取回值是 2 就认为下一个取值是 2 的概率就会变小。换句话说，对一个伪随机数序列，每次采样都是独立统计事件，对以后抽样的样本观察值并不会有影响。

但是，这在拟随机数生成器（QRNG）中是不成立的。一个 QRNG 会尽量均匀地填充输出类型的范围。因此，如果 QRNG 采样的前一个值为 2，那么下一个值是 2 的概率 P（2）实际上会减小。一个 QRNG 的序列采样不是独立统计的。

PRNG 和 QRNG 在不同的应用程序中发挥着不同的作用。当需要真正的随机时，PRNG 是更好的选择。对于一个使用密码生成的应用程序，PRNG 是一个比 QRNG 更好的选择，因为若使用 PRNG 的话，已经生成的密码信息对同一序列内其他密码的生成概率没有影响。

另一方面，QRNG 在探索不为人知的空间时是很有用的。QRNG 能保证多维空间有更均匀的采样，也有可能发现采用固定采样间隔所没有发现的一些性质。例如，采用蒙特卡罗方法的某些应用程序就得益于 QRNG 的使用。

8.5.2　cuRAND 库概述

cuRAND 库可以用于伪随机序列和拟随机序列的采样。它既有一个主机端 API 又有一个设备端 API，这在本书所讨论的 CUDA 库中是独有的。这意味着它可以直接被主机端调用，也可以直接被内核代码调用。cuRAND 库的许多概念对于这两种 API 来说是共享的，但当使用设备端 API 时增加了一些选项。

8.5.2.1　概念介绍

主机和设备 cuRAND API 的配置项有 4 个：用于生成随机序列的 RNG 算法，返回值遵循的一个分布，初始种子数值和随机数序列开始采样的一个偏移量。由于设备端 API 指定每个参数都要依照规范进行设置，如果用户没有给定初始值，那么主机端 API 会自动将其设置为默认值。

主机和设备端 API 也都有其他 CUDA 库里的句柄概念。在主机端 API 中，句柄即所谓的随机数生成器。你可以用 curandCreateGenerator 构造一个随机数生成器，随机数生成器是使用一系列通用方法来配置的，如 curandSetStream 或 curandSetGeneratorOffset。只需有一个生成器来访问主机端 API。而在设备端 API 中，句柄则是指 cuRAND 的状态。设备状态有很多种类型，每一种对应设备端 API 支持不同的 RNG。然而，状态对象的作用仍然是维护 GPU 上单线程 cuRAND 上下文的配置和状态。因此，通常需要分配很多的设备状态对象，每一个对应于不同的 GPU 线程。

在 cuRAND 主机和设备端 API 中第一个配置项是 RNG 算法。在主机端 API 中，使用如下配置：

```
curandStatus_t curandCreateGenerator(curandGenerator_t *generator,
        curandRngType_t rng_type);
```

在设备端 API 中，这是通过调用一个特定的 RNG 初始化函数来配置的，该函数包含 RNG 特定的状态对象，该对象在设备端 API 中被当成一个 cuRAND 生成器：

```
__device__ void curand_init(unsigned long long seed,
                            unsigned long long subsequence,
                            unsigned long long offset,
                            curandStateXORWOW_t *state);
__device__ void curand_init(unsigned long long seed,
                            unsigned long long subsequence,
                            unsigned long long offset,
                            curandStateMRG32k3a_t *state);
```

选择不同的 RNG 算法会影响随机数生成技术，并可能影响生成序列的随机性和算法性能，主机端和设备端都支持多种随机数生成算法。例如，可以用以下命令在设备端初始化 RNG，使用的是 XORWOW RNG 算法：

```
__global__ void kernel(...) {
    curandStateXORWOW_t rand_state;
    curand_init(0, 0, 0, &rand_state);
    ...
}
```

然后，使用 rand_state 作为生成随机数的句柄。

接下来，不同分布方式的选择会影响到由 RNG 生成的随机数在一定取值范围内的分布（注意，即使是浮点类型的值也是在一个离散的有限范围内的）。一个 RNG 算法和所采用的分布方式之间的关系可能不太明显。RNG 算法可以被看成是一个能产生二进制位的随机序列的黑盒。这些二进制位对 RNG 算法来说并没有实际意义。在 RNG 之上添加一个指向 cuRAND 的特定返回类型，然后用这些二进制位来生成一个能表示所选择分布的特征数值。主机和设备端 API 都支持正态分布、均匀分布、对数正态分布和泊松分布。

当通过调用特定的分布函数来生成随机数时，所需的分布也就确定了。在主机端 API 中若使用均匀分布需要使用 curandGenerateUniform：

```
curandGenerator_t rand_state;
int d_rand_length = ...;
float *d_rand;

curandCreateGenerator(&rand_state, CURAND_RNG_PSEUDO_DEFAULT);
cudaMalloc((void **)&d_rand, sizeof(float) * d_rand_length);
curandGenerateUniform(rand_state, d_rand, d_rand_length);
```

在设备端，按照如下方式使用 curand_uniform 来代替：

```
__global__ void kernel(...) {
    curandStateXORWOW_t rand_state;
    curand_init(0, 0, 0, &rand_state);
    float f = curand_uniform(&rand_state);
    ...
}
```

cuRAND 中第三个配置项是种子值。种子的概念出现在 PRNG 和 QRNG 中，但在两者中用法不同。为 cuRAND PRNG 选择作为种子的值是 64 位的，由人随机指定，为 PRNG 接下来生成随机序列打下基础。不同种子会产生不同的随机序列。主机端 API 允许使用 curandSetPseudoRandomGeneratorSeed 为 PRNG 选取种子：

```
curandGenerator_t rand_state;
curandCreateGenerator(&rand_state, CURAND_RNG_PSEUDO_DEFAULT);
curandSetPseudoRandomGeneratorSeed(rand_state, 9872349ULL);
```

如果没有特殊情况，那么会使用默认的种子值；另一方面，对于每个线程的 PRNG，设备端 API 都要设置好确定的种子值。如下调用 curand_init 来选取种子，第一个参数为创建 RNG 指定的起始种子：

```
__device__ void curand_init(unsigned long long seed,
                            unsigned long long subsequence,
                            unsigned long long offset,
                            curandStateXORWOW_t *state);
```

唯一被主机和设备端 API 支持的 QRNG 是基于 Sobol 拟随机序列的（该讨论超出了本书范围）。一个 Sobol 序列以方向向量作为种子。回忆前文，一个拟随机数生成器的优点是每个采样都不是一个独立的统计事件，一个 QRNG 会特意在取值范围内均匀地取数。你可以把这些方向向量看成是探索 n 维空间的起始方向，随机数据位就是从这个 n 维空间产生的。因此，所谓的种子，就是人为指定的初始的随机性，即便有时名字不同，但意义是一样的。在 cuRAND 主机端 API 中，只有用于 QRNG 的维数可以使用 curandSetQuasiRandomGeneratorDimensions 来设置：

```
curandGenerator_t rand_state;
curandCreateGenerator(&rand_state, CURAND_RNG_QUASI_SOBOL32);
curandSetQuasiRandomGeneratorDimensions(rand_state, 2);
```

而设备端 API 允许指定种子的方向向量：

```
__global__ void kernel(curandDirectionVectors32_t *direction_vector, ...) {
    curandStateSobol32_t rand_state;
    curand_init(*direction_vector, 0, &rand_state);
    ...
}

curandDirectionVectors32_t *h_vectors;
curandGetDirectionVectors32(&h_vectors, CURAND_DIRECTION_VECTORS_32_JOEKUO6);
cudaMemcpy(d_vectors, h_vectors, sizeof(curandDirectionVectors32_t),
    cudaMemcpyHostToDevice);
kernel<<<blocks, threads>>>(d_vectors, ...);
```

最后，cuRAND 中第四个配置项是随机数序列在起始点的偏移量。也就是说，由不同的种子起始生成的随机数序列也不同。这个偏移量允许你跳转到当前序列的第 i 个随机值上。在主机端 API 中，可以使用 curandSetGeneratorOffset 来进行设置：

```
curandGenerator_t rand_state;
curandCreateGenerator(&rand_state, CURAND_RNG_PSEUDO_DEFAULT);
curandSetGeneratorOffset(rand_state, 0ULL);
```

在 cuRAND 设备端 API 中，偏移量为 curand_init 函数的一个参数（与种子类似）：

```
__device__ void curand_init(unsigned long long seed,
                            unsigned long long subsequence,
                            unsigned long long offset,
                            curandStateXORWOW_t *state);
```

8.5.2.2　主机和设备端 API 对比

对一个特定应用程序来说，需要对是否使用主机或设备的 cuRand API 做出决定。两个 API 提供了相似的功能：相同的 RNG，相同的分布，以及相同的可配置性（参数不同）。但是，对这些功能进行访问的方法却大有不同。本节根据应用程序的需求，对选择过程提供了指南。

如果你唯一的目标是在主机端应用中生成高效、高质量的随机数，那么主机端 API 是最好的选择。CUDA 方面的专家已经着手编写相关程序，并达到了此应用目的的最优性能，这远比你自己编写内核程序来调用设备端 API 要好用得多（接下来的 8.5.3 节中将举例说明）。如果考虑到之后 GPU 内核的消耗，由于使用主机端 API 在 GPU 上预生成随机数，因此这并没有什么优势。按提供者与使用者对随机性进行的划分可能会导致代码可读性下降，也可能会因 cuRAND 主机函数库和内核启动开销的升高而导致性能变差，同时会要求在内核执行之前，就要知道必要的随机数数目。

如果你想要对随机数生成有更多的控制权，如果你正使用一组由手写 CUDA 内核生成的随机数，特别是内核中所需的随机数是动态变化的，那么设备端 API 是正确的选择。只需要编写少量程序来初始化和管理设备端 RNG 的状态，就可以在 CUDA 程序进行内部操作时获得更大的灵活性。

8.5.3　cuRAND 介绍

本节介绍了两个 cuRAND API 的例子。第一个是使用主机和设备端 cuRAND API 来替换系统自带的 rand 函数。第二个是使用主机和设备端 cuRAND API 和系统自带的 rand 调用来创建一个 CUDA 内核随机数。

8.5.3.1　替换 rand()

你可以从 Wrox.com 中下载 replace-rand.cu 进行学习，此程序通过使用主机和设备端 cuRAND API 的调用来为之后的主机耗能生成随机数。这个例子会在一次函数库调用中产生大量的随机数，然后在主机请求新的随机数时循环对它们进行访问。只有当现有的随机数都用过了，才回到 cuRAND 函数库调用产生更多的随机数。

使用主机端 API 的工作流在本章中是最简单的，其步骤如下：

1. 使用 curandCreateGenerator 创建一个由所需 RNG 配置的 cuRAND 生成器。对这样的生成器进行配置是可行的（例如，使用 curandSetStream），但对于主机端 API 则是可选择的。

2. 使用 cudaMalloc 为 cuRNAD 预分配设备内存，使其用来存储输出的随机数。

3. 通过执行一个 cuRAND 库调用来生成随机数，例如，curandGenerateUniform。

4. 如果主机端一定要有能耗的话，则使用 cudaMemcpy 从设备内存中取回生成的随机数。

以下代码段是使用 cuRAND 主机端 API 的工作流：

```
/*
 * An implementation of rand() that uses the cuRAND host API.
 */
float cuda_host_rand() {
    ...
    if (dRand == NULL) {
        /*
         * If the cuRAND state hasn't been initialized yet, construct a cuRAND
         * host generator and pre-allocate memory to store the generated random
         * values in.
         */
        curandCreateGenerator(&randGen,
                    CURAND_RNG_PSEUDO_DEFAULT);
        cudaMalloc((void **)&dRand, sizeof(float) * dRand_length);
        hRand = (float *)malloc(sizeof(float) * dRand_length);
    }

    if (dRand_used == dRand_length) {
        /*
         * If all pre-generated random numbers have been consumed, regenerate a
         * new batch using curandGenerateUniform.
         */
        curandGenerateUniform(randGen, dRand, dRand_length);
        cudaMemcpy(hRand, dRand, sizeof(float) * dRand_length,
                    cudaMemcpyDeviceToHost);
        dRand_used = 0;
    }

    // Return the next pre-generated random number
    return hRand[dRand_used++];
}
```

对设备端 API 的处理稍微有些复杂，有如下几步：

1. 在设备内存中为每个线程预分配一套 cuRAND 状态对象来管理其 RNG（随机数生成器）的状态。

2. 如果 cuRAND 产生的随机值被规定为复制到主机或必须存储至后期的内核，那么来存储它们的预分配设备内存可选。

3. 在设备内存中使用 CUDA 内核调用初始化所有 cuRAND 状态对象的状态。

4. 执行一个 CUDA 内核，该内核调用一个 cuRAND 设备端函数（如 curand_uniform），然后使用预分配的 cuRAND 状态对象生成随机数。这一步和上一步可以合并成到一个核函数中，但需要注意的是，在获取之后要用随机数时，不用重新初始化配状态对象。

5. 如果在第 2 步预分配了用于取回随机数的设备内存，那么就要将随机数传回主机端。

下面是关于 cuRAND 设备端 API 的工作流代码段：

```
/*
 * An implementation of rand() that uses the cuRAND device API.
 */
float cuda_device_rand() {
```

```
    ...
    if (dRand == NULL) {
        /*
         * If the cuRAND state hasn't been initialized yet, pre-allocate memory
         * to store the generated random values in as well as the cuRAND device
         * state objects.
         */
        cudaMalloc((void **)&dRand, sizeof(float) * dRand_length);
        cudaMalloc((void **)&states, sizeof(curandState) *
                    threads_per_block * blocks_per_grid);
        hRand = (float *)malloc(sizeof(float) * dRand_length);
        // Initialize states on the device
        initialize_state<<<blocks_per_grid, threads_per_block>>>(states);
    }

    if (dRand_used == dRand_length) {
        /*
         * If all pre-generated random numbers have been consumed, regenerate a
         * new batch.
         */
        refill_randoms<<<blocks_per_grid, threads_per_block>>>(dRand,
                dRand_length, states);
        cudaMemcpy(hRand, dRand, sizeof(float) * dRand_length,
                cudaMemcpyDeviceToHost);
        dRand_used = 0;
    }

    // Return the next pre-generated random number
    return hRand[dRand_used++];
}
```

这个示例可以使用如下指令进行创建：

```
$ nvcc -lcurand replace-rand.cu -o replace-rand
```

所有这些工作流在 replace-rand.cu 示例中都是可用的。在 replace-rand.cu 中有 3 个不同的函数，用这 3 个函数来取回一个单一的、随机的、在 0.0f 和 1.0f 之间的单精度浮点值。host_rand 函数只是借助于 rand 系统调用获取一个随机数。cuda_host_rand 采用 cuRAND 的主机端 API 预生成一个大批量的随机数，然后在连续调用 cuda_host_rand 过程中对这些随机数进行遍历。它会记下预生成的随机数的数量和已使用的随机数的数量，然后根据这些统计数量来确定什么时候产生新的批处理。cuda_device_rand 使用 cuRAND 设备端 API，通过在设备上预分配一系列 cuRAND 状态对象来执行同样的操作，使用这些对象来生成大批量的随机数，并且采用与 cuda_host_rand 相同的方式来管理数据。

在这个例子中，在使用 rand 函数提供的 cuRAND 实现时需要注意的一个方面是突发性处理造成的抖动性。大多数对 cuda_host_rand 和 cuda_device_rand 的调用是很快的，并且只由一个数组引用和一个累加计数器组成。每次调用都需要使用 GPU 重新生成大批量的随机数，这很耗费时间。在某些应用程序中，这种不均匀及不可预测性是受排斥的。为此，在 Wrox.com 的 replace-rand-streams.cu 中提供了一个修改后的代码，当主机应用程序正在运行时，将 cuRAND API CUDA 绑定到 CUDA 流上，在 GPU 上异步执行随机数生成代码。考虑到主机应用程序有足够多的任务，以重叠 GPU 上随机数的生成任务，这使得在最后一批随机数用完之前，一组新的随机数就已经生成了。

8.5.3.2 为 CUDA 内核生成随机数

你可以在 Wrox.com 中的 rand-kernel.cu 中下载示例代码来进行学习。与上一节的 replace-rand.cu 和 replace-rand-stream.cu 的例子相比，本例利用 cuRAND 主机和设备端 API 来生成供 CUDA 内核使用的随机数。

use_host_api 在调用一个使用这些随机数的 CUDA 内核之前，使用 cuRAND 主机端 API 预生成 N 个随机数。注意，这需要来自主机程序和 cuRAND 的多个内核调用，以及专门分配来存储所生成的随机数的设备内存。下面代码段的意义是，使用 curandGenerateUniform 生成随机数并传给 dRand，将这些值传给 host_api_kernel，然后将 host_api_kernel 的最终输出从设备端（dOut）传到主机端（hOut）：

```
// Generate N random values from a uniform distribution
curandGenerateUniform(randGen, dRand, N);

// Consume the values generated by curandGenerateUniform
host_api_kernel<<<blocks_per_grid, threads_per_block>>>(dRand, dOut, N);

// Retrieve outputs
cudaMemcpy(hOut, dOut, sizeof(float) * N,
    cudaMemcpyDeviceToHost);
```

use_device_api 函数使用 cuRAND 设备端 API 在 GPU 上按需生成随机数。注意，只需要一个包括所有 cuRAND 初始化和执行的单一的内核调用，无需分配用于存储这些随机值的 CUDA 设备内存。CUDA 内核能直接使用生成的任意随机数。下面代码段的意义是，内核 device_api_kernel 在预分配的 cuRAND 设备生成器上的执行，以及将内核的最终输出从设备传到主机。

```
// Execute a kernel that generates and consumes its own random numbers
device_api_kernel<<<blocks_per_grid, threads_per_block>>>(states, dOut, N);

// Retrieve the results
cudaMemcpy(hOut, dOut, sizeof(float) * N,
    cudaMemcpyDeviceToHost);
```

使用以下命令构建这个示例：

```
$ nvcc -lcurand rand-kernel.cu -o rand-kernel
```

8.5.4 cuRAND 发展中的重要主题

cuRAND 是一个使用起来简单而灵活的 API。基于 cuRAND 的对象中最重要的部分就是了解随机性的要求。

例如，不同的随机数生成器或不同的分布选择对应用程序的性能、正确性和结果会有很大的影响。特别是对像蒙特卡罗模拟这样依赖于随机数的应用程序。还有一点比较重要的是，要确保你已经正确配置了 cuRAND 环境以生成期望的随机数类型。即便给出了高度依赖随机性的应用程序的范围，也不知道选择哪个应用程序是正确的。请咨询你身边友好的计算机学者。

8.6 CUDA 6.0 中函数库的介绍

CUDA 6.0 新增了两个特性：Drop-In 库和 Multi-GPU 库。

8.6.1 Drop-In 库

Drop-In 库可以使某些 GPU 加速库无缝地替换已有的 CPU 库。只要 GPU 加速库与原主机库使用相同的 API，就可以直接把一个应用程序链接到一个 Drop-In 库中。Drop-In 库的设计目的是提高传统应用程序的可移植性。事实上，有了 Drop-In 库，甚至不需要重新编译应用程序代码。

在已有的应用程序中，目前只支持两个 CUDA 库。NVBLAS 是 cuBLAS 库的一个子函数库，它可以替换任意的三层 BLAS 函数。cyFFTW 可以替换 FFTW 库的调用。

有两种方法可以强制应用程序用一个 Drop-In 库来替换 BLAS 或 FFTW。第一种是可以重新编译应用程序以链接到 CUDA 库而不是标准库。举例来说，如果有一个使用 BLAS 库的应用程序，该应用程序是由源文件 app.c 创建的，通常使用以下编译命令：

```
$ gcc app.c -lblas -o app
```

如果你想用与 cuBLAS 等价的函数库来替换应用程序中所有的 BLAS 3 调用，那么需要重建应用程序来使用 cuBLAS 库，如下所示：

```
$ gcc app.c -lnvblas -o app
```

第二种是强制在主机库之前加载 CUDA 库，这种方法是在 Linux 环境下使用 CUDA Drop-In 的。它可以通过使用 LD_PRELOAD 环境变量来实现，它引导操作系统在检查默认设置之前查找指定库的函数定义。这是在你运行完应用程序的命令之后，接着使用 env shell 实现的。例如，如果前面示例中的应用程序没有使用命令行参数，而且你也不想重新编译此程序，那么就可以使用等价的 CUDA 命令替换 BLAS 3 例程来执行此程序，命令行如下所示：

```
$ env LD_PRELOAD=libnvblas.so ./app
```

你可以从 Wrox.com 中下载 drop-in.c 进行学习，也可以直接学习下面的代码段。这个应用程序使用了 sgemm BLAS 例程并且完全用 C 语言进行编写。以下是核心代码：

```
// Generate inputs
srand(9384);
generate_random_dense_matrix(M, N, &A);
```

```
generate_random_dense_matrix(N, M, &B);
generate_random_dense_matrix(M, N, &C);

sgemm_("N", "N", &M, &M, &N, &alpha, A, &M, B, &N, &beta, C, &M);
```

通过以下编译指令可以在主机上运行 drop-in.c，前提是已经安装了 C BLAS 库并设置好了库路径。

```
$ gcc drop-in.c -lblas -lm -o drop-in
```

如果要在 GPU 上运行 sgemn 调用，只需使用如下命令重新进行编译：

```
$ gcc drop-in.c -lnvblas -o drop-in
```

或使用如下编译：

```
$ env LD_PRELOAD=libnvlas.so ./drop-in
```

Drop-In 库帮助解决了函数移植的障碍，利用高性能的 CUDA 库进一步提高了工作效率。通过简单地重新连接或添加一个环境设置，你可以用大规模并行 GPU 加速来有效地加强现有应用程序的执行。

8.6.2 多 GPU 库

为了证明使用多个 GPU 能提高性能一些应用程序充分利用了并行。第 9 章对如何使用原有的 CUDA API 来验证多 GPU 加速功能有更多的介绍。对由 CUDA 执行的多 GPU 使用的讨论是很有必要的，因为它不要求程序员对其有深刻的理解，并且能获得性能提升和更好的硬件利用率。

多 GPU 库（也被称为 XT 库接口）是在 CUDA 6.0 中被引入的。它们能使单一的函数库调用在多个 GPU 上自动地执行。由于在多个 GPU 上执行需要在设备上划分任务，与 GPU 全局内存相比，一个多 GPU 库可以对更大规模的数据集进行操作。因此，即使你的系统只有一个 GPU，也可以通过交换 GPU 内外的数据分区，来对超出可用全局内存大小的输入数据进行操作。

在 CUDA 6.0 中，cuFFT 中的一些函数和所有的 Level 3 cuBLAS 函数都支持多 GPU 上的程序执行。在性能优化上，cuBLAS Level 3 多 GPU 库调用利用内核计算自动覆盖了内存传输。

使用多 GPU 库需要进行一些额外的工作。你可以从 Wrox.com 中下载 cufft-multi.cu 进行学习，或者直接学习下面的代码段。cufft-multi.cu 运行的例子与 cufft.cu 相同，但使用 cuFFTXT API 把所有任务分派给了系统中所有的 GPU。

```
int nGPUs = getAllGpus(&gpus);
nGPUs = nGPUs > 2 ? 2 : nGPUs;
workSize = (size_t *)malloc(sizeof(size_t) * nGPUs);

// Setup the cuFFT Multi-GPU plan
cufftCreate(&plan);
```

```
cufftXtSetGPUs(plan, 2, gpus);
cufftMakePlan1d(plan, N, CUFFT_C2C, 1, workSize);

// Generate inputs
generate_fake_samples(N, &samples);
real_to_complex(samples, &complexSamples, N);
cufftComplex *complexFreq = (cufftComplex *)malloc(
        sizeof(cufftComplex) * N);

// Allocate memory across multiple GPUs and transfer the inputs into it
cufftXtMalloc(plan, &dComplexSamples, CUFFT_XT_FORMAT_INPLACE);
cufftXtMemcpy(plan, dComplexSamples, complexSamples,
        CUFFT_COPY_HOST_TO_DEVICE);

// Execute a complex-to-complex 1D FFT across multiple GPUs
cufftXtExecDescriptorC2C(plan, dComplexSamples, dComplexSamples,
        CUFFT_FORWARD);

// Retrieve the results from multiple GPUs into host memory
cufftXtMemcpy(plan, complexSamples, dComplexSamples,
        CUFFT_COPY_DEVICE_TO_HOST);
```

cufft.cu 和 cufft-multi.cu 之间的主要区别是：

❑ 需要列出当前系统中所有的 GPU（使用 getAllGpus 函数），并配置 cuFFT plan 来使用这些 GPU（cufftXtSetGPU）。

❑ 使用 cufftXtMalloc 而不是 cudaMalloc 在多个 GPU 上分配设备内存，并将其与相同的 CUFFT plan 进行关联。需要注意的是，分配信息结果存储在一个 cudaLibXtDesc 对象中而没有将其传给一个指针。

❑ 使用 cufftXtMemcpy 而不是 cudaMemcpy 实现主机内存与多个 GPU 之间的数据传输。注意，cufftXtMemcpy 支持主机端数组和 cudaLibXtDesc 对象之间的数据拷贝，并支持两个 cudaLibXtDesc 对象之间的数据拷贝。cufftXtMemcpy 与 cudaMemcpy 类似，需要指定数据传输方向，如 CUFFT_COPY_HOST_TO_DEVICE、CUFFT_COPY_DEVICE_TO_HOST 或 CUFFT_COPY_DEVICE_TO_DEVICE。使用 cuFFTXTT 的多 GPU 执行的任何设备位置必须表示为 cudaLibXtDesc 对象。

❑ 使用 cufftExecDescriptor* 库调用而不是 cufftExec* 来执行实际的 FFT 变换。

使用如下命令进行编译：

```
$ nvcc -lcufft cufft-multi.cu -o cufft-multi
```

cuFFTXT 库使用 FFT 函数之前的知识来分配 GPU 之间的数据，这样做没有破坏 FFT 结果的有效性（并且在多 GPU 上对 cuBLAS 有类似的操作）。

在程序移植过程中，添加多 GPU 支持需要特别注意。如果你的应用程序有很好的并行性，那么使用多 GPU CUDA XT 接口比自定义多 GPU 实现更简单。cuBLAS 和 cuFFT 库的 XT 接口是 CUDA 库的一个强大的附加功能。

8.7 CUDA 函数库的性能研究

通常情况下，考虑到性能方面的表现，我们会选择在 CUDA 中运行应用程序。因此，如果在 GPU 执行上所得到的性能加速结果不尽人意，那么 CUDA 库的使用对我们来说就是没有意义的。本节包含了 CUDA 库与标准库性能对比的文献。记住，对于所有性能测试，你的试验结果可能会因为编译器、硬件或其他环境的不同而不同。

8.7.1 cuSPARSE 与 MKL 的比较

可以说，数学核心库（MKL）是稀疏线性代数性能的黄金准则。MKL 使用向量指令在多核 CPU 上手动优化的执行密集和稀疏线性代数。目前有大量对各种计算内核中的 MKL 和 cuSPARSE 进行比较的文献资料。

随着 CUDA 5.0 版本的发布，NVIDIA 在多个计算内核和多个数据集上对 cuSPARSE 和 MKL 进行了全面的性能比较。通过在 18 个不同的数据集上执行稀疏矩阵 – 稠密向量乘法，研究人员发现，与 MKL 相比，cuSPARSE 的性能有 1.1～3.1 倍的提升。稀疏矩阵 – 稠密向量乘法能获取相对更好的性能优势，约有 3～12 倍的性能提升。最后，当比较 cuSPARSE 和 MKL 之间的三对角解法时，取得了高达 17 倍的加速结果，这一结果取决于数据集的大小和原始数据的类型（见图 8-11）。

对于发布的 CUDA 6.0 版本而言，NVIDIA 对 CUDA 库进行了类似的性能比较。结果表明，在计算速度和性能上，稀疏矩阵 – 稠密向量乘法是三对角解法、不完全 LU 和 Cholesky 预调节器的 1.8～5.4 倍，总体上有了很大提升。

显然，cuSPARSE 库是高度可用的，它保留了预期的 GPU 硬件性能优势并进行了改进。

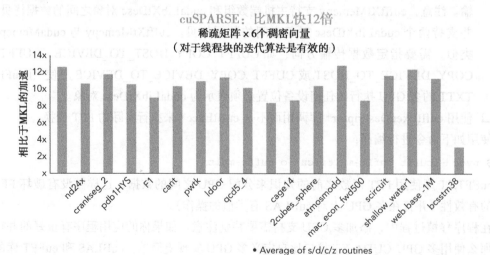

图 8-11

8.7.2　cuBLAS 与 MKL BLAS 的比较

由于 MKL 还包括 BLAS 例程的手动优化版本，这对于 cuBLAS 来说也是一个可以比较的地方。与 cuSPARSE 类似，在与 MKL 的比较中，对 cuBLAS 已经进行高度关注。

在 CUDA 5.0 的性能报告中，是在整个 BLAS Level 3 程序范围内对 cuBLAS 进行评估的。相对于 MKL 的加速结果，大约从 2.7 倍到 8.7 倍不等（如图 8-12 所示）。对 ZGEMM 的性能表现进行的深入研究，说明在 512×512 到 4 096×4 096 大小的矩阵范围内，cuBLAS 比 MKL 有显著的性能优势（大于 5 倍的加速比）。

cuBLAS Level 3: >1 TFLOPS 双精度

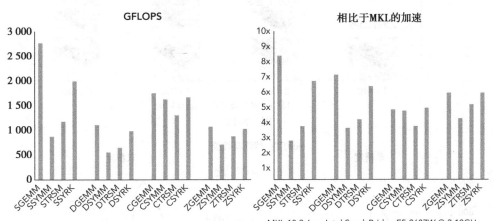

• MKL 10.3.6 on Intel SandyBridge E5-2687W @ 3.10GHz
• CUBLAS 5.0.30 on K20X, input and output data on device

图　8-12

在 CUDA 6.0 性能报告中，NVIDIA 指出了最新的 MKL BLAS 加速了 6～17 倍。对 ZGEMM 来说，与 MKL 相比，cuBLAS 也有类似的性能改进。随着多 GPU cuBLAS-XT 库的引进，NVIDIA 在多个 GPU 上展示了 cuBLAS 的可扩展性（如图 8-13 所示）。

8.7.3　cuFFT 与 FFTW 及 MKL 的比较

FFTW 库在多核 CPU 上拥有性能优异的一维和多维 FFT，宣称其性能"通常优于其他公开的 FFT 软件，甚至可以与供应商调试的代码相抗衡"。很明显，FFTW 的主要目标是性能优化，因此，对 cuFFT 来说它是一个很好的比较对象。MKL 库也支持 FFT。

NVIDIA 的 CUDA 5.0 报告显示，FFT 的性能表现取决于数据规模，范围从低至 30 GFLOPS 到高达 250 GFLOPS。在单核系统报告中，FFTW 的性能估计大约从 1 GFLOPS 到 5.5 GFLOPS。由以上结果推断得出，20 个 CPU 核心等价于一个 GPU 运行 cuFFT。如果在相同数据大小的情况下，比较 cuFFT 最佳性能大约为 250 GFLOPS 和 FFTW 的最佳性能大约为 5 GFLOPS，那么 cuFFT 的结果更优：50 个 CPU 核心等价于一个 GPU 的计算性能。

NVIDIA 报告指出，使用 CUDA 6.0，在一维单精度复杂 FFT 上达到 700 GFLOPS 的性能加速是可能的，双精度则可超过 250 GFLOPS。报告还强调，在大范围的数据集上也能保持性能优势（如图 8-14 所示）。

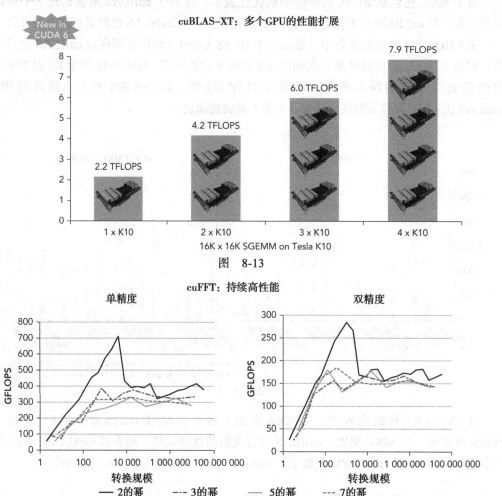

图 8-13

图 8-14

8.7.4 CUDA 库性能小结

在本节中，通过对 cuSPARSE、cuBLAS 和 cuFFT 的性能评估进行学习，表明 CUDA 库的性能并不能衡量其可用性。通过直接学习 CUDA 专家提出的复杂计算算法的 CUDA 实现，可以提高工作效率和应用程序的性能。

8.8 OpenACC 的使用

OpenACC 是 CUDA 的一个补充编程模型，使用基于编译器指令的 API，具有高性能、可编程性和跨平台可移植性。本节将会介绍 OpenACC 的概念和方法，重点介绍 CUDA 和 OpenACC 之间的关系。

OpenACC 的线程模型与 CUDA 的线程模型类似，但添加了一个并行的维度。Open-ACC 可以分为 gang、worker 和 vector 3 个并行层次。在上层，gang 类似于 CUDA 线程块。一个 gang 可包含一个或多个执行的线程，在每个 gang 内部每个 gang 都包含一个或多个 worker。在 CUDA 中，一个 worker 类似于线程中的一个线程束。每个 worker 都有一个向量宽度，由一个或多个同时执行相同指令的向量元素组成。每个向量元素都类似于一个 CUDA 线程，因为它是一个单一的执行流。OpenACC 和 CUDA 线程模型之间的主要区别在于，OpenACC 在编程模型中直接指出了 worker 的概念（即线程束），而在 CUDA 中并没有明确建立线程束。

OpenACC 平台模型与 CUDA 类似，但它使用不同的术语和略有不同的抽象概念。OpenACC 的目标是建立一个具有单线程的主机程序平台，在该主机程序中，将内核交付给多处理单元（PU），在此平台上，每个 PU 一次只运行一个 gang。每个 PU 可以同时执行多个独立的并发执行线程（worker）。每个执行线程可以执行具有一定向量宽度的向量运算。在 OpenACC 中，gang 并行使用多个 PU。每个 gang 里的多线程并行即为 worker 并行。每个 worker 里的并行以及一个跨向量操作的并行被称为向量并行。当在 GPU 上使用 OpenACC 时，一个 PU 就类似于一个 SM。

根据任务是否通过 gang、worker、vector 并行执行，OpenACC 执行被分成几种模式。现在，假设在一个 OpenACC 程序的并行计算区域中，创建了 G 个 gang，其中每个 gang 包含 W 个 worker，每个 worker 的向量宽度为 V。那么，总共有 $G×W×V$ 个执行线程处理这个并行区域。

当开始执行并行区域时，gang 以 gang 冗余模式执行，这有利于在并行执行开始前对 gang 的状态进行初始化。在 gang 冗余模式中，每个 gang 的 worker 中只有一个活跃 vector 元素，其他 worker 和 vector 元素是闲置的，因此只有 G 个活跃的执行线程。此外，每个 gang 都执行相同的运算，所以在这个阶段没有通过 gang 并行任务。在 CUDA 中，gang 冗余并行将作为执行相同计算的线程块里的一个线程来实现：

```
__global__ void kernel(...) {
    if (threadIdx.x == 0) {
        foo();
    }
}
```

在 OpenACC 并行区域的某些地方，应用程序可能通过 gang 转换为并行执行。在这种情况下，程序以 gang 分裂模式执行。在 gang 分裂模式下，每个 gang 中仍然只有一个活跃的 vector 元素和一个活动的 worker，但每个活跃的 vector 元素执行不同的并行区域。因此，该计算区域的任务被分散到各个 gang 中。在 CUDA 中，gang 分裂模式将作为一个线程来实现，在这个线程里每个线程块处理分离的数据点。对于向量加法，在 gang 分裂模式下执行的 CUDA 内核如下所示：

```
__global__ void kernel(int *in1, int *in2, int *out, int N) {
    if (threadIdx.x == 0) {
        int i;
        for (i = blockIdx.x; i < N; i += gridDim.x) {
            out[i] = in1[i] + in2[i];
        }
    }
}
```

那么对于 worker 并行和 vector 并行呢？当在一个 gang 中只有一个活跃的 worker 时，程序处于单一 worker 模式。当 worker 中只有一个活跃的 vector 元素时，程序处于单一 vector 模式。因此，gang 冗余模式和 gang 分裂模式也可以被称为单一 worker 模式和单一 vector 模式。

在 worker 分裂模式下，并行区域的工作被划分到多个 gang 和多个 worker 中。使用所有 gang 里的所有 worker 可以提供 $G \times W$ 路并行。在 CUDA 中，worker 分裂模式通过每个线程束中的第一个线程来实现：

```
__global__ void kernel(int *in1, int *in2, int *out, int N) {
    if (threadIdx.x % warpSize == 0) {
        int warpId = threadIdx.x / warpSize;
        int warpsPerBlock = blockDim.x / warpSize;
        int i;
        for (i = blockIdx.x * warpsPerBlock + warpId; i < N;
                i += gridDim.x * warpsPerBlock) {
            out[i] = in1[i] + in2[i];
        }
    }
}
```

在 vector 分裂模式下，工作任务在 gang、worker 和 vector 通道上进行划分，同时提供 $G \times W \times V$ 路并行。这个模式与编写的 CUDA 内核模式最为相似。这些不同的 OpenACC 模式，使得一个应用程序的并行性可在代码的并行区域内进行动态调整。

当使用 OpenACC 时，由程序员用编译器指令指定并行代码区域，或是并行运行。编译器指令还可以指定使用何种类型的并行处理。编译器指令是一行源代码，用 C/C ++ 编写，开头为 #pragma。OpenACC 指令使用 acc 关键字作为唯一标识，这意味着所有 OpenACC 指令都是以 #pragma acc 开头的。

尽管编译器指令是程序源代码的一部分，但它们对编译器生成的可执行文件的影响是不一定的。如果编译器无法识别或不支持 #pragma 的这种类型，那么在编译时就会忽略 #pragma 的存在。另外，在运行本节中的任何示例代码时，都需要启用使能 OpenACC 的编译器。目前，PGI、Cray 和 CAPS 编译器都支持 OpenACC 指令。本章中的例子使用的是 PGI 编译器，但实际上要求的是所有源代码在所有编译器上都可以运行。查看你的编译文件，然后添加需要的标志以支持 OpenACC。

使能 OpenACC 编译器能对程序的 OpenACC 指令做出解释，也能对源代码进行自动分析以自动生成加速器源代码。因此，只需添加几行指令代码，就可以在 GPU 上自动执行应用程序了。如下是 OpenACC 向量加法的实现：

```
#pragma acc kernels
for (i = 0; i < N; i++) {
    C[i] = A[i] + B[i];
}
```

#pragma acc 内核指令标志着下列顺序代码块在 OpenACC 加速器上符合执行的条件（如 GPU）。如果构建源代码的编译器是支持 OpenACC 的，那么它会分析循环过程，决定在 gang、worker 和 vector 通道上并行执行的策略，然后自动生成内存拷贝、内核启动及在 GPU 上并行执行循环部分必需的内核代码。与此相反，在 CUDA 中的手动编码（没有 CUDA 统一内存）则要求：1）把循环体转换成 CUDA__global__ kernel，2）用 cudaMalloc 分配内存，3）用 cudaMemcpy 将数据拷贝到设备端，4）启动内核，5）将数据拷贝回主机端。有了 OpenACC，所有这些都可以由 #pragma 来完成。

除了编译器指令，OpenACC 也提供了一系列库函数。与 OpenACC 的编译器指令相比，这些函数可以实现与其相同的、互补的或独有的功能。

本节的剩余部分将学习 OpenACC 的指令及其应用。你将从探索计算指令是如何将串行的 C 代码自动转换为并行执行开始，然后探究数据指令是如何让你管理主机和设备之间的数据传输的。紧接着是对 OpenACC 运行时 API 的简要讨论，这部分将通过一个使用 OpenACC 的示例来介绍。

8.8.1　OpenACC 计算指令的使用

在 OpenACC 中，用计算编译程序指令来通知编译器是如何让一个代码块并行执行的。有两个相关的计算指令：#pragma acc kernels 和 #pragma acc parallel。

8.8.1.1　内核指令的使用

#pragma acc kernels 采取了一种比 #pragma acc parallel 更自动化且编译器可驱动的方法。当在一个代码块中应用内核指令时，编译器会自动分析这个代码块中可并行的循环。当找到可并行的区域后，编译器可以在每个并行循环中使用任意配置的 gang、worker 和 vector 宽度来对并行执行进行调度。也就是说，编译器会自动决定何时使用 gang 冗余模式、gang 分裂模式、worker 分裂模式等。在 CUDA 中，编译器会搜寻代码块，在 CUDA 内核中，这些代码块是由并行循环所执行的内核指令所修饰的。在内核块中不能并行的其他代码仍要执行，只是不以并行方式执行。

可以将从 Wrox.com 下载的 simple-kernels.c 中的代码作为简单的示例。以下代码段是核心代码：

```
#pragma acc kernels
{
    for (i = 0; i < N; i++) {
        C[i] = A[i] + B[i];
```

```
    }
    for (i = 0; i < N; i++) {
        D[i] = C[i] * A[i];
    }
}
```

这个内核块包含两个可以并行的循环。如果你有一个 PGI 编译器，那么就可以用以下命令进行编译：

```
$ pgcc -acc simple-kernels.c -o simple-kernels
```

为 PGI 编译器添加 -acc 标志使其支持 OpenACC，允许其在所提供的代码中识别任何带有 # pragma acc 的指令。同时强烈建议你在 PGI 编译器中添加 -Minfo = accel 标志，以弄清楚自动并行化是如何实现的。在 simple-kernels.c 中使用 -Minfo = accel 可得到以下输出：

```
$ pgcc -acc -Minfo=accel simple-kernels.c -o simple-kernels
main:
    34, Generating present_or_copyout(C[:1024])
        Generating present_or_copyin(A[:1024])
        Generating present_or_copyin(B[:1024])
        Generating present_or_copyout(D[:1024])
        Generating Tesla code
    36, Loop is parallelizable
        Accelerator kernel generated
        36, #pragma acc loop gang, vector(128) /* blockIdx.x threadIdx.x */
    39, Loop is parallelizable
        Accelerator kernel generated
        39, #pragma acc loop gang, vector(128) /* blockIdx.x threadIdx.x */
```

现在，忽略那些有 present_or_copyout 和 present_or_copyin 的语句。这些语句在 8.8.2 节中会有所提及。使用 36 和 39 标记的行是源代码中每个循环开始的地方。在这两种情况下，OpenACC 能自动找到可并行化的循环。它还为每个循环所用的并行化策略输出相关信息：

```
#pragma acc loop gang, vector(128) /* blockIdx.x threadIdx.x */
```

信息表明，在一个有 128 个元素的向量宽度下，这两个循环都通过 gang 和 vector 完全并行化了。在 CUDA 中，这就对应一个 128 个线程的线程块，需要尽可能多的块启动来并行执行循环迭代。

内核指令后面也可能会加一些有修饰其行为的选项，例如：

```
#pragma acc kernels if(cond)
```

如果 cond 是 false，那么应禁止代码块在 OpenACC 加速器上执行。如果在 GPU 上并行执行没有任何意义，在这种情况下，你若想阻止执行，那么上述指令就非常有用了，类似如下命令：

```
#pragma acc kernels if(N < 128).
```

在 OpenACC 中，对所有计算来说，在内核指令结束时有一个默认的等待命令。但是，如果使用 async 子句那么执行就不会被阻塞：

```
#pragma acc kernels async(id)
```

async 子句接受一个可选的整型参数。这个整数给内核块指定的唯一 ID，允许相同的整数 ID 在之后被用于测试或等待这个内核块的实现。如果没有给出这个 ID，那么内核块仍异步执行，但是不会等待那个内核块执行完毕。例如，如果用如下命令创建一个内核块：

```
#pragma acc kernels async(3)
```

然后应用程序可以使用如下等待指令，等待完成与内核指令相关的计算：

```
#pragma acc wait(3)
```

或者通过调用库函数 acc_async_wait：

```
acc_async_wait(3);
```

你还可以使用一个空的等待指令来等待所有异步任务的完成：

```
#pragma acc wait
```

或使用库函数 acc_async_wait_all：

```
acc_async_wait_all();
```

在 CUDA 中，使用整数 ID 的异步指令和函数，类似于使用 cudaEvent_t 来识别等待执行任务中的一个点。然后，对异步任务使用一个等待指令或阻塞函数，类似于使用 cuda-EventSynchronize 函数阻塞某个事件。如果没有整数 ID，等待行为类似于 cudaDevice-Synchronize 调用。

你也可以在内核指令中添加一个 wait 子句，确保内核区域的执行在下列情形之前未启动：1）之前所有异步任务均已完成，2）与所提供的整数 ID 相关的任务都已经完成。将内核区域中的异步和 wait 子句结合起来，可以链接到异步加速区域：

```
#pragma acc kernels async(0)
{
    ...
}
#pragma acc kernels wait(0) async(1)
{
    ...
}
#pragma acc kernels wait(1) async(2)
{
    ...
}
#pragma acc wait(2)
```

此外，OpenACC 还支持检查异步计算是否是在没有阻塞的情况下完成的。这只能用库函数来实现。acc_async_test(int) 检查所给出的 ID 内核是否已经执行完毕，而 acc_async_test_all 检测所有的异步命令是否都已经完成。如果所有的异步命令已经完成，就返回一个非零值；否则，返回零。

注意可以将多个子句进行组合。例如，下面的 # pragma 指令将一个内核区域标记为异步的，但只有在 $N>128$ 的加速器上才能执行。对于这个例子，if 子句应用于内核指令，但不是内核指令的异步性。

```
#pragma acc kernels if(N > 128) async
```

8.8.1.2 并行指令的使用

内核指令及其相关的子句对应用程序的加速来说是一个很强大的工具，使用它们可以让你对应用程序的实际执行有较少的控制。OpenACC 编译器会自动分析代码并选择一个合适的并行策略，这只需要你进行很少的参与。为了解决这个问题，OpenACC 添加了另一个类似于内核的指令，但这个指令提供了更多的执行控制：#pragma acc 并行指令。内核指令允许编译器将标记代码分组到尽可能多的加速器内核中，该内核中包含编译器认为所有必要的并行部分。在使用一个并行指令时，所有的 gang 和 worker 都在并行区域的开始位置启动，在末尾处停止执行。尽管编译器可以基于你的指令在多种执行模式之间进行转换，但它不能调整在并行区域中间位置的并行维度。与 CUDA 中一样，这使你可以完全掌控并行性的创建。

异步并行指令支持那些解释一部分内核指令的子句，如 if 子句、async 子句和 wait 子句。此外，并行指令还支持以下子句：使用 num_gangs(int) 设置 gang 的数量，用 num_workers(int) 设置 worker 的数量，以及用 vector_length(int) 设置每个 worker 的向量宽度。你应该熟悉在 CUDA 中配置线程块的数量和每个块中线程的数量，这里只不过多了一个维度。并行指令还支持 reduction 子句。一旦一个并行区域执行结束，reduction 子句就会自动将每个 gang 的输出结合起来，处理成一个单一值进行输出，一旦并行指定完成就可以获得这个值。reduciton 子句需要一个运算和一个变量列表来实现，它们之间用冒号隔开：

```
#pragma acc parallel reduction(op:var1,var2,...)
```

在并行区域的每个 gang 中每个变量都有一个变量副本 var1，var2…，将其初始化为一个默认的、运算指定的初始值。当并行区域执行结束时，每个 gang 中的副本都执行运算 op，并将运算结果作为最终结果进行输出。例如，如果你想通过 gang 对变量 result 求和，可以使用以下命令：

```
#pragma acc parallel reduction(+:result)
```

OpenACC 支持各种简化运算符，包括 +、*、max、min、&、|、^、&& 以及 ||。

在 CUDA 中，reduction 子句将通过在 __shared__ 内存中存储一个标量来完成实现，从每个线程块不断更新它的值，并且在内核结束时使用原子操作将每个线程块写入的值进行结合。这比使用 reduction 子句需要更多的编程工作，但却使之更可控、更具有可自定义性（例如，通过启用自定义原子操作）。

并行指令中也可以使用 private 和 firstprivate 子句。private 和 firstprivate 子句运用变量列表。当使用 private 时，会为每个 gang 创建一个 private 型复制变量。只有该 gang 可以使用该变量的拷贝，因此该值的改变对其他 gang 或主机应用程序是不可见的。例如，下面的代码段：

```
int a;
#pragma acc parallel private(a)
{
    a = ...;
}
```

并行区域中的每个 gang 将 a 的复制变量设为不同的值。这些值对其他 gang 或主机应用程序是不可见的。从概念上讲，你可以认为它类似于 CUDA 中的 __shared__ 内存变量。

firstprivate 子句与 private 子句功能相同，但是要将每个 gang 中的 private 型变量的值初始化为主机上该变量的当前值。代码段如下：

```
int a = 5;
#pragma acc parallel firstprivate(a)
{
    ...
}
```

并行区域中的每个 gang 会以 a 的值被设置为 5 的复制变量开始。对于每个 gang 来说，对 a 的任何更改都是 private 型。

8.8.1.3　循环指令的使用

并行指令的挑战是，需要你为要加速的编译器明确标注并行性。并行区域总是以 gang 冗余模式开始的。执行并行模式之间的转换（如 gang 分裂模式或 work 分裂模式）需要对有更高并行期望水平的编译器有明确的指示。这是通过使用 #pragma acc 循环指令标记并行循环来完成的，你可以直接对该循环所使用的执行模式进行操作。例如，你可以用之前使用的并行指令和循环指令实现较早的 simple-kerhcls 示例，目的是将包含的循环标记为可并行的（如下所示）：本示例的完整代码可以在 Wrox.com 中的 simple-parallel.c 中找到。

```
#pragma acc parallel
    {
#pragma acc loop
        for (i = 0; i < N; i++) {
            C[i] = A[i] + B[i];
        }
#pragma acc loop
        for (i = 0; i < N; i++) {
            D[i] = C[i] * A[i];
        }
    }
```

由于在这个例子中没有为循环指令添加子句，所以编译器可以自由使用它认为最优的任何循环调度。程序员也可以通过对循环指令添加 gang、worker 或 vector 子句显式地控制每一级的并行性。当在循环指令中添加了以上列出的一个或多个子句时，这个循环在各自的维度上就可以并行执行了。例如，考虑以下代码段：

```
#pragma acc parallel
{
    int b = a + c;
```

```
#pragma acc loop gang
    for (i = 0; i < N; i++) {
        ...
    }
}
```

这里，并行区域以 gang 冗余模式开始。当遇到循环指令时，由于 gang 子句的存在，执行会切换至 gang 分裂模式。

然而，循环指令不是仅在一个并行区域内有效。它也可以与内核指令相结合，为编译器标记并行循环，目的是将其变成加速器内核。然而，其子句的意义因上下文的不同而有所差别。表 8-5 列出了可应用于循环指令的子句，以及依赖于它们在并行内部或内核区域使用时含义的变化。

表 8-5　循环子句

子　句	并行区域的行为	内核区域的行为
collapse(int)	标志着一个循环指令适用于多重嵌套循环，嵌套循环包含的数量由参数指定	与并行区域相同
gang(int)	指明一个循环应通过 gang 划分到并行区域，gang 的数量由并行指令决定	说明一个循环应该通过 gang 进行划分，gang 有选择地使用整型参数：执行循环时所用的 gang 的数量
worker(int)	指明一个循环应通过每个 gang 中的 worker 划分到并行区域，将每个 gang 由单一 worker 模式切换为 worker 分裂模式	说明一个循环应该通过每个 gang 中的 worker 划分到并行区域，worker 有选择地使用整型参数：每个 gang 所用的 worker 数量
vector(int)	指明一个循环应通过 vector 通道进行分配，使一个 worker 由单一 vector 模式切换为 vector 分裂模式	说明一个循环应该通过 vector 通道进行分配，vector 有选择地使用整型参数：每个 worker 所用的向量宽度
seq	为了按顺序执行，加速器强制使用 seq 对循环进行标记	与并行区域相同
auto	指明编译器应为相关的循环选择 gang、worker 或 vector 并行	与并行区域相同
tile(int, ...)	指明编译器应将嵌套循环里的每个循环分成两个循环：一个是外层 tile 循环，一个是内层 element 循环。内层循环迭代次数为 tile_size，外层循环执行次数取决于原来的代码。如果附加到多个紧密嵌套的循环中，title 可以采用多个 tile_size，并自动将所有外部循环放在所有内部循环之外	与并行区域相同
device_type(type)	device_type 的参数是一个用逗号分隔的列表，分隔不同设备类型的子句。所有子句都遵循 device_type 的设定，只有当循环在指定的设备类型上执行时，才会有要么指令结束，要么下一个 device_type 开始	与并行区域相同
independent	independent 子句声称被标记的循环为并行的且编译器分析高于一切	与并行区域相同
private (var1, ...)	为标记循环中的每个指定变量创建 gang-private 副本	与并行区域相同
reduction	见本节前面的部分讨论	与并行区域相同

你也可以把并行或内核循环指令结合到一个 pragma 中：

```
#pragma acc parallel loop
for (i = 0; i < N; i++) {
    ...
}
#pragma acc kernels loop
for (i = 0; i < N; i++) {
    ...
}
```

这些只是扩展并行指令和内核指令的语法修改，后面紧跟着一个循环指令：

```
#pragma acc parallel
{
    #pragma acc loop
    for (i = 0; i < N; i++) {
        ...
    }
}

#pragma acc kernels
{
    #pragma acc loop
    for (i = 0; i < N; i++) {
        ...
    }
}
```

8.8.1.4　OpenACC 计算指令小结

本节涵盖了一系列可用于在加速器中并行化代码计算区域的 OpenACC 子句和指令。kernels 指令是自动执行的，允许编译器自动将一段代码转为并行执行且不需要人为参与，但 parallel 指令则需要更多的人为参与来决定如何将一段代码并行化。在这两种情况下，循环指令可用于告诉编译器如何将循环体并行化。

本节给出了在 OpenACC 中为了将计算映射给加速器提供的综合性相关说明，但你可能注意到，本节并没有指明主机应用程序及其加速器之间是如何通信的。parallel 指令和 kernels 指令可以自动完成两者之间所有的转换工作。那么在 OpenACC 中，是如何使用 data 指令和附加子句来优化主机和加速器之间的通信的呢？下一节将围绕这个话题展开讨论。

8.8.2　OpenACC 数据指令的使用

在编写 OpenACC 程序时，你可能对数据转移问题毫不关心。但是，这样做会让 OpenACC 进行了很多不必要的通信从而使性能显著下降。本节将介绍 #pragma acc data 指令是如何显式地在主机和 OpenACC 加速器之间进行通信的。你还将了解到可用于并行指令和内核指令的相关数据子句。

8.8.2.1　数据指令的使用

在 OpenACC 中，#pragma acc data 被显式地用于在主机应用程序和加速器之间传输数据，类似于 CUDA 中的 cudaMemcpy。与 kernels 和 parallel 指令类似，数据被应用到代码的某个区域。它定义了在该区域边界处必须进行的数据传输工作。例如，可以把一个变量标记为 copyin，也就是说，可以将这个变量在该区域的起始位置传送给加速器，但最后不能传出。相反地，copyout 是在数据区的末端将该变量传回主机端，但不能在该数据区域的起始位置将其传给加速器。

你可以从 Wrox.com 中下载 simple-data.c 进行学习。simple-data.c 是 simple-parallel.c 的扩展。核心代码如下：

```
#pragma acc data copyin(A[0:N], B[0:N]) copyout(C[0:N], D[0:N])
    {
#pragma acc parallel
        {
#pragma acc loop
            for (i = 0; i < N; i++) {
                C[i] = A[i] + B[i];
            }
#pragma acc loop
            for (i = 0; i < N; i++) {
                D[i] = C[i] * A[i];
            }
        }
    }
```

所添加的 #pragma acc data 指令通知编译器：只有 A 和 B 应该拷贝到设备端，只有 C 和 D 应该拷贝回来。该段代码还指明了传输数组的范围，在这种情况下，传输的应该是整个数组。在某些情况下，编译器能够推断出要复制的数组大小，这能略微简化代码：

```
#pragma acc data copyin(A, B) copyout(C, D)
```

以上修改的结果是，与没有使用数据指令的传输过程相比，要传输的字节数减少了一半。

除了数据指令，在执行过程中也可以用 #pragma acc enter data 和 #pragma acc exit data 来标记任意节点传入和传出加速器的数组。当编译器遇到 enter data 指令时，它会指明哪些数据应该复制到设备端。这些数据将继续留在设备端，直到编译器遇到将其传回的 exit data 指令或者程序终止执行。当与 async 子句和 wait 子句相结合时，enter data 指令和 exit data 指令能够发挥最大的作用。注意，data 指令不支持 async 子句和 wait 子句。

当把 async 子句应用到 enter data 和 exit data 指令中时，它会创建将数据传入或传出加速器的异步传输任务，类似于 cudaMemcpyAsync。正如在 CUDA 中异步拷贝是很有用的一样，作为一种重叠计算和通信的方法，在 OpenACC 中它也是很有用的。当把 wait 子句应用到 enter data 和 exit data 指令中时，它的作用与在 kernels 指令或 parallel 指令中一样：通信指令要等待其他异步任务结束后再执行。需要注意的是通信指令（即 enter data 和 exit data 指令）可以使用 async 和 wait 子句来交互异步计算任务（即 kernels 指令和 parallel 指令），反之亦然。参考下面的代码段：

```
int *A = init_data(N);
int *B = init_more_data(N);

do_some_heavy_work(C);

#pragma acc data copyin(B[0:N]) copyout(A[0:N])
{
    #pragma acc kernels
    {
        for (i = 0; i < N; i++) {
            A[i] = do_work(B[i]);
        }
    }
}

do_lots_more_work(D);
```

这里，data 指令将 B 传送到设备端，然后将 A 传输回来。但是，由于 data 指令使用的是同步传输，所以这个应用程序必须停止并且等待要传送的潜在的大数组。如果用 async 子句代替 enter data 和 exit data 指令，那么 do_some_heavy_work 和 do_lots_more_work 中的通信开销可以被隐藏：

```
int *A = init_data(N);
int *B = init_more_data(N);

// copy B to the accelerator asynchronously, with ID 0
#pragma acc enter data copyin(B[0:N]) async(0)

// do work on the host
do_some_heavy_work(C);

// execute this block of code asynchronously on the accelerator.
// use wait(0) to ensure that it waits for the transfer of B to complete first.
#pragma acc kernels async(1) wait(0)
{
    for (i = 0; i < N; i++) {
        A[i] = do_work(B[i]);
    }
}

// copy A back to the host after the kernels region finishes
#pragma acc exit data copyout(A[0:N]) async(2) wait(1)

// do work on the host
do_lots_more_work(D);

// wait for the transfer of A to finish
#pragma wait(2)
```

这里，enter data 指令用于将 B 异步传输到设备端，与 do_some_heavy_work 的作用相同。然后，内核指令使用 wait 子句来确保 B 的异步拷贝已经完成，并启动一个异步计算任务。随后，exit data 指令用来将 A 异步地传回，与 do_lots_more_work 的作用相同，但要先等待内核区域执行结束。最后，必须使用一个 wait 指令确保 A 已经传送回主机端。

与 kernels 指令和 parallel 指令类似，data 指令支持和共享多种子句。表 8-6 列出了 data 指令所支持的子句以及支持这些子句的指令。

表 8-6 data 子句

子　句	行　为	支持的指令		
		数据	输入数据	输出数据
if(cond)	如果 cond 为 true，仅执行数据拷贝	Y	Y	Y
copy(var1, ...)	指明在进入数据区域时将变量拷贝到加速器，并在离开数据区域时将其传回到本地内存	Y	N	N
copyin(var1, ...)	指明变量只能被拷贝到加速器中	Y	Y	N
copyout(var1, ...)	指明变量只能被拷贝回加速器中	Y	N	Y
create(var1, ...)	指明列出的变量需要在非共享内存的加速器上分配设备内存，但变量值不必传入或传出加速器	Y	Y	N
present(var1, ...)	Present 指明列出的变量已经存储于加速器上了，不必再次传入。在运行时，编译器会发现并使用这些已经存在于加速器上的数据	Y	N	N
present_or_copy(var1, ...)	如果列出的变量已经存在于加速器内存中，那么 present_or_copy 的功能与 present 一样，不会分配新的设备内存。如果列出的变量不在加速器内存中，在进入区域时为数据分配空间并将数据拷贝到设备内存中，离开区域时将撤销变量空间	Y	N	N
present_or_copyin(var1, ...)	如果列出的变量已经存在于加速器内存中，不会分配新的设备内存。如果变量不在加速器内存中，则将其拷贝到加速器内存中	Y	Y	N
present_or_copyout(var1, ...)	如果列出的变量已经存在于加速器内存中，不会分配新的内存且不会进行数据拷贝。如果变量不在加速器内存中，则在离开数据区域时将数据移出加速器	Y	N	N
present_or_create(var1, ...)	如果列出的变量已经存在于加速器内存中，不会分配新的内存。如果列出的变量不在加速器内存中，会在加速器上为其分配内存但不执行拷贝	Y	Y	N
deviceptr(var1, ...)	deviceptr 告诉编译器列出的变量是设备指针，因此不必再为该指针指向的数据分配空间，也不必在主机和设备之间传输数据。在后面的 8.8.4 节中，对 deviceptr 会有详细介绍	Y	N	N
async(int)	异步执行数据传输，使用可选择的整型参数作为唯一的标识符	N	Y	Y
wait(int)	在开始本次数据传输之前，等待之前的异步任务执行结束	N	Y	Y
delete(var1, ...)	delete 子句可以与 exit data 指令结合使用，以显式地释放加速器内存	N	N	Y

8.8.2.2　为内核指令和并行指令添加 data 子句

通常情况下，由于输入和输出数据都是在计算区域之前或之后进行传输的，所以数据指令与计算指令紧密相关。尽管可以对每个任务使用独立的指令，但 OpenACC 还是支持使用计算指令上的 data 子句来简化代码。

例如，考虑前面提到的 simple-data.c 中的核心逻辑：

```
#pragma acc data copyin(A[0:N], B[0:N]) copyout(C[0:N], D[0:N])
    {
#pragma acc parallel
        {
            ...
        }
}
```

可以为并行指令添加一个 data 子句而不是保留两个分离的编译器指令：

```
#pragma acc parallel copyin(A[0:N], B[0:N]) copyout(C[0:N], D[0:N])
{
    ...
}
```

这种改变简化了源代码，并且更容易看到的是，并行区域和数据传输是相关联的。

内核指令和并行指令都支持表 8-6 中列举的 copy，copy in，copy out，create，present，present_ or_copy，present_or_copyin，present_or_copyout，present_or_create 和 deviceptr 子句。

8.8.3　OpenACC 运行时 API

除了编译器指令，OpenACC 也提供了一个函数库。在介绍 async 和 wait 子句时已经有所提及：函数 acc_async_wait、acc_async_wait_all、acc_async_test 和 acc_async_test_all 都是 OpenACC 运行时 API 的一部分。使用 OpenACC 运行时 API 中的函数要求添加头文件 openacc.h。

许多用 OpenACC 编写的程序完全可以不使用 OpenACC 运行时 API，因为在许多情况下，编译器指令就可以提供其所需要的功能。不过，仍然有一些由运行时 API 提供的操作是 OpenACC 编译器指令不能提供的。

OpenACC 运行时 API 函数可分成 4 个方面：设备管理、异步控制、运行时初始化和内存管理。本节不会对运行时 API 的所有函数都进行介绍，而是着重介绍一些比较有用的函数。

设备管理函数允许你显式控制使用哪个加速器或加速器类型来执行 OpenACC 计算区域。许多设备管理函数使用 acc_device_t 类型，这是一个枚举类型，它代表了由 OpenACC 实现所支持的不同设备类型。最低限度，所有的 OpenACC 实现必须支持 acc_device_none、acc_device_default、acc_device_host 和 acc_device_not_host 类型，当然也可以支持其他类型，例如，PGI 14.4 支持以下设备类型：

```
typedef enum {
    acc_device_none = 0,
    acc_device_default = 1,
    acc_device_host = 2,
    acc_device_not_host = 3,
    acc_device_nvidia = 4,
```

```
        acc_device_radeon = 5,
        acc_device_xeonphi = 6,
        acc_device_pgi_opencl = 7,
        acc_device_nvidia_opencl = 8,
        acc_device_opencl = 9
} acc_device_t;
```

表 8-7 列出了一些设备管理函数。

表 8-7 OpenAcc 运行时 API 中的设备管理函数

函 数 声 明	描　　述
int acc_get_num_devices(acc_device_t)	返回指定类型可用的设备编号
void acc_set_device_type(acc_device_t)	在由设备端提供类型的加速器上运行所有的 OpenACC 计算程序
acc_device_type acc_get_device_type()	得到当前选择的设备类型
void acc_set_device_num(int, acc_device_t)	在所有指定类型的设备中选择一个设备
int acc_get_device_num(acc_device_t)	返回指定设备类型的一个设备编号，该设备将运行下一个 OpenACC 计算区域

异步控制函数允许你检查或等待异步操作的执行状态。异步操作包括使用并行指令和内核指令创建的异步计算和使用 OpenACC 数据指令创建的异步通信。表 8-8 中给出了一些异步控制函数。

表 8-8 OpenAcc 运行时 API 中的异步控制函数

函 数 声 明	描　　述
int acc_async_test(int)	检测所有指定的异步操作是否已经完成，如果已经完成，则返回一个非零值
int acc_async_test_all()	检测之前所创建的所有异步操作是否已经完成。如果所有异步操作都已完成，则返回一个非零值
void acc_wait(int)	等待指定的异步操作的完成
void acc_wait_async(int, int)	强制执行由第二个参数指定的异步任务之后的任何任务，以等待完成由第一个参数指定的异步任务。此过程不会阻塞设备端程序
void acc_wait_all()	等待所有异步操作的完成
void acc_wait_all_async(int)	强制任何正在等待指定的异步任务，以等待所有异步任务的完成

运行时初始化函数用来初始化或管理 OpenACC 的内部状态。表 8-9 中给出了一些运行时初始化函数。如果 acc_init 没有被 OpenACC 的应用程序显式调用，那么运行时初始化自

动作为应用程序的第一个 OpenACC 操作来执行。

表 8-9　OpenAcc 运行时 API 中的运行时初始化函数

函 数 声 明	描 述
void acc_init(acc_device_t)	告诉 OpenACC 运行时环境将指定设备类型的运行时环境初始化
void acc_shutdown(acc_device_t)	告诉 OpenACC 运行时环境关闭与指定加速器设备的连接

内存管理函数用于管理加速器内存分配以及在主机和加速器之间的数据传输。因此，在许多情况下，它们的功能与 OpenACC 的数据指令和子句相同。表 8-10 中给出了一些内存管理函数。

表 8-10　OpenAcc 运行时 API 中的内存管理函数

函 数 声 明	描 述
void * acc_malloc(size_t)	在加速器上分配指定的字节，返回分配的内存地址
void acc_free(void *)	释放从指定地址开始的内存空间
acc_copyin, acc_present_or_copyin, acc_create, acc_present_or_create, acc_copyout, acc_delete	所列举的每一个函数的第一个参数都是 void*，第二个参数都是 size_t，这几个函数各自实现与同名子句的相同操作。在由第一个参数指定的主机端地址开始，使用由第二个参数指定的字节数进行操作
int acc_is_present(void* size_t)	检查内存区域是否是从给定的地址开始的，并检查复制到加速器的数据长度是否是指定长度

8.8.4　OpenACC 和 CUDA 库的结合

尽管 CUDA 和 OpenACC 是相互独立的编程模型，但它们仍可在同一应用程序中使用。这样就需要更改应用程序的编译方式，同时必须使用 deviceptr 子句来实现 CUDA 和 OpenACC 之间的数据共享。本节所示的应用程序，在一个源文件中同时使用了 CUDA 库和 OpenACC。示例的应用程序可从 Wrox.com 上下载 cuda-openacc.cu，cuda-openacc.cu 可以分成以下几步：

1. 使用 cudaMalloc 为矩阵分配设备内存，使用 curandCreateGenerator 和 cublasCreate 为 cuRAND 和 CUBLAS 库创建句柄。

2. cuRAND 库中的 curandGenerateUniform 函数产生的随机数据对设备内存中的输入矩阵进行填充。

3. 使用 OpenACC 指令，在 GPU 上并行执行两个矩阵间的乘法。

4. cublasSasum 用于计算输出矩阵中所有元素的总和。

5. 使用 cudaFree 释放设备内存。

用 PGI OpenACC 编译器对 cuda-openacc.cu 进行编译，命令如下：

```
$ pgcpp -acc cuda-openacc.cu -o cuda-openacc -Minfo=accel \
    -L${CUDA_HOME}/lib64 -lcurand -lcublas -lcudart
```

注意，这里的 C++ 编译器 pgcpp 与 CUDA 库是兼容的。保留 -acc 参数以支持 Open-ACC，-Minfo=accel 用来表示在 OpenACC 并行计算区域内的诊断信息。此外，将 CUDA 库的路径应添加到编译器的库路径中，以便编译器可以找到 cuRAND，cuBLAS 和 CUDA 运行时函数的定义。此命令的输出如下所示：

```
main:
     70, Accelerator kernel generated
         70, #pragma acc loop gang /* blockIdx.x */
         72, #pragma acc loop vector(32), worker(4) /* threadIdx.x threadIdx.
     70, Generating Tesla code
     72, Loop is parallelizable
     74, Loop is parallelizable
```

需要注意的是内核是在 70 和 72 行的循环上产生的，包括使用 gang 并行的外层循环和使用 worker 及 vector 并行的内部循环。

在学习完 CUDA 库和 OpenACC 的全部章节后，大部分代码对你来说应该都很熟悉了，只有两点可能还比较陌生。

第一点，deviceptr 子句是在并行指令中使用的。deviceptr 允许一个应用程序显式地分配和管理自己的设备内存，然后直接将其传递给 OpenACC 计算区域。在这种情况下，在用 cuRAND 填充数据之前，cuda-openacc 应用程序会用 cudaMalloc 显式地分配自己的设备内存。然后，使用 deviceptr 给 OpenACC 内核提供相同设备内存的直接访问权，而不必在使用 copyin 之前将其传回主机。deviceptr 是允许 OpenACC 和其他 GPU 编程框架相结合的一个关键组成部分。

第二点，示例 cuda-openacc.cu 中也使用了 cublasSetPointerMode 来衡量 cuBLAS 函数是否使用主机或设备的指针来返回标量结果。在这种情况下，cublasSasum 返回一个标量结果作为它的最后一个参数。最初，在设备端对输出矩阵的行进行求和时，cublasSet-PointerMode 用来将模式设置为 CUBLAS_POINTER_MODE_DEVICE。当执行最终的跨行求和时，模式切换为 CUBLAS_POINTER_MODE_ HOST，返回地址为主机应用程序地址空间中的一个变量。你可能还记得一个关于这个函数的 cuSPARSE 版本的简要介绍，cusparseSetPointerMode，在 8.2.4 节中有所介绍。

8.8.5 OpenACC 小结

本节介绍了 OpenACC 的执行和编程模型。OpenACC 是一个灵活的、易于使用的、高性能的编程模型，它在许多方面对 CUDA 和 CUDA 库进行了补充。与 CUDA 库相比，OpenACC 的使用更加灵活，允许你使用 C 语言编写自己的计算函数。与 CUDA 相比，OpenACC 的使用更为方便，在通信和计算方面比 CUDA C 需要更少的人为参与。

　　但是，OpenACC 也有一些缺点。一个忽略数据移动的简单的 OpenACC 实现往往会由于不必要的内存拷贝而使性能降低。在默认情况下 OpenACC 对优化策略是保守的。即便使用 async，copyin 和 copyout 子句，OpenACC 的性能表现往往落后于手动编码的 CUDA 程序。此外，在许多领域中，OpenACC 在性能和可用性上根本无法与 CUDA 库相抗衡。

　　虽然有这些缺点，但 OpenACC 的性能、可用性和可定制性间的平衡使之成为非常有吸引力的编程模型，是对有高性能 GPU 应用程序快速开发的 CUDA 程序的补充。

8.9　总结

　　通过本章的学习，你可以利用 cuSPARSE，cuBLAS，cuFFT，cuRAND 和 OpenACC 来加速应用程序开发过程。

　　CUDA 库在简单性、易用性、可移植性及性能方面有很好的表现。它们是由领域内的专家根据他们的经验专门设计的。不需要大量自定义的应用程序可以将这些库及其组件函数作为 GPU 加速应用程序的基本构件来使用。

　　更重要的是，专注于通用工作流、抽象概念及库之间共享的移植过程使你能在本章之外继续学习，去探索更多更先进的理念以及全新的 CUDA 库。本章中介绍的库是根据其应用范围有选择进行介绍的，因此只能对 CUDA 库进行简略的介绍。

　　另一方面，与 CUDA 库相比，OpenACC 给了编程人员更多对 GPU 的控制权，同时省去了许多 GPU 编程中普通的任务。在 OpenACC 中，由 CUDA API 支持的许多相同操作可以用引导自动并行的编译器指令来执行。事实上，本书中大部分与性能相关的课程同时适用于 CUDA 和 OpenACC。此外，你可以用一个更直观的形式（类似于串行的主机端代码）编写自定义的 GPU 内核。OpenACC 相比于 CUDA 降低了复杂程度并相比于 CUDA 库提高了灵活性。

　　总体来说，本章主要从一个更抽象的硬件视角介绍了 CUDA 之上的框架，使你能够使用更少的代码，获得更好的性能。如果你的应用程序在 CUDA 库所覆盖的范围内执行，那么在 CUDA 专家编写的核函数及兼容的 API 的帮助下，能有效简化你的开发工作并能获得更好的性能。通过减少手动编写的代码使其自动执行内存管理、任务分配及并行化处理，OpenACC 加速了 CUDA 内核的发展进程。

8.10　习题

1. 下列 cuBLAS 工作流中缺少了哪一步：
　（1）按列优先的顺序从数据文件中读取输入数据。
　（2）用 cudaMalloc 分配设备内存。
　（3）用 cublasCreate 配置一个 cuBLAS 句柄。
　（4）用 cublasSgemm 执行矩阵和矩阵间的乘法。
　（5）用 cudaGetMatrix 取回结果。

2. 写一个函数，输入一个行为 M 列为 N 的稠密矩阵 A，并使用 cuSPARSE 的格式转换函数将其转换为 COO 格式。假设这不是一个较大矩阵的子矩阵，你的函数原型应该是：

```
void dense2coo(float *M, int M, int N,
    float **values, int **row_indices, int **col_indices);
```

3. 在 cusparse.cu 中使用随机矩阵生成函数 generate_random_dense_matrix 随机生成两个稠密矩阵，并使用 cuSPARSE 执行矩阵和矩阵间的乘法。

4. 修改第 3 题的代码，以实现在双精度浮点数值上进行操作。需要注意的是，这些修改需要对数据初始化、存储和使用 cuSPARSE 函数。使用 nvprof 来检测和解释性能差异。

5. 使用 cublas.cu 中的 generate_random_dense_matrix 函数。首先，对外循环重排以遍历行和列（与现在正在操作的步骤的相反），无须修改用于引用数组 A 的索引，使用第 7 章 nbody.cu 示例中的第二个函数去比较修改前后的 generate_random_dense_matrix 的执行时间。如果没有显著差异，尝试增加 M 或 N 的值。你有什么发现？是什么原因导致这种性能差异？接下来，修改引用数组 A 的索引，以使数组按行优先顺序进行排列，重新对性能进行测试。又有什么变化？原因是什么？

6. 使用一个 cuBLAS Level 3 函数和 cublas.cu 中的 generate_random_dense_matrix 函数，执行矩阵和矩阵间的乘法。

7. 在第 6 题编写的代码中添加 CUDA 流，你只能使用异步函数在主机和设备之间传输数据（例如，cublasSetMatrixAsync、cublasGetMatrixAsync）。回想一下可知，cuBLAS 中所有的可执行函数默认都是异步的。

8. cuFFT 支持正向和反向的 FFT。在本章的 cufft.cu 例子中，cufftExecC2C 接收 CUFFT_FORWARD 作为其最后一个参数，以表明需要一个正向 FFT。为了在其后添加一个反向操作，你需要向该示例程序中添加什么？当这样操作后，输出会发生什么样的变化？这些新的输出与原来的样本设计是如何建立联系的？记住，FFT 往往需要标准化，FFT 会保留信号中的频率信息，但不会保留振幅信息。

9. 伪随机和拟随机生成的随机数序列之间有什么区别？

10. 考虑一个你过去用过的使用随机数的应用程序，使用伪随机数生成器或拟随机数生成器的应用程序其行为会有何不同？

11. 考虑一个在多 GPU 上执行的大规模矩阵加法运算，尽管你没有看见过多设备执行的 CUDA API，你是如何理解多个独立的地址空间对类似于内存分配或数据传输等任务的影响的？你会如何对在多个 GPU 上执行向量加法中的任务进行分配呢？你对多 GPU 库的实现有什么见解？通过结合 cudaMalloc 和 cudaMemcpy，并为这些 CUDA 操作指定一个目标设备，你会怎么设计像 cufftXtMalloc 和 cufftXtMemcpy 一样的函数？

12. 给出以下 OpenACC 术语的定义：gang 冗余模式，gang 分裂模式，单一 worker 模式，worker 分裂模式。

13. 比较 OpenACC 中的并行指令和内核编译器指令，尤其要对可编程性及性能进行讨论。

14. OpenACC 中的循环编译器指令是如何使用的？在下面的例子中使用该指令，使其在执行循环体时能达到最大的并行性。

```
#pragma acc parallel
{
    for (i = 0; i < N; i++) {
        ...
    }
}
```

第 9 章　*Chapter 9*

多 GPU 编程

本章内容：

- 多 GPU 管理
- 跨多 GPU 执行核函数
- GPU 间的叠加计算和通信
- GPU 间的同步
- 使用 CUDA-aware MPI 交换数据
- 使用 GPUDirect RDMA 的 CUDA-aware MPI 交换数据
- 跨 GPU 加速集群扩展应用程序
- 理解 CPU 和 GPU 的亲和性

到目前为止，本书中的大部分示例使用的都是单一的 GPU。在本章中，会介绍多 GPU 编程的内容：在一个计算节点内或者跨多个 GPU 加速节点实现跨 GPU 扩展应用。CUDA 提供了大量实现多 GPU 编程的功能，包括：在一个或多个进程中管理多设备，使用统一的虚拟寻址（Unified Virtual Addressing，UVA）直接访问其他设备内存，GPUDirect，以及使用流和异步函数实现的多设备计算通信重叠。在本章中需要掌握的内容有以下几个方面：

- 在多 GPU 上管理和执行内核
- 跨 GPU 的重叠计算和通信
- 使用流和事件实现多 GPU 同步执行
- 在 GPU 加速集群上扩展 CUDA-aware MPI 应用程序

通过几个例子，理解应用程序在多个设备上执行时近线性可伸缩性的实现。

9.1 从一个 GPU 到多 GPU

在应用程序中添加对多 GPU 的支持，其最常见的原因是以下几个方面：

❑ 问题域的大小：现有的数据集太大，单 GPU 内存大小与其不相符合
❑ 吞吐量和效率：如果单 GPU 适合处理单任务，那么可以通过使用多 GPU 并发地处理多任务来增加应用程序的吞吐量

在多 GPU 系统中，允许分摊跨 GPU 的服务器节点的功率消耗，具体方式是为给定的功率消耗单元提供更多的性能，同时提高吞吐量。

当使用多 GPU 运行应用程序时，需要正确设计 GPU 间的通信。GPU 间数据传输的效率取决于 GPU 是如何连接在一个节点上并跨集群的。在多 GPU 系统里有两种连接方式：

❑ 多 GPU 通过单个节点连接到 PCIe 总线上
❑ 多 GPU 连接到集群中的网络交换机上

这些连接拓扑结构不是互斥的。图 9-1 展示了一个集群的简化拓扑结构，它其中有两个计算节点。GPU0 和 GPU1 通过 PCIe 总线连接到 node0 上。同样，GPU2 和 GPU3 在通过 PCIe 总线连接到 node1 上。两个节点（node0 和 node1）通过 Infiniband 交换机互相连接。

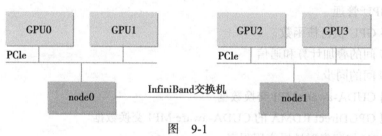

图 9-1

每个节点可能包括以下内容中的一个或多个：通过 CPU 插槽和主机芯片连接的多个 CPU，主机 DRAM，本地存储设备，网络主机卡适配器（HCA），板载网络和 USB 端口，以及连接多个 GPU 的 PCIe 交换机。系统可能有一个 PCIe 根节点和多个 PCIe 交换机，这些 PCIe 交换机连接到根节点上，并在一个树结构中连接 GPU。因为 PCIe 链路是双工的，所以可以使用 CUDA API 在 PCIe 链路之间映射一条路径，以避免总线竞争，同时也可以在 GPU 间共享数据。

为了设计一个利用多 GPU 的程序，需要跨设备分配工作负载。根据应用程序，这种分配会导致两种常见的 GPU 间通信模式：

❑ 问题分区之间没有必要进行数据交换，因此在各 GPU 间没有数据共享
❑ 问题分区之间有部分数据交换，在各 GPU 间需要冗余数据存储

第一种模式是最基本的情况：每个问题分区可以在不同的 GPU 上独立运行。要处理这些情况，只需了解如何在多个设备中传输数据及调用内核。在第二种情况下，GPU 之间的数据交换是必需的，必须考虑数据如何在设备之间实现最优移动。总之，要避免通过主机

内存中转数据（即数据复制到主机，只能将它复制到另一个 GPU 上）。重要的是要注意有多少数据被传输了和发生了多少次传输。

第二种情况回想起了第 5 章中 1D 模板示例的 halo 区域的概念。halo 区域指的是输入数据必须被一个问题的子集所访问，但它对于该子集不产生输出。通常情况下，与内部数据子集（内部区域）相比，问题分区周围的 halo 区域相对较小，不需要进行交换。根据交换 halo 区域的通信代价和计算内部区域需要的时间，两者之间的重叠可能会减少多 GPU 系统中的开销。这类似于在主机和设备之间的 PCIe 总线上隐藏数据传输开销的技术。

9.1.1　在多 GPU 上执行

CUDA 4.0 中增加的功能使 CUDA 程序员能更容易地使用多 GPU。CUDA 运行时 API 支持在多 GPU 系统中管理设备和执行内核的多种方式。

单个主机线程可以管理多个设备。一般来说，第一步是确定系统内可用的使能 CUDA 设备的数量，使用如下函数获得：

```
cudaError_t cudaGetDeviceCount(int* count);
```

该函数返回计算能力为 1.0 或更高的设备数量。下面的代码说明了如何确定使能 CUDA 设备的数量，对其进行遍历，并查询性能。

```
int ngpus;
cudaGetDeviceCount(&ngpus);

for (int i = 0; i < ngpus; i++) {
    cudaDeviceProp devProp;
    cudaGetDeviceProperties(&devProp, i);
    printf("Device %d has compute capability %d.%d.\n", i, devProp.major,
        devProp.minor);
}
```

在利用与多 GPU 一起工作的 CUDA 应用程序时，必须显式地指定哪个 GPU 是当前所有 CUDA 运算的目标。使用以下函数设置当前设备：

```
cudaError_t cudaSetDevice(int id);
```

该函数将具有标识符 id 的设备设置为当前设备。该函数不会与其他设备同步，因此是一个低开销的调用。使用此函数，可以在任何时间从任何主机线程中选择任何设备。有效的设备标识符范围是从 0 到 ngpus-1。如果在首个 CUDA API 调用发生之前，没有显式地调用 cudaSetDevice 函数，那么当前设备会被自动设置设备 0。

一旦选定了当前设备，所有的 CUDA 运算将被应用到那个设备上：

❑ 任何从主线程中分配来的设备内存将完全地常驻于该设备上
❑ 任何由 CUDA 运行时函数分配的主机内存都会有与该设备相关的生存时间
❑ 任何由主机线程创建的流或事件都会与该设备相关
❑ 任何由主机线程启动的内核都会在该设备上执行

可以在以下情况中同时使用多 GPU：

❏ 在一个节点的单 CPU 线程上

❏ 在一个节点的多 CPU 线程上

❏ 在一个节点的多 CPU 进程上

❏ 在多个节点的多 CPU 进程上

下面的代码准确展示了如何执行内核和在单一的主机线程中进行内存拷贝，使用循环遍历设备：

```
for (int i = 0; i < ngpus; i++) {
    // set the current device
    cudaSetDevice(i);

    // execute kernel on current device
    kernel<<<grid, block>>>(...);

    // asynchronously transfer data between the host and current device
    cudaMemcpyAsync(...);
}
```

因为循环中的内核启动和数据传输是异步的，因此在每次调用操作后控制将很快返回到主机线程。但是，即使内核或由当前线程发出的传输仍然在当前设备上执行时，也可以安全地转变设备，因为 cudaSetDevice 函数不会导致主机同步。

总之，想要在单一节点内获取 GPU 的数量和它们的性能，可以使用下述函数：

```
cudaError_t cudaGetDeviceCount(int *count);
cudaError_t cudaGetDeviceProperties(struct cudaDeviceProp *prop, int device);
```

然后可以使用下述函数设置当前设备：

```
cudaError_t cudaSetDevice(int device);
```

一旦设置好了当前设备，所有 CUDA 操作都会在那个设备的上下文发出。然后当前被选择的设备可以用本书中提供的 GPU 编程方式来使用。

9.1.2 点对点通信

在计算能力为 2.0 或以上的设备中，在 64 位应用程序上执行的内核，可以直接访问任何 GPU 的全局内存，这些 GPU 连接到同一个 PCIe 根节点上。如果想这样操作，必须使用 CUDA 点对点（P2P）API 来实现设备间的直接通信。点对点通信需要 CUDA 4.0 或更高版本，相应的 GPU 驱动器，以及一个具有两个或两个以上连接到同一个 PCIe 根节点上的 Fermi 或 Kepler GPU 系统。有两个由 CUDA P2P API 支持的模式，它们允许 GPU 之间直接通信：

❏ 点对点访问：在 CUDA 内核和 GPU 间直接加载和存储地址

❏ 点对点传输：在 GPU 间直接复制数据

在一个系统内，如果两个 GPU 连接到不同的 PCIe 根节点上，那么不允许直接进行点对点访问，并且 CUDA P2P API 将会通知你。仍然可以使用 CUDA P2P API 在这些设备之间进行点对点传输，但是驱动器将通过主机内存透明地传输数据，而不是通过 PCIe 总线直接传输数据。

9.1.2.1　启用点对点访问

点对点访问允许各 GPU 连接到同一个 PCIe 根节点上，使其直接引用存储在其他 GPU 设备内存上的数据。对于透明的内核，引用的数据将通过 PCIe 总线传输到请求的线程上。

因为不是所有的 GPU 都支持点对点访问，所以需要使用下述函数显式地检查设备是否支持 P2P：

```
cudaError_t cudaDeviceCanAccessPeer(int* canAccessPeer, int device,
    int peerDevice);
```

如果设备 device 能够直接访问对等设备 peerDevice 的全局内存，那么函数变量 canAccessPeer 返回值为整型 1，否则返回 0。

在两个设备间，必须用以下函数显式地启用点对点内存访问：

```
cudaError_t cudaDeviceEnablePeerAccess(int peerDevice, unsigned int flag);
```

这个函数允许从当前设备到 peerDevice 进行点对点访问。flag 参数被保留以备将来使用，目前必须将其设置为 0。一旦成功，该对等设备的内存将立即由当前设备进行访问。

这个函数授权的访问是单向的，即这个函数允许从当前设备到 peerDevice 的访问，但不允许从 peerDevice 到当前设备的访问。如果希望对等设备能直接访问当前设备的内存，则需要另一个方向单独的匹配调用。

点对点访问保持启用状态，直到它被以下函数显式地禁用：

```
cudaError_t cudaDeviceDisablePeerAccess(int peerDevice);
```

32 位应用程序不支持点对点访问。

9.1.2.2　点对点内存复制

两个设备之间启用对等访问之后，使用下面的函数，可以异步地复制设备上的数据：

```
cudaError_t cudaMemcpyPeerAsync(void* dst, int dstDev, void* src, int srcDev,
    size_t nBytes, cudaStream_t stream);
```

这个函数将数据从设备的 srcDev 设备内存传输到设备 dstDev 的设备内存中。函数 cudaMemcpyPeerAsync 对于主机和所有其他设备来说是异步的。如果 srcDev 和 dstDev 共享相同的 PCIe 根节点，那么数据传输是沿着 PCIe 最短路径执行的，不需要通过主机内存中转。

9.1.3　多 GPU 间的同步

在第 6 章中介绍的用于流和事件的 CUDA API，也适用于多 GPU 应用程序。每一个流和事件与单一设备相关联。在多 GPU 应用程序上可以使用和单 GPU 应用程序相同的同步函数，但是必须指定适合的当前设备。多 GPU 应用程序中使用流和事件的典型工作流程如下所示：

1. 选择这个应用程序将使用的 GPU 集。

2. 为每个设备创建流和事件。

3. 为每个设备分配设备资源（如设备内存）。

4. 通过流在每个 GPU 上启动任务（例如，数据传输或内核执行）。

5. 使用流和事件来查询和等待任务完成。

6. 清空所有设备的资源。

只有与该流相关联的设备是当前设备时，在流中才能启动内核。只有与该流相关联的设备是当前设备时，才可以在流中记录事件。

任何时间都可以在任何流中进行内存拷贝，无论该流与什么设备相关联或当前设备是什么。即使流或事件与当前设备不相关，也可以查询或同步它们。

9.2　多 GPU 间细分计算

在本节中，将会利用多 GPU 扩展第 2 章中的向量加法示例。学习如何通过多 GPU 分离输入和输出向量。向量加法是多 GPU 编程的典型案例，在问题分区之间不需要交换数据。

9.2.1　在多设备上分配内存

在从主机向多个设备分配计算任务之前，首先需要确定在当前系统中有多少可用的 GPU：

```
int ngpus;
cudaGetDeviceCount(&ngpus);
printf(" CUDA-capable devices: %i\n", ngpus);
```

一旦 GPU 的数量已经被确定，接下来就需要为多个设备声明主机内存、设备内存、流和事件。保存这些变量的一个简单方法是使用数组，声明如下：

```
float *d_A[NGPUS], *d_B[NGPUS], *d_C[NGPUS];
float *h_A[NGPUS], *h_B[NGPUS], *hostRef[NGPUS], *gpuRef[NGPUS];
cudaStream_t stream[NGPUS];
```

在向量加法的例子中，元素的总输入大小为 16M，所有设备平分，给每个设备 isize 个元素：

```
int size  = 1 << 24;
int iSize = size / ngpus;
```

设备上一个浮点向量的字节大小按如下方式进行计算：

```
size_t iBytes = iSize * sizeof(float);
```

现在，可以分配主机和设备内存了，为每个设备创建 CUDA 流，代码如下：

```
for (int i = 0; i < ngpus; i++) {
    // set current device
    cudaSetDevice(i);

    // allocate device memory
    cudaMalloc((void **) &d_A[i], iBytes);
```

```
cudaMalloc((void **) &d_B[i], iBytes);
cudaMalloc((void **) &d_C[i], iBytes);

// allocate page locked host memory for asynchronous data transfer
cudaMallocHost((void **) &h_A[i],     iBytes);
cudaMallocHost((void **) &h_B[i],     iBytes);
cudaMallocHost((void **) &hostRef[i], iBytes);
cudaMallocHost((void **) &gpuRef[i],  iBytes);

// create streams for timing and synchronizing
cudaStreamCreate(&stream[i]);
}
```

请注意，分配锁页（固定）主机内存是为了在设备和主机之间进行异步数据传输。同时，在分配任何内存或创建任何流之前，使用上面提到的 cudasetDevice 函数在每次循环迭代的开始，设置当前设备。

9.2.2 单主机线程分配工作

在设备间分配操作之前，需要为每个设备初始化主机数组的状态：

```
for (int i = 0; i < ngpus; i++) {
    cudaSetDevice(i);
    initialData(h_A[i], iSize);
    initialData(h_B[i], iSize);
}
```

随着所有资源都被分配和初始化，可以使用一个循环在多个设备之间分配数据和计算：

```
// distributing the workload across multiple devices
for (int i = 0; i < ngpus; i++) {
    cudaSetDevice(i);

    cudaMemcpyAsync(d_A[i], h_A[i], iBytes, cudaMemcpyHostToDevice, stream[i]);
    cudaMemcpyAsync(d_B[i], h_B[i], iBytes, cudaMemcpyHostToDevice, stream[i]);

    iKernel<<<grid, block, 0, stream[i]>>> (d_A[i], d_B[i], d_C[i], iSize);

    cudaMemcpyAsync(gpuRef[i], d_C[i], iBytes, cudaMemcpyDeviceToHost, stream[i]);
}
cudaDeviceSynchronize();
```

这个循环遍历多个 GPU，为设备异步地复制输入数组。然后在相同的流中操作 iSize 个数据元素以便启动内核。最后，设备发出的异步拷贝命令，把结果从内核返回到主机。因为所有的函数都是异步的，所以控制会立即返回到主机线程。因此，当任务仍在当前设备上运行时，切换到下一个设备是安全的。

9.2.3 编译和执行

从 Wrox.com 中下载 simpleMultiGPU.cu 文件，其中含有完整的多 GPU 向量加法示例。用以下命令编译它：

```
$ nvcc -O3 simpleMultiGPU.cu -o simpleMultiGPU
```

simpleMultiGPU 函数的采样输出为:

```
$ ./simpleMultiGPU
> starting ./simpleMultiGPU with 2 CUDA-capable devices
> total array size: 16M, using 2 devices with each device handling 8M
GPU timer elapsed: 35.35ms
```

通过将命令行选项设为 1,尝试只用一个 GPU 运行它,代码如下:

```
$ ./simpleMultiGPU 1
> starting ./simpleMultiGPU with 2 CUDA-capable devices
> total array size: 16M, using 1 devices with each device handling 16M
GPU timer elapsed: 42.25ms
```

尽管使用双倍数量的 GPU 时,运行时间并没有减少一半,但是仍然取得了显著的性能提升。

使用 nvprof 可以获得每个设备行为的更多细节:

```
$ nvprof --print-gpu-trace ./simpleMultiGPU
```

在有两个 M2090 GPU 的系统上产生的输出总结如下:

```
Duration     Size      Throughput          Device Stream  Name
6.5858ms     33.554MB  5.0950GB/s  Tesla M2090 (0)    13   [CUDA memcpy HtoD]
6.5921ms     33.554MB  5.0901GB/s  Tesla M2090 (1)    21   [CUDA memcpy HtoD]
6.6171ms     33.554MB  5.0708GB/s  Tesla M2090 (0)    13   [CUDA memcpy HtoD]
6.6020ms     33.554MB  5.0825GB/s  Tesla M2090 (1)    21   [CUDA memcpy HtoD]
9.8417ms     33.554MB  3.4094GB/s  Tesla M2090 (0)    13   [CUDA memcpy DtoH]
9.8460ms     33.554MB  3.4079GB/s  Tesla M2090 (1)    21   [CUDA memcpy DtoH]
720.49us     -         -           Tesla M2090 (1)    21   iKernel(float*,...)
721.32us     -         -           Tesla M2090 (0)    13   iKernel(float*,...)
```

在只有一个 M2090 GPU 上运行,产生的输出如下所示:

```
Duration     Size      Throughput          Device Stream  Name
13.171ms     67.109MB  5.0951GB/s  Tesla M2090 (0)    13   [CUDA memcpy HtoD]
13.117ms     67.109MB  5.1161GB/s  Tesla M2090 (0)    13   [CUDA memcpy HtoD]
14.918ms     67.109MB  4.4984GB/s  Tesla M2090 (0)    13   [CUDA memcpy DtoH]
1.4371ms     -         -           Tesla M2090 (0)    13   iKernel(float*,...)
```

从这些结果中可以看到,在两个设备之间的操作完美地被分配了。

9.3 多 GPU 上的点对点通信

在本节中,将介绍两个 GPU 之间的数据传输。将测试以下 3 种情况:
- 两个 GPU 之间的单向内存复制
- 两个 GPU 之间的双向内存复制
- 内核中对等设备内存的访问

9.3.1 实现点对点访问

首先,必须对所有设备启用双向点对点访问,如以下代码所示:

```
/*
 * enable P2P memcopies between GPUs (all GPUs must be compute capability 2.0 or
 * later (Fermi or later)).
 */
inline void enableP2P (int ngpus) {
   for( int i = 0; i < ngpus; i++ ) {
      cudaSetDevice(i);
      for(int j = 0; j < ngpus; j++) {
         if(i == j) continue;

         int peer_access_available = 0;
         cudaDeviceCanAccessPeer(&peer_access_available, i, j);

         if (peer_access_available) {
            cudaDeviceEnablePeerAccess(j, 0);
            printf("> GPU%d enabled direct access to GPU%d\n",i,j);
         } else {
            printf("(%d, %d)\n", i, j);
         }
      }
   }
}
```

函数 enableP2P 遍历所有设备对（i，j），如果支持点对点访问，则使用 cudaDevice-EnablePeerAccess 函数启用双向点对点访问。

9.3.2 点对点的内存复制

启用点对点访问后，可以在两个设备之间直接复制数据。如果不支持点对点访问，该例子输出不能启用点对点访问的设备 ID（不能启用的最有可能的原因是因为它们没有连接到同一个 PCIe 根节点上），并且没有错误继续运行了。然而，回想一下可知，如果在两个 GPU 之间不支持点对点访问，那么这两个设备之间的点对点内存复制将通过主机内存中转，从而会降低其性能。性能降低对应用程序的影响程度取决于内核进行时间计算和执行对等传输需要的时间。如果有足够的时间来进行计算，那么可以隐藏点对点复制的延时，该延时主要是通过主机内存使用设备计算进行重叠的。

启用点对点访问后，下面的代码在两个设备间执行 ping-pong 同步内存复制，次数为一百次。如果点对点访问在所有设备上都被成功启用了，那么将直接通过 PCIe 总线进行数据传输而不用与主机交互。

```
// ping pong unidirectional gmem copy
cudaEventRecord(start, 0);
for (int i = 0; i < 100; i++) {
   if (i % 2 == 0) {
      cudaMemcpy(d_src[1], d_src[0], iBytes, cudaMemcpyDeviceToDevice);
   } else {
      cudaMemcpy(d_src[0], d_src[1], iBytes, cudaMemcpyDeviceToDevice);
   }
}
```

请注意，在内存复制之前没有设备转换，因为跨设备的内存复制不需要显式地设置当前设备。如果在内存复制前指定了设备，也不会影响它的行为。

如需衡量设备之间数据传输的性能，需要把启动和停止事件记录在同一设备上，并将 ping-pong 内存复制包含在内。然后，用 cudaEventElapsedTime 计算两个事件之间消耗的时间。

```
cudaSetDevice(0);
cudaEventRecord(start, 0);
for (int i = 0; i < 100; i++) {
    ...
}
cudaSetDevice(0);
cudaEventRecord(stop, 0);
cudaEventSynchronize(stop);

float elapsed_time_ms;
cudaEventElapsedTime(&elapsed_time_ms, start, stop);
```

然后，通过 ping-pong 测试所获得的带宽按照下面所示的代码进行估计：

```
elapsed_time_ms /= 100.0f;
printf("Ping-pong unidirectional cudaMemcpy:\t\t %8.2f ms", elapsed_time_ms);
printf("performance: %8.2f GB/s\n", (float) iBytes /(elapsed_time_ms * 1e6f));
```

从 Wrox.com 中可以下载包含这个例子的文件 simpleP2P_PingPong.cu。编译和运行如下所示：

```
$ nvcc -O3 simpleP2P_PingPong.cu -o simplePingPong
$ ./simplePingPong
```

simpleP2P_PingPong 的输出如下所示：

```
Allocating buffers (64MB on each GPU and CPU Host)
Ping-pong unidirectional cudaMemcpy: 13.41ms performance: 5.00 GB/s
```

因为 PCIe 总线支持任何两个端点之间的全双工通信，所以也可以使用异步复制函数来进行双向的且点对点的内存复制：

```
// bidirectional asynchronous gmem copy
cudaEventRecord(start, 0);
for (int i = 0; i < 100; i++) {
    cudaMemcpyAsync(d_src[1], d_src[0], iBytes, cudaMemcpyDeviceToDevice,
        stream[0]);
    cudaMemcpyAsync(d_rcv[0], d_rcv[1], iBytes, cudaMemcpyDeviceToDevice,
        stream[1]);
}
```

双向内存复制的测试在同一个文件中可以被实现。下面是一个示例输出：

```
Ping-pong bidirectional cudaMemcpyAsync: 13.39ms performance: 10.02 GB/s
```

注意，因为 PCIe 总线是一次在两个方向上使用的，所以获得的带宽增加了一倍。如果通过在 simpleP2P_PingPong.cu 中移除对 enableP2P 的调用来禁用点对点访问，那么无论是单向还是双向的例子都会不带任何错误的运行，但由于通过主机内存中转传输，所以测得的带宽将会下降。

9.3.3 统一虚拟寻址的点对点内存访问

第 4 章中介绍的统一虚拟寻址（UVA），是将 CPU 系统内存和设备的全局内存映射到一个单一的虚拟地址空间中，如图 9-2 所示。所有由 cudaHostAlloc 分配的主机内存和由 cudaMalloc 分配的设备内存驻留在这个统一的地址空间内。内存地址所驻留的设备可以根据地址本身确定。

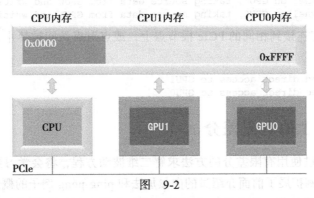

图 9-2

将点对点 CUDA API 与 UVA 相结合，可以实现对任何设备内存的透明访问。不必手动管理单独的内存缓冲区，也不必从主机内存中进行显式的复制。底层系统能使我们避免显式地执行这些操作，从而简化了代码。请注意，过于依赖 UVA 进行对等访问对性能将产生负面的影响，如跨 PCIe 总线的许多小规模的传输会明显地有过大的消耗。

下面的代码演示了如何检查设备是否支持统一寻址：

```
int deviceId = 0;
cudaDeviceProp prop;
cudaGetDeviceProperties(&prop, deviceId));
printf("GPU%d: %s unified addressing\n", deviceId,
    prop.unifiedAddressing ? "supports" : "does not support");
```

为了使用 UVA，应用程序必须在设备的计算能力为 2.0 及以上的 64 位架构上进行编译，并且 CUDA 版本为 4.0 或以上。如果同时启用点对点访问和 UVA，那么在一个设备上执行的核函数，可以解除另一个设备上存储的指针。

可以使用以下简单的核函数（该函数将输入数组扩展了 2 倍，并将结果存储在输出数组中），来测试 GPU 的直接点对点内存访问：

```
__global__ void iKernel(float *src, float *dst) {
    const int idx = blockIdx.x * blockDim.x + threadIdx.x;
    dst[idx] = src[idx] * 2.0f;
}
```

以下代码将设备 0 设置为当前设备，并有一个核函数使用指针 d_src[1] 从设备 1 中读取全局内存，同时通过全局内存的指针 d_rcv[0] 将结果写入当前设备中。

```
cudaSetDevice(0);
iKernel<<<grid, block>>>(d_rcv[0], d_src[1]);
```

以下代码将设备 1 设置为当前设备，并有一个核函数使用指针 d_src[0] 从设备 0 中读取全局内存，同时通过全局内存的指针 d_rcv[1] 将结果写入当前设备中。

```
cudaSetDevice(1);
iKernel<<<grid, block>>>(d_rcv[1], d_src[0]);
```

这些代码包含在 simpleP2P_PingPong.cu 文件中。以下输出表明这些核函数运行成功：

```
2. Running kernel on GPU1, taking source data from GPU0 and writing to GPU1...
3. Running kernel on GPU0, taking source data from GPU1 and writing to GPU0...
```

如果 GPU 没有连接到相同的 PCIe 根节点上，或点对点访问被禁止，那么将会出现以下的错误信息：

```
> GPU0 disabled direct access to GPU1
> GPU1 disabled direct access to GPU0
```

9.4　多 GPU 上的有限差分

在本节中，通过使用有限差分的方法求解二维波动方程，将会学习到如何跨设备重叠计算和通信。此示例扩展了前面介绍过的向量加法和 ping-pong 例子的概念，因为它同时包含重要的计算和通信操作。请注意，该例子涉及的物理方程和术语都已包括在本章中，但不需要从数学角度理解该问题。所有的概念将从 CUDA 编程角度给出解释，包括为有兴趣的读者提供的特定领域信息。

9.4.1　二维波动方程的模板计算

二维波的传播由以下波动方程来决定：

$$\frac{\partial^2 u}{\partial x^2} + \frac{\partial^2 u}{\partial y^2} = v^{-2}\frac{\partial^2 u}{\partial t^2}$$

其中，$u(x, y, t)$ 是波场，$v(x, y)$ 是介质的速度。这是一个二阶偏微分方程。求解这种偏微分方程的典型方法是使用规则的笛卡尔网格上的有限差分法。

更简单地说，有限差分法近似于使用一个模板（如在第 5 章中介绍的，尽管是一个二维的）求导以计算规则网格中单一点的导数，具体方法是在围绕该点的多个局部点上应用一个函数。图 9-3 展示了 17 点的模板，它将在这一节中作为一个例子。如果要求解中心点的导数，则需要使用 16 个离中心点最近的局部点。

按计算方式，偏导数可以由一个泰勒展开式来表示，其在一个维度的实现用以下伪代码来表示。这个伪代码使

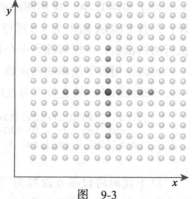

图 9-3

用一维数组 der_u 来从当前元素 $u[i]$ 前面的 4 个元素（$u[i+d]$）和 4 个后面的元素（$u[i-d]$）中积累贡献。c 数组存储导数系数，$u[i]$ 是计算的中心点，der_u[i] 是得到的中心点的导数。

```
der_u[i] = c[0] * u[i];
for(int d = 1; d <= 4; d++)
    der_u[i] += c[d] * (u[i-d] + u[i+d]);
```

9.4.2　多 GPU 程序的典型模式

为了准确地模拟通过不同介质的波传播，需要大量的数据。但单 GPU 的全局内存没有足够的空间存储模拟过程的状态。这就需要跨多个 GPU 的数据域分解。假设在二维数组中 x 轴是最内层的维度，那么可以沿 y 轴分割数据使其分布在多个 GPU 上。因为对一个给定点的计算需要它两侧最近的 4 个点，所以需要为存储在每个 GPU 上的数据添加填充区域，如图 9-4 所示。此填充区域或 halo 区域，使得在波传播计算的每次循环中，相邻设备之间进行数据交换。

图 9-5 所示的域分解，使用了多 GPU 来求解波动方程，在模拟的每一步时都会使用以下的通用模式：

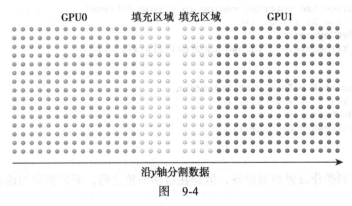

图　9-4

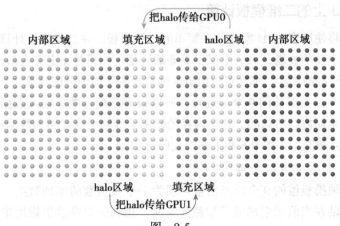

图　9-5

1. 在一个流中使用相邻的 GPU 计算 halo 区域和交换 halo 数据。
2. 在不同的流中计算内部区域。
3. 在进行下一个循环之前,在所有设备上进行同步计算。

如果使用两个不同的流,一个用于 halo 计算和通信,另一个用于内部区域的计算,步骤 1 可以与步骤 2 重叠。如果内部计算所需的计算时间比 halo 操作所需的时间长,可以通过使用多个 GPU 隐藏 halo 通信的性能影响来实现线性加速。

在两个 GPU 上进行模板计算的伪代码如下:

```
for (int istep = 0; istep < nsteps; istep++) {
    // calculate halo in stream_halo
    for (int i = 0; i < 2; i++) {
        cudaSetDevice(i);
        2dfd_kernel<<<..., stream_halo[i]>>>(...);
    }

    // exchange halo on stream halo
    cudaMemcpyAsync(..., cudaMemcpyDeviceToDevice, stream_halo[0]);
    cudaMemcpyAsync(..., cudaMemcpyDeviceToDevice, stream_halo[1]);

    // calculate the internal region in stream_internal
    for (int i = 0; i < 2; i++) {
        cudaSetDevice(i);
        2dfd_kernel<<<..., stream_internal[i]>>>(...);
    }

    // synchronize before next iteration
    for(int i = 0; i < 2; i++) {
        cudaSetDevice(i);
        cudaDeviceSynchronize();
    }
}
```

不需要为复制操作设置当前设备,但是在启动内核之前,必须指定当前设备。

9.4.3 多 GPU 上的二维模板计算

在本节中,将使用多 GPU 实现一个简单的二维模板。在二维模板计算中使用两个设备数组。一个保存当前的波场,另一个保存更新的波场。如果将 x 定义为最内层的数组维度,并且将 y 作为最外层的维度,那么可以沿着 y 轴跨设备均匀地分配计算。

因为更新一个点需要访问 9 个最近点,所以很多点都将共享输入数据。因此,使用共享内存可以减少全局内存的访问。共享内存的使用量等同于保存相邻数据的线程块的大小,该线程块被 8 个点填充,如图 9-6 和下面的代码所示。

```
__shared__ float line[4 + BDIMX + 4];
```

用来存储 y 轴模板值的 9 个浮点值被声明为一个核函数的本地数组,并因此存储在寄存器中。当沿 y 轴在当前元素的前后加载元素时,用到的寄存器很像用来减少冗余访问的共享内存。

```
// registers for the y dimension
float yval[9];
```

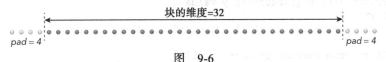

图   9-6

图 9-7 说明了单线程中沿 x 轴存储模板值的共享内存和沿 y 轴存储模板值的 9 个寄存器。

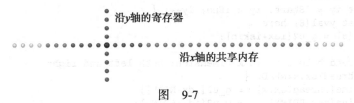

沿 y 轴的寄存器

沿 x 轴的共享内存

图   9-7

一旦输入数据被分配并初始化，在每个 GPU 线程上实现有限差分（FD）的模板计算可以写成如下代码：

```
// central point
float tmp = coef[0] * line[stx] * 2.0f;

// stencil computation in the x dimension
for (int d = 1; d <= 4; d++) {
    tmp += coef[d] * (line[stx-d] + line[stx+d]);
}

// stencil computation in the y dimension
for (int d = 1; d <= 4; d++) {
    tmp += coef[d] * (yval[4-d] + yval[4+d]);
}

// update the new value for the central point
g_u1[idx] = 2.0f * current - g_u1[idx] + alpha * tmp;
```

二维模板计算的完整内核代码如下所示：

```
__global__ void kernel_2dfd(float *g_u1, float *g_u2, const int nx,
    const int iStart, const int iEnd) {
  // global thread index to row index
  unsigned int ix  = blockIdx.x * blockDim.x + threadIdx.x;

  // smem idx for current point
  unsigned int stx = threadIdx.x + NPAD;

  // global index with offset to start line
  unsigned int idx  = ix + iStart * nx;

  // declare the shared memory for x dimension
  __shared__ float line[BDIMX+NPAD2];

  // a coefficient related to physical properties
```

```
   const float alpha = 0.12f;

   // declare nine registers for y value
   float yval[9];
   for (int i=0;i<8;i++) yval[i] = g_u2[idx+(i-4)*nx];

   // offset from current point to yval[8]
   int iskip = NPAD*nx;

#pragma unroll 9
   for (int iy = iStart; iy < iEnd; iy++) {
      // set yval[8] here
      yval[8] = g_u2[idx+iskip];

       // read halo part in x dimension: both left and right
      if(threadIdx.x<NPAD) {
         line[threadIdx.x]  = g_u2[idx-NPAD];
         line[stx+BDIMX]    = g_u2[idx+BDIMX];
      }

      // center point
      line[stx] = yval[4];

      // syn for get data from gmem
      __syncthreads();

       // fd operator: 8th order in space and 2nd order in time
      if ((ix >= NPAD) && (ix < nx-NPAD)) {
         // update center point
         float tmp = coef[0]*line[stx]*2.0f;

         // 8th order in x dimension
         #pragma unroll
         for(int d=1; d<=4; d++)
            tmp += coef[d]*(line[stx-d] + line[stx+d]);

         // 8th order in y dimension
         #pragma unroll
         for(int d=1; d<=4; d++)
            tmp += coef[d]*(yval[4-d] + yval[4+d]);

         // 2nd order in time dimension
         g_u1[idx] = yval[4] + yval[4] - g_u1[idx] + alpha*tmp;
      }

      // advance on yval[]
      #pragma unroll 8
      for (int i=0; i<8 ; i++) yval[i] = yval[i+1];

      // updata global idx
      idx  += nx;

      // syn for next step
      __syncthreads();
   }
}
```

9.4.4　重叠计算与通信

此二维模板的执行配置使用一个具有一维线程块的一维网格，在主机上的声明如下所示：

```
dim3 block(BDIMX);
dim3 grid(nx / block.x);
```

在主机上波的传播时间通过使用 nsteps 次迭代的时间循环来控制。在第一次时间步骤中，核函数 kernel_add_wavelet 引入 GPU0 介质中一个扰动。随着时间的变化进一步的迭代传递干扰。因为 halo 区域计算和数据交换被安排在每个设备的 stream_halo 流中，内部区域的计算被安排在每个设备的 stream_internal 流中，所以在此二维模板上计算和通信可以重叠。

```
// add a disturbance onto gpu0 on the first time step
cudaSetDevice(0);
kernel_add_wavelet<<<grid, block>>>(d_u2[0], 20.0, nx, iny, ngpus);

// for each time step
for (int istep = 0; istep < nsteps; istep++) {
   // add a disturbance onto gpu0 at first step
   if (istep==0) {
      cudaSetDevice(gpuid[0]);
      kernel_add_wavelet <<<grid,block>>>(d_u2[0],20.0,nx,iny,ngpus);
   }

   // update halo and internal asynchronously
   for (int i = 0; i < ngpus; i++) {
      cudaSetDevice(i);

      // compute the halo region values in the halo stream
      kernel_2dfd<<<grid, block, 0, stream_halo[i]>>>
                  (d_u1[i], d_u2[i], nx, haloStart[i], haloEnd[i]);

      // compute the internal region values in the internal stream
      kernel_2dfd<<<grid, block, 0, stream_internal[i]>>>
                  (d_u1[i], d_u2[i], nx, bodyStart[i], bodyEnd[i]);
   }

   // exchange halos in the halo stream
   if (ngpus > 1) {
      cudaMemcpyAsync(d_u1[1] + dst_skip[0], d_u1[0] + src_skip[0],
                  iexchange, cudaMemcpyDeviceToDevice, stream_halo[0]);
      cudaMemcpyAsync(d_u1[0] + dst_skip[1], d_u1[1] + src_skip[1],
                  iexchange, cudaMemcpyDeviceToDevice, stream_halo[1]);
   }

   // synchronize for the next step
   for (int i = 0; i < ngpus; i++) {
      cudaSetDevice(i);
      cudaDeviceSynchronize();

      // swap global memory pointers
```

```
        float *tmpu0 = d_u1[i];
        d_u1[i] = d_u2[i];
        d_u2[i] = tmpu0;
    }
}
```

9.4.5　编译和执行

从 Wrox.com 中可以下载包含完整示例代码的文件 simple2DFD.cu。通过以下代码进行编译：

```
$ nvcc -arch=sm_20 -O3 -use_fast_math simple2DFD.cu -o simple2DFD
```

以下是系统输出的例子，该系统有两个 M2090 设备：

```
$ ./simple2DFD
> CUDA-capable device count: 2
> GPU0: Tesla M2090 is capable of Peer-to-Peer access
> GPU1: Tesla M2090 is capable of Peer-to-Peer access
> GPU0: Tesla M2090 support unified addressing
> GPU1: Tesla M2090 support unified addressing
> run with device: 2
GPU 0: allocated 2.03 MB gmem
GPU 1: allocated 2.03 MB gmem
gputime:     0.27ms performance:    962.77 MCells/sec
```

使用的性能指标用 Mcells/s 表示。对于二维情况，其定义如下：

$$\frac{nx \times ny \times 迭代次数}{总时间\ (s)\ \times 10^6}$$

只用一个设备运行时，产生以下结果：

```
$ ./simple2DFD 1
> CUDA-capable device count: 2
> GPU0: Tesla M2090 is capable of Peer-to-Peer access
> GPU1: Tesla M2090 is capable of Peer-to-Peer access
> GPU0: Tesla M2090 support unified addressing
> GPU1: Tesla M2090 support unified addressing
> run with device: 1
GPU 0: allocated 4.00 MB gmem
gputime:     0.52ms performance:    502.98 MCells/sec
```

simple2DFD 显示了从一个设备移动到两个设备的近似线形扩展（有效率为 96%）。由此，可以得出结论，转移 halo 区域增加的通信开销可以采用 CUDA 流在多个 GPU 上有效地隐藏。

可以用 nvvp 检查 simple2DFD 的并发性：

```
$ nvvp ./simple2DFD
```

图 9-8 显示了两个设备并发执行生成的时间线。注意，nvvp 表明每个 GPU 正在使用两个流。可以看到一个流用于数据交换和计算，而另一个流则是只用于纯计算的。

可以使用以下命令来保存该应用程序在时间步长为 400 时的状态：

```
$ ./simple2DFD 2 400
```

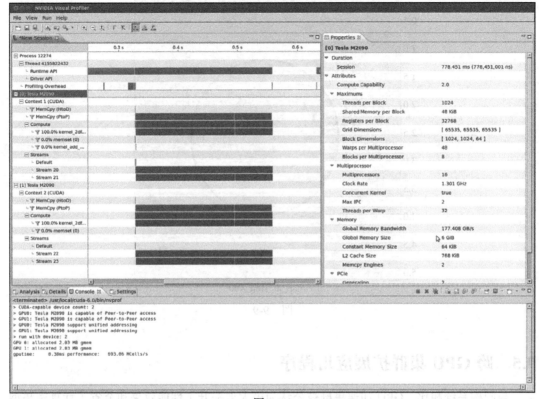

图　9-8

这个命令在两个 GPU 上运行应用程序，并且在时间步长为 400 时将波场保存到磁盘上的数据文件中。然后使用绘图工具可以显示出原始数据，如图 9-9 所示。

在 simple2DFD 中检查内核的资源使用情况也是很有趣的。在 nvcc 编译器中添加标志可以报告内核资源的使用情况：

```
$ nvcc -arch=sm_20 -Xptxas -v simple2DFD.cu -o simple2DFD
```

nvcc 编译器输出以下信息：

```
ptxas info    : 0 bytes gmem, 20 bytes cmem[2]
ptxas info    : Compiling entry function '_Z18kernel_add_waveletPffii' for 'sm_20'
ptxas info    : Function properties for _Z18kernel_add_waveletPffii
ptxas info    : Used 4 registers, 52 bytes cmem[0]
ptxas info    : Compiling entry function '_Z11kernel_2dfdPfS_iii' for 'sm_20'
ptxas info    : Function properties for _Z11kernel_2dfdPfS_iii
ptxas info    : Used 26 registers, 160 bytes smem, 60 bytes cmem[0], 8 bytes
cmem[16]
```

上面代码输出的最后一行表明，核函数 kernel_2dfd 使用了 26 个寄存器、160 个字节的共享内存和每个线程上的一些常量内存（用来存储核函数的参数）。

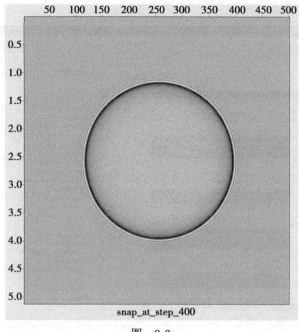

图　9-9

9.5　跨 GPU 集群扩展应用程序

　　与同构系统相比，GPU 加速集群被公认为极大地提升了性能效果和节省了计算密集型应用程序的功耗。当处理超大数据集时，通常需要多个计算节点来有效地解决问题。MPI（消息传递接口）是一个标准化和便携式的用于数据通信的 API，它通过分布式进程之间的消息进行数据通信。在大多数 MPI 实现中，库例程是直接从 C 或其他语言中调用的。

　　MPI 与 CUDA 是完全兼容的。支持 GPU 之间不同节点上移动数据的 MPI 有两种实现方式：传统的 MPI 与 CUDA-aware MPI。在传统的 MPI 中，只有主机内存的内容可以直接通过 MPI 函数来传输。在 MPI 把数据传递到另一个节点之前，GPU 内存中的内容必须首先使用 CUDA API 复制回主机内存。在 CUDA-aware MPI 中，可以把 GPU 内存中的内容直接传递到 MPI 函数上，而不用通过主机内存中转数据。

　　如下所示，是几个商业化且开源的 CUDA-aware MPI 实现：

- ❑ MVAPICH2 2.0rc2（http：//mvapich.cse.ohio-state.edu/download/mvapich2/）
- ❑ MVAPICH2-GDR 2.0b（http：//mvapich.cse.ohio-state.edu/download/mvapich2gdr/）
- ❑ OpenMPI 1.7（http：//www.open-mpi.org/software/ompi/v1.7/）
- ❑ CRAY MPI（MPT 5.6.2）
- ❑ IBM Platform MPI（8.3）

MVAPICH2 是一个开源的 MPI 实现，用来探索 InfiniBand 网络特点，对基于 MPI 的应用程序提供高性能和高可扩展性。当前存在两个版本：MVAPICH2 是一个 CUDA-aware MPI 实现，而 MVAPICH2-GDR 是一个扩展版本，增加了对 GPUDirect RDMA 的支持（更多内容将在本章中 GPUDirect 部分进行介绍）。

对 InfiniBand 集群而言，MVAPICH2 是一个被广泛使用的开源 MPI 库，并且支持从一个 GPU 的设备内存到另一个 GPU 的设备内存间直接进行 MPI 通信。接下来的部分将使用 MVAPICH 平台来测试以下情况：

- 用 MVAPICH2 和 InfiniBand 进行 CPU 到 CPU 间的数据传输
- 用传统的 MPI 和 InfiniBand 进行 GPU 到 GPU 间的数据传输
- 用 CUDA-aware MPI 和 InfiniBand 进行 GPU 到 GPU 间的数据传输
- 用 MVAPICH2-GDR 和 GPUDirect RDMA 以及 InfiniBand 进行 GPU 到 GPU 间的数据传输

9.5.1　CPU 到 CPU 的数据传输

为了建立一个便于比较的基准，可以使用 MVAPICH2 在集群中测试两个 CPU 间互相连接的节点，以了解数据传输的带宽和延迟。一般来说，MPI 程序包括 4 个步骤：

1. 初始化 MPI 环境。
2. 使用阻塞或非阻塞 MPI 函数在不同节点间的进程传递消息。
3. 跨节点同步。
4. 清理 MPI 环境。

9.5.1.1　实现节点间的 MPI 通信

下面的代码展示了一个简单的 MPI 程序框架，该程序在跨节点同步和退出前发送和接收单个消息。

```
int main(int argc, char *argv[]) {
    // initialize the MPI environment
    int rank, nprocs;
    MPI_Init(&argc, &argv);
    MPI_Comm_size(MPI_COMM_WORLD, &nprocs);
    MPI_Comm_rank(MPI_COMM_WORLD, &rank);

    // transmit messages with MPI calls
    MPI_Send(sbuf, size, MPI_CHAR, 1, 100, MPI_COMM_WORLD);
    MPI_Recv(rbuf, size, MPI_CHAR, 0, 100, MPI_COMM_WORLD, &reqstat);

    // synchronize across nodes
    MPI_Barrier(MPI_COMM_WORLD);

    // clean up the MPI environment
    MPI_Finalize();

    return EXIT_SUCCESS;
}
```

想要测试两节点间的带宽和延迟，首先需要分配 MYBUFSIZE 大小的数组，作为发送 / 接收缓冲区，代码如下所示：

```
char *s_buf, *r_buf;
s_buf = (char *)malloc(MYBUFSIZE);
r_buf = (char *)malloc(MYBUFSIZE);
```

然后，两个计算节点间的双向数据传输可以使用非阻塞 MPI 的发送和接收函数来完成：

```
// If this is the first MPI process
if(rank == 0) {
    // Repeatedly
    for (int i = 0; i < nRepeat; i++) {
        // Asynchronously receive size bytes from other_proc into rbuf
        MPI_Irecv(rbuf, size, MPI_CHAR, other_proc, 10, MPI_COMM_WORLD,
            &recv_request);
        // Asynchronously send size bytes too other_proc from sbuf
        MPI_Isend(sbuf, size, MPI_CHAR, other_proc, 100, MPI_COMM_WORLD,
            &send_request);
        // Wait for the send to complete
        MPI_Waitall(1, &send_request, &reqstat);
        // Wait for the receive to complete
        MPI_Waitall(1, &recv_request, &reqstat);
    }
} else if (rank == 1) {
    for (int i = 0; i < nRepeat; i++) {
        // Asynchronously receive size bytes from other_proc into rbuf
        MPI_Irecv(rbuf, size, MPI_CHAR, other_proc, 100, MPI_COMM_WORLD,
            &recv_request);
        // Asynchronously send size bytes to other_proc from sbuf
        MPI_Isend(sbuf, size, MPI_CHAR, other_proc, 10, MPI_COMM_WORLD,
            &send_request);
        // Wait for the send to complete
        MPI_Waitall(1, &send_request, &reqstat);
        // Wait for the receive to complete
        MPI_Waitall(1, &recv_request, &reqstat);
    }
}
```

为了获得准确的性能指标，发送和接收操作需要重复 nRepeat 次，然后取这些结果的平均值。从 Wrox.com 中下载文件 simpleC2C.c，文件中包含全部的示例代码。用以下命令编译它：

```
$ mpicc -std=c99 -O3 simpleC2C.c -o simplec2c
```

如果启用了 MPI 的集群，则可以在两个节点上运行 MPI 程序。指定两节点的主机名，如 node01 和 node02（取决于集群的配置），并运行下面的例子：

```
$ mpirun_rsh -np 2 node01 node02 ./simplec2c
```

一个输出例子如下所示：

```
./simplec2c to allocate 4 MB dynamic memory aligned to 64 byte
node=0(node01): other_proc = 1
node=1(node02): other_proc = 0
    size      Elapsed       Performance
    1 KB      3.96 µs       258.27 MB/sec
```

4 KB	3.75 µs	1092.17 MB/sec
16 KB	8.77 µs	1867.12 MB/sec
64 KB	20.18 µs	3247.61 MB/sec
256 KB	49.48 µs	5297.96 MB/sec
1 MB	169.99 µs	6168.63 MB/sec
4 MB	662.81 µs	6328.06 MB/sec

mpirun_rsh 是一个由 MVAPICH2 提供的作业启动命令。也可以使用 mpirun 运行作业。

```
$ mpirun -np 2 -host node01,node02 ./simplec2c
```

9.5.1.2 CPU 亲和性

在多核系统中（例如，在 MPI 程序中），当多个进程或线程同时需要 CPU 时间时，操作系统将为线程和进程分配可用的 CPU 核心。这意味着在操作系统的控制下，一个进程或线程将被暂停或移动到一个新核心内。这种行为将造成较差的数据局部性，从而对性能有负面影响。如果进程被移动到一个新 CPU 核心内，那么该进程中的任何数据都不会局部存储在新核的缓冲区内。这个进程需要重新从系统内存中获取所有数据。因此，将一个进程或线程绑定到一个单 CPU 核（或一组相邻的 CPU 核）上可以帮助提高主机性能。

限制进程或线程在特定的 CPU 核上执行，被称为 CPU 亲和性。有几个方法可以将进程和线程绑定到处理器上。一旦设置了亲和性，操作系统的调度程序必须服从设置约束，并且只能在指定的处理器上运行进程。

CPU 亲和性直接影响 MPI 程序性能。MVAPICH2 提供了一种方法，使其在运行时使用 MV2_ENABLE_AFFINITY 环境变量来设置 CPU 亲和性。在调用 MPI 程序期间可以按照以下命令来启用 CPU 亲合性：

```
$ mpirun_rsh -np 2 node01 node02 MV2_ENABLE_AFFINITY=1 ./simplec2c
```

使用如下命令禁用 CPU 亲和性：

```
$ mpirun_rsh -np 2 node01 node02 MV2_ENABLE_AFFINITY=0 ./simplec2c
```

对于单线程或单进程的应用程序而言，启用 CPU 亲和性可以避免操作系统在处理器之间移动进程或线程，从而提供同等或更好的性能。另一方面，当禁用 CPU 亲和性时，多线程和多进程应用程序的性能可能会得到提升。

9.5.2 使用传统 MPI 在 GPU 和 GPU 间传输数据

本节将用传统 MPI 结合 CUDA 从而在独立节点的 GPU 间交换数据。

考虑一个多节点计算集群，每个节点有多个 GPU。节点内 GPU 之间的数据交换可以使用点对点访问或传输来实现，具体内容详见本章中 9.1.2 节。另一方面，在不同节点的 GPU 之间的数据交换需要一个节点间的通信库，如 MPI。为了简化 GPU 间的数据交换和提高性能，应该在每个节点的每个 GPU 上绑定 MPI 进程。

9.5.2.1 MPI-CUDA 程序内的亲和性

在 CPU 核心中绑定 MPI 进程被称为 CPU 亲合性，与此类似，在特定的 GPU 中绑定

MPI 进程被称为 GPU 亲和性。在 GPU 中绑定 MPI 进程，通常是在使用 MPI_Init 函数初始化 MPI 环境之前进行的。

为了在一个节点中跨 GPU 均匀地分配进程，必须首先使用由 MPI 库提供的环境变量，确定节点内部进程的本地 ID。例如，MAPICH2 保证会为每个 MPI 进程设置环境变量 MV2_COMM_WORLD_LOCAL_RANK。MV2_COMM_WORLD_LOCAL_RANK 是在同一节点的每个 MPI 进程中唯一标识的整数。其他的 MPI 实现提供类似的支持。这个本地 ID，也可称为本地秩，可以将一个 MPI 进程绑定到一个 CUDA 设备上：

```
int n_devices;
int local_rank = atoi(getenv("MV2_COMM_WORLD_LOCAL_RANK"));
cudaGetDeviceCount(&n_devices);
int device = local_rank % n_devices;
cudaSetDevice(device);
...
MPI_Init(argc, argv);
```

然而，如果首次使用环境变量 MV2_ENABLE_AFFINITY 设置 MPI 进程的 CPU 亲和性，然后用 MV2_COMM_WORLD_LOCAL_RANK 设置 GPU 亲和性，那么无法保证正在运行 MPI 进程的 CPU 与分配的 GPU 是最佳组合。如果它们不是最佳组合，那么主机应用程序和设备内存之间的延迟和带宽可能会变得不理想。因此，可以使用便携的 Hardware Locality 包（hwloc）来分析节点的硬件拓扑结构，并且让 MPI 进程所在的 CPU 核与分配给该 MPI 进程的 GPU 是最佳组合。

下面的示例代码，使用了进程的 MPI 局部秩来选择一个 GPU。然后，对于选定的 GPU，用 hwloc 确定最佳 CPU 核心来绑定这个进程。

```
rank = atoi( getenv( "MV2_COMM_WORLD_RANK" ) );
local_rank = atoi( getenv( "MV2_COMM_WORLD_LOCAL_RANK" ) );

// Load a full hardware topology of all PCI devices in this node.
hwloc_topology_init(&topology);
hwloc_topology_set_flags(topology, HWLOC_TOPOLOGY_FLAG_WHOLE_IO);
hwloc_topology_load(topology);

// choose a GPU based on MPI local rank
cudaSetDevice( local_rank );
cudaGetDevice( &device );

// Iterate through all CPU cores that are physically close to the selected GPU.
// This code evenly distributes processes across cores using local_rank.
cpuset = hwloc_bitmap_alloc();
hwloc_cudart_get_device_cpuset(topology, device, cpuset);
match = 0;
hwloc_bitmap_foreach_begin(i,cpuset)
    if (match == local_rank) {
        cpu = i;
        break;
    }
    ++match;
hwloc_bitmap_foreach_end();
```

```
// Bind this process to the selected CPU.
onecpu = hwloc_bitmap_alloc();
hwloc_bitmap_set(onecpu, cpu);
hwloc_set_cpubind(topology, onecpu, 0);

// Cleanup.
hwloc_bitmap_free(onecpu);
hwloc_bitmap_free(cpuset);
hwloc_topology_destroy(topology);

gethostname( hostname, sizeof(hostname) );
cpu = sched_getcpu();
printf("MPI rank %d using GPU %d and CPU %d on host %s\n",
    rank, device, cpu, hostname );
MPI_Init(&argc, &argv);
MPI_Comm_rank(MPI_COMM_WORLD, &rank);
if (MPI_SUCCESS != MPI_Get_processor_name(procname, &length)) {
    strcpy(procname, "unknown");
}
```

9.5.2.2　使用 MPI 执行 GPU 间的通信

一旦 MPI 进程通过 cudaSetDevice 函数被调度到一个 GPU 中，那么设备内存和主机固定内存可以被分配给当前设备：

```
char *h_src, *h_rcv;
cudaMallocHost((void**)&h_src, MYBUFSIZE);
cudaMallocHost((void**)&h_rcv, MYBUFSIZE);

char *d_src, *d_rcv;
cudaMalloc((void **)&d_src, MYBUFSIZE);
cudaMalloc((void **)&d_rcv, MYBUFSIZE);
```

使用传统 MPI 的两个 GPU 间的双向数据传输可以分两步执行：首先，将数据从设备内存复制到主机内存；其次，使用 MPI 通信库在 MPI 进程之间交换主机内存里的数据：

```
if(rank == 0) {
    for (int i = 0; i < loop; i++) {
        cudaMemcpy(h_src, d_src, size, cudaMemcpyDeviceToHost);

        // bi-directional bandwidth
        MPI_Irecv(h_rcv, size, MPI_CHAR, other_proc, 10, MPI_COMM_WORLD,
            &recv_request);
        MPI_Isend(h_src, size, MPI_CHAR, other_proc, 100, MPI_COMM_WORLD,
            &send_request);

        MPI_Waitall(1, &recv_request, &reqstat);
        MPI_Waitall(1, &send_request, &reqstat);

        cudaMemcpy(d_rcv, h_rcv, size, cudaMemcpyHostToDevice);
    }
} else {
    for (int i = 0; i < loop; i++) {
        cudaMemcpy(h_src, d_src, size, cudaMemcpyDeviceToHost);

        // bi-directional bandwidth
        MPI_Irecv(h_rcv, size, MPI_CHAR, other_proc, 100, MPI_COMM_WORLD,
```

```
                &recv_request);
        MPI_Isend(h_src, size, MPI_CHAR, other_proc, 10, MPI_COMM_WORLD,
                &send_request);

        MPI_Waitall(1, &recv_request, &reqstat);
        MPI_Waitall(1, &send_request, &reqstat);

        cudaMemcpy(d_rcv, h_rcv, size, cudaMemcpyHostToDevice);
    }
}
```

从 Wrox.com 中可以下载含有这个示例完整代码的 simpleP2P.c 文件。用以下命令进行编译：

```
$ mpicc -std=c99 -O3 simpleP2P.c -o simplep2p
```

用 mpirun_rsh 启动 MPI 程序，如下所示：

```
$ mpirun_rsh -np 2 node01 node02 ./simplep2p
```

有两个 Fermi M2090 GPU 的系统，示例报告如下所示。要注意到，与 CPU-to-CPU 示例进行比较可知，此处带宽大幅减少，延迟显著增加了。这种性能损耗源于在使用 MPI 传输之前从 GPU 传输数据的额外开销。

```
    ./simplep2p to allocate 4 MB device memory and pinned host memory CUDA + MPI
    node=0(node01): using GPU=1 and other_proc = 1
    node=1(node02): using GPU=0 and other_proc = 0
        size      Elapsed          Performance
        1 KB      10.24 µs         99.95 MB/sec
        4 KB      11.51 µs        355.88 MB/sec
       16 KB      19.77 µs        828.74 MB/sec
       64 KB      46.34 µs       1414.24 MB/sec
      256 KB     114.31 µs       2293.37 MB/sec
        1 MB     394.07 µs       2660.89 MB/sec
        4 MB    1532.47 µs       2736.96 MB/sec
```

9.5.3 使用 CUDA-aware MPI 进行 GPU 到 GPU 的数据传输

MVAPICH2 也是一个 CUDA-aware MPI 实现，它通过标准 MPI API 支持 GPU 到 GPU 的通信。可以直接把设备内存指针传给 MPI 函数（并且避免传统 MPI 所需的额外的 cuda-Memcpy 调用）：

```
if(rank == 0) {
    for (int i = 0; i < loop; i++) {
        MPI_Irecv(d_rcv, size, MPI_CHAR, other_proc, 10, MPI_COMM_WORLD,
                &recv_request);
        MPI_Isend(d_src, size, MPI_CHAR, other_proc, 100, MPI_COMM_WORLD,
                &send_request);

        MPI_Waitall(1, &recv_request, &reqstat);
        MPI_Waitall(1, &send_request, &reqstat);
    }
} else {
    for (int i = 0; i < loop; i++) {
```

```
        MPI_Irecv(d_rcv, size, MPI_CHAR, other_proc, 100, MPI_COMM_WORLD,
            &recv_request);
        MPI_Isend(d_src, size, MPI_CHAR, other_proc, 10, MPI_COMM_WORLD,
            &send_request);

        MPI_Waitall(1, &recv_request, &reqstat);
        MPI_Waitall(1, &send_request, &reqstat);
    }
}
```

从 Wrox.com 中可以下载含有这个示例完整代码的 simpleP2P_CUDA_Aware.c 文件。用以下命令编译它：

```
$ mpicc -std=c99 -O3 simpleP2P_CUDA_Aware.c -o simplep2p.aware
```

启动 MPI 程序之前，需要通过设置下列环境变量来确保在 MVAPICH2 上启用了 CUDA 支持。

```
$ export MV2_USE_CUDA=1
```

也可以在 MPI 程序调用时设置该环境变量：

```
$ mpirun_rsh -np 2 node01 node02 MV2_USE_CUDA=1 ./simplep2p.aware
```

带有两个 Fermi M2090 GPU 系统的示例报告如下。请注意，相比于在 CUDA 上使用传统 MPI，使用 CUDA-aware MPI，在用 4MB 消息的情况下，可以获得 17% 的性能提升。此外，该代码已被大大简化，没有与设备之间显式传输数据的步骤。

```
./simplep2p.aware to allocate 4 MB device memory and pinned host memory CUDA + MPI
node=0(node01): using GPU=1 and other_proc = 1
node=1(node02): using GPU=0 and other_proc = 0
    size      Elapsed       Performance
    1 KB      63.78 µs       16.06 MB/sec
    4 KB      14.79 µs      277.03 MB/sec
   16 KB      24.27 µs      675.21 MB/sec
   64 KB      47.65 µs     1375.39 MB/sec
  256 KB     112.43 µs     2331.72 MB/sec
    1 MB     331.16 µs     3166.42 MB/sec
    4 MB    1306.02 µs     3211.50 MB/sec
```

9.5.4　使用 CUDA-aware MPI 进行节点内 GPU 到 GPU 的数据传输

在同一节点的两个 GPU 间，也可以使用 CUDA-aware MPI 库执行数据传输。如果两个 GPU 连接在同一个 PCIe 总线上，会自动使用点对点传输。我们此处还使用前面用过的例子，在同一节点进行两 GPU 之间的数据传输，假定 node01 至少有两个 GPU：

```
$ mpirun_rsh -np 2 node01 node01 MV2_USE_CUDA=1 ./simplep2p.aware
```

在有两个 Fermi M2090 的 GPU 上，结果如下。与预想的一致，在同一节点的 GPU 之间通过 PCIe 总线传输数据比跨节点互连的传输会有更好的带宽和延迟。

```
./simplep2p.aware to allocate 4 MB device memory
node=0(node01): using GPU=1 and other_proc = 1
node=1(node01): using GPU=0 and other_proc = 0
```

```
        size    Elapsed            Performance
        1 KB    47.66 µs            21.48 MB/sec
        4 KB    11.33 µs           361.38 MB/sec
       16 KB    26.64 µs           615.02 MB/sec
       64 KB    28.72 µs          2281.90 MB/sec
      256 KB    54.75 µs          4788.40 MB/sec
        1 MB   171.34 µs          6120.00 MB/sec
        4 MB   646.50 µs          6487.75 MB/sec
```

之前的 4 个示例的性能表现绘制在图 9-10 中。这些结果表明，当传输的数据大于 1MB 时，可从 CUDA-aware MPI 获得更好的性能。

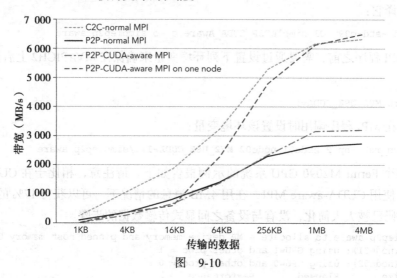

图 9-10

9.5.5 调整消息块大小

通过重叠主机与设备通信和节点间通信来最小化通信开销，MVAPICH2 将来自 GPU 内存的大量信息自动划分成块。块的大小可以用 MV2_CUDA_BLOCK_SIZE 环境变量调整。默认的块大小是 256 KB。它可以被设置为 512 KB，命令如下所示：

```
$ mpirun_rsh -np 2 node01 node02 MV2_USE_CUDA=1 \
    MV2_CUDA_BLOCK_SIZE=524288 ./simplep2p.aware
```

在两个不同的节点上，当在两个 Fermi M2090 GPU 上运行时，改变块的大小会带来以下影响：

```
        size    Elapsed            Performance
        1 KB   154.06 µs             6.65 MB/sec
        4 KB    15.13 µs           270.63 MB/sec
       16 KB    24.86 µs           659.05 MB/sec
       64 KB    48.08 µs          1363.18 MB/sec
      256 KB   111.92 µs          2342.23 MB/sec
        1 MB   341.14 µs          3073.70 MB/sec
        4 MB  1239.15 µs          3384.82 MB/sec
```

以上结果显示块大小为 4MB 信息时性能最好，这表明较大尺寸的块性能更佳。

最优的块大小值取决于多个因素，包括互连带宽 / 延迟、GPU 适配器的特点、平台的特点，以及 MPI 函数允许使用的内存大小。因此，最好使用不同大小的块来实验，从而判定哪一个性能最佳。

9.5.6　使用 GPUDirect RDMA 技术进行 GPU 到 GPU 的数据传输

NVIDIA 的 GPUDirect 实现了在 PCIe 总线上的 GPU 和其他设备之间的低延迟通信。使用 GPUDirect，第三方网络适配器和其他设备可以直接通过基于主机的固定内存区域交换数据，从而消除了不必要的主机内存复制，使得运行在多个设备上的应用程序的数据传输性能得到了显著提升。多年来，NVIDIA 逐步更新 GPUDirect 技术，每一次发布都在不断地提升其可编程性和降低延迟。GPUDirect 的第一个版本，与 CUDA 3.1 一同发布，允许 InfiniBand 设备和 GPU 设备共享 CPU 内存中相同的锁页缓冲区。数据从一个节点中的 GPU 发送到另一个节点的 GPU 中，该数据是从源 GPU 复制到系统内存中固定的、共享的数据缓冲区，然后通过 Infiniband 互连直接从共享缓冲区复制到其他 GPU 可以访问的与目的节点相匹配的缓冲区（如图 9-11 描述所示）。

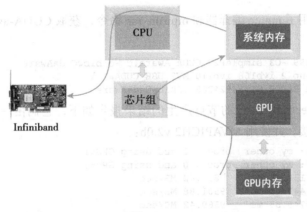

图 9-11

GPUDirect 的第二个版本，与 CUDA 4.0 一同发布，加入了点对点 API 和在本章前面介绍的统一虚拟寻址支持。这些改进提高了单节点内多 GPU 的性能，并通过消除不同地址空间中管理多个指针的需要提高了程序员的效率。

GPUDirect 的第三个版本，与 CUDA 5.0 一同发布，添加了远程直接内存访问（RDMA）支持。RDMA 允许通过 Infiniband 使用直接通信路径，它在不同集群节的 GPU 间使用标准的 PCIe 适配器。图 9-12 展示了两 GPU 在网络上的直接连接。使用 GPUDirect RDMA，在两个节点的 GPU 间通信可以在没有主机处理器参与的情况下执行。这减少了处理器的消耗和通信延迟。

因为 GPUDirect RDMA 对应用程序代码而言是透明的，所以可以使用相同的 simple-

P2P_CUDA_Aware.cu 例子来比较 MVAPICH2 库和 MVAPICH2-GDR 库之间的性能，其中 MVAPICH2-GDR 库包括 GPUDirect RDMA 支持。需要按正确的路径更新环境，使用 MVAPI-CH2-GDR 装置编译程序。

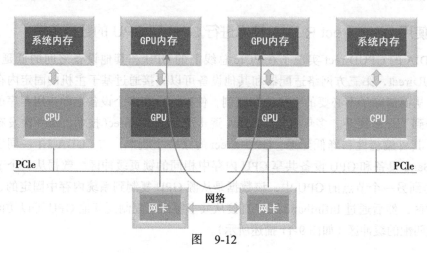

图 9-12

首先，通过使用了 mpicc 编译器和 mpirun_rsh 命令，获取 CUDA-aware MVAPICH2 性能基准：

```
$ mpicc -std=c99 -O3 simpleP2P_CUDA_Aware.c -o bibwCudaAware
$ mpirun_rsh -np 2 ivb108 ivb110 MV2_USE_CUDA=1 \
    MV2_CUDA_BLOCK_SIZE=524288 ./bibwCudaAware
```

两个包含 Kepler K40 GPU 的节点产生的结果报告如下，它们由一个单轨道 Mellanox Connect-IB 网络连接，并使用 MVAPICH2 v2.0b：

```
node=0(ivb108): my other _proc = 1 and using GPU=1
node=1(ivb110): my other _proc = 0 and using GPU=0
    1 MB      134.40 ms      7801.62 MB/sec
    4 MB      441.00 ms      9501.88 MB/sec
   16 MB     1749.55 ms      9589.42 MB/sec
   64 MB     6553.89 ms     10239.55 MB/sec
```

相比之下，可以用 CUDA-aware MVAPICH2-GDR 版本中的 mpicc 编译相同的程序。确保设置 MV2_USE_GPUDIRECT 环境变量作为 mpirun_rsh 命令的一部分，代码如下所示：

```
$ mpicc -std=c99 -O3 simpleP2P_CUDA_Aware.c -o bibwCudaAwareGDR
$ mpirun_rsh -np 2 ivb108 ivb110 MV2_USE_CUDA=1  MV2_USE_GPUDIRECT=1 \
    MV2_CUDA_BLOCK_SIZE=524288 ./bibwCudaAwareGDR
```

在同一个集群上显示以下结果：

```
to test max size 64 MB
node=0(ivb108): my other _proc = 1 and using GPU=1
node=1(ivb110): my other _proc = 0 and using GPU=0
    1 MB      132.50 ms      8242.83 MB/sec
    4 MB      404.15 ms     10401.88MB/sec
   16 MB     1590.29 ms     10801.00 MB/sec
   64 MB     5929.98 ms     11539.94 MB/sec
```

图 9-13 直观地比较了以下两个测试示例中的双向带宽：

❑ CUDA-aware MPI

❑ 具有 GPUDirect RDMA 的 CUDA-aware MPI

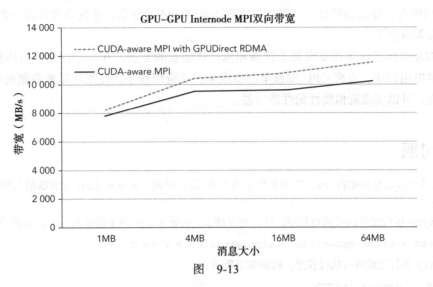

图　9-13

当 GPUDirect RDMA 被添加到 CUDA-aware MPI 时，性能得到了显著的提升（达到 13%）。

请注意，因为使用 CUDA 加速了应用程序的计算分配，所以应用程序中的 I/O 将迅速成为整体性能的阻碍。GPUDirect 通过减少 GPU 之间的延迟，提供一个直截了当的解决方案。

9.6　总结

多 GPU 系统非常适合处理现实中那些单 GPU 无法处理的超大数据集的问题，或者是那些吞吐量和效率可以通过使用多 GPU 系统得到提升的问题。通常，执行多 GPU 应用程序有两种配置：

❑ 单节点上的多设备

❑ 多节点 GPU 加速集群上的多设备

本章涵盖了用在粗细粒度上进行多 GPU 编程的技术和 API，展示了如何管理多个 GPU 以及如何从主机应用程序中发出指令。

MVAPICH2 是一个 CUDA-aware MPI 通用的实现形式，它使用 InfiniBand、10GigE/iWARP 和 RoCE 网络技术，实现了高端计算系统所需的低延迟、高带宽、可扩展性和容错性。通过 MPI 函数直接传递设备内存，大大减化了 MPI-CUDA 程序的开发，提高了 GPU 加速集群的性能。

GPUDirect 促进了点对点设备内存的访问。使用 GPUDirect，可以直接在多个设备上交换数据，这些设备属于一个集群内的相同节点或不同节点。在没有中转数据通过 CPU 内存的情况下，也可以发生这个交换。GPUDirect 的 RDMA 功能可以使第三方设备直接访问 GPU 全局内存，如固态硬盘、网络接口卡和 InfiniBand 适配器，这使得那些设备和 GPU 间的延迟显著减少了。

CUDA 提供了许多在多设备上管理和执行核函数的方法。在一个计算节点内跨多设备可以扩展应用程序，或跨 GPU 加速集群节点来扩展应用程序。使用计算来隐藏通信延迟的负载平衡，可以实现近似线性的性能增益。

9.7 习题

1. 参考文件 simpleMultiGPU.cu，使用事件记录 GPU 运行时间，并替换 CPU 计时器的代码，然后比较结果。
2. 使用 nvprof 运行之前的可执行程序，代码如下所示，并确定使用两个设备与一个设备有什么不同。

```
$ nvprof --print-gpu-trace ./simpleMultiGPUEvents 1
```

3. 使用 nvvp 运行之前的可执行程序，代码如下所示：

```
$ nvvp ./simpleMultiGPU
```

检查控制台选项卡和详细信息选项卡中的结果。接着，在设置选项卡上设置参数为 1，并且只在一个 GPU 上运行代码。把结果与在两个 GPU 上运行的结果进行比较。

4. 把下列代码放在 simpleMultiGPU 主循环的最后：

```
cudaStreamSynchronize(stream[i]);
```

对于使用一个 GPU 和两个 GPU 的情况，分别使用 nvvp 重新编译并运行代码，然后将结果与练习 9.3 中代码结果相比较，并且解释造成差异的原因。

5. 在 simpleMultiGPU.cu 中，把数据初始化（initialData）移到主内核循环中。使用 nvvp 运行看看有什么变化。

6. 参考文件 simpleP2P_PingPong.cu，修改注释为 unidirectional gmem copy 的代码使其使用异步复制。

7. 参考文件 simpleP2P_PingPong.cu，基于双向异步 ping-pong 示例，使用以下函数，在该文件中添加两个 GPU 间的 ping-pongs 数据：

```
cudaMemcpyPeerAsync(void* dst,int dstDev,const void* src,int srcDev,
            size_t count, cudaStream_t stream)
```

8. 参考文件 simpleP2P-PingPong.cu，在异步内存复制运行时函数里使用一个默认流，将其结果与使用非默认流进行比较。

9. 参考文件 simpleP2P-PingPong.cu，首先禁用点对点访问，然后分别比较单向与双向内存复制、同步与异步函数的结果。

10. 参考文件 simple2DFD.cu，用下面的逻辑重新安排波传播：

（1）在流 halo 上计算 halo。

（2）在流 halo 上交换 halo。

（3）在流内计算内部区域。

（4）同步每个设备。将结果与原结果进行比较，并解释性能变化的原因。

11. 解释 CPU 和 GPU 亲和性是如何影响每一个应用程序的执行时间的。假设运行了 CUDA-MPI 应用程序两次，代码如下：

```
$ mpirun_rsh -np 2 node01 MV2_ENABLE_AFFINITY=1 ./simplec2c
$ mpirun_rsh -np 2 node01 MV2_ENABLE_AFFINITY=0 ./simplec2c
```

第一个命令启用 CPU 亲和性，而第二个不启用。在以上两种情况下，描述你将使用什么技术为每个 MPI 进程创建 GPU 亲和性，并且解释其原因。

12. GPUDirect RDMA 是什么？它是如何提高性能的？描述 GPUDirect 的 3 个版本？使用 GPUDirect RDMA 对硬件和软件有什么要求？

13. 如何使用 MPI 函数，cudaMemcpyAsync 和流调用来建立一个 simpleP2P.c 的异步版本？

14. 参考文件 simpleP2P.c。将固定主机内存改为分页主机内存，看看性能会发生什么样的变化并说明理由。如果不能运行它，则描述期望的结果。

15. 思考简单的 P2P_CUDA_Aware.c。在没有 GPUdirect 的平台上（即不能在 PCIe 设备之间直接传递数据），当传递一个设备指针时，你认为 MPI_Isend 是如何工作的？

16. MVAPICH 的 CUDA-aware MPI 允许更改复制数据的块大小。描述块的大小是如何影响 CUDA-Aware MPI 的内部性能的。为什么较大的块一般表现会更好？

Chapter 10　第 10 章
程序实现的注意事项

本章内容：
- 了解 CUDA 的开发过程
- 使用性能分析工具探索优化因素
- 使用合适的指标 / 事件确定最有可能的性能限制因素
- 结合 NVTX 库标记出代码的关键部分用于性能分析
- 使用 CUDA 调试工具调试 CUDA 中的内核和内存错误
- 将实际的应用程序由传统的 C 语言移植到 CUDA C 中

现代的异构和并行系统并不是专门用于高性能计算的，还适用于嵌入式开发，移动设备开发，平板电脑，笔记本电脑，PC 和工作站。这种普遍性使得通用软件开发走向异构并行编程，因为访问这些系统会变得更为普遍。并行编程从未变得如此方便有利，因此，知道如何高效正确地实现并行和异构软件是非常重要的。

本章包含了 CUDA C 项目开发的以下几个方面：
- CUDA C 的开发过程
- 配置文件驱动优化
- CUDA 开发工具

本章结尾提供了一个案例，逐步将 C 语言移植到 CUDA C 中，这会有助于方法的理解，形象化整个过程并说明本章涉及的工具。

10.1　CUDA C 的开发过程

在产品研发过程中的软件开发注重结构，旨在标准化代码并维护最好的范例。现在有许多软件开发模型，每种模型都描述了一些方法，这些方法都是针对特定情况下的特殊需求的。CUDA 平台的开发过程是建立在现有模型和熟悉软件生命周期的概念之上的。

　　了解 GPU 内存和执行模型抽象有助于更好地控制大规模并行 GPU 环境。这样，创建映射到抽象二维或三维网格的应用子域就变得很正常了，并且可以使核函数像串行一样表示。重点关注高级区域分解和内存层次结构存储管理的内容，就不会被创建和销毁线程的烦琐细节所妨碍了。在 CUDA 的开发过程中，需要关注的重点是以下几个方面：

- ❏ 以性能为导向
- ❏ 配置文件驱动
- ❏ 通过 GPU 架构的抽象模型进行启发引导

　　了解应用程序如何使用 GPU 对确定性能提升的因素是至关重要的。NVIDIA 提供了许多功能强大且易于使用的工具，它们能使开发过程引人入胜又轻松愉悦。以下部分包含了 CUDA 的开发过程和 CUDA 的性能优化策略。

10.1.1　APOD 开发周期

　　APOD 是由 NVIDIA 特别为 CUDA 开发定制的迭代开发过程。APOD 有 4 个阶段，如图 10-1 所示。

- ❏ 评估（assessment）
- ❏ 并行化（parallelization）
- ❏ 优化（optimization）
- ❏ 部署（deployment）

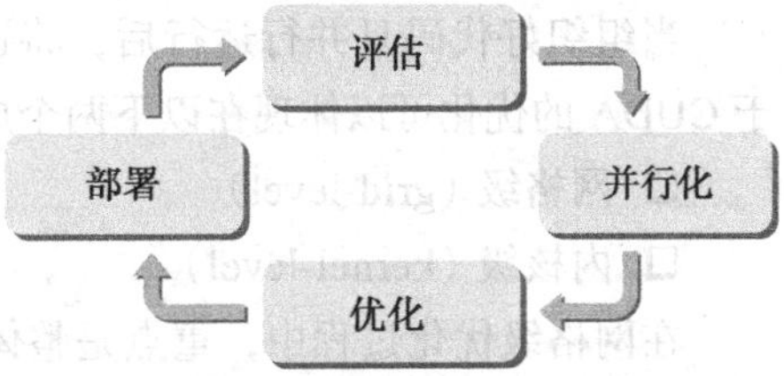

图　10-1

10.1.1.1　评估

　　第一阶段的任务是评估应用程序，确定限制性能的瓶颈或具有高计算强度的临界区。在这里，需要评估用 GPU 配合 CPU 的可能性，发展策略以加速这些临界区。

　　在这一阶段，数据并行循环结构包含很重要的计算，应该始终给予其较高的评估优先级。这种循环类型是 GPU 加速的理想化情况。为了帮助找出这些临界区，应该使用性能分析工具来发掘出应用程序的热点。有些代码可能已经被转化为使用主机的并行编程模型（如 OpenMP 或 pthreads）。只要现有的并行部分能够充分并行化，那么它们也将为 GPU 加速提供很好的目标。

10.1.1.2　并行化

　　一旦应用程序的瓶颈被确定，下一阶段就是将代码并行化。这里有几种加速主机代码的方式，包括以下几个方面：

- ❏ 使用 CUDA 并行库
- ❏ 采用并行化及向量化编译器
- ❏ 手动开发 CUDA 内核使之并行化

将应用程序并行化的最直接方法就是利用现有的 GPU 加速库。如果应用程序已经使用了其他的 C 数学库，如 BLAS 或 FFTW，那么就可以很容易转换成使用 CUDA 库，如 cuBLAS 或 cuFFT。另一种相对简单并行化主机代码的方法是利用并行化编译器。Open-ACC 使用开放的、标准的编译指令，它是为加速器环境显式设计的。OpenACC 扩展提供了充分的控制以确保数据常驻于接近处理单元的位置，并提供了一系列的编译指令。这些使得 GPU 编程更加简单，可跨并行和多核处理器。

如果应用程序所需的功能或性能超出了现有的并行库或并行编译器所能提供的范围，那么在这种情况下，对并行化使用 CUDA C 编写内核是必不可少的。通过使用 CUDA C，可以最大限度地使用 GPU 的并行能力。

根据原代码的情况，可能需要重构程序来展现固有并行以提升应用程序的性能。并行数据分解在这一阶段是不可避免的。大规模并行线程间的数据划分主要有两种不同的方法：块划分和循环划分。在块划分中，要处理的数据元素被分成块并分配到线程中，内核的性能与块的大小密切相关。在循环划分中，每个线程在跳跃之前一次处理一个元素，线程数量和元素数量相同。数据划分要考虑的问题与架构特征和要实现的算法性质相关。

10.1.1.3 优化

当组织好代码且并行运行后，将进入下一阶段：优化实现以提升性能。大致来说，基于 CUDA 的优化可以体现在以下两个层次上：

❑ 网格级（grid-level）

❑ 内核级（kernel-level）

在网格级优化过程中，重点是整体 GPU 的利用率和效率。优化网格级性能的方法包括同时运行多个内核以及使用 CUDA 流和事件重叠带有数据的内核执行。

限制内核性能的主要原因有 3 个：

❑ 内存带宽

❑ 计算资源

❑ 指令和内存延迟

在内核级优化过程中，要关注 GPU 的内存带宽和计算资源的高效使用，并减少或隐藏指令和内存延迟。

CUDA 提供了以下强大且有用的工具，从而可以在网格级和内核级确定影响性能的因素：

❑ Nsight Eclipse Edition（nsight）

❑ NVIDIA 可视化性能分析工具（nvvp）

❑ NVIDIA 命令行性能分析工具（nvprof）

这些性能分析工具在优化处理中是十分有效的，并为提升性能提供了最好的意见。在本书中，nvprof 和 nvvp 已经用于许多练习和示例中。

10.1.1.4　部署

只要确定了 GPU 加速应用程序的结果是正确的，那么就进入了 APOD 的最后阶段，即如何利用 GPU 组件部署系统。例如，部署 CUDA 应用程序时，要确保在目标机器没有支持 CUDA 的 GPU 的情况下，程序仍能正常运行。CUDA 运行时提供了一些函数，用于检测支持 CUDA 的 GPU 并检查硬件和软件的配置。但是，应用程序必须手动调整以适应检测到的硬件资源。

APOD 是一个迭代过程，它的目的是将传统的应用程序转化为性能力良好且稳定的 CUDA 应用程序。那些包含许多 GPU 加速申请的应用程序，可能多次经过了 APOD 的流水线周期：确定优化因素、应用和测试优化、验证加速实现，并再次重复这个过程。

螺旋模型

　　螺旋模型是一种软件开发方法，它基于关键要素的连续细化概念，使用的迭代周期为：

❑　分析

❑　设计

❑　实现

它允许每一次围绕螺旋生命周期时，增加产品发布，或者增加细化。

APOD 开发模型的基本方法与螺旋模型相同。

10.1.2　优化因素

一旦正确的 CUDA 程序已作为 APOD 并行化阶段的一部分实现，那么在优化阶段就能开始寻找优化因素了。如前文所述，优化可以应用在各个层面，从重叠数据传输和数据计算这个层面来看，所有的优化方法都在于底层的微调浮点运算。为了取得更好的性能，应该专注于程序的以下几个方面，按照重要性排列为：

❑　展现足够的并行性

❑　优化内存访问

❑　优化指令执行

10.1.2.1　展现足够的并行性

为了展现足够的并行性，应该在 GPU 上安排并发任务，以使指令带宽和内存带宽都达到饱和。

有两种方法可以增强并行性：

❑　在一个 SM 中保证有更多活跃的并发线程束

❑　为每个线程 / 线程束分配更多独立的工作

当在一个 SM 中活跃线程束的数量为最佳时，必须检查 SM 的资源占用率的限制因素（如共享内存、寄存器以及计算周期），以找到达到最佳性能的平衡点。活跃线程束的数量代表了在 SM 中展示的并行性的数量。但是，高占用率不对应高性能。根据内核算法的性质，一旦达到了一定程度的占用率，那么再进一步增加占用率就不会提高性能了。但是仍有机会从其他方面来提高性能。

能从两个不同的层面调整并行性：

❑ 内核级（kernel level）

❑ 网格级（grid level）

在内核级，CUDA 采用划分方法分配计算资源：寄存器在线程间被划分，共享内存在线程块间被划分。因此，内核中的资源消耗可能会限制活跃线程束的数量。

在网格级，CUDA 使用由线程块组成的网格来组织线程的执行，通过指定如下内容，可以自由选择最佳的内核启动配置参数：

❑ 每个线程块中线程的数量

❑ 每个网格中线程块的数量

通过网格配置，能够控制线程块中安排线程的方式，以向 SM 展示足够的并行性，并在 SM 之间平衡任务。

10.1.2.2 优化内存访问

许多算法都是受内存限制的。对于这些应用程序和其他的一些程序，内存访问延迟和内存访问模式对内核性能有显著的影响。因此，内存优化是提高性能需要关注的重要方面之一。内存访问优化的目标是最大限度地提高内存带宽的利用率，重点应放在以下两个方面：

❑ 内存访问模式（最大限度地使用总线上的字节）

❑ 充足的并发内存访问（隐藏内存延迟）

来自每一个内核的内存请求（加载或存储）都是由单个线程束发出的。线程束中的每个线程都提供了一个内存地址，基于提供的内存地址，32 个线程一起访问一个设备内存块。设备硬件将线程束提供的地址转换为内存事务。设备上的内存访问粒度为 32 字节。因此，在分析程序的数据传输时需要注意两个指标：程序需要的字节数和硬件传输的字节数。这两者之间的差值表示了浪费的内存带宽。

对于全局内存来说，最好的访问模式是对齐和合并访问。对齐内存访问要求所需的设备内存的第一个地址是 32 字节的倍数。合并内存访问指的是，通过线程束中的 32 个线程来访问一个连续的内存块。

加载内存和存储内存这两个操作的特性和行为是不同的。加载操作可以分为 3 种不同的类型：

❑ 缓存（默认，一级缓存可用）

❑ 未缓存（一级缓存禁用）

❑ 只读

缓存加载的加载粒度是一个 128 字节的缓存行。对于未缓存和只读的加载来说，粒度是一个 32 字节的段。通常，在 Fermi GPU 上全局内存的加载，会首先尝试命中一级缓存，然后是二级缓存，最后是设备全局内存。在 Kepler GPU 上，全局内存的加载会跳过一级缓存。对于只读内存的加载来说，CUDA 首先尝试命中一个独立的只读缓存，然后是二级缓存，最后是设备全局内存。对于不规则的访问模式，如未对齐和 / 或未合并的访问模式，短加载粒度有助于提高带宽的利用率。在 Fermi GPU 上，一级缓存可以启用或禁用编译器选项。在默认情况下，全局存储操作跳过一级缓存并且回收正在匹配的缓存行。

由于共享内存是片上内存，所以比本地和设备的全局内存具有更高的带宽和更低的延迟。在很多方面，共享内存是一个可编程管理的缓存。使用共享内存有两个主要原因：

❑ 通过显式缓存数据来减少全局内存的访问
❑ 通过重新安排数据布局避免未合并的全局内存的访问

在物理角度上，共享内存以一种线性方式排列，通过 32 个存储体（bank）进行访问。Fermi 和 Kepler 各有不同的默认存储体模式：分别是 4 字节存储体模式和 8 字节存储体模式。共享内存地址到存储体的映射关系随着访问模式的不同而不同。当线程束中的多个线程在同一存储体中访问不同字时，会发生存储体冲突（bank conflict）。由于共享内存重复请求，所以多路存储体冲突可能要付出很大代价。当使用共享内存时，解决或减少存储体冲突的一个非常简单有效的方法是填充数组。在合适的位置添加填充字，可以使其跨不同存储体进行访问，从而减少了延迟并提高了吞吐量。

共享内存被划分在所有常驻线程块中，因此，它是一个关键资源，可能会限制内核的占用率。

10.1.2.3　优化指令执行

有以下几种方法可以优化内核执行，包括：

❑ 通过保证有足够多的活跃线程束来隐藏延迟
❑ 通过给线程分配更多独立的工作来隐藏延迟
❑ 避免线程束内出现分化执行路径

尽管 CUDA 内核是以标量方式表示的，就像它在单一 CUDA 核心上运行一样，但是代码总是在线程束单元中以 SIMT（单指令多线程）方式来执行的。当对线程束发出一条指令时，每个线程用自己的数据执行相同的操作。

可以通过修改内核执行配置来组织线程。线程块的大小会影响在 SM 上活跃线程束的数量。GPU 通过异步处理运行中的工作来隐藏延迟（如全局加载和存储），以使得线程束进度、流水线、内存总线都处于饱和状态。我们可以调整内核执行配置获得更多的活跃线程束，或使每个线程做更多独立的工作，这些工作是可以以流水线方式执行和重叠执行。拥有不同计算能力的 GPU 设备有不同的硬件限制条件，因此，在不同的平台上网格 / 线程块启发式算法对于优化内核性能有非常重要的作用。

因为线程束内的所有线程在每一步都执行相同的指令，如果由于数据依赖的条件分支造成线程束内有不同的控制流路径，那么线程运行可能会出现分化。当线程束内的线程发生分化时，线程束必须顺序执行每个分支路径，并禁用不在此执行路径上的线程。如果应用程序的运行时间大部分花在分化代码中，那么就会显著影响内核的性能。

线程间的通信和同步是并行编程中非常重要的特性，但是它会对取得良好的性能造成障碍。CUDA 提供了一些机制，可以在不同层次管理同步。通常，有两种方法来显式同步内核：

- ❑ 在网格级进行同步
- ❑ 在线程块内进行同步

同步线程中有潜在的分化代码是很危险的，可能会导致未预料的错误。必须小心以确保所有线程都收敛于线程块内的显式障碍点。总之，同步增加了内核开销，并且在决定线程块中哪个线程束符合执行条件时，制约了 CUDA 调度器的灵活性。

10.1.3 CUDA 代码编译

一个 CUDA 应用程序的源程序代码通常包含两种类型的源文件：常规的 C 源文件和 CUDA C 源文件。在设备代码文件中，通常有两种函数：设备函数以及调用设备函数或管理设备资源的主机函数。CUDA 编译器将编译过程分成了以下两个部分（如图 10-2 所示）：

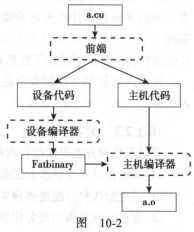

图 10-2

- ❑ 使用 nvcc 的设备函数编译
- ❑ 使用通用型 C/C++ 编译器的主机函数编译

编译的设备对象作为加载图像被嵌入到主机的目标文件中。通过链接阶段，添加 CUDA 运行时库来支持设备的函数性。

CUDA 提供了以下两种方式编译 CUDA 函数：

- ❑ 整体程序编译
- ❑ 独立编译

在 CUDA 5.0 以前，核函数的完整定义与它调用的所有设备函数必须在同一个文件范围内，不能跨文件调用设备函数或是访问设备变量，这种编译被称为整体程序编译。从 CUDA 5.0 开始，引入了设备代码的独立编译（虽然整体程序编译仍然是默认的编译模式）。在独立编译下，一个文件中定义的设备代码可以引用另一个文件中定义的设备代码。独立编译 CUDA 项目管理有以下优点：

- ❑ 使传统的 C 代码到 CUDA 的移植更容易
- ❑ 通过增加库的重新编译减少了构建时间
- ❑ 有利于代码重用，减少了编译时间
- ❑ 可将目标文件合并为静态库
- ❑ 允许链接和调用外部设备代码
- ❑ 允许创建和使用第三方库

10.1.3.1　独立编译

CUDA 编译是将设备代码嵌入到主机对象中的。在整体程序编译中，可执行的设备代码被嵌入到主机对象中。而独立编译的过程则不那么简单，主要包含以下 3 个步骤：

1. 设备编译器将可重新定位的设备代码嵌入到主机目标文件中。

2. 设备链接器结合设备对象。

3. 主机链接器将设备和主机对象组合成一个最终可执行的程序。

考虑一个简单例子，其中有 a.cu，b.cu，c.cpp 3 个文件。假设 a.cu 文件中的一些核函数引用 b.cu 文件中的一些函数或变量，因为是跨文件引用的，所以就必须使用独立编译来生成可执行文件。如果是一个 Fermi 设备（计算能力为 2.x），则可以使用以下命令产生可重新定位的对象：

```
$ nvcc -arch=sm_20 -dc a.cu b.cu
```

传到 nvcc 中的选项 -dc，命令编译器编译每一个输入文件（a.cu 和 b.cu），生成一个包含可重新定位设备代码的目标文件。下一步，使用以下命令将所有设备对象链接在一起：

```
$ nvcc -arch=sm_20 -dlink a.o b.o -o link.o
```

传到 nvcc 中的选项 -dlink，使所有具有重新定位设备代码（a.o 和 b.o）的设备目标文件被链接到一个可以传递到主机链接器的目标文件（link.o）中，最后，主机链接器生成可以执行的程序，如下：

```
$ g++ -c c.cpp -o c.o
$ g++ c.o link.o -o test -L<path> -lcudart
```

图 10-3 说明独立编译过程。

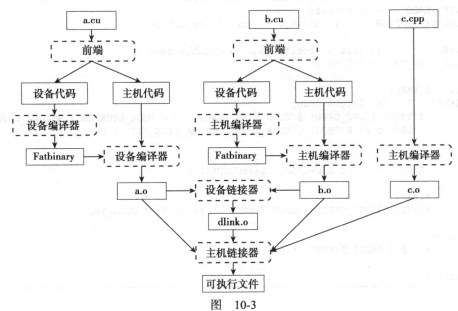

图　10-3

10.1.3.2　Makefile 示例文件

代码清单 10-1 是一个使用独立编译的 Makefile 示例文件。需要更换 Makefile 示例文件中完整的路径名称并更新可执行的文件名，以与工作环境相匹配。你可以扩展示例来编译一个包含以下内容的项目：

❑ C 和 CUDA C 文件

❑ 跨 CUDA C 文件引用的设备函数或设备变量

sample-makefile 文件可以从 Wrox.com 上下载。

代码清单10-1　Sample Makefi le（Makefile）

```
SRCS := $(wildcard *.c)
OBJS := $(patsubst %.c, %.o, $(SRCS))

CUDA_SRCS := $(wildcard *.cu)
CUDA_OBJS := $(patsubst %.cu, %.o, $(CUDA_SRCS))

CUDA_PATH := /usr/local/cuda-6.0# specify your CUDA root path
NVCC     := $(CUDA_PATH)/bin/nvcc
CC       := icc
LD       := icc -openmp

CUDA_LIB := -L$(CUDA_PATH)/lib64 -lcublas -lcufft -lcudart
CUDA_INC += -I$(CUDA_PATH)/include
CFLAGS   += -std=c99
INCLUDES := # specify include path for host code

GPU_CARD      := -arch=sm_35 # specify your device compute capability
NVCC_FLAGS    += -O3  -dc # separate compilation
NVCC_FLAGS    += -Xcompiler -fopenmp
CUDA_LINK_FLAGS      := -dlink # device linker option

EXEC           := test # specify your executable name
CUDA_LINK_OBJ := cuLink.o

all:  $(EXEC)
$(EXEC): $(OBJS) $(CUDA_OBJS)
        $(NVCC) $(GPU_CARD) $(CUDA_LINK_FLAGS) -o $(CUDA_LINK_OBJ) $(CUDA_OBJS)
        $(LD) -o $@ $(OBJS) $(CUDA_OBJS) $(CUDA_LINK_OBJ) $(CUDA_LIB)

%.o : %.c
        $(CC) -o $@ -c $(CFLAGS)   $(INCLUDES) $<

%.o : %.cu
        $(NVCC) $(GPU_CARD) $(NVCC_FLAGS) -o $@ -c $< $(CUDA_INC)

clean:
        rm -f $(OBJS) $(EXEC) *.o a.out

install:
```

10.1.3.3　将 CUDA 文件整合到 C 项目中

CUDA 提供了两套运行时 API 接口：

❑ C++ 规范接口

❑ C 规范接口

当把 C 代码移植到 CUDA 中时，需要通过调用 CUDA 运行时函数来从 C 函数中准备设备内存和数据。例如，从 a.c 文件中调用 cudaMalloc 函数是必须的。从 C 代码中调用 CUDA 运行时函数，需要在主机代码中包含 C 运行时头文件，如下所示：

```
#include <cuda_runtime_api.h>
```

组织 CUDA 核函数时，可以像基于 C 的项目一样，使用独立的文件。然后必须在设备源文件中创建内核封装函数，使之可以像正常的 C 函数那样被调用，但却执行 CUDA 内核启动。因为设备源文件中声明的主机函数默认 C++ 规范，所以也需要用以下的声明来解决 C++ 引用混乱的问题：

```
extern "C" void wrapper_kernel_launch(...) {
    ...
}
```

关键字 extern "C" 指示编译器该主机函数名应该是正确的，以便它可以与 C 代码链接。图 10-4 展示了在独立的文件中如何使用 C 规范组织内核封装函数：

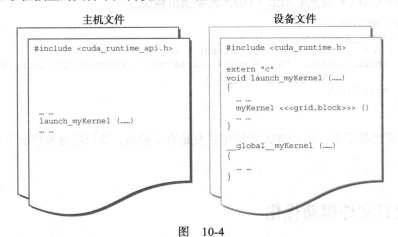

图　10-4

10.1.4　CUDA 错误处理

错误处理可以说是程序开发中最不迷人却又最重要的一个环节。构建一个程序，在把应用程序部署到具体生产环境前，确保它经得起各种未设定的错误考验是很必要的。

幸运的是，CUDA 有一个很方便的检错机制。每一个 CUDA API 和库调用都会返回一个错误代码来指示成功或失败的具体细节。这些错误代码有利于从错误中恢复执行，或向用户显示有用的信息，正如在任何系统级软件开发项目中一样，为了稳定性，需要检查每一个函数调用的错误代码。

CUDA 检错机制的一个特性是异步。CUDA 函数调用返回的错误代码可能是也可能不是该特定函数调用执行操作的结果。函数可能返回一个错误信息，这个错误可能是由之前的任何异步函数调用而引起的，而且该调用仍在执行。这使得给用户提供有用的错误信息或是从错误中恢复这一过程变得更加复杂。通过定义哪些操作可以并行运行，并准备处理任何函数中的错误，可以在一定程度上减少这些问题。

CUDA 提供了 3 个用于错误检查的函数调用。cudaGetLastError 为报告的所有错误都检查 CUDA 当前的状态。如果没有错误记录，返回 cudaSuccess。如果一旦一个错误被记录，那么它将返回该错误，并将 CUDA 的内部状态清理为 cudaSuccess。因此，如果多次调用 cudaGetLastError 返回一个错误代码，那么调用 cudaGetLastError 的应用程序就能区别这些不同的错误（虽然它们出错的原因是相关的）。

cudaPeekLastError 和 cudaGetLastError 有同样的检测功能，但是它不会将内部的错误状态变为 cudaSuccess。

cudaGetErrorString 会对 CUDA 错误返回一个可读的字符串，这对于面向用户的错误处理是很有用的。

你会注意到本书上每一个可以从网站上下载的示例都用到了不同的错误处理办法，最常见的就是用 CHECK 或是 CALL_CUDA 宏来退出错误。

```
#define CHECK(call) { \
    cudaError_t err; \
    if ( (err = (call)) != cudaSuccess) { \
        fprintf(stderr, "Got error %s at %s:%d\n", cudaGetErrorString(err), \
                __FILE__, __LINE__); \
        exit(1); \
    } \
}
```

在许多应用程序中，从 CUDA 错误中恢复是有可能的，所以在这种情况下立即退出是没有必要的。

10.2　配置文件驱动优化

因为对本书中每个例子都用配置文件驱动的方法进行了核函数的优化，所以你对于该方法一定非常熟悉了。有两种类型的性能分析工具可用于 CUDA 编程：

❑ NVIDIA 性能分析工具
❑ 第三方性能分析工具

大多数开发者选择使用 NVIDIA 性能分析工具，因为它不仅免费并且功能强大，第三方性能分析工具利用了 NVIDIA 性能分析工具的接口。CUDA 工具包包含了图形和命令行性能分析工具。

配置文件驱动优化是一个迭代的过程，基于性能分析信息进行程序优化。通常，使用以下迭代方法：

1. 用性能分析工具收集应用程序信息。

2. 确定应用程序热点。

3. 确定性能抑制因素。

4. 优化代码。

5. 重复前面的步骤，直到达到所需要的性能。

关键步骤是确定性能抑制因素。CUDA 性能分析工具会帮助我们找到代码中的性能抑制因素。对于内核来说最可能的性能抑制因素有以下几个：

❑ 内存带宽

❑ 指令吞吐量

❑ 延迟

在前面的章节中，介绍了使用 NVIDIA 性能分析工具来确定这些抑制因素的方法。本节简要概括了用可视化性能分析工具和命令行性能分析工具的配置文件驱动优化。

10.2.1　使用 nvprof 寻找优化因素

用在 CUDA 应用程序中的主要性能分析工具是 nvprof。简单地说，使用 nvprof 可以收集到两种类型的配置文件的数据：

❑ CPU 和 GPU 上的与 CUDA 相关的活动时间轴

❑ 核函数的事件和指标

10.2.1.1　性能分析模式

在命令行中使用下述语句调用 nvprof：

```
nvprof [nvprof-options] <application> [application-arguments]
```

可以在下列 4 种模式中运行 nvprof：

❑ 简易模式（summary mode）

❑ 追踪模式（trace mode）

❑ 事件 / 指标简易模式（event/metric summary mode）

❑ 事件 / 指标追踪模式（event/metric trace mode）

默认情况下，nvprof 运行简易模式。可以使用 nvprof-options 将其转换成其他模式。例如，使用下列命令可以启用追踪模式：

```
--print-gpu-trace
--print-api-trace
```

GPU 追踪和 API 追踪模式可以单独被启用或者同时被启用。GPU 追踪模式在 GPU 上提供了按时间顺序发生的所有活动的时间轴。API 追踪模式在主机上提供了按时间顺序调用的所有 CUDA 运行时和驱动 API 调用的时间轴。

可以通过以下选项启动事件 / 指标简易模式：

```
--events <event names>
--metrics <metric names>
```

事件 / 指标简易模式收集在应用程序中发生的不同事件 / 指标的统计资料。事件是指在应用程序的执行过程中观察到的硬件计数器。指标是基于事件进行计算的。例如，全局内存访问的次数和一级缓存的命中次数是由 nvprof 支持的两个事件。使用这些事件，可以得出应用程序使用缓存程度的指标。虽然有内置的指标，但也可以根据性能分析工具收集的硬件计数器来定义自己的指标。使用以下选项，可以查询所有 nvprof 支持的内置事件和指标：

```
--query-events
--query-metrics
```

可以通过以下选项启用事件 / 指标追踪模式：

```
--aggregate-mode off [events|metrics]
```

在事件 / 指标追踪模式中，事件和指标值显示了每个内核的执行。在默认情况下，事件和指标值在 GPU 中跨全部 SM 进行聚合。

10.2.1.2 性能分析的范围

默认情况下，nvprof 可以分析可见 CUDA 设备上的所有内核启动。分析范围可由以下选项限制：

```
--devices <device IDs>
```

此代码可用于以下模式 / 选项：

```
--events
--metrics
--query-events
--query-metrics
```

当与以前的模式 / 选项结合时，--devices 选项用于限制由 <device IDs> 指定的设备事件 / 指标的收集。

10.2.1.3 内存带宽

内核可以在各种存储类型上运转，主要包括以下几种类型：

❑ 共享内存
❑ 一级 / 二级缓存
❑ 纹理内存
❑ 设备内存
❑ 系统内存（通过 PCIe）

使用 nvprof 可以收集到许多与内存操作相关的事件 / 指标。使用这些事件 / 指标，可以在不同类型的内存上评估内核的效率。在下面的小节中，通过一些典型案例总结了应该收

集哪种事件 / 指标。

10.2.1.4　全局内存访问模式

在最佳情况下，全局内存访问应该是对齐的并且是合并的。除了对齐和合并之外的任何访问模式都会导致重新进行内存请求。在内核中可以用以下指标查看全局内存加载和存储操作的效率：

```
gld_efficiency
gst_efficiency
```

指标 gld_efficiency 被定义为请求的全局内存加载吞吐量与需要的全局内存加载吞吐量的比值。请求的全局内存加载吞吐量不包括内存重新操作，但是需要的全局内存加载吞吐量包括它。对于全局内存的存储，gst_efficiency 和 gld_efficiency 是一样的。

也可以用以下指标来查看全局内存加载和存储效率：

```
gld_transactions_per_request
gst_transactions_per_request
```

指标 gld_transactions_per_request 是被每个全局内存加载请求执行的全局内存加载事务的平均数。指标 gst_transactions_per_request 是被每个全局内存存储请求执行的全局内存存储事物的平均数。如果单一的全局加载或存储请求了很多事务，那么设备内存带宽可能就会被浪费。

可以使用以下指标查看内存操作的总数：

```
gld_transactions
gst_transactions
```

指标 gld_transactions 是每个内核启动的全局内存加载事务的数量，指标 gst_transactions 是每个内核启动的全局内存存储事务的数量。

可以通过以下指标查看内存操作的吞吐量：

```
gst_throughput
gld_throughput
```

指标 gst_throughput 是全局内存存储吞吐量，指标 gld_throughput 是全局内存加载吞吐量。可以将这些测量出的吞吐量与理论峰值进行比较，以确定内核是否接近理想性能，或者是否还有提升的空间。

10.2.1.5　共享内存存储体冲突

当使用共享内存时存储体冲突是主要担心的问题。可以使用以下指标来检查应用程序中是否出现了存储体冲突。

```
shared_load_transactions_per_request
shared_store_transactions_per_request
```

存储体冲突会导致重新请求内存，任何一个加载或存储的相应值都将大于 1。

也可以用以下事件直接检查存储体冲突：

```
l1_shared_bank_conflict
```

此事件报告了当两个或多个共享内存请求访问同一个内存存储体时共享存储体冲突的数量。

用以下事件收集共享内存加载 / 存储指令的数量，但不包括重新执行的次数。

```
shared_load
shared_store
```

然后可以通过以下方法计算每一条指令重新执行的次数：

```
l1_shared_bank_conflict/(shared_load + shared_store)
```

也可以用以下指标来查看共享内存的效率：

```
shared_efficiency
```

指标 shared_efficiency 被定义为请求的共享内存吞吐量与需要的共享内存吞吐量的比值。因为需要的共享内存吞吐量包含了重新执行，所以 shared_efficiency 比值越小，意味着存储体冲突越多。

10.2.1.6 寄存器溢出

当内核使用的寄存器变量多于单个线程允许的最大值（Fermi 是 63 个，Kepler 是 255 个）时，编译器会把多余的值溢出到本地内存中。溢出到本地内存可能会大大降低内核的性能。为了评估寄存器溢出的严重程度，首先要收集以下事件：

```
l1_local_load_hit
l1_local_load_miss
l1_local_store_hit
l1_local_store_miss
```

然后计算下列比值：

```
local_load_hit_ratio = l1_local_load_hit / (l1_local_load_hit + l1_local_load_miss)
local_store_hit_ratio = l1_local_store_hit /
                        (l1_local_store_hit + l1_local_store_miss)
```

较低的比值表示着严重的寄存器溢出。也可以查看以下指标：

```
l1_cache_local_hit_rate
```

这个指标显示了本地加载和存储时一级缓存的命中率。如果执行更多的本地加载和存储，则意味着产生更多的溢出。

10.2.1.7 指令吞吐量

指令的吞吐量主要受指令串行化和线程束分化的影响。可以用以下指标查看指令的串行化：

```
inst_executed
inst_issued
```

指令 inst_issued 的数量包含了指令的重新执行，inst_executed 则没有包括它。可以通过比较这两个指标来确定重新执行（或串行化）的百分比。

线程束分化也通过减少每个线程束中活跃线程的数量来影响指令吞吐量。可以通过以下指标来查看线程束分化：

```
branch_efficiency
```

这个指标定义了非分化分支与总分支的比值。branch_efficiency 数值大，则表示较低的线程束分化。也可以使用以下事件来查看线程束分化：

```
branch
divergent_branch
```

通过比较这两个指标，可以确定分支分化的百分比。

10.2.2　使用 nvvp 指导优化

NVIDIA 可视化性能分析工具是一个图形工具，有两个特点可以区别于 nvprof：

❑ 显示 CPU 和 GPU 活动的时间轴
❑ 自动性能分析以帮助确定优化因素

NVIDIA 可视化性能分析工具可作为一个独立的应用程序，即为 nvvp，或作为 Nsight Eclipse Edition 的一部分，即为一个集成开发环境，在集成 GUI 环境中允许进行开发、调试以及优化 CUDA 应用程序。NVIDIA 可视化性能分析工具是一个独立的应用程序，为优化 CUDA C/C++ 应用程序提供跨平台支持。

可视化性能分析工具由以下 6 个视图组成，用于分析并可视化应用程序的性能：

❑ 时间轴视图
❑ 分析视图
❑ 细节视图
❑ 属性视图
❑ 控制台视图
❑ 设置视图

时间轴视图，在之前的章节中使用过，用来显示被分析的应用程序中的 CPU 和 GPU 活动。在同一时间可以分析不同的时间轴。每个时间轴由视图的不同示例来表示。当显示多个时间轴视图时，状态更新对最后操作的时间轴视图是上下文敏感的。图 10-5 展示了应用程序的一个时间轴视图。

分析视图用于进行性能分析，它有两种分析模式：

❑ 导向分析
❑ 无导向分析

10.2.2.1　导向分析

在导向模式中，如图 10-6 所示，nvvp 将一步步引导以对整个应用程序的全面分析。

在这种模式中，nvvp 将会通过多个分析阶段来帮助我们理解可能的性能限制因素以及优化因素，包括：

- ☐ CUDA 应用程序分析
- ☐ 关键性能的内核
- ☐ 计算、带宽或延迟范围
- ☐ 计算资源

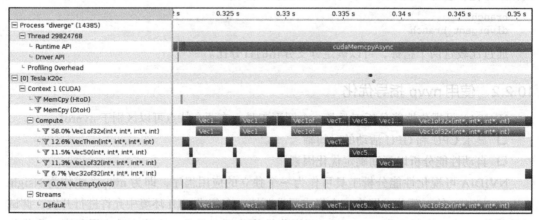

图 10-5

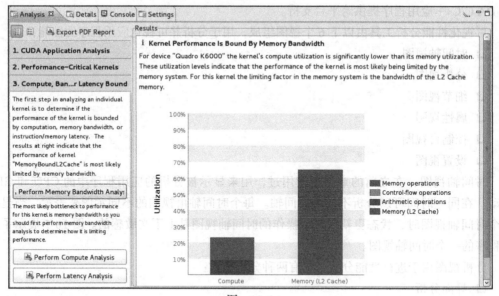

图 10-6

10.2.2.2 无导向分析

在 nvvp 无导向模式中，如图 10-7 所示，nvvp 展示了应用程序的具体分析项目。在每个分析项目旁边有一个 Run Analysis 按钮，它可以用来生成该项目的分析结果。当点击该按钮时，nvvp 将执行应用程序以收集所需要的数据进行性能分析。每个分析结果包含一个简要的分析说明和一个 More 链接，该链接指向详细分析文档。

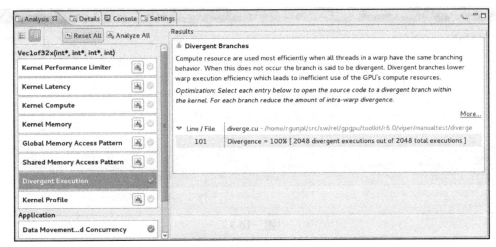

图　10-7

当在时间轴中选择一个内核示例时，额外的特定内核分析项目可以被获得。每个特定的内核分析项目都有一个和应用程序分析相同操作的 Run Analysis 按钮。

10.2.3　NVIDIA 工具扩展

NVIDIA 提供了一种功能，其允许开发者注释应用程序内的事件、代码范围和资源。然后使用可视化性能分析工具捕捉和可视化这些事件和代码范围。这个扩展，即 NVTX，有着以 C 为基础的 API，其包含以下两个核心服务：

- ❑ 追踪 CPU 事件和代码范围
- ❑ OS 和 CUDA 资源命名

本节展示了如何使用矩阵和实例整合 NVTX 库到应用程序中。从 Wrox.com 上可以下载 summMatrixGPU.cu 文件，其中包含该实例，使用 nvvp 编译并运行，代码如下：

```
$ nvcc -o summMatrix summMatrixGPU.cu
$ nvvp ./summMatrix
```

图 10-8 展示了这个简单程序的时间轴。只有和 GPU 计算或通信相关的事件才被记录在这个时间轴里。为了在时间轴中显示主机事件，可以使用 nvtx API 来标记相关的代码范围，然后 nvvp 能够为主机事件产生一条时间轴。

由 summMatrixGPU.cu 开始，包含了以下头文件：

```
#include <nvToolsExt.h>
#include <nvToolsExtCuda.h>
#include <nvToolsExtCudaRt.h>
```

核心 NVTX API 函数被定义在 nvToolsExt.h 中。CUDA 特有的 NVTX 接口扩展被定义在 nvToolsExtCuda.h 和 nvToolsExtCudaRt.h 中。

接下来，在 summMatrixGPU.cu 中定义以下新变量，新变量将被用于标记主机代码的范围。

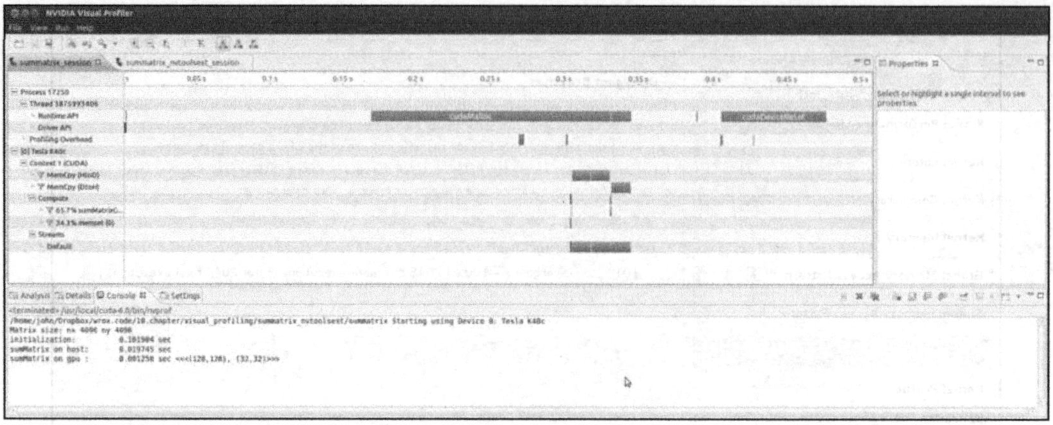

图 10-8

```
nvtxEventAttributes_t eventAttrib = {0};
eventAttrib.version = NVTX_VERSION;
eventAttrib.size = NVTX_EVENT_ATTRIB_STRUCT_SIZE;
eventAttrib.colorType = NVTX_COLOR_ARGB;
eventAttrib.messageType = NVTX_MESSAGE_TYPE_ASCII;
```

例如，如果想要分析并可视化主机内存。首先，像下面这样定义标记名称和标记颜色：

```
eventAttrib.color = RED;
eventAttrib.message.ascii = "HostMalloc";
```

在分配主机内存之前，先用唯一的标识符变量 hostMalloc 标记代码范围的开始处：

```
nvtxRangeId_t hostMalloc = nvtxRangeStartEx(&eventAttrib);
```

分配主机内存后，用相同的标识符标记代码范围的结尾处：

```
nvtxRangeEnd(hostMalloc);
```

这个方法可用于标记任何范围的主机代码。如果也想标记 sumMatrixGPU 中释放内存的那段代码，只需要按如下方式定义标记名称和标记颜色：

```
eventAttrib.color = AQUA;
eventAttrib.message.ascii = "ReleaseResource";
```

释放所有资源前，用唯一的标识符变量 releaseResource 标记代码范围的开始处：

```
nvtxRangeId_t releaseResource = nvtxRangeStartEx(&eventAttrib);
```

分配的内存被释放后，用相同的标识符标记代码范围的结尾处，如下所示：

```
nvtxRangeEnd(releaseResource);
```

在 Wrox.com 中可以下载 sumMatrixGPU_nvToolExt.cu 文件，该文件是在 sumMatrix-GPU.cu 文件基础上加了些改动。像下面这样编译文件并链接到扩展工具库中：

```
$ nvcc -arch=sm_35 sumMatrixGPU_nvToolsExt.cu -o sumMatrixExt -lnvToolsExt
```

然后使用 nvvp，就可以生成带有添加事件的自定义时间轴：

```
$ nvvp ./sumMatrixExt
```

如图 10-9 所示，名为 Markers and Ranges 的新行被添加到时间轴视图中了。所有被标记的主机端事件现在都会以特定颜色在这一行中被展现出来。

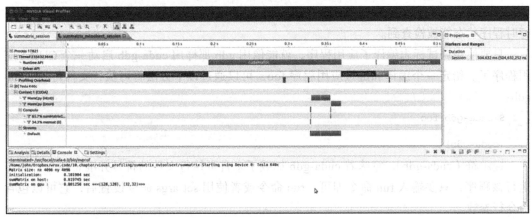

图　10-9

10.3　CUDA 调试

本节包含了许多专门为 CUDA 应用程序设计的调试工具和方法。设计这些工具和方法的目的是让我们可以在代码运行的时候检查应用程序。在本节，代码检查将被分成两个独立但是相关的部分，分别是内核调试和内存调试。

内核调试是指在运行中检查内核执行的流和状态的能力。CUDA 调试工具让我们能检查 GPU 上任何线程以及任何代码位置的任何变量的状态。在检查应用程序正确性的时候，这会变得非常有用。

内存调试专注于发现程序的怪异行为，如无效的内存访问、对同一内存地址的冲突访问以及其他具有未定义结果的行为。因为内存调试工具比内核调试工具更加自动化，所以在用内核调试工具进行更深入的探索前，它们为找出错误或判断应用程序的正确性提供了快捷的方法。

10.3.1　内核调试

内核调试是通过检查一个或多个线程的执行和状态来确定内核的正确性。在 CUDA 里内核调试有 3 种主要的方法：cuda-gdb、printf 和 assert。

10.3.1.1　使用 cuda-gdb

如果你已经熟悉了主机调试工具 gdb，那么会发现 cuda-gdb 是一种很自然的延伸。利用现有的 gdb 知识，能很快熟练地掌握调试 CUDA 程序。

在用 cuda-gdb 调试 CUDA 应用程序之前，必须先用特定标志编译程序。这个过程与用

gdb 和类似的工具编译用于调试的主机程序是很接近的。只要添加两个标志到 nvcc 中：-g 和 -G：

```
$ nvcc -g -G foo.cu -o foo
```

这些标志嵌入到主机和设备代码的调试信息中，并且关闭了大多数优化以确保程序执行时程序状态能被检查到。

只要使用调试标志编译了应用程序，就能像用 gdb 那样用 cuda-gdb 启动一个 CUDA 应用程序了。给定一个编译和链接应用程序 foo，可以通过以下方法将可执行文件传给 cuda-gdb：

```
$ cuda-gdb foo
...
(cuda-gdb)
```

提示符（cuda-gdb），意味着 cuda-gdb 加载了来自可执行文件的符号并准备执行。要想运行该程序，只要输入 run 命令即可。run 命令或者使用 set args 命令设置后，它可以包含命令行参数。

通常来说，cuda-gdb 完全支持 gdb 提供的很多功能，包括断点、观察点和检查程序状态的能力等。然而，cuda-gdb 还提供 CUDA 特定的调试功能。接下来的几节将简单总结这些扩展功能和它们使用的实例。

CUDA 焦点

虽然 CUDA 程序能包含多个主机线程和许多 CUDA 线程，但是 cuda-gdb 调试会话一次只处理一个线程。为了能在同一应用程序中调试多个设备线程，cuda-gdb 提供了一种功能，即可以指定被检查的上下文（即设备线程）。可以使用 cuda-gdb 报告当前的焦点信息，包括当前设备、当前块、当前线程等。

例如，如果 cuda-gdb 调试会话的当前焦点是设备上正在执行的 CUDA 线程，那么你可以使用下面的语句检索该焦点的完整说明：

```
(cuda-gdb) cuda thread lane warp block sm grid device kernel
```

该命令示例输出如下：

```
kernel 1026, grid 1027, block (0,0,0), thread (64,0,0), device 0, sm 1, warp 2,
lane 0
```

可以使用类似的语句将焦点改为不同的设备线程。除了线程属性，还能提供一个特定的线程，例如，当前块中的第 128 个线程，用以下语句：

```
(cuda-gdb) cuda thread (128)
```

如果没有显式地设置焦点属性，那么 cuda-gdb 将重新使用当前焦点的属性。

使用 gdb help 命令可以获得 CUDA 焦点选项的更多信息：

```
(cuda-gdb) help cuda
```

检查 CUDA 内存

与 gdb 一样，cuda-gdb 支持检查变量，在堆（即 CUDA 全局内存）和寄存器中使用 print

语句：
```
(cuda-gdb) print scalar
(cuda-gdb) print arr[0]
(cuda-gdb) print (*arr)[3]
```

cuda-gdb 还能用于检查 CUDA 的共享内存。例如，可以用以下命令访问共享内存的第二个字：
```
(cuda-gdb) print *(@shared int*)0x4
```

请注意，因为对于每个 SM 来说共享内存都是本地的，所以这一语句可能不会对每个焦点中相同内存单元进行评估：
```
(cuda-gdb) cuda sm
sm 1
(cuda-gdb) print *(@shared int*)0x4
$1 = 0
(cuda-gdb) cuda sm 8
[Switching focus to CUDA kernel 1026, grid 1027, block (18,0,0), thread
(0,0,0), device 0, sm 8, warp 0, lane 0]
27          int tid = blockIdx.x * blockDim.x + threadIdx.x;
(cuda-gdb) print *(@shared int*)0x4
$2 = 4
```

因此，使用 cuda-gdb 能检查任何共享内存数据。

获取环境信息

你能用 gdb info 命令检索当前 CUDA 环境和平台的相关信息。可以用以下语句查找完整的环境信息列表：
```
(cuda-gdb) help info cuda
Print informations about the current CUDA activities. Available options:
        devices : information about all the devices
            sms : information about all the SMs in the current device
          warps : information about all the warps in the current SM
          lanes : information about all the lanes in the current warp
        kernels : information about all the active kernels
       contexts : information about all the contexts
         blocks : information about all the active blocks in the current kernel
        threads : information about all the active threads in the current kernel
   launch trace : information about the parent kernels of the kernel in focus
launch children : information about the kernels launched by the kernels in focus
        managed : information about global managed variables
```

为了报告当前系统中所有设备的信息，可以使用 info cuda devices 子命令。两个 Fermi M2090 GPU 的系统中其输出如下：
```
(cuda-gdb) info cuda devices
Dev Description SM Type SMs Warps/SM Lanes/Warp Max Regs/Lane Active SMs Mask
*   0    GF100GL   sm_20   14     48         32           64      0x00003fff
    1    GF100GL   sm_20   14     48         32           64      0x00000000
```

请注意，许多子命令复制了本章前面"CUDA 焦点"部分已描述过的功能，并且这些子命令相对于当前 cuda-gdb 焦点进行操作。然而，更多种类的元数据可通过 info cuda 子命令访问到。cuda 命令和 info cuda 子命令都有各自的作用，这取决于要查找的信息的类型和数量。

CUDA 调试可调参数

cuda-gdb 通过 set 子命令展示了许多可调参数，对 cuda-gdb 行为的调整是非常有用的：

```
(cuda-gdb) help set cuda
Generic command for setting gdb cuda variables

List of set cuda subcommands:

set cuda api_failures -- Set the api_failures to ignore/stop/hide on CUDA driver
API call errors
set cuda break_on_launch -- Automatically set a breakpoint at the entrance of
kernels
...
```

表 10-1 总结了 cuda-gdb 提供的有用的可调参数。通过使用 help set cuda <tunable-name> 命令，可以得到每个参数附加的信息。这些参数能用 set cuda< tunable-name> <value> 命令进行设置。对于许多命令，<value> 的选择是 on/off，但是对于其他一些命令，还可以选择非布尔值。

表 10-1 CUDA-GDB 参数

可调参数	描述	默认值
api_failures	修改 cuda-gdb 对 CUDA API 函数中返回错误代码的回应方式	ignore
break_on_launch	在每个由用户应用程序或 CUDA 运行时间启动的 _global_ 函数的开头自动设置一个断点	none
context_events	控制在 CUDA 上下文创建和销毁报告的信息	on
defer_kernel_launch_notifications	控制内核启动是否立即通知调试器。禁用该选项可以提升调试会话性能	on
kernel_events	控制由应用程序和（或）CUDA 运行时间显示的内核启动或者终止通知的方式	none
launch_blocking	设置所有内核启动为同步	off
memcheck	启用 memcheck 内存检查作为 cuda-gdb 调试会话的一部分	off
ptx_cache	可以在寄存器中保存更多变量的状态，允许它们从调试器中输出	on
single_stepping_optimizations	通过内核安全地加速单步	CUDA 5.5 之前是 off，CUDA 6.0 之后是 on
thread_selection	控制 CUDA 焦点的选择。logical 选择逻辑坐标最低的线程，physical 选择物理坐标最低的线程	logical
value_extrapolation	如果启用，cuda-gdb 会尝试猜测任何变量的值，它们没有被使用但是值却保存在寄存器里	off

操作这些 cuda-gdb 参数能获得更多的 cuda-gdb 调试会话信息，你可以自定义它的行为

使之符合你的要求。

实践 CUDA-GDB

要想得到使用 cuda-gdb 的实践经验，在 Wrox.com 上下载 debug-segfault.cu 文件，使用该文件在 CUDA 中调试一个无效的内存访问以进行试验。首先，用已给出的 Makefile 文件建立 debug-segfault.cu，该过程会设置标志 -g 和 -G。然后，将应用程序载入到 cuda-gdb 中：

```
$ cuda-gdb ./debug-segfault
...
(cuda-gdb)
```

用 run 命令启动 debug-segfault，它不需要任何命令行参数：

```
(cuda-gdb) run
```

执行该命令后很可能会看到许多滚动的文本，它提供了 CUDA 上下文和内核事件的信息。最终，当内核中发生内存错误时，调试对话将恢复到提示符（cuda-gdb）。下面的输出显示了在文件 debug-segfault.cu 的第 34 行出现了错误：

```
Program received signal CUDA_EXCEPTION_10, Device Illegal Address.
[Switching focus to CUDA kernel 1026, grid 1027, block (0,0,0), thread (0,0,0),
device 0, sm 1, warp 0, lane 0]
kernel<<<(1024,1,1),(256,1,1)>>> (arr=0xf00100000) at debug-segfault.cu:34
25                      arr[tid][i] = foo(tid, i);
(cuda-gdb)
```

可以使用 list 命令来检查上下文周围的代码：

```
(cuda-gdb) list
28      __global__ void kernel(int **arr) {
29          int tid = blockIdx.x * blockDim.x + threadIdx.x;
30          int i;
31
32          for ( ; tid < N; tid++) {
33              for (i = 0; i < M; i++) {
34                  arr[tid][i] = foo(tid, i);
35              }
36          }
37      }
(cuda-gdb)
```

非法地址访问行是第 34 行。这一行包含了对 input arr 的多次间接解引用。通过输出 arr[tid] 中的地址，来测试由偏移量 tid 引用的数组内容。

```
(cuda-gdb) print arr[tid]
$1 = (@global int * @global) 0x0
(cuda-gdb)
```

这看起来似乎不太正确，一个空的内存地址不能被解引用。可以尝试解除 cuda-gdb 调试会话内部地址的引用，来二次检查问题：

```
(cuda-gdb) print *arr[tid]
Error: Failed to read global memory at address 0x0 on device 0 sm 1 warp 0 lane 0
(error=7).
(cuda-gdb)
```

显然地址是无效的，这就意味着 arr 中的内容被写入了无效值，或者没有进行合适的初始化。再看最初的源代码，你应该会发现没有 cudaMemcpy 真正填满了设备数组 d_matrix。在内核启动前加入下面这一行能避免这个内存错误。

```
cudaMemcpy(d_matrix, d_ptrs, N * sizeof(int *), cudaMemcpyHostToDevice);
```

修正之后的版本可以从 Wrox.com 下载的 debug-segfault.fixed.cu 文件中找到。如果你仍然在那个 cuda-gdb 调试会话中，那么还可以检查 GPU 上其他线程的状态。使用 cuda 命令获取当前设备、块和线程，代码如下所示：

```
(cuda-gdb) cuda device block thread
block (0,0,0), thread (0,0,0), device 0
(cuda-gdb)
```

试着在一个设备里转换到其他的线程上，并检查不同线程的状态：

```
(cuda-gdb) cuda block 1 thread 1
[Switching focus to CUDA kernel 1026, grid 1027, block (1,0,0), thread (1,0,0),
device 0, sm 5, warp 0, lane 1]
25                      arr[tid][i] = foo(tid, i);
(cuda-gdb) print tid
$2 = 257
(cuda-gdb) print arr[tid]
$3 = (@global int * @global) 0x0
(cuda-gdb)
```

显然有许多线程都存在内存错误。焦点很容易放在具有最低逻辑 ID 的线程中。

输入 quit 和 y 可以退出 cuda-gdb 会话：

```
(cuda-gdb) quit
A debugging session is active.

        Inferior 1 [process 11330] will be killed.

Quit anyway? (y or n) y
```

有关 CUDA-GDB 的总结

本小节简单介绍了用于检查内核执行的 cuda-gdb 调试工具的使用。cuda-gdb 的用法和 gdb 很像，因此，当熟练调试基于 CUDA 的应用程序时，前面所有和主机调试工具相关的经验都能用到。想获得更多关于 cuda-gdb 的详细信息，可以阅读 CUDA Toolkit 里的 CUDA-GDB 在线文档。

10.3.1.2 UDA 的 printf

在主机调试时，可能会经常用到 printf 输出主机应用程序的状态。如果能在 GPU 设备代码中使用 printf 来简单检查内部设备的状态那就太好了。但是，内核在有着上千个线程的设备上运行着，要整理这些内核的输出是一个很有趣的挑战。从 CUDA 4.0 开始，NVIDIA 在设备上支持 printf 功能。基于 CUDA 的 printf 接口，与我们在主机上 C/C++ 研发中习惯使用的一样（甚至有着相同的头文件，stdio.h），这使得我们能直接过渡到基于 CUDA 的 printf 中。

这里有一些基于 CUDA 的 printf 语句使用的说明。首先，它只能在计算能力是 2.0 或更高的版本中实现。第二，除非显式使用 CUDA 同步，否则在线程间没有输出顺序。第三，在内核上将执行的 printf 输出返回到主机显示前，需要使用一个固定大小的循环设备缓冲区临时存储该输出。因此，如果产生输出的速度比显示输出的速度快，那么缓冲区就会覆盖掉原有的输出。这个缓冲区的大小可以用 cudaGetDeviceLimit 检索，并用 cudaSetDeviceLimit 进行设置。

以下常见事件会导致固定大小的缓冲区转回到主机以用于显示：

1. 任何 CUDA 内核启动。

2. 用 CUDA 主机 API 的任何同步（例如，cudaDeviceSynchronize、cudaStreamSynchronize、cudaEventSynchronize 等）。

3. 任何同步内存复制，如 cudaMemcpy。

否则，在 CUDA 内核中使用 printf 和在主机 C/C++ 程序中使用的 printf 一样：

```
__global__ void kernel() {
    int tid = blockIdx.x * blockDim.x + threadIdx.x;
    printf("Hello from CUDA thread %d\n", tid);
}
```

这为快速调试内核提供了一个可用且友好的方法。但是，谨防过多地使用 printf。可以使用线程和块索引来限制输出调试信息的线程，以避免过多地输出线程，导致调试信息缓冲区超载。

10.3.1.3　CUDA 的 assert 工具

另一个常见的主机错误检查工具是 assert。assert 能让我们声明某一的条件，在程序正确执行时该条件必须为真。如果 assert 失败，则应用程序执行有以下两种情况中的一种：1）有 assert 失败的消息时，立即中止；2）如果在 cuda-gdb 会话中运行，控制将会传到 cuda-gdb，以便可以在 assert 失败的位置检查应用程序的状态。和 printf 一样，只有 GPU 计算能力为 2.0 及以上时才提供 assert 功能。它依赖和主机相同的头文件，assert.h。

在 GPU 中使用 assert 与在主机上使用 assert 有一点不同。一旦设备上有失败的 assert（即任何包含表达式的计算结果为 0 的 assert），就会有一个 CUDA 线程将在存储失败的 assert 信息后立即退出。但是，这个信息只会显示到主机上下一个 CUDA 同步点的 stderr 中（例如，cudaDeviceSynchronize、cudaStreamSynchronize 等）。这意味着在每一个同步点上，信息将显示自上一个同步点开始有失败 assert 的线程。如果在检测到第一个 assert 失败后，使用任何 CUDA 主机 API 调用，那么应用程序都将返回 CUDA 错误代码 cudaErrorAssert。

和 printf 一样，在内核里使用 assert 就和在主机里一样，如下所示：

```
__global__ void kernel(...) {
    int *ptr = NULL;
    ...
    assert(ptr != NULL);
    *ptr = ...
    ...
}
```

与主机的 assert 一样，通过使用在包含 assert.h 头文件前定义的 NDEBUG 预处理器宏编译，可以对代码发行版本禁用 assert 评估。

10.3.1.4 内核调试总结

本小节的重点是 CUDA 里的内核调试工具。cuda-gdb、printf 和 assert 都是很有用的工具，它们能实现细粒度调试，并对运行的 CUDA 内核进行错误检查。每一个工具都有各自的优点和缺点。

cuda-gdb 是最有用的，能控制 GPU 中的内核执行，同时可以交互式检查整个内核中线程的状态。因此，cuda-gdb 要求有大量的手动作业，且对应用程序的性能影响很大。

虽然 printf 并不是交互式的，但它允许你有选择性地输出 CUDA 线程中的调试信息，以快速检查出代码中的错误。

在调试过程中出现已知问题或退化时，尤其是和 cuda-gdb 一起使用的时候，assert 对于检查应用程序状态是十分有用的。但是，在调试一个新的未知问题时很难高效地使用它。

下一部分将焦点由直接调试内核转移到使用内核内存访问错误以帮助精确查找问题。

10.3.2 内存调试

cuda-gdb 对 CUDA 内核执行进行细粒度检查是很有效的，虽然 printf/assert 对于大量的错误检测来说是简单的机制，但是用于调试 CUDA 内存错误的主要工具是 cuda-memcheck。cuda-memcheck 的操作在用户交互方面更加自动化和粗粒度，但是对于 CUDA 内核中的内存错误，cuda-memcheck 提供了更详细的数据。cuda-memcheck 包含两个独立的工具：

❑ memcheck 工具
❑ racecheck 工具

memcheck 工具用于检查 CUDA 内核中越界和未对齐的访问。racecheck 工具用于检查共享内存的冲突访问，这些冲突访问会导致未定义的行为。这些工具用于调试不稳定内核行为是非常有用的，这些行为是因为线程读取或写入到意外的位置而引起的。

10.3.2.1 cuda-memcheck 的编译

使用 cuda-memcheck 编译应用程序比使用 cuda-gdb 更为复杂。当使用 -g -G 建立应用程序后，这些选项会对性能起负面影响。当使用 cuda-memcheck 工具时，很重要的是，为保证错误可复写，应用程序的性能必须稳定。但是，一些编译标志对仔细分析 cuda-memcheck 信息和准确找到问题发生的位置是必需的。

有一些可用的编译选项对性能影响很小，但却能彻底提升 cuda-memcheck 信息的可读性。首先，应该使用 -lineinfo 选项进行编译。这个标志把信息嵌入到可执行文件中，该可执行文件使用设备指令将文件名和行号联系起来。可执行文件应该总是使用符号信息进行编译。这可以使 cuda-memcheck 输出主机的堆栈踪迹，这些堆栈踪迹可以准确地找出内核的启动位置。包含符号信息的编译标志是平台特有的，它使用 nvcc 中的 -Xcompiler 选项将参数传递到主机编译器中。例如，在带有 gcc 的 Linux 系统中，会用到 -Xcompiler -rdynamic；在 Windows 系统中，会用到 -Xcompiler/Zi。

当使用这些编译标志时，会生成一个可执行文件，它包含了足够多的用于显示 memcheck 和 racecheck 帮助信息的元数据，这会使其性能特性与原始的应用程序非常接近。

10.3.2.2　memcheck 工具

memcheck 工具可以检查 6 种类型的错误：

- ❏ 内存访问错误：对全局内存、本地内存或共享内存的越界或未对齐访问。未对齐的原子操作会触发内存访问错误，但是这只有当引用全局内存时才会发生。
- ❏ 硬件异常：硬件报告错误。参考 CUDAMEMCHECK 指南的附录 B（包括在 CUDA 工具包文件中），其中包括每一个可能的硬件错误的详细信息。
- ❏ malloc/free 错误：使用 CUDA 内核里的 CUDA 动态内存分配时，memcheck 能找到 malloc 和 free API 调用的非正常使用。
- ❏ CUDA API 错误：任何由 CUDA API 调用返回的错误代码。
- ❏ cudaMalloc 内存泄漏：任何被应用程序使用 cudaMalloc 的内存分配，在执行完成前没有被释放。
- ❏ 设备堆内存泄漏：使用 CUDA 内核中的 CUDA 动态内存分配时，memcheck 会找到未释放的分配。

因为用 cuda-gdb 调试的 debug-segfault 程序显示了内存访问错误，所以可以对来自于 memcheck 工具的诊断信息和来自 cuda-gdb 的诊断信息进行比较。

假设想检查一个名为 app 的应用程序的内存错误。app 能正确编译以维持性能，但仍会报告堆栈和行信息，memcheck 能用以下语句调用：

```
$ cuda-memcheck [memcheck_options] app [app_options]
```

在 debug-segfault 上使用默认的选项运行 memcheck 会产生下面的输出：

```
$ nvcc -lineinfo -Xcompiler -rdynamic -o debug-segfault debug-segfault.cu
$ cuda-memcheck ./debug-segfault
========= CUDA-MEMCHECK
Got error unspecified launch failure at debug-segfault.cu:52
========= Invalid __global__ write of size 4
=========     at 0x00000078 in debug-segfault.cu:25:kernel(int**)
=========     by thread (0,0,0) in block (4,0,0)
=========     Address 0x00000000 is out of bounds
=========     Saved host backtrace up to driver entry point at kernel launch time
=========     Host Frame:/opt/apps/cuda/driver/lib64/libcuda.so (cuLaunchKernel +
    0x3dc) [0xc9edc]
=========     Host Frame:/opt/apps/cuda/5.0.35/lib64/libcudart.so.5.0 [0x11d54]
=========     Host Frame:/opt/apps/cuda/5.0.35/lib64/libcudart.so.5.0 (cudaLaunch +
    0x182) [0x38152]
=========     Host Frame:debug-segfault (_Z10cudaLaunchIcE9cudaErrorPT_ + 0x18)
    [0x138c]
=========     Host Frame:debug-segfault (_Z26__device_stub__Z6kernelPPiPPi + 0x44)
```

```
                [0x127c]
    =========       Host Frame:debug-segfault (_Z6kernelPPi + 0x18) [0x1299]
    =========       Host Frame:debug-segfault (main + 0x277) [0x109a]
    =========       Host Frame:/lib64/libc.so.6 (__libc_start_main + 0xfd) [0x1ecdd]
    =========       Host Frame:debug-segfault [0xd49]
    =========
    ========= Program hit error 4 on CUDA API call to cudaMemcpy
    =========       Saved host backtrace up to driver entry point at error
    =========       Host Frame:/opt/apps/cuda/driver/lib64/libcuda.so [0x26a180]
    =========       Host Frame:/opt/apps/cuda/5.0.35/lib64/libcudart.so.5.0 (cudaMemcpy +
        0x28c) [0x3305c]
    =========       Host Frame:debug-segfault (main + 0x2b8) [0x10db]
    =========       Host Frame:/lib64/libc.so.6 (__libc_start_main + 0xfd) [0x1ecdd]
    =========       Host Frame:debug-segfault [0xd49]
    =========
    ========= ERROR SUMMARY: 2 errors
```

memcheck 工具不仅在 debug-segfault.cu 的第 25 行指出了一个无效的内存访问，还提供了无效访问的方向（写）、被写入（__global__）的内存空间、写入的大小（4 字节）、执行写操作的线程以及造成无效引用的具体地址。相比于 cuda-gdb，memcheck 工具需要的手动工作较少，而且为 debug-segfault 提供了更详细和精确的内存错误信息。

你可能注意到 memcheck 也报告了第二次错误，调用 cudaMemcpy 返回的是 CUDA 错误 4。回想可知，memcheck 处理的错误类型之一是由 CUDA API 调用返回的错误代码。参考 cuda.h，CUDA 错误 4 是 CUDA_ERROR_DEINITIALIZED，这表明 CUDA 驱动器处于关闭过程中。这个错误可能是由于之前的内存访问错误引起的：该驱动器正在从意外的设备行为中恢复过来。

10.3.2.3 racecheck 工具

racecheck 用于识别共享内存中存储数据的冲突访问（一般被称为冲突）。另一方面，racecheck 在同一线程块中寻找多个线程，这些线程块引用共享内存中的同一位置，这些共享内存是不同步的，这些引用中至少有一个引用对这个位置进行写操作。调试共享内存的正确性是非常重要的，理由如下：

❑ 首先，因为共享内存在片上的且被一个线程块共享，所以它常被用作多线程间的低延迟通信通道。如果不合理地同步那些多线程访问，那么就可能发生冲突。因此，需要一个工具来处理这种常见情况，因为共享内存更容易被误用，导致冲突访问。

❑ 第二，共享内存的正确性不能直接通过主机的应用程序来检查。全局内存的调试被简化了，因为主机有立即检查全局状态的能力，但共享内存不存在这样的直接通道。支持这种性能首先需要将这种状态传输到全局内存，然后再返回主机。racecheck 工具帮我们做了这些事。

考虑一个简单的且使用共享内存和本地同步的单一线程块的并行归约问题。为了研究 racecheck 的效果，下面的例子去掉了本地同步，因此在冲突访问存在时可以观察到由 race-check 产生的诊断。从 Wrox.com 上可以下载到源代码到 debug-hazards.cu 中。

用前面已讨论过的编译选项编译 debug-hazards.cu：

```
$ nvcc -arch=sm_20 -lineinfo -Xcompiler -rdynamic -o debug-hazards debug-hazards.cu
```

在运行 debug-hazards 前，要知道 racecheck 在应用程序执行中会生成一个大的被后处理的转储文件。racecheck 也会在命令行的终端生成一个详细的报告，所以为了以后分析可以将终端输出保存成文件。该例子使用 --save CLI 参数将转储文件的位置设置在有几百 MB 可用磁盘空间的地方。对于较大的应用程序，转储文件将占用更多的磁盘空间。这个例子将终端输出转向日志文件，用于以后的检查。

现在，可以使用以下命令运行 racecheck，分析 debug-hazards：

```
$ cuda-memcheck --tool racecheck --save racecheck.dump ./debug-hazards > log
```

检查日志文件，将看到很多重复的部分，类似于以下代码：

```
========= WARN:(Warp Level Programming) Potential RAW hazard detected at __shared__
0x7f in block (63, 0, 0) :
=========        Write Thread (31, 0, 0) at 0x000000c8 in debug-hazards.cu:50:simple_
reduction(int*, int*, int, int)
=========        Read Thread (0, 0, 0) at 0x00000128 in debug-hazards.cu:66:simple_
reduction(int*, int*, int, int)
=========        Current Value : 0
=========        Saved host backtrace up to driver entry point at kernel launch time
=========        Host Frame:/opt/apps/cuda/driver/lib64/libcuda.so (cuLaunchKernel +
0x3dc) [0xc9edc]
=========        Host Frame:/opt/apps/cuda/5.0.35/lib64/libcudart.so.5.0 [0x11d54]
=========        Host Frame:/opt/apps/cuda/5.0.35/lib64/libcudart.so.5.0 (cudaLaunch +
0x182) [0x38152]
=========        Host Frame:./debug-hazards (_Z10cudaLaunchIcE9cudaErrorPT_ + 0x18)
[0x1490]
=========        Host Frame:./debug-hazards
(_Z40__device_stub__Z16simple_reductionPiS_iiPiS_ii + 0xab) [0x135a]
=========        Host Frame:./debug-hazards (_Z16simple_reductionPiS_ii + 0x30)
[0x1398]
=========        Host Frame:./debug-hazards (main + 0x2c2) [0x1142]
=========        Host Frame:/lib64/libc.so.6 (__libc_start_main + 0xfd) [0x1ecdd]
=========        Host Frame:./debug-hazards [0xd99]
```

从第一行开始看：

```
========= WARN:(Warp Level Programming) Potential RAW hazard detected at __shared__
0x7f in block (63, 0, 0) :
```

这一行表明了 3 个重要的事情。首先，检测到一个潜在的冲突！这是否是一个好的（或可怕的）开始，取决于你的看法。

第二，这一行报告了一个 Read-After-Write（RAW）冲突。这意味着两个线程没有按照任何顺序访问了相同地址，一个执行读操作，一个执行写操作。因为没有顺序，所以读线程应该在写线程之前还是之后加载数值是未定义的。这个未定义行为是不可取的，因此造成了冲突。

第三，这一行指出了哪个线程块存在冲突（共享内存上的风险只能发生在单一线程块上）。这个信息是否有用取决于应用程序。因为这个应用程序的每个块都在做相同的工作，它可能对调试没有什么帮助。

现在，看下一行：

```
=========       Write Thread (31, 0, 0) at 0x000000c8 in debug-hazards.cu:50:simple_
reduction(int*, int*, int, int)
```

这一行提供了线程上的信息，这个线程在 RAW 风险中执行写操作。它指出了线程 ID
（31，0，0）、正在执行的指令地址（0xc8）和正在执行的源代码行。

下一行在读线程上提供了相同的信息：

```
=========       Read Thread (0, 0, 0) at 0x00000128 in debug-hazards.cu:66:simple_
reduction(int*, int*, int, int)
```

下一行：

```
=========       Current Value : 0
```

指明存储在冲突位置的当前值。

剩下的行显示了来自于主机位置的堆栈跟踪，这里启动的内核引起了该冲突。

```
=========       Saved host backtrace up to driver entry point at kernel launch time
=========       Host Frame:/opt/apps/cuda/driver/lib64/libcuda.so (cuLaunchKernel +
        0x3dc) [0xc9edc]
=========       Host Frame:/opt/apps/cuda/5.0.35/lib64/libcudart.so.5.0 [0x11d54]
=========       Host Frame:/opt/apps/cuda/5.0.35/lib64/libcudart.so.5.0 (cudaLaunch +
        0x182) [0x38152]
=========       Host Frame:./debug-hazards (_Z10cudaLaunchIcE9cudaErrorPT_ + 0x18)
        [0x1490]
=========       Host Frame:./debug-hazards
        (_Z40__device_stub__Z16simple_reductionPiS_iiPiS_ii + 0xab) [0x135a]
=========       Host Frame:./debug-hazards (_Z16simple_reductionPiS_ii + 0x30)
        [0x1398]
=========       Host Frame:./debug-hazards (main + 0x2c2) [0x1142]
=========       Host Frame:/lib64/libc.so.6 (__libc_start_main + 0xfd) [0x1ecdd]
=========       Host Frame:./debug-hazards [0xd99]
```

现在，为读线程和写线程提供的信息可以用于分析冲突。回想一下可知，写线程在文
件 debug-hazards.cu 的第 50 行执行了 simple_reduction 函数。读线程在同一个文件和同一
个函数的第 66 行。这里为了方便突出一下相关行：

```
if (tid < N)
{
    local_mem[local_tid] = input_values[tid];
}

// Required for correctness
// __syncthreads();

/*
 * Perform the local reduction across values written to shared memory
 * by threads in this thread block.
 */
if (local_tid == 0)
{
    int sum = 0;
```

```
for (i = 0; i < local_dim; i++)
{
    sum = sum + local_mem[i];
}
```

　　冲突发生在写入 local_mem[local_tid] 和读取 local_mem[i] 之间。读线程正在扫描共享内存的每个条目，同时写线程正在填充这些单元中的一个。在这个应用程序中，期望的行为是确保所有写线程都在读线程开始扫描共享内存前完成，并且在扫描完成前没有其他的写操作被执行。因为错误报告中显示为写后读冲突，这是指，在作为扫描的一部分被执行的读操作和对本地内存的写操作之间，同步丢失了。因此有一个条件是在内存地址上读操作先于写操作。第一次尝试消除这种竞争条件，尝试不对 54 行的 __syncthreads 进行注释，然后用相同的命令重新建立并重新运行。__syncthreads 将确保在线程 0 开始扫描前所有的写操作都已完成，避免了写后读的冲突。

　　看一下新的输出日志，出现了一个新的警告。注意这个冲突发生在代码中两个相同的位置之间，但是这次是读后写冲突。这说明现在写操作发生在扫描线程完成之前。如果一些线程在扫描线程完成前进入外层循环的下一个迭代，那么会发生这种情况。内核必须保证，对内存位置进行任何额外的写操作完成前，扫描线程必须读完它的当前值。为了避免这种情况，必须在 73 行插入另一个同步点，使所有线程等待扫描完成。重新建立并运行，看看是否阻止了读后写冲突。

　　现在应该有一个日志文件报告以下内容：

```
========= CUDA-MEMCHECK
========= RACECHECK SUMMARY: 0 hazards displayed (0 errors, 0 warnings)
```

　　好！现在 racecheck 在这个程序里找不到冲突了。虽然这不能保证程序里没有冲突了，但它是指示共享内存中没有冲突的强大指示器。

10.3.3　调试小结

　　本章简要介绍了 CUDA 中内核和内存调试工具的常见用法。

　　测试 cuda-gdb 的能力用于检查 GPU 设备上运行程序的状态、动态暂停和恢复线程以检查正确性。用一个例子展示了如何用 cuda-gdb 来调试内存错误。

　　还能测试 cuda-memcheck 的内存调试特性，以及它的两个工具：memcheck 和 racecheck。memcheck 能够提供详细的内存错误信息，例如，越界访问、空指针引用、设备内存泄漏等。racecheck 可以提供共享内存中详细的潜在冲突指标，这使调试疑难问题变得更简单了。

　　调试一个基于 CUDA 的应用程序涉及到几个检查，包括在独立地址空间上运行的进程、在物理分离的硬件上和在独立于任何操作系统之外的检查。虽然这是具有挑战性的，但是本章介绍的工具使得调试 CUDA 程序就像调试主机程序一样简单。使用这些工具对成为一个高效的 CUDA 开发者是至关重要的，尤其是开始探索更高级的话题时。

10.4 将 C 程序移植到 CUDA C 的案例研究

本章的前面部分介绍了 APOD 工作流，并描述了它如何将传统的主机应用程序转到 CUDA 中。本节将通过列举一个例子具体说明这些概念，即讲一个传统的应用程序通过 APOD 全过程最终转化为优化的 CUDA 应用程序的例子。

从 Wrox.com 上可以下载到这个传统应用程序的代码，名为 crypt.c。crypt 实现了 IDEA 加密和解密。crypt 应用程序由 3 个主要部分组成：

1. 应用程序设置在 main 中。设置包括读取输入、预分配输出空间和读取密钥，密钥是一个二进制串，消息的发送者和接收者都必须知道该密钥以成功加密或解密信息。

2. 加密和解密输入信息的关键是使用 generateEncryptKey 和 generateDecryptKey 产生共享密钥。

3. 实际上输入数据的加密和解密是 encrypt_decrypt 中的 8 字节块完成的。

crypt 最初输入的是文件，该文件既不是加密文件也不是解密文件。此外，crypt 需要一个密钥文件，用于存储加密或解密输入数据的 64 位密钥。Wrox.com 提供了产生示例输入数据（generate_data.c）和密钥（generate_userkey.c）的文件。图 10-10 通过 crypt 应用程序概述了高级数据流。花一点时间来熟悉 crypt.c 的执行情况。

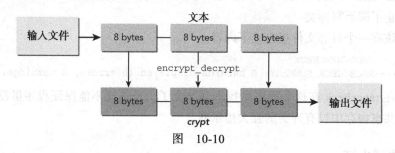

图   10-10

10.4.1 评估 crypt

用来评估主机应用程序性能的工具有很多。在下面的示例中会使用 gprof，因为它使用范围非常广、免费并且提供了低开销的性能分析。

在评估 crypt 之前，需要生成样本密钥和 1GB 的样本数据，代码如下所示：

```
$ ./generate_userkey key
$ ./generate_data data 1073741824
```

使用提供的 Makefile 文件进行编译 crypt 后，通过 gprof 运行它，生成以下性能信息：

```
  %   cumulative   self              self     total
 time   seconds   seconds    calls  s/call   s/call  name
87.03    49.78     49.78        1    49.78    49.78  encrypt_decrypt
 6.79    53.67      3.89        2     1.94     1.94  cleanupList
 3.59    55.72      2.05        1     2.05     2.05  readInputData
 2.66    57.24      1.52                             main
```

这里只考虑最左边和最右边的列。右边是 crypt 应用程序中不同函数的名称。左边是该函数的执行时间占应用程序总执行时间的百分比。可以预料，总执行时间的 87.03% 花费 encrypt_decrypt 函数中，该函数实现主要的加密和解密逻辑。从这些信息可以总结出，如果 crypt 被并行化，那么并行化策略应该应用于 encrypt_decrypt 中。

发现性能热点仅仅是评估步骤的一半。还必须要分析这些热点是否适合并行化，也就是说，是否存在一种方法可以将一些循环或热点内部或周围的代码部分进行并行化，这个并行化策略在 GPU 上是否存在潜在的提速作用。

对 crypt 来说，这个步骤很简单：encrypt_decrypt 在一个循环中执行大量的计算。在每次迭代中，这个函数会处理块列表中的一个数据块。因为在这个循环中读和写都在不同的块中进行，所以这个循环可以跨输入列表实现并行。但是也会带来一些问题。下一次迭代要处理的数据块通过当前元素被指出，因此，下一次迭代 ($i+1$) 和当前迭代 (i) 之间是存在依赖性的。决定如何解除这种依赖性是 crypt 并行阶段中很重要的部分。

10.4.2　并行 crypt

通过两个步骤可以将 crypt 并行运行。第一，需要改变传统应用程序的控制流和数据结构，使它更适合并行化。第二，需要将计算内核转化到 CUDA C 中，并插入必要的 CUDA API 调用（比如，cudaMalloc 或 cudaMemcpy）来建立主机和设备之间联系。

crypt 并行化之后的结果可以在 Wrox.com 上的 crypt.parallelized.cu 文件中找到。有几个转化需要进一步解释，以助于理解最终的产品是如何为并行化做准备的。

首先，用于存储输入和输出数据的数据结构由链表改为数组。这有几个好处。首先，它消除了评估阶段发现的第 $i+1$ 次迭代和第 i 次迭代之间的依赖关系。属于块 i 的数据现在可以用偏移索引在数组中被检索到，而不用遍历整个链表元素。另外，数组转化到 GPU 中也更简单了。因为链表依赖于指针，所以，将链表由主机地址空间转化到设备地址空间，意味着也要将这些指针指向正确设备的正确元素上。数组可以直接用 cudaMemcpy 来拷贝。

除了改变 crypt 的主要数据结构，核心的计算内核也要提取到一个独立的函数 doCrypt 中，以使并行化更明显。doCrypt 使用全局指针进行输入、输出和处理数据块。使用这个函数作为抽象，调用的内核可以跨数据块实现并行。

并行化的下一步是在 crypt 的合适位置处插入 CUDA API 调用。这一过程的变化可以分为两部分：内核实现和内存管理。

改变 crypt 的内核实现很简单。第一，将关键字 __device__ 加到 doCrypt 中，表明它应该在 GPU 中被执行。第二，将 encrypt_decrypt 声明为 __global__ 函数，它包含的循环基于线程 ID 被转化为在相邻设备线程上执行的每一个数据块。第三，添加了一个名为 encrypt_decrypt_driver 的新函数，用于启动 encrypt_decrypt 内核，该内核的执行配置由输入数据块的数量来决定。

encrypt_decrypt_driver 内核也为移植内核执行内存管理，包括：

1. 给任何输入输出数据分配需要的所有内存。

2. 将所有应用程序的数据传输到设备中。

3. 释放所有已分配的设备内存。

有了这些简单的改变后，crypt 应用程序可以在 CUDA 中执行大部分计算了。不过，你可能注意到这个实现的性能还有许多方法可以去提高。下一部分将关注这个并行化过程的结果并使用配置文件驱动优化提升性能。

10.4.3 优化 crypt

在本书中，一直在使用配置文件驱动优化。NVIDIA 的可视化性能分析工具 nvvp 是一个图形化工具，nvvp 通过提供提示来引导你优化应用程序中可以达到最优的部分。在本节中，在充分理解 crypt 应用程序的同时，将使用配置文件驱动的方法，对并行化阶段产生的实现进行优化，并把它变成一个出色的 CUDA 应用程序。

在配置文件驱动优化的第一阶段，使用 CUDA 性能分析工具深入了解应用程序的性能特点，有了这些信息，就可以确定在哪个地方进行优化了。一旦做出了改变，就可以重新分析应用程序以帮助确定下一步需要做的工作，不断迭代改进性能。

在开始的时候，使用 nvvp 的无导向模式生成一个综合性能分析，包括总体的提升建议。在 nvvp 中设置 crypt，就像在"创建新会话"弹出窗口中指定可执行文件的名字和输入输出文件的位置一样简单，如图 10-11 所示。

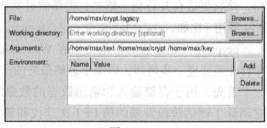

图 10-11

通过 nvvp 运行 crypt，收集性能分析数据后，时间轴如图 10-12 所示。

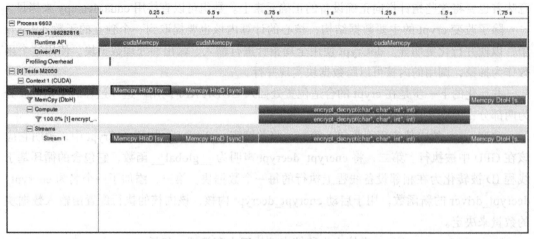

图 10-12

值得注意的是，内核占用了执行时间的很大一部分，调用 cudaMemcpy 也占用了应用程序运行时间的重要的一部分。此外，由于使用同步副本，所以没有重叠通信和计算。你可能会注意到，从主机到设备的传输（HtoD）发生在内核启动前，而且主要分为了两次 cudaMemcpy 调用：一次用于 plain 数据，另一次用于 crypt 数据。基于你所知道的应用程序的知识，确定这些传输是必要的吗？显然，答案是否定的。crypt 数据仅仅是一个输出数组，所以在启动内核之前将其状态转移到设备上没有任何意义。对于获取工作实现作为并行化阶段一部分，虽然保守决定向设备传输什么内容是很有用的，但在优化阶段更加重要。在这种情况下，通信实际上可以被删除。

图 10-13 所示的为分析视图的时间轴标签，其中的建议来自于 nvvp 性能统计。这些建议表明低复制带宽和低计算利用率是限制性能的明显因素。一些 nvvp 建议提示我们可以将重叠计算和通信作为提高计算和内存性能的一种方式。

图　10-13

有了这些了解后，下一步便是实施一个重叠计划。在 crypt 这个例子中，可以将输入分为更小的块，并在同一时间将一块传送到独立流中的设备上来完成这一步骤。然后，对于每个块进行异步 cudaMemcpyAsync 调用和内核启动。因为这些操作将被放置在不同的 CUDA 流中，所以 CUDA 运行时可以以任何顺序执行它们，实现计算和通信之间的重叠，以及更好的利用率。从 Wrox.com 上下载的 crypt.overlap.cu 文件中，包括加入这些改变的 crypt 新版本。为了方便，这里列出了一段核心代码。

```
CALL_CUDA(cudaEventRecord(start, streams[0]));
CALL_CUDA(cudaMemcpyAsync(dKey, key, KEY_LENGTH * sizeof(int),
          cudaMemcpyHostToDevice, streams[0]));
CALL_CUDA(cudaStreamSynchronize(streams[0]));

for (b = 0; b < nBlocks; b++) {
    int blockOffset = b * BLOCK_SIZE_IN_CHUNKS * CHUNK_SIZE;
    int localChunks = BLOCK_SIZE_IN_CHUNKS;
    if (b * BLOCK_SIZE_IN_CHUNKS + localChunks > nChunks) {
        localChunks = nChunks - b * BLOCK_SIZE_IN_CHUNKS;
    }

    CALL_CUDA(cudaMemcpyAsync(dPlain + blockOffset, plain + blockOffset,
              localChunks * CHUNK_SIZE * sizeof(signed char),
              cudaMemcpyHostToDevice, streams[b]));

    encrypt_decrypt<<<nThreadBlocks, nThreadsPerBlock, 0, streams[b]>>>(
            dPlain + blockOffset, dCrypt + blockOffset, dKey, localChunks);
```

```
CALL_CUDA(cudaMemcpyAsync(crypt + blockOffset, dCrypt + blockOffset,
    localChunks * CHUNK_SIZE * sizeof(signed char),
    cudaMemcpyDeviceToHost, streams[b]));
CALL_CUDA(cudaEventRecord(finishes[b], streams[b]));
}

CALL_CUDA(cudaDeviceSynchronize());
```

注意下面的循环：

```
for (b = 0; b < nBlocks; b++) {
```

块大小和偏移量的值计算如下：

```
int blockOffset = b * BLOCK_SIZE_IN_CHUNKS * CHUNK_SIZE;
int localChunks = BLOCK_SIZE_IN_CHUNKS;
if (b * BLOCK_SIZE_IN_CHUNKS + localChunks > nChunks) {
    localChunks = nChunks - b * BLOCK_SIZE_IN_CHUNKS;
}
```

这种优化实现了在 cudaMemcpyAsync 和 encrypt_decrypt 之间基于流的重叠，用于由 blockoffset 和 localChunks 定义的块。

这些改变所带来的性能提升，总结在表 10-2 中。

表 10-2 计算与通信重叠带来的 crypt 性能提升

版　　本	性　　能	版　　本	性　　能
并行实现	588.30 KB/ms	重叠优化	867.58 KB/ms

现在可以在代码的其他部分进行重新分析和重新定位优化的工作了。这个过程与之前相同，但需使用新的基于流的可执行文件。

时间轴视图（见图 10-14）和时间轴分析（见图 10-15）的最新结果表明，所有第一次运行时产生的问题已经被消除或减少。程序执行时间轴清楚地显示了通信和计算的重叠，而不是展示了大规模的阻塞 cudaMemcpy 调用。

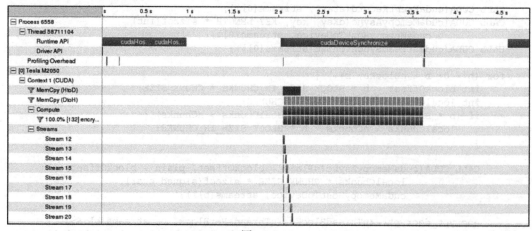

图　10-14

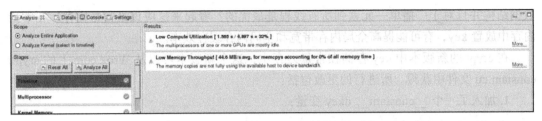

图　10-15

下一步的决定没有之前的结果明显。有几个突出的问题可能是下一阶段关注的重点。首先，时间轴分析显示了低内存吞吐量的警告。这是由于为每个块进行很多小的内存复制而不是一个大的复制而产生的。然而，导致这种改变的重叠变换很显著地提升了性能，所以低内存吞吐量的代价是可以接受的。

多处理器分析视图（见图 10-16）表明了寄存器的压力也可能是一个问题。然而，这可以通过修改内核代码得到改变，所以在早期的优化阶段进行寄存器的使用优化，可能是无用功。

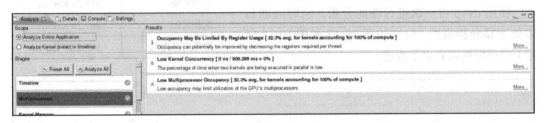

图　10-16

时间轴分析视图表明 SM 的利用率仍然很低。这意味着 SM 很可能会花费很多时间，要么没有符合条件的任何线程块来调度，要么等待 I/O 完成。内核内存面板还警告全局内存存储效率低。从这两个指标可以总结出，这个应用程序的全局内存操作可能会限制它的性能。下一步更加依赖如何使用全局内存中应用程序的特定知识。

那么，当前存储在全局内存中的对象是什么？目前，输入 text、输出 crypt、加密 / 解密 key 的存储和访问都在全局内存中进行。因为数据块是跨线程 ID 进行处理的，所以每个线程都读和写 text 和 crypt 中相邻的 8 字块。虽然 4 字节是最优的，但是因为访问是合并和对齐的，这仍然可以使缓存和带宽得到合理有效的利用。

key 的访问模式是一个非常不同的故事。每一个线程在同一时间读取 key 的相同位置。这将产生更低的全局带宽利用率，因为线程的完整线程束从全局内存中读取相同的 4 字节时将被阻塞。因为 key，text 和 crypt 都在 GPU 多处理器中共享全局一级和二级缓存，如果通过 text 或 crypt 中写入或读取来删除缓存中的读操作，那么可能要进行多次读操作。基于这样的分析和由 nvvp 报告的指标，看起来下一步较好的选择是优化 key 的使用。

优化 key 的使用，方法之一就是改变存储 key 的内存。哪种 CUDA 内存类型支持只读数据结构并且对于广播单一元素到所有线程是最优的？看起来这应该是常量内存！在常量内存中放置 key，有可能提高全局内存带宽和全局内存缓存效率。

在 crypt 的新版本中 key 存储在常量内存中，这个新版本可以从 Wrox.com 上的 crypt.constant.cu 文件中获得。所进行的更改包括：

1. 加入了一个 __constant__ dkey 变量：

```
__constant__ int dkey[KEY_LENGTH];
```

2. 修改 doCrypt 内核以引用新的 dkey 变量。

3. 调用 cudaMemcpyToSymbolAsync，将 key 中的内容传输到设备中：

```
CALL_CUDA(cudaMemcpyToSymbolAsync(dkey, key, KEY_LENGTH * sizeof(int), 0,
        cudaMemcpyHostToDevice, streams[0]));
```

这一变化获得的性能改进在表 10-3 中进行了总结。

与原始版本的 CUDA 实现相比，性能几乎增加了一倍。迭代时间和重新定位增加了更多的优化机会！

使用 nvvp 再一次进行性能分析，从时间轴和多处理器分析视图（分别如图 10-17 和图 10-18 所示）的指标可以看出了改进。

表 10-3　使用常量内存的 crypt 性能改进

版　　本	性　　能
并行实现	588.30 KB/ms
重叠优化	867.58 KB/ms
常量内存优化	1 062.16 KB/ms

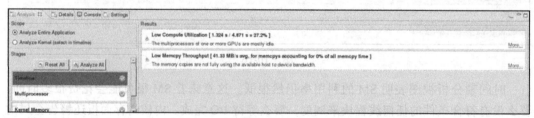

图　10-17

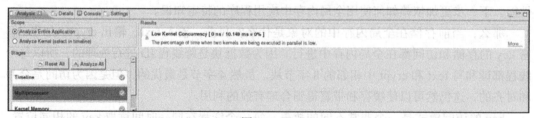

图　10-18

然而，图 10-19 所示的内核内存面板仍然报告全局存储带宽的利用率低。

这似乎需要更多的调查。首先，重要的是要了解数值 12.5% 来自于哪里。例如，考虑 doCrypt 里每个线程执行的第一次读操作，对 plain 输入的单字节进行访问：

```
x1  = (((unsigned int)plain[chunk * CHUNK_SIZE]) & 0xff);
```

因为线程是跨块的，每块是 8 字节，所以线程束里的线程在每次加载过程中通常访问 plain 中的每 8 字节。然而，缓存硬件把这些稀疏的单字节加载调整为双字节，这样就有 128 字节的加载来自全局内存。因此，从性能分析工具的角度来看，来自全局内存的每 8 字节加载中，仅有 1 字节真正被使用，所以 1/8＝12.5% 就是利用率。

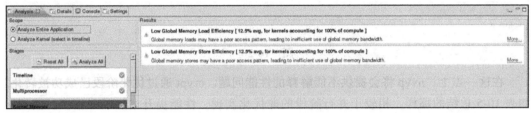

图　10-19

然而，这并不是整个故事。作为这 128 字节加载的结果，以后的每个 plain 引用可能会命中一级缓存也可能会命中二级缓存，这取决于 GPU 的架构，所以全局内存引用不是必需的。每个加载到缓存中的字节都会被使用，但可能不是特定加载指令的一部分。因此，这就是 nvvp 报告的次优资源利用的情况，通过更多的调查得到实际上不是性能的问题，因为数据被缓存了。

然而，时间轴分析仍然显示出一个低计算利用率的警告。回想一下可知，之前的运行中多处理器分析也显示过一个占用警告，这是由于寄存器消耗产生的。这些警告都表明，用于这个内核的线程配置可能不是最优的。因此，每个 SM 寄存器通过块中的线程被稀疏传播，当值从寄存器溢出后会导致 I/O 上更多的阻塞，因此计算利用率降低。通过分析代码很难验证这一结论。相反，可以使用不同的线程配置进行实验，从而查看是否可以提升性能。带有这些改变的 crypt 应用程序的新副本可以从 Wrox.com 上下载的 crypt.config.cu 文件中得到。这个新版本允许我们使用命令行参数配置每个块的线程数。在一组线程配置上测试新的代码，所产生的结果如表 10-4 所示。

表 10-4　随着线程配置的更改产生 crypt 性能提升

每个块中的线程数	性　　能	每个块中的线程数	性　　能
32	725.54 KB/ms	256	1 198.72 KB/ms
64	1 165.65 KB/ms	512	1 062.26 KB/ms
128	1 268.07 KB/ms	1 024	849.59 KB/ms

虽然在每块 512 个线程的原始配置下，执行性能是可接受的，但是每块 128 个线程可以获得 19% 的性能提升。因为减少线程块的大小改进了性能，一个合乎逻辑的结论是，与最佳情况相比，每块 512 个线程导致给每个线程分配了更少的寄存器。

现在可以重新进行性能分析，看看是否可以确定新的性能问题。请注意，使用每块 128 个线程重新分析 crypt.config，需要在 nvvp 交互式会话配置中添加命令行参数。

图 10-20 所示为时间轴分析视图，SM 利用率的提升要归功于更好的寄存器分配。

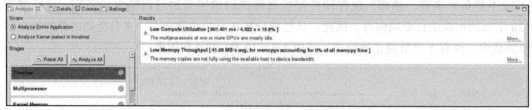

图　10-20

在这一点上，nvvp 将会提供不能解释的性能问题。crypt 通过优化阶段已成功被转化。如表 10-5 总结的那样，相较于并行阶段的非优化实现，性能提升增加了一倍多。使用配置文件驱动优化，在应用程序中可以针对最影响执行时间的特性进行优化，高效利用开发时间。

表 10-5　crypt 性能改进

版　　本	性　　能	版　　本	性　　能
并行执行	588.30 KB/ms	常量内存优化	1062.16 KB/ms
重叠优化	867.58 KB/ms	线程配置优化	1198.72 KB/ms

目前，已经开发出了一种高性能实现，现在可以进入到下一个也是 APOD 最后的阶段：部署。

10.4.4　部署 crypt

在主机和设备函数的错误处理方面，crypt 已经准备好部署了。然而，还可以提高其能力以适应新的硬件平台，这个平台可以有不同数量的 GPU，也可以没有 GPU。

10.4.4.1　多 GPU 的 crypt

云提供商提供了更多的 GPU 部署，组织机构越来越多地将他们的产品系统移动到云上，在执行环境中已经增加了灵活地支持重大改变的重要性。对 crypt 来说，这意味着增加了跨所有可用 GPU 分担工作量的能力，以及在没有 GPU 被检测到的情况下回到主机执行。

crypt.flexible.cu 中的源代码是 crypt 应用程序灵活实现的例子，程序可以在任何数量的 GPU 上运行，包括 GPU 数量为 0 的情况。crypt.flexible 根据有没有 GPU 来选择主机或设备执行，这由 cudaErrorNoDevice 错误代码来显示。注意，doCrypt 使用 __host__ __device__ 函数在两种实现间共享代码，减少了复制代码和维护相同算法的两个副本的开销。

为了方便，这里列出了通过多 GPU 划分工作的核心逻辑：

```
for (d = 0; d < nDevices; d++) {
    CALL_CUDA(cudaSetDevice(d));
    int start = d * chunksPerDevice * CHUNK_SIZE;
    int len = chunksPerDevice * CHUNK_SIZE;
```

```
        if (start + len > textLen) {
            len = textLen - start;
        }
        encrypt_decrypt_driver(text + start, crypt + start, key, len,
                nThreadsPerBlock, ctxs + d);
    }

    CALL_CUDA(cudaEventRecord(finishEvent));

    // Wait for each device to finish its work.
    for (d = 0; d < nDevices; d++) {
        CALL_CUDA(cudaSetDevice(d));
        CALL_CUDA(cudaDeviceSynchronize());
    }
```

在这段代码中，修改后的 encrypt_decrypt_driver 是在每个 GPU 中被调用的，用来异步初始化数据传输和内核启动。然后，一旦每个设备开始工作，主机暂停并等待每个设备完成工作。

10.4.4.2　混合 OpenMP-CUDA Crypt

因为没有可用于执行的 GPU，所以前面的 crypt.flexibile.cu 例子中使用了 CPU，如果发现了任何 GPU，则将 CPU 闲置。虽然在一个系统的 GPU 上执行所有的计算可能会提高性能，但是这同时也导致可用的硬件未被充分利用。一些应用程序支持混合并行：CPU 和 GPU 在同一个问题上协同并行。

在一般情况下，有两种类型的混合并行：

1. 数据并行的混合并行：CPU 与 GPU 执行相同的数据并行计算，但跨越的是 CPU 核心而不是 GPU 的 SM。本质上 CPU 成为了系统中的另一个设备。在这种情况下，可以使用 __host__ __device__ 函数在两个处理器上执行相同的逻辑。

2. 任务并行的混合并行：CPU 与 GPU 执行不同的计算，该计算更适合于基于主机的体系结构。例如，CPU 可以执行具有更复杂的控制流或不规则访问模式的任务。

在这两种情况下，有必要使用 CUDA 流（和可能的事件）来重叠 CPU 和 GPU 的执行（如第 6 章所述）。

crypt.openmp.cu 包含了一个例子，这个示例中，在单一的应用程序中使用了 CPU 上的 OpenMP 并行和 GPU 上的 CUDA 并行。OpenMP 是一种针对主机的并行编程模型，它使用编译器指令标记并行区域，类似于 OpenACC。只有加入了 OpenMP 的特定代码才是对 omp_set_num_threads 的调用，用来配置 CPU 核心使用的数量，并且在主机端的计算函数 h_encrypt_decrypt 中加入 OpenMP 编译指示。编译器提示 #pragma omp parallel for 标记了下述可并行化的循环，并指示 OpenMP 在多个 CPU 线程上运行它。

```
#pragma omp parallel for
for (c = 0; c < nChunks; c++) {
    doCrypt(c, plain, crypt, key);
}
```

crypt.openmp.cu 还增加了跨 CPU 和 GPU 划分工作量的逻辑，在这里使用了一个新的命令行参数 cpu-percent，它指定了在 CPU 上被加密或是解密的字节百分比，以及转到 GPU 上的剩余工作量。

CPU 和 GPU 的计算是被并行执行的，通过在不同的流中为每个设备排队数据传输和内核执行，然后一旦异步 CUDA 调用返回控制到主机就启动 CPU 线程：

```
CALL_CUDA(cudaEventRecord(startEvent));

for (d = 0; d < nDevices; d++) {
    CALL_CUDA(cudaSetDevice(d));
    int start = d * chunksPerGpu * CHUNK_SIZE;
    int len = chunksPerGpu * CHUNK_SIZE;
    if (start + len > gpuLen) {
        len = gpuLen - start;
    }
    encrypt_decrypt_driver(text + start, crypt + start, key, len,
            nThreadsPerBlock, ctxs + d);
}

int cpuStart = gpuLen;
h_encrypt_decrypt(text + cpuStart, crypt + cpuStart, key,
    textLen - cpuStart);

CALL_CUDA(cudaEventRecord(finishEvent));
```

crypt.openmp.cu 必须在 OpenMP 的支持下进行编译和链接。如果 NVIDIA 编译器使用的是 gcc 主机编译器，那么可以使用如下语句：

```
$ nvcc -Xcompiler -fopenmp -arch=sm_20 crypt.openmp.cu -o crypt.openmp -lgomp
```

注意，crypt.openmp 添加了两个新的命令行参数：使用的 CPU 内核的数量（ncpus）和在 CPU 上处理数据的百分比（cpu-percent）。应该使用 0.0~1.0 之间的数值来指定 cpu-percent 命令行的选项。

通过使用 cpu-percent 命令行参数，可以研究随着 CPU 上工作量的增加，性能是如何变化的。在表 10-6 中，一系列工作量的分配结果显示，将工作放置在 CPU 上是不利于 crypt 的。对于这个特定的应用程序，将产生新的 CPU 线程的开销和较慢的 CPU 计算性能，这意味着在 CPU 上运行任何数量的工作都将导致性能降低。

表 10-6　crypt 性能改进

工作负载分区	性　能	工作负载分区	性　能
0% CPU～100% GPU	4 387.347 168 KB/ms	60% CPU～40% GPU	299.336 578 KB/ms
10% CPU～90% GPU	1 533.005 859 KB/ms	70% CPU～30% GPU	270.530 457 KB/ms
20% CPU～80% GPU	861.607 239 KB/ms	80% CPU～20% GPU	222.864 182 KB/ms
30% CPU～70% GPU	716.240 417 KB/ms	90% CPU～10% GPU	198.895 294 KB/ms
40% CPU～60% GPU	479.897 491 KB/ms	100% CPU～0% GPU	189.856 232 KB/ms
50% CPU～50% GPU	367.148 468 KB/ms		

其他的应用程序在某种程度上可以同时使用 CPU 和 GPU 并产生互补的效果，这比处理器单独运行时实现了更好的性能。例如，用于分类世界排名前 500 的超级计算机的高性能 LINPACK（HPL）标准检查程序在混合执行体系下表现得最好。

10.4.5　移植 crypt 小结

在这一部分中，通过 APOD 过程将一个应用程序示例进行了完全地转化。首先，在评估阶段，使用 gprof 分析 crypt，确定性能的关键区域，因此获得了一种具有最大的潜在优化性能的代码部分。然后，并行化阶段产生了 crypt 的 CUDA 实现工作，具体是先将主机代码转化成更适合并行的代码，然后加入 CUDA API 调用来传输数据和启动内核。优化阶段将并行化阶段的输出变为一个高性能的 CUDA 应用程序，使用配置文件驱动优化确定次优的性能特点。在整个优化阶段中，反复进行性能检查，目的是为了验证相应的变化对性能是进行了提升，而不是降低。最后，在部署阶段，使 crypt 可以运行在任何数量的 GPU 上以达到更适应执行环境变化的目的。

通过这 4 个简单的步骤，APOD 将 crypt 从一个传统的、过时的、性能弱的实现转向了一个现代的、高性能的 CUDA 应用程序，并准备迎接未来应用程序的需求。

10.5　总结

本章涵盖了各种各样的主题。然而，每个主题都旨在使用 CUDA 开发的流程和工具来提高效率，让我们成为更高效的 CUDA 开发者，从应用程序中获得更多的性能。

APOD，一个有 4 个步骤的迭代过程，将一个传统的、串行的 C 应用程序转变为高性能、耐用的 CUDA 应用程序，为部署该应用做准备。APOD 是抽象的开发模型，但是用这个规定的方法可以大大简化移植过程。

我们学习了本书中使用的配置文件驱动优化策略。也学习了 nvprof、nvvp 和 NVIDIA 工具扩展如何帮助我们找到应用程序的性能限制因素。

同时也介绍了 CUDA 内核和内存调试的内容。cuda-gdb、cuda-memcheck，以及多种使用 CUDA 语言的建立工具，在 GPU 上调试 CUDA 内核时都体现出来了。

最后，介绍了一个案例，这个案例对传统的密码应用程序转化到一个高性能的 CUDA 应用程序的全过程进行了演示。由于使用配置文件驱动优化，性能是初始 CUDA 实现的两倍多。

10.6　习题

1. 写出 APOD 中 4 个阶段的名称及其目标。

2. 一个应用程序可以使用 CUDA 库、OpenACC 或手工编码的 CUDA 内核进行加速。APOD 的哪个阶段需要在两种方法间进行决定？根据所选择的方法，引入到 APOD 的每一个阶段后，你预想的主要区别是什么？

3. 在 CUDA 5.0 中什么功能是通过独立编译增加的？使用独立编译时必须添加哪些编译器标志？

4. 为了分析内核越界访问，最好的工具是什么？为什么？

5. 为了分析 __shared__ 内存的使用，最好的工具是什么？

6. nvprof 中的 3 种分析模式是什么？各自擅长收集哪些信息？

7. 相对于其他性能分析工具，使用 nvvp 的优点是什么？

8. 考虑日常的开发环境。nvprof 和 nvvp 怎样能最合适它？例如，如果你经常与一个有 GPU 的远程设备一起工作，并且它和你的本地工作站在同一个局域网下，那么可以使用 nvprof 收集远程设备上的性能分析转储文件，将它转移到你的本地工作站中，并用 nvvp 对其进行分析。

附　　录 *Appendix*

推 荐 阅 读

第1章　基于CUDA的异构并行计算

Antonino Tumeo and Politecnicodi Milano. *Massively Parallel Computing with CUDA.*
　　http://www.ogf.org/OGF25/materials/1605/CUDA_Programming.pdf
David Luebke. *GPU Computing: Past, Present and Future.* GTC 2011. http://on-demand
　　.gputechconf.com/gtc-express/2011/presentations/GTC_Express_David_Luebke_
　　June2011.pdf
Mark Ebersole. *Why GPU Computing.* http://developer.download.nvidia.com/compute/
　　developertrainingmaterials/presentations/general/Why_GPU_Computing.pptx
Will Ramey. *Introduction to CUDA Platform.* http://developer.download.nvidia
　　.com/compute/developertrainingmaterials/presentations/general/Why_GPU_
　　Computing.pptx

第2章　CUDA编程模型

CUDA Programming Model Overview. http://www.sdsc.edu/us/training/assets/docs/
　　NVIDIA-02-BasicsOfCUDA.pdf
Justin Luitjens. *Introduction to CUDA C.* GTC 2012. http://on-demand.gputechconf
　　.com/gtc/2012/presentations/S0624-Monday-Introduction-to-CUDA-C.pdf
Ian Buck. *Parallel Programming with CUDA.* http://mc.stanford.edu/cgi-bin/
　　images/b/ba/M02_2.pdf
Ian Buck. *Programming Environments.* SC 2009. http://www.nvidia.com/content/GTC/
　　documents/SC09_CUDA_ProgModel_Buck.pdf
Mark Harris. *Introduction to CUDA C.* http://developer.download.nvidia.com/
　　compute/developertrainingmaterials/presentations/cuda_language/
　　Introduction_to_CUDA_C.pptx

第3章　CUDA执行模型

CUDA C Programming Guide, Appendix G. Compute Capabilities. http://docs.nvidia
　　.com/cuda/cuda-c-programming-guide/index.html#compute-capabilities
CUDA C Programming Guide, Appendix C. CUDA Dynamic Parallelism. http://docs
　　.nvidia.com/cuda/cuda-c-programming-guide/index
　　.html#cuda-dynamic-parallelism

Mark Harris. *Optimizing Parallel Reduction in CUDA.* http://developer.download.nvidia
  .com/assets/cuda/files/reduction.pdf
David Goodwin. *Performance Optimization Strategies For GPU-Accelerated Applications.* GTC
  2013. http://on-demand.gputechconf.com/gtc/2013/presentations/
  S3046-Performance-Optimization-Strategies-for-GPU-Accelerated-Apps.pdf
David Goodwin. *Optimizing Application Performance with CUDA Profiling Tools.* GTC 2012.
  http://on-demand.gputechconf.com/gtc/2012/presentations/S0419A-Optimizing-
  App-Performance-with-CUDA-Profiling-Tools-Part-A.pdf
Profiler User's Guide. http://docs.nvidia.com/cuda/profiler-users-guide/index.html, for
  a complete list of events and metrics
Stephen Jones. *Introduction to Dynamic Parallelism.* GTC 2012. http://on-demand.gputechconf
  .com/gtc/2012/presentations/S0338-GTC2012-CUDA-Programming-Model.pdf
Timo Stich. *Fermi Hardware & Performance Tips.* http://theinf2.informatik.uni-jena.de/
  theinf2_multimedia/Website_downloads/NVIDIA_Fermi_Perf_Jena_2011.pdf

第4章　全局内存

Andrew V. Adinetz. *CUDA Dynamic Parallelism API and Principles.* http://devblogs.nvidia
  .com/parallelforall/cuda-dynamic-parallelism-api-principles/
Justin Luitjens. *Global Memory Usage and Strategy.* 2011. http://on-demand.gputechconf.com/
  gtc-express/2011/presentations/cuda_webinars_GlobalMemory.pdf
Greg Ruetsch and Paulius Micikevicius. *Optimizing Matrix Transpose in CUDA.* June 2010.
  http://www.cs.colostate.edu/~cs675/MatrixTranspose.pdf
Mark Harris. *Unified Memory in CUDA 6.* http://devblogs.nvidia.com/parallelforall/
  unified-memory-in-cuda-6/
Paulius Micikevicius. *Performance Optimization: Programming Guidelines and GPU Architecture
  Reasons Behind Them.* GTC 2013. http://on-demand.gputechconf.com/gtc/2013/
  presentations/S3466-Programming-Guidelines-GPU-Architecture.pdf
Paulius Micikevicius. *GPU Performance Analysis and Optimization.* GTC 2012. http://
  developer.download.nvidia.com/GTC/PDF/GTC2012/PresentationPDF/S0514-GTC2012-
  GPU-Performance-Analysis.pdf
Paulius Micikevicius. *Fundamental Performance Optimizations for GPUs.* GTC 2011. http://
  on-demand.gputechconf.com/gtc/2010/presentations/S12011-Fundamental-
  Performance-Optimization-GPUs.pdf

第5章　共享内存和常量内存

Cliff Woolley. *GPU Optimization Fundamentals.* 2013. https://www.olcf.ornl.gov/
  wp-content/uploads/2013/02/GPU_Opt_Fund-CW1.pdf
Mark Harris. *Using Shared Memory in CUDA C/C++.* http://devblogs.nvidia.com/
  parallelforall/using-shared-memory-cuda-cc/
Mark Harris. *Optimizing Parallel Reduction in CUDA.* http://developer.download.nvidia
  .com/assets/cuda/files/reduction.pdf
Justin Luitjens. *Faster Parallel Reductions on Kepler.* http://devblogs.nvidia.com/
  parallelforall/faster-parallel-reductions-kepler/

第6章　流和并发

Justin Luitjens. *CUDA Streams: Best Practices and Common Pitfalls.* GTC 2014. http://
  on-demand.gputechconf.com/gtc/2014/presentations/S4158-cuda-streams-best-
  practices-common-pitfalls.pdf
Mark Harris. *Concurrency and Multi-GPU.* http://education.ivec.org/training/external/
  NVIDIA/Day2/05-Concurrency-and-MultiGPU.pdf
Thomas Bradley. *Hyper-Q Example.* 2012. http://docs.nvidia.com/cuda/samples/6_
  Advanced/simpleHyperQ/doc/HyperQ.pdf
Steve Rennich. *CUDA C/C++ Streams and Concurrency.* 2011. http://on-demand.gputechconf